21世纪高等职业教育计算机技术规划教材

21 ShiJi GaoDeng ZhiYe JiaoYu JiSuanJi JiShu GuiHua JiaoCai

计算机应用基础

（Windows 7+Office 2010）

JISUANJI YINGYONG JICHU(WINDOWS 7+OFFICE 2010)

李畅 主编
高宇 汪晓璐 副主编

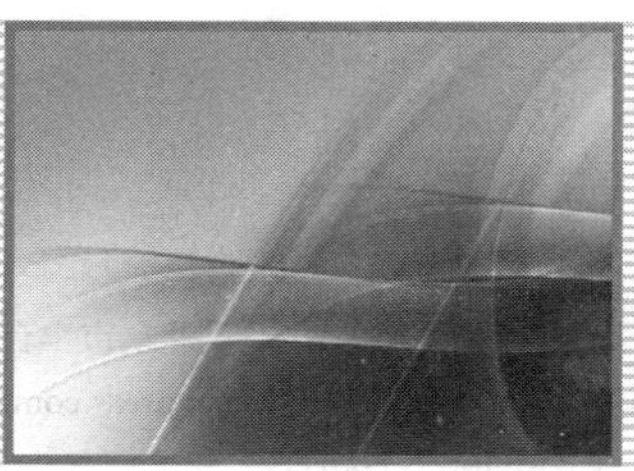

人民邮电出版社
北京

图书在版编目（CIP）数据

计算机应用基础 : Windows 7+Office 2010 / 李畅主编. -- 北京 : 人民邮电出版社, 2013.9（2020.1重印）
21世纪高等职业教育计算机技术规划教材
ISBN 978-7-115-32578-5

Ⅰ. ①计… Ⅱ. ①李… Ⅲ. ①Windows操作系统－高等职业教育－教学参考资料②办公自动化－应用软件－高等职业教育－教学参考资料 Ⅳ. ①TP316.7②TP317.1

中国版本图书馆CIP数据核字(2013)第181605号

内容提要

本书根据国家考试中心制定的《全国计算机等级一级 MS Office 考试大纲》（2013 年版）而编写，编写过程中还参照了教育部组织制定的《全国高职高专教育计算机基础课程教学基本要求》。

本书讲述了计算机基础知识和基本应用，向读者提供了系统的知识结构。全书共分 6 个学习单元。学习单元一主要讲述 Windows 7 的安装和应用、文件与文件夹的使用、多媒体技术的应用等；学习单元二、三、四以 Microsoft Office 2010 为平台，讲述办公自动化软件（Word、Excel、PowerPoint）的基本概念及使用方法；学习单元五讲述计算机的基础应用，以计算机系统构成为主线，介绍计算机的硬件知识和软件知识；学习单元六主要介绍计算机网络知识与 Internet 的应用。各单元均配有相关实训。此外，本书专门配有习题与实验教程，以便更好地对读者的实验环节提供指导与帮助，而且习题与实验教程教材还提供大量书面练习题，便于读者巩固理论知识。

本书适合作为高职高专院校计算机基础课程的教材，也可作计算机等级考试（一级）的培训教材和自学教材。

◆ 主　　编　李　畅
副 主 编　高　宇　汪晓璐
责任编辑　王　威
执行编辑　范博涛
责任印制　杨林杰

◆ 人民邮电出版社出版发行　北京市丰台区成寿寺路 11 号
邮编　100164　电子邮件　315@ptpress.com.cn
网址　http://www.ptpress.com.cn
大厂聚鑫印刷有限责任公司印刷

◆ 开本：787×1092　1/16
印张：22.5　2013 年 9 月第 1 版
字数：578 千字　2020 年 1 月河北第 25 次印刷

定价：48.00 元

读者服务热线：(010)81055256　印装质量热线：(010)81055316
反盗版热线：(010)81055315

前　言

我国高等职业教育正蓬勃发展。高等职业教育的目标是培养职业技术技能型人才，也就是培养生产一线的高级实用型人才。为此高等职业教育的教材要着眼于实际应用能力的培养，使学生能够从中获取某种技能。

计算机基础这门课程对于高等职业教育的学生来说，既是公共基础课，又是一门基本技能培养与训练的课程。在本课程中，一方面是使学生掌握有关计算机的基本常识，另一方面最主要的是训练学生操作计算机的基本技能，例如中英文输入技能、简单的软硬件维护能力、办公软件使用等。

本书的内容编排采用“工作过程导向”模式，以工作场景导入→工作实训+知识链接→知识评价为主线推进学习进程，每单元针对几个工作任务引导并促进学生动手实践、探究知识，实现实践技能与理论知识的整合。本书内容简明扼要，结构清晰，讲解细致，突出可操作性和实用性。再辅以丰富的实训和课后练习，使学生得到充足的训练。

本教材以 Windows 7 和 Microsoft Office 2010 为平台，着重介绍了以下内容。

（1）计算机基本操作和操作系统的使用，包括 Windows 7 界面基本操作、文件管理、应用程序管理、系统维护等。

（2）文字处理软件的使用，主要介绍在 Microsoft Word 2010 中创建、编辑文档，格式化文档，打印文档，插入艺术字、图片等的方法，以及表格的操作等。

（3）电子表格处理软件的使用，主要介绍 Microsoft Excel 2010 创建、编辑工作簿文件，工作表管理，工作表内容输入、编辑、格式化，数据管理与分析等。

（4）演示文稿处理软件的使用，介绍 Microsoft PowerPoint 2010 软件创建和编辑演示文稿，幻灯片管理，幻灯片内容输入、编辑、格式化，设置幻灯片的放映效果，以及控制幻灯片的放映过程等。

（5）计算机基础知识，包括计算机发展概况、应用、工作原理，计算机的硬件结构、软件知识，数制知识，计算机信息表示，计算机网络知识及计算机病毒知识。

（6）Internet 的使用，介绍工作中在因特网上经常需要进行的操作，例如，IE 浏览器的使用与浏览网页操作、搜索引擎的使用与收发电子邮件以及丰富多彩的网络应用等。

本书的编写人员均是从事高等职业教育的一线专职教师，对于计算机基础教学具有丰富的教学经验，书中有些就是对实践经验的总结。全书由李畅教授任主编，高宇、汪晓璐任副主编，李畅、汪晓璐、高宇、张颖四位教师编写。

由于编者水平有限，书中难免有不当之处，敬请读者批评指正。

编　者

2013 年 6 月

目 录

学习单元一

中文版 Windows 7 的应用

学习目标

【知识目标】

识记：Windows 操作系统的基本概念和常用术语；Windows 7 系统桌面、图标、任务栏；资源管理器的应用；鼠标的基本操作；中文输入法的种类。

领会：Windows 7 的系统窗口和对话框；Windows 7 的文件和文件夹的管理；Windows 7 的控制面板；Windows 7 多媒体技术的概念与应用。

【技能目标】

- 能够安装 Windows 7 操作系统。
- 能够对 Windows 7 进行基本操作和应用。
- 能够对 Windows 7 的文件与文件夹进行管理。
- 能够操作 Windows 7 控制面板。
- 能够熟练应用 Windows 7 的多媒体技术。
- 能够安装、删除和选用输入法。

任务一　安装 Windows 7 操作系统

【情景再现】

Windows 7 操作系统是目前很流行并广泛使用的操作系统之一，对公司刚入职的小乐而言，要使用计算机进行工作，为提高日常工作效率，小乐想给自己的计算机装上 Windows 7 操作系统，现在就开始行动吧。

【任务实现】

工序 1：准备安装 Windows 7 操作系统

1．计算机连接完成后，接通电源，将计算机设置为从光盘启动。根据主板 BIOS 的不同，方法可能略有不同，一般是出现开机画面时按 Delete 键进入主板 BIOS 进行相应设置。具体操作请查阅主板说明书。设置完成后保存设置，重新启动计算机，如图 1-1 所示。

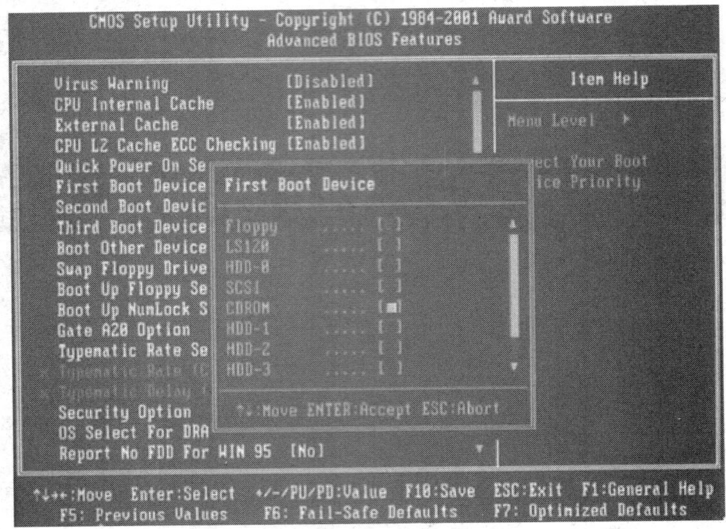

图 1-1　BIOS 设置界面

2．计算机自动从光盘启动，开始加载启动程序，如图 1-2 所示。

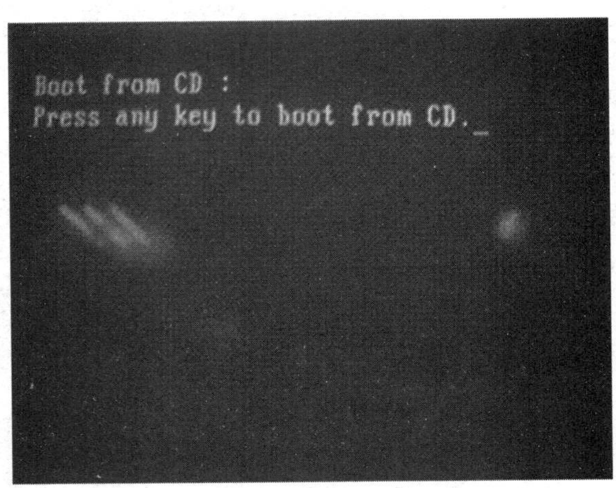

图 1-2　系统从光盘启动

工序 2：收集信息

1．准备开始安装 Windows 7，首先设置语言、时间格式和输入方式，如图 1-3 所示。设置完成后单击“下一步”按钮。

2．选择安装 Windows7 操作系统并启动安装程序，如图 1-4 和图 1-5 所示。

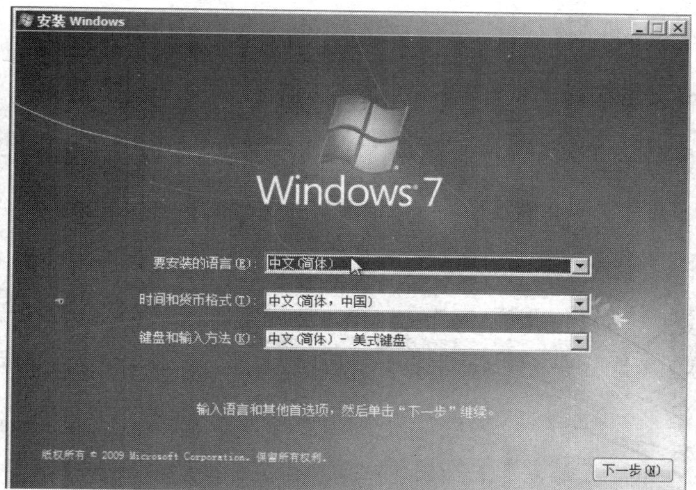

图 1-3　输入语言、时间格式和输入方式

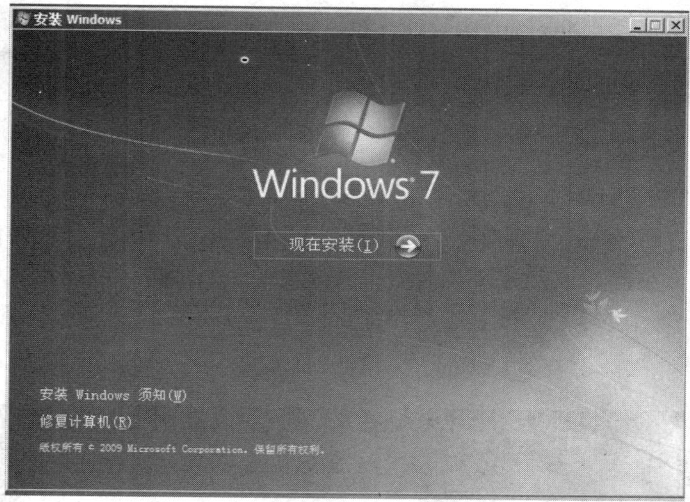

图 1-4　选择要安装的操作系统

图 1-5　启动安装程序

3．在正式安装 Windows 7 以前，需要先接受 Windows 7 许可条款，如图 1-6 所示。

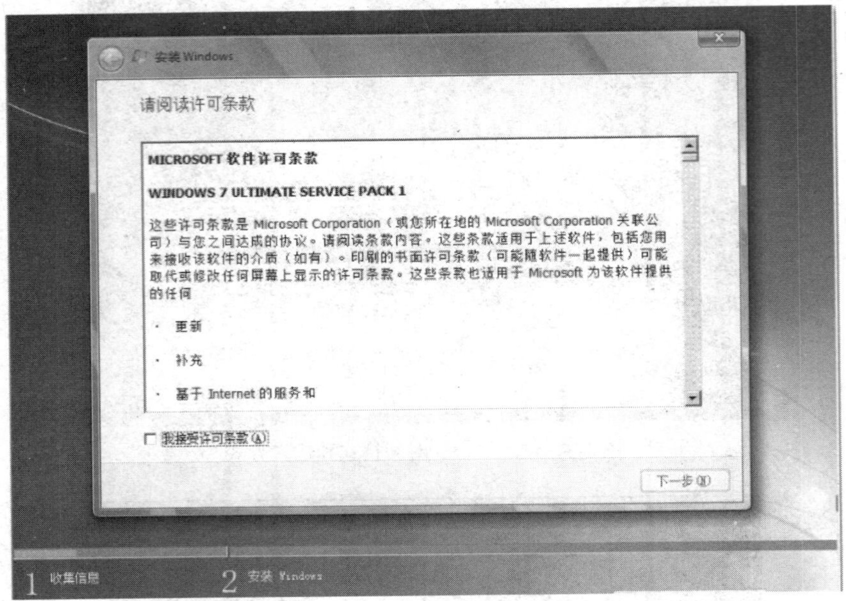

图 1-6　安装软件协议

4．接下来就要准备分驱了，为 C 盘指定大小，如图 1-7 所示。一般将硬盘划分为一个主分区（C 盘）和一个含有多个逻辑磁盘的扩展分区（D、E、F 等）。其中操作系统所在的分区应至少划分 20GB 的空间，通常为硬盘大小的四分之一。小硬盘一般分两个区，大硬盘可分多个分区，但尽量不要超过 8 个。按照一步步提示操作，分驱结束后，选择某一个磁盘安装，如图 1-8 所示。

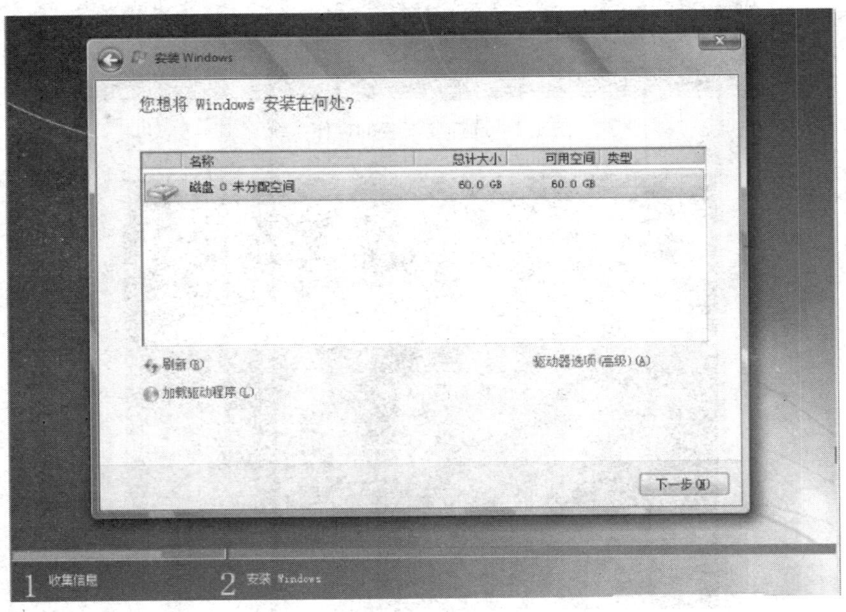

图 1-7　准备分驱

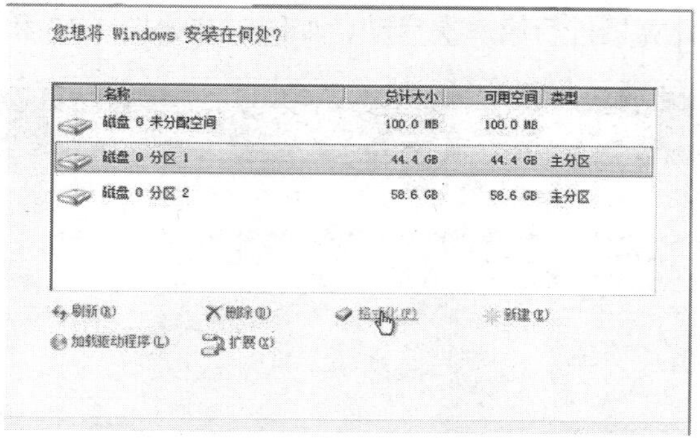

图 1-8　选择磁盘安装系统

5．选择 C 盘，准备复制 Windows 安装文件，如图 1-9 所示。

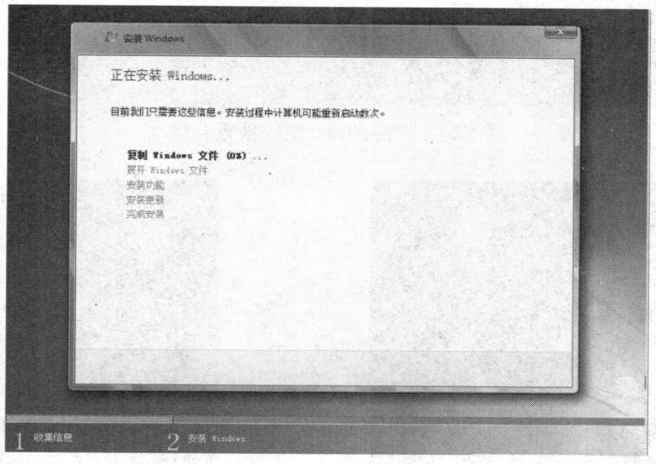

图 1-9　复制文件

6．接下来展开 Windows 文件，安装 Windows 功能并更新，在这过程中计算机会重启多次，如图 1-10 所示。

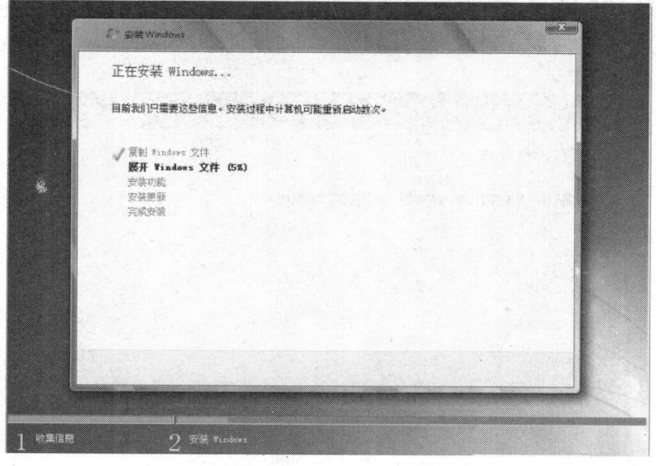

图 1-10　安装 Windows

7．安装完前三项，计算机进行第一次启动，如图 1-11、图 1-12 和图 1-13 所示。

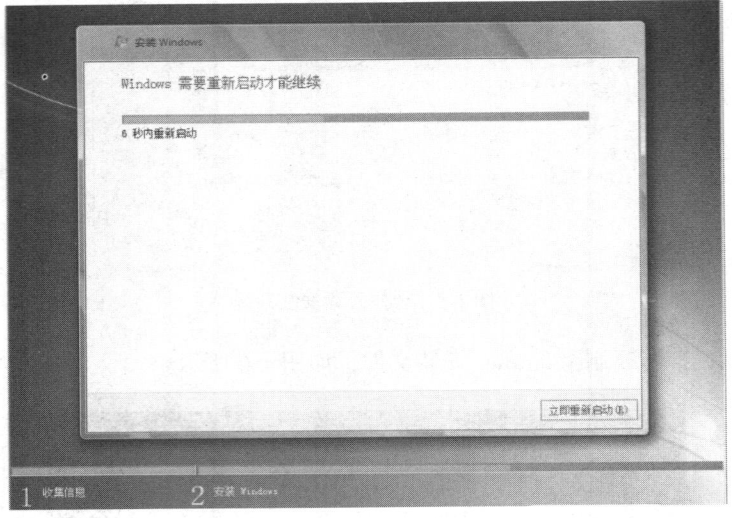

图 1-11　Windows 7 第一次重新启动

图 1-12　Windows 7 启动界面

图 1-13　安装程序启动服务

工序 3：安装 Windows 7 操作系统

1．完成 Windows 7 的最后一步安装，如图 1-14 所示。

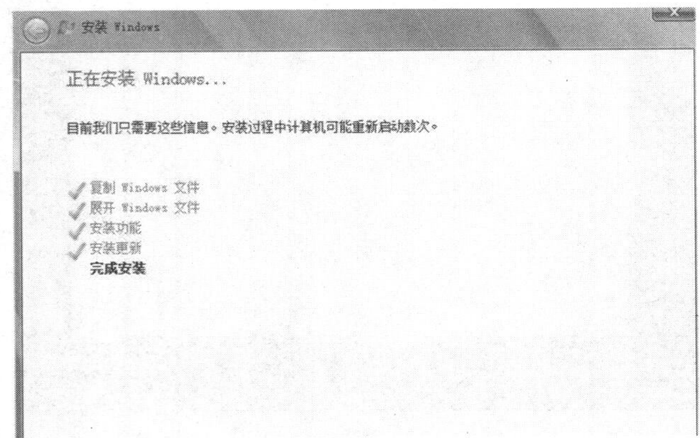

图 1-14　安装更新

2．安装程序为首次使用计算机做准备，如图 1-15 所示。

图 1-15　Windows 7 为首次使用计算机做准备

3．前四项装好后，计算机需要第二次重新启动，如图 1-16 所示。

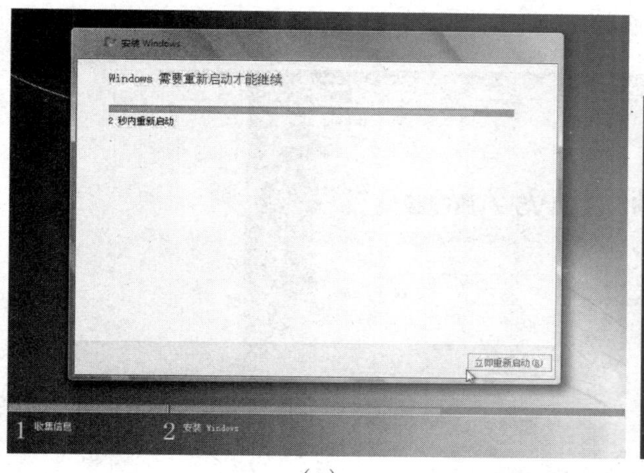

（a）

（b）

图 1-16　第二次启动计算机

4．完成 Windows 7 的安装步骤的最后一步“完成安装”后，将进行第三次重新启动，如图 1-17 所示。

图 1-17　第三次重新启动

5．接下来，安装程序将为首次使用计算机做准备，如图 1-18 和图 1-19 所示。

图 1-18　安装程序为首次使用做准备

图 1-19　安装程序检查视频性能

6．为 Windows 7 设置用户名和计算机名，设置密码并输入产品序列号，设置计算机安全策略、时钟，选择计算机当前位置（这里选择公用网络），如图 1-20 至图 1-25 所示。

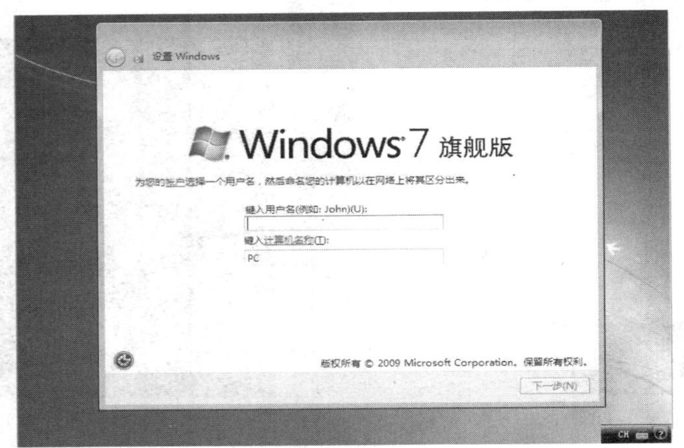

图 1-20　输入用户名和密码

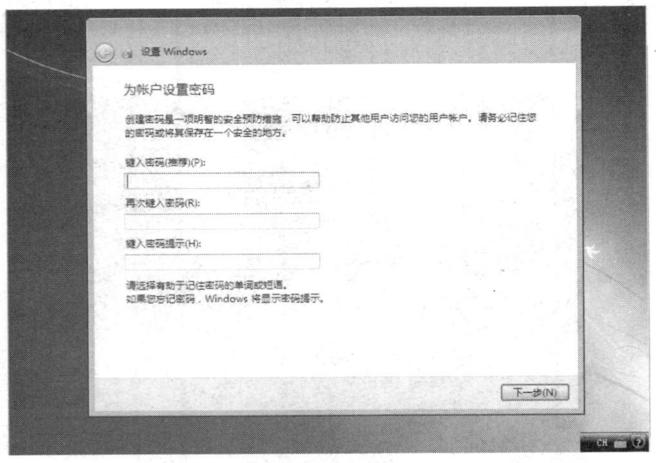

图 1-21　设置用户密码

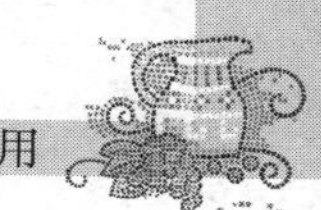

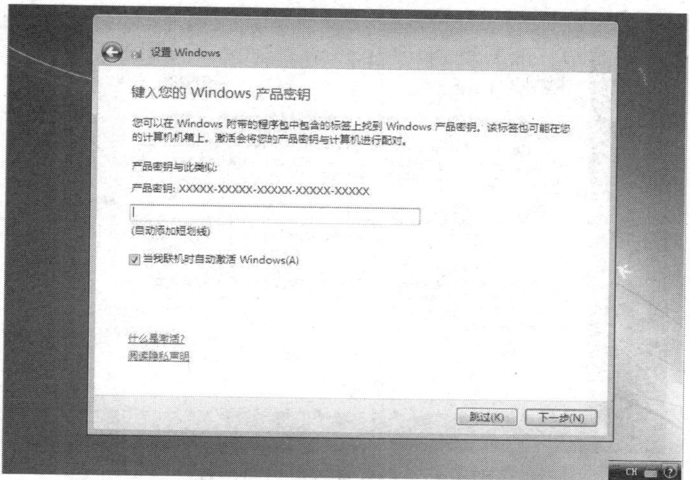

图 1-22　输入产品序列号

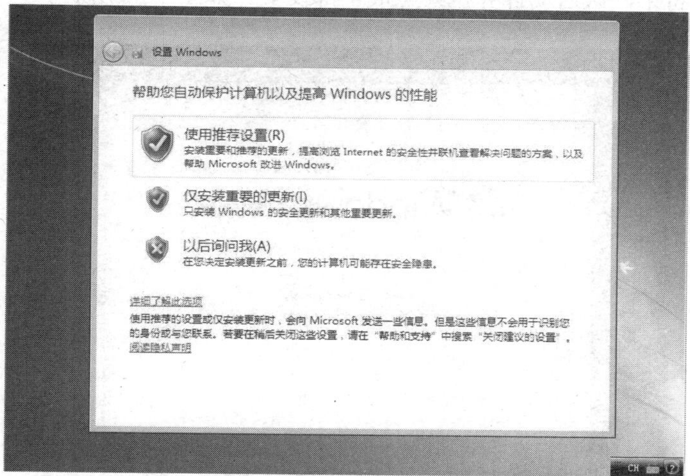

图 1-23　设置计算机安全策略

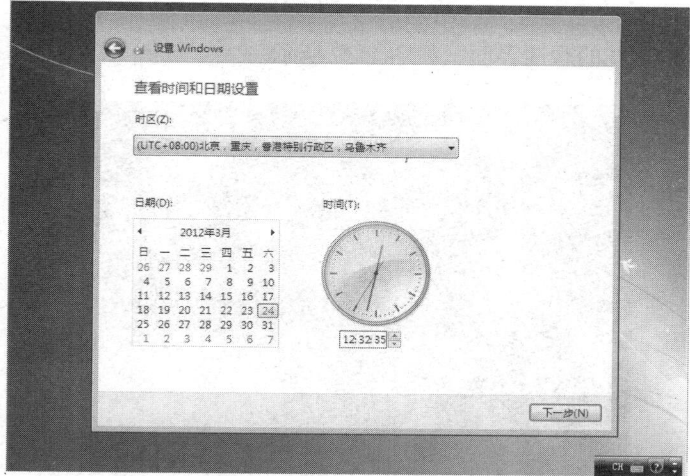

图 1-24　设置时间

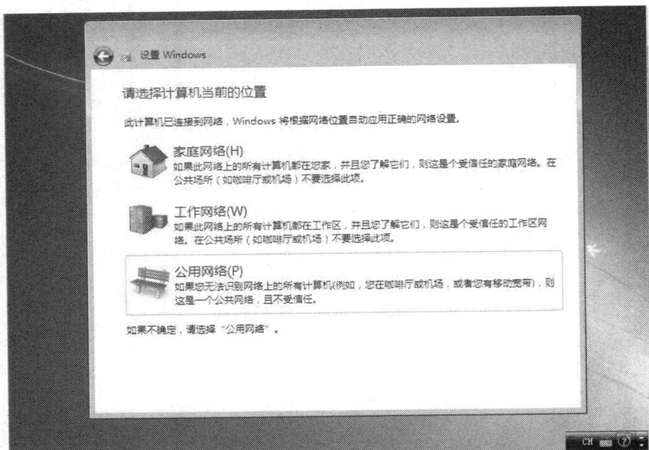

图 1-25　设置计算机当前位置

7．Windows 7 将第四次启动计算机并完成全部设置，如图 1-26 所示。

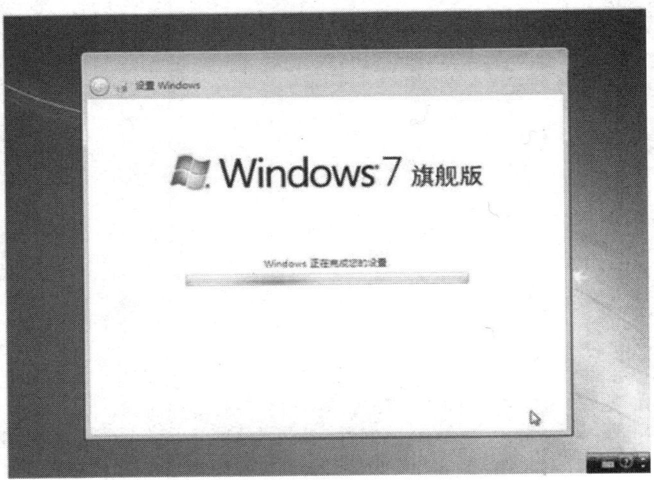

图 1-26　完成设置

8．进入到 Windows 7 的欢迎界面，如图 1-27 所示。

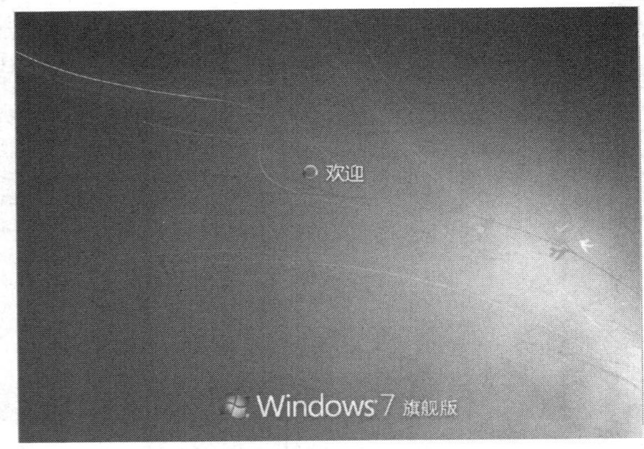

图 1-27　欢迎界面

9．最后一步，系统准备桌面，打开 Windows 7 操作系统，首次安装的 Windows 7 操作系统桌面只会显示“回收站”图标，如图 1-28 和图 1-29 所示。这样 Windows 7 操作系统的全部安装过程完成。

图 1-28　准备桌面

图 1-29　初次启动的 Windows 7 桌面

【知识链接】

操作系统是计算机软件系统的重要组成部分，是软件的核心。一方面它是计算机硬件功能面向用户的首次扩充，它把硬件资源的潜在功能用一系列命令的形式公布于众，从而使用户可通过操作系统提供的命令直接使用计算机，成为用户与计算机硬件的接口。另一方面它又是其他软件的基础，即其他系统软件和用户软件都必须通过操作系统才能合理组织计算机的工作流程，调用计算机系统资源为用户服务。

Windows 7 是由微软公司开发的，具有革命性变化的操作系统。该系统使人们的日常计算机操作更加简单和快捷，为人们提供高效易行的工作环境。Windows 7 可供家庭及商业工作环境的笔记本电脑、平板电脑、多媒体中心等使用。Windows 7 不仅拥有亮丽的界面，而且拥有强大的功能。微软公司 2009 年 10 月 22 日于美国、2009 年 10 月 23 日于中国正式发布 Windows 7。

任务二 Windows 7 初体验

【情景再现】

小乐要使用 Windows 7 操作系统，但她对 Windows 7 的一些功能并不是很熟悉，下面来体验一下 Windows 7 强大的功能。

【任务实现】

工序 1：启动与关闭 Windows 7

1．先按主机上的电源（Power）开关，然后打开显示器电源，系统会先运行一些开机软件，然后再开机。如果开机速度过慢，可检查自己的开机软件是不是装多了而影响了开机速度。

2．当计算机使用完毕，可单击“开始”按钮，在“开始”菜单右侧单击“关机”按钮即可关闭计算机，如图 1-31 所示。

工序 2：使用“开始”菜单

“开始”菜单主要由常用程序列表、“所有程序”按钮、“启动”列表、“关机”按钮区和搜索框组成，如图 1-30 所示。

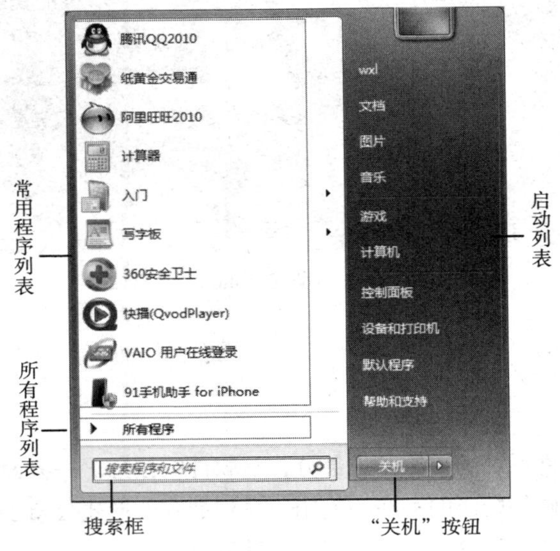

图 1-30 “开始”菜单

1．常用程序列表

此列表中主要存放系统常用程序，包括“计算器”、“便签”、“截图工具、“画图”和“放大镜”等。此列表是随着时间动态变化的，如果超过 10 个，它们会按照时间的先后顺序依次替换。

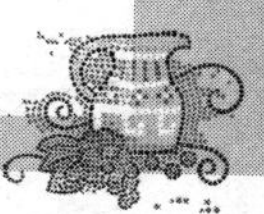

2．“所有程序”按钮

用户单击“所有程序”按钮可以查看所有系统中安装的软件程序。单击文件夹图标，可以展开相应的程序；单击“返回”按钮，即可隐藏所有程序列表。

3．“启动”菜单

“开始”菜单的右侧是“启动”菜单。在“启动”菜单中列出经常使用的 Windows 程序链接，常见的有“文档”、“计算机”、“控制面板”、“图片”和“音乐”等，单击不同的程序选项，即可快速打开相应的程序。

4．搜索框

搜索框主要用来搜索计算机上的资源，是快速查找资源的有力工具。在搜索框中直接输入需要查询的文件名，按回车键即可进行搜索操作。

5．“关机”按钮

“关机”按钮主要用来对系统进行关闭操作。单击“关机”按钮旁边的▸按钮，打开如图 1-31 所示的菜单选项，包括“切换用户”、“注销”、“锁定”、“重新启动”、“睡眠”和“休眠”选项。

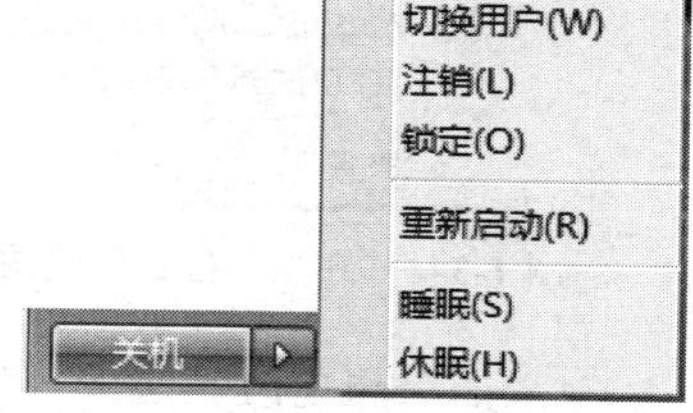

图 1-31　“关闭”按钮菜单

工序 3：创建快捷方式图标

图标分为普通图标和快捷方式图标两类。普通图标是 Windows 7 为用户设置的图标，而快捷方式图标是用户自己设置的图标，快捷方式图标上有一个箭头标志。

创建图标快捷方式有以下 3 种方法。

1．创建桌面快捷方式。

（1）在桌面的空白位置单击鼠标右键，在出现的菜单中单击“新建”→“快捷方式”命令。

（2）在“创建快捷方式”对话框的命令行文本框中单击“浏览”选择对象的位置，如图 1-32 所示。

（3）依次单击“下一步”和“完成”按钮，此时桌面上出现了一个目标快捷图标，这样就有了一个新建快捷方式。

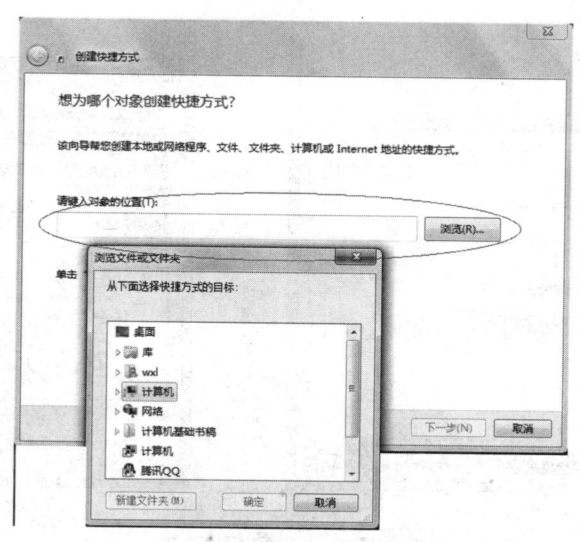

图 1-32　“创建快捷方式”对话框

2．拖放图标创建图标快捷方式。

（1）打开 “开始” 菜单。

（2）将鼠标指向图标，然后按住 Ctrl 键的同时按鼠标左键，将其拖动到桌面上，这时一个快捷图标就会显示在桌面上。

3．在开始菜单中创建图标快捷方式（以“画图”图标为例）。

（1）在“开始”菜单中的“画图”选项上单击右键并将其拖到桌面（拖到任何地方都可以），会出现一个如图 1-33 所示的对话框，在桌面创建快捷方式链接。

图 1-33　在桌面创建快捷方式链接

（2）松开鼠标右键，出现如图 1-34 所示的快捷菜单，选择在“在当前位置创建快捷方式”选项，快捷方式图标就会显示在桌面上，如图 1-35 所示。

图 1-34　“在当前位置创建快捷方式”菜单项

图 1-35　“画图”快捷方式图标

4．如果想更改“画图”快捷方式图标，可进行如下操作。

（1）在“画图”快捷方式图标上单击鼠标右键，在弹出的快捷菜单中选择“属性”命令，在图 1-36（a）所示“画图属性”对话框中选择“快捷方式”选项卡，单击“更改图标”命令，显示“更改图标”对话框，如图 1-36（b）所示。

（2）双击选中的一个图标然后单击“确定”按钮，“画图”的快捷方式图标就被更改了。

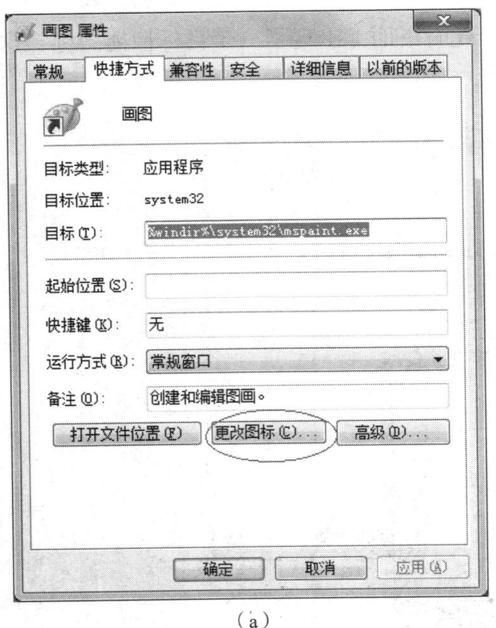

（a）

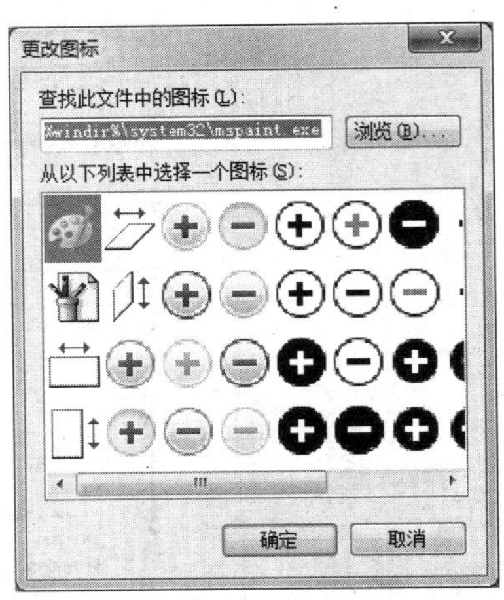

（b）

图 1-36　更改图标

工序 4：使用 Windows 7 窗口

通常在窗口右下角有 3 个控制窗口大小的 3 个按钮，如图 1-37 所示。

1．最大化窗口

最大化窗口有如下两种方法。

（1）在窗口中双击标题栏，或者右键单击窗口标题栏空白处会弹出一个图 1-38 所示的快捷菜单。

（2）将窗口的标题栏拖动至屏幕顶部，也可以使该窗口最大化显示。

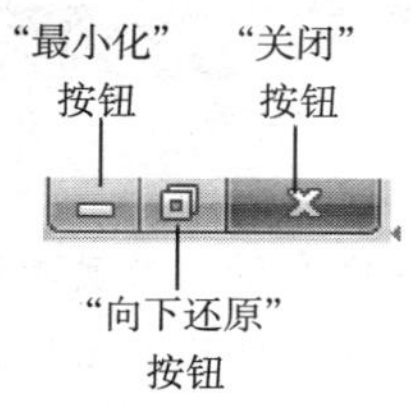

图 1-37　窗口右上角的控制窗口大小的按钮

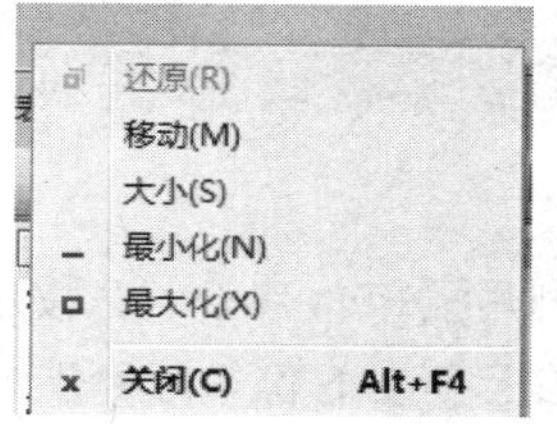

图 1-38　右键单击标题栏空白处弹出的快捷菜单

2．还原窗口

还原窗口有如下两种方法。

（1）若恢复窗口原来的大小，需单击该窗口的“还原”按钮即可。

（2）双击标题栏，也可还原窗口大小。

3．最小化窗口

最小化窗口有如下两种方法。

（1）若要最小化窗口，需单击“最小化”按钮，使该窗口最小化至任务栏中。

（2）利用 Shake 功能（又称晃动功能），晃动窗口的标题栏空白处，即可最小化此窗口。

4．排列窗口

在 Windows 7 中，多个窗口可以按不同的方式排列在桌面上。用户可以手动拖动窗口按自己喜欢的方式的排列，也可以在任务栏上的非按钮区单击鼠标右键，在弹出的一个快捷菜单中有 3 种窗口排列方式方式可供选择：层叠窗口、堆叠显示窗口、并排显示窗口，如图 1-39 所示。

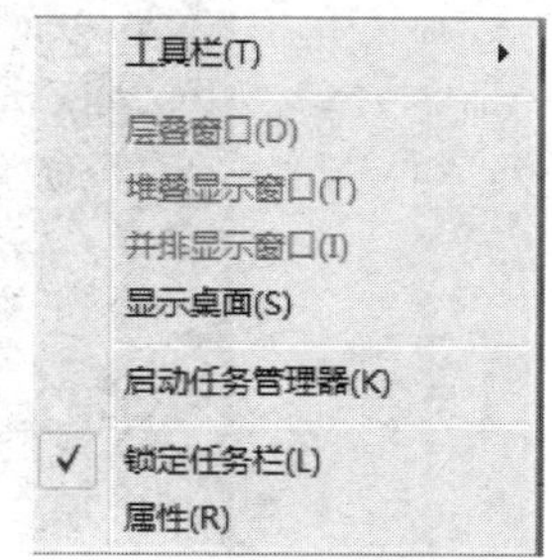

图 1-39　3 种排列窗口的方式

5．滚动显示窗口

若当前窗口不能显示所有的内容，可以拖动窗口上的滚动条来查看全部内容。

6．多窗口预览

在日常使用计算机时，桌面上常常打开了不止一个窗口，如何快速找到自己需要的窗口呢?有以下两种方法可以解决这个问题。

（1）通过任务栏按钮预览窗口。

每当用户打开一个新的窗口，系统会在任务栏上自动生成一个以该窗口命名的任务栏按钮，单击该按钮即可打开相应的窗口。将鼠标光标移动到任务栏按钮上，系统就会显示该按钮对应窗口的缩略图，只需单击其任务栏按钮，那么该窗口将会在其他窗口的上面显示，成为活动窗口。如果同类型按钮太多，系统会自动合并该种类型的按钮，形成列表。可将鼠标指针指向任务栏中隐藏多个窗口的任务栏按钮，然后从显示的缩略图预览中选择要切换的窗口，如图 1-40 所示。

（2）通过快捷键预览窗口。

可以用缩略图的形式查看当前打开的所有窗口。

- 利用 Alt+Tab 组合键。按住 Alt 键不放，再按 Tab 键就可以在现有窗口缩略图中按顺序切换，选到目的窗口再松开两键即可，如图 1-41 所示。

图 1-40　任务栏按钮预览窗口

- 利用⊞+Tab 组合键。按住⊞键不放，再按 Tab 键来显示各个窗口，当显示的窗口为自己需要的窗口时松开两键即可。利用这个组合键可以将所有打开的窗口以一种立体的 3D 效果显示出来，即 Aero Flip 3D 效果。它提供了如图 1-42 所示的倾斜角度 3D 预览界面。

图 1-41　窗口缩略图

图 1-42　Aero Flip 3D 效果图

工序 5：利用对话框进行任务操作

1．打开“开始”菜单，进入 Word 程序窗口，选择菜单栏中的“文件”选择，单击“打开”选项，打开如图 1-43 所示的“打开”对话框。

2．选择一个文档，单击“打开”按钮。

3．在 Word 程序窗口中，在菜单栏中选择“格式”菜单，选择“字体”选项卡，单击打开，

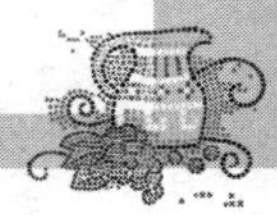

会弹出如图 1-44 所示的“字体”设置对话框。

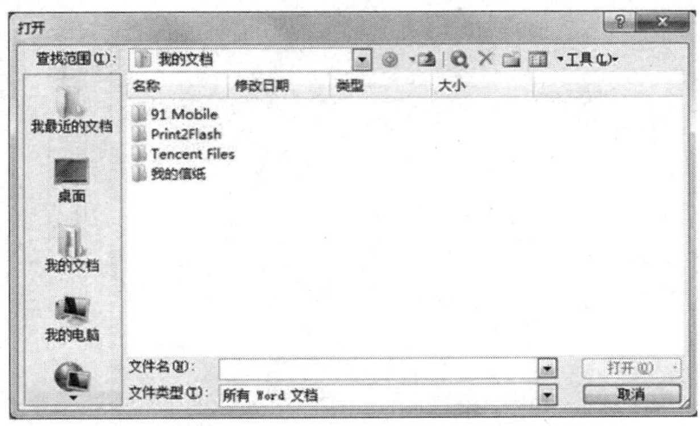

图 1-43　“打开”对话框

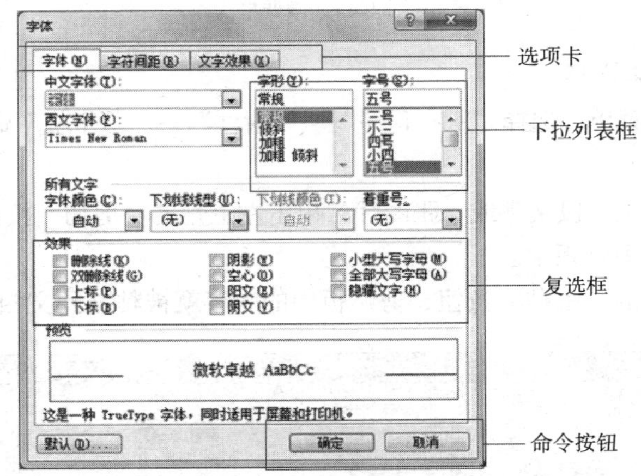

图 1-44　Word 的“字体”设置对话框

4．对话框通常包含以下控件。

（1）选项卡，是相关功能集合的区域。图 1-36 所示的 Word “字体”设置对话框中，就包括了“字体”、“字符间距”和“文字效果”3 个选项卡。

（2）复选框，通常是一个小正方形，后面跟着选项内容，选中后，在小正方形中会出现个蓝色的勾。

（3）单选按钮，单选按钮的作用与复选框一样，只是单选按钮是一个小圆圈，选中后，在小圆中会出一个蓝色的小圆点。

（4）下拉列表框，类似于菜单栏选择项的下拉列表，但又与下拉列表不同，列表框显示可以从中选择的选项。

（5）命令按钮，是以按钮形式出现的命令，单击它则会执行相应的操作。一般都是“确定”和“取消”、“是”和“否”。

（6）微调框，对数字和一些参数进行一些轻微的调整。一般是由上下按钮组成或者是一个滑标，如图 1-45 所示。

工序 6：使用剪贴板对信息进行剪切、复制和粘贴

剪贴板是中文 Windows 7 操作系统中传递信息的临时存储区，是 Windows 内置的一个非常有

用的工具，通过小小的剪贴板，使得在各种应用程序之间传递和共享信息成为可能。

（a）　　（b）

图 1-45　微调框

1．使用剪贴板共享数据。

（1）单击“开始”菜单，选择“所有程序”→“附件”→“写字板”命令，打开如图 1-46 所示的写字板窗口。

（2）在写字板上选定一段文字或一张图片，单击左上角的“剪切”按钮，此时选定的对象即被删除，并被保存到了剪贴板中。

（3）单击左上角上的“粘贴”按钮，剪贴板中的内容就被粘贴到文档指定位置。

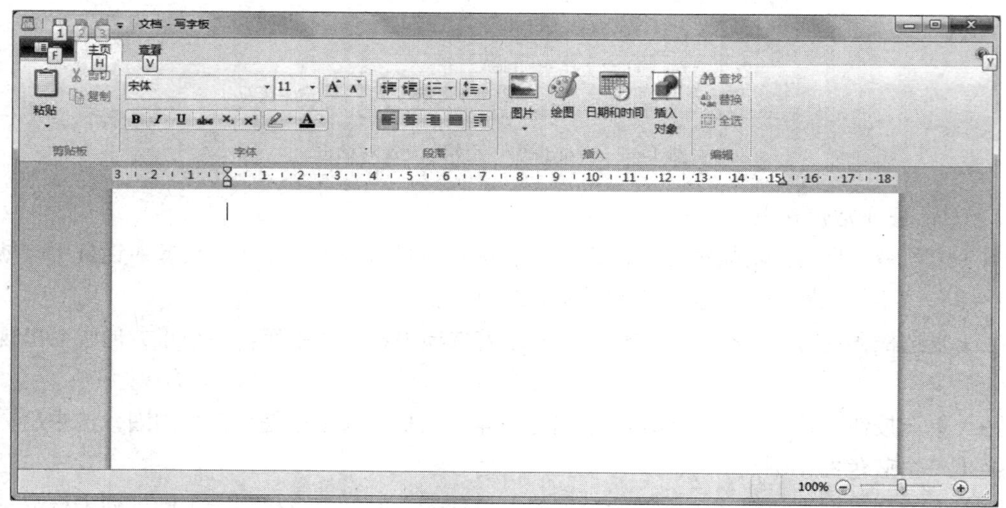

图 1-46　“写字板”窗口

2．使用剪贴板截获屏幕图片。

如果在上网的过程中要想一些图片，但又下载不了，或者在看电影的时候看到一个很喜欢的画面，这时可以用剪贴板来截获图片和文字，在键盘的右上方有一个 Print Screen 键可以帮助截获屏幕图片。有以下 3 种方法可以截获屏幕图片。

（1）按住 Print Screen 键截获整个屏幕。在文档中单击“粘贴”按钮，该剪贴板上的内容副本将粘贴到文档中。

（2）按住 Alt 键的同时，按 Print Screen 键，即可捕获屏幕上的活动窗口。在文档中单击“粘贴”按钮，该剪贴板上的内容副本将粘贴到文档中。

（3）按住⊞键的同时，再按 Print Screen 键可以把屏幕复制到剪贴板（包括鼠标光标）。

如果想对捕获到的图片进行编辑，也可直接粘贴到一些画图软件，如 Windows 7 自带的“画图”软件就很好用。

工序 7：使用计算器

计算器是 Windows 7 系统中自带的小程序，Windows 7 中的计算机器相对于以往版本有了很大的突破，它提供了标准型、科学型、程序员型和统计型 4 种模式。

1．运行“计算器”程序。

单击“开始”菜单，选择“所有程序”→“附件”→“计算器”命令，即可运行“计算器”程序。

2．计算器的运算模式。

对于不同的用户，“计算器”设计了各种不同的计算模式，单击“查看”按钮，选择一种模式即可。

（1）标准型模式：当初次打开计算器时，呈现的是标准型模式。它的功能包括加、减、乘、除简单的四则运算，如图 1-47 所示。

图 1-47　标准模式计算器

（2）科学型模式：在使用标准型模式时，不能进行例如“开方”等操作，此时可以使用科学型模式。科学型模式的功能包括乘方、开方、指数、对数、三角函数、统计等方面的运算，计算机会精确到 32 位数，如图 1-48 所示。

（3）程序员模式：如要进行数值转换等功能，需要进入程序员模式。程序员模式的功能包括数值的转换、编程序、把较复杂的运算步骤存起来，进行多次重复的运算，计算器最多可精确到 64 位，如图 1-49 所示。

图 1-48　科学型模式计算器

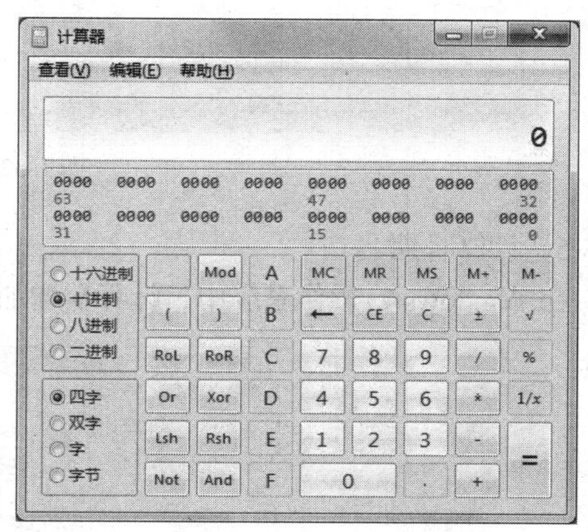

图 1-49　程序员模式计算器

（4）统计模式：可进行大量数据的录入与统计，如图 1-50 所示。

3．启用计算历史记录。

计算历史记录功能可跟踪计算机器在执行命令中的所有计算，用于标准型模式和科学型模式。例如，要更改历史记录中的计算值或编辑计算机历史记录时，所选的计算结果会显示在结果区，如图 1-51 所示。

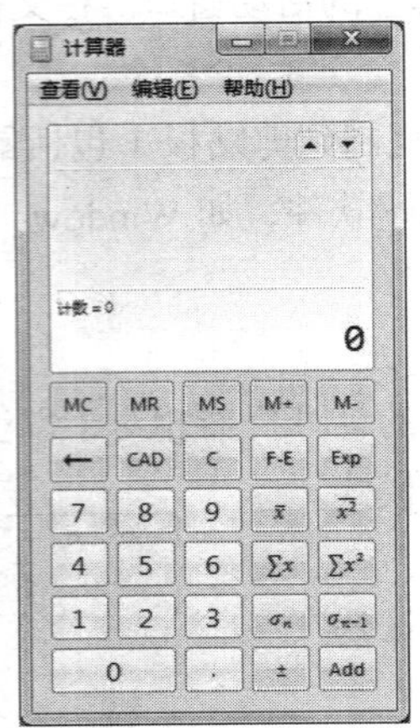

图 1-50　统计模式计算器

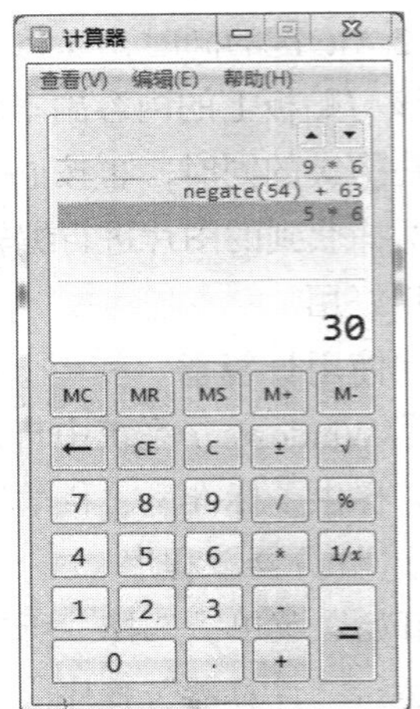

图 1-51　历史记录

4．单位转换。

计算器提供了时间、面积、能量和长度等多种度量单位之间相互转换的功能，使用户可方便快捷地进行各种度量单位的转换，如图 1-52 所示。

图 1-52　单位转换模式

5．计算日期。

在 Windows 7 操作系统中，计算器增加了计算日期这个功能，如图 1-53 所示。

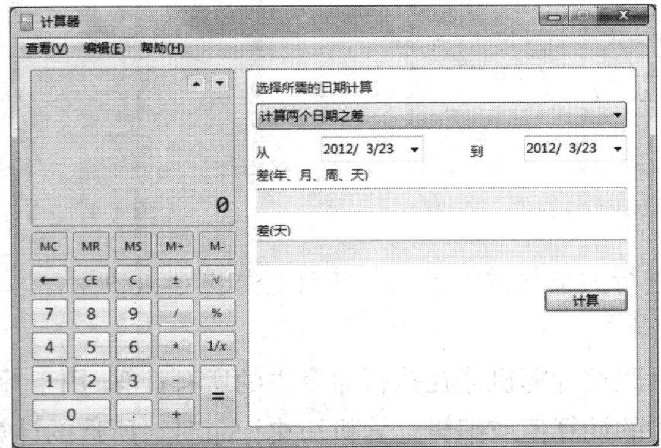

图 1-53　计算日期

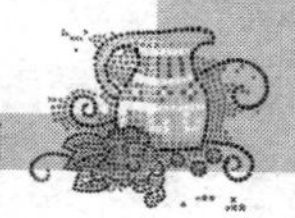

工序 8：使用音量控制调节音量

1．单击任务栏上的扬声器图标将显示如图 1-54（a）所示音量控制对话框。

2．可以通过滑标，向上或向下移动调节控制音量。

3．单击图 1-54（a）中的"合成器"，将打开现在系统中正在打开的相关音量控制，如图 1-54（b）所示。

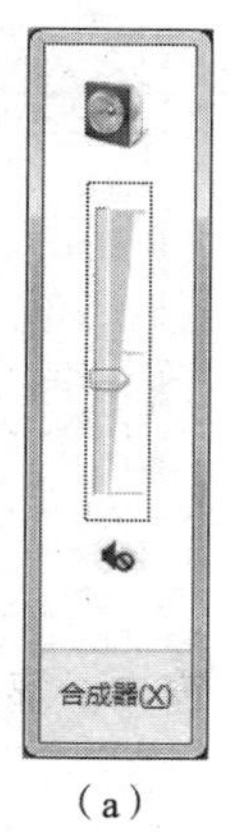

（a）

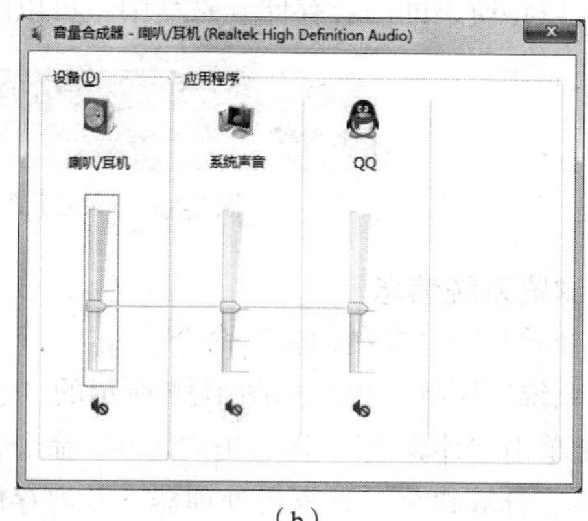

（b）

图 1-54　音量控制

工序 9：使用画图涂鸦

画图是 Windows 中的一项基本功能，使用它可以绘制、编辑图片并且为图片着色。"画图"程序的窗口由 4 部分组成，包括"画图"按钮、快速访问工具栏、功能区和绘图区域。

1．单击"开始"菜单，选择"所有程序"→"附件"→"画图"命令，出现图 1-55 所示画图窗口。

2．单击"画图"按钮，从弹出的下拉菜单中可以选择新建、打开、保存、另存为和打印图片等基本操作，也可以在电子邮件中发送图片，将图片设为桌面背景等。

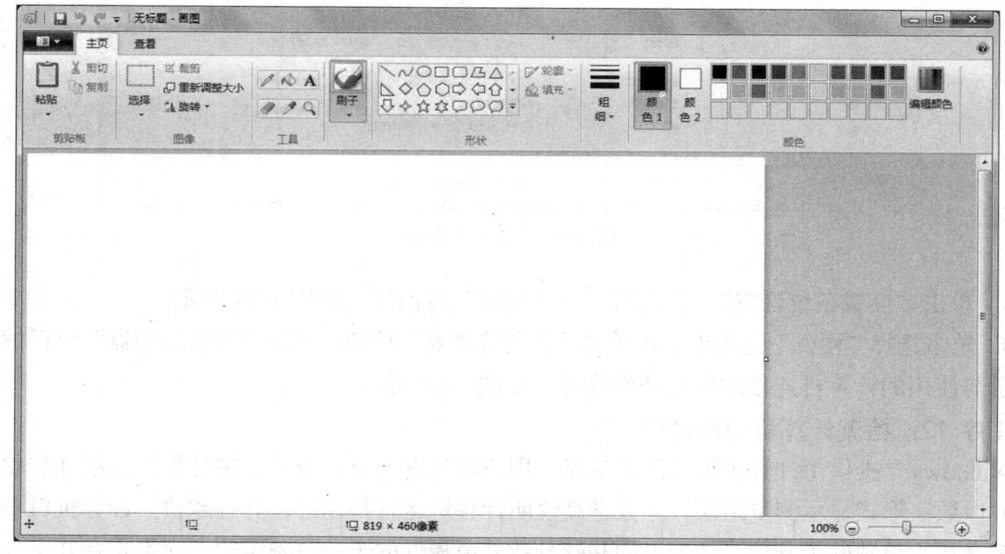

图 1-55　"画图"窗口

工序 10：使用录音机自娱自乐

1．单击“开始”菜单，执行“所有程序”→“附件”→“录音机”命令，出现图 1-56 所示的“录音机”窗口。

2．放置好麦克风，单击“开始录制”按钮。

3．对着麦克风讲话，然后单击“停止录制”按钮，会自动弹出“另存为”对话框，再输入一个文件名，就可以将所讲的内容存储到磁盘中，可以随时调用。

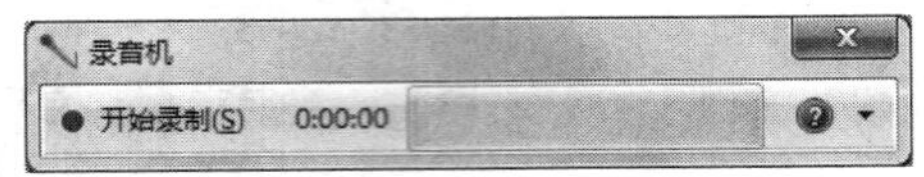

图 1-56 “录音机”窗口

工序 11：浏览系统信息

1．执行“开始”→“控制面板”命令。

2．双击“系统”图标，出现如图 1-57 所示的“系统”窗口。

也可以右键单击“计算机”，再单击“属性”命令，也将出现“系统”窗口。显示计算机使用的操作系统版本、计算机名、计算机处理器以及内存信息。

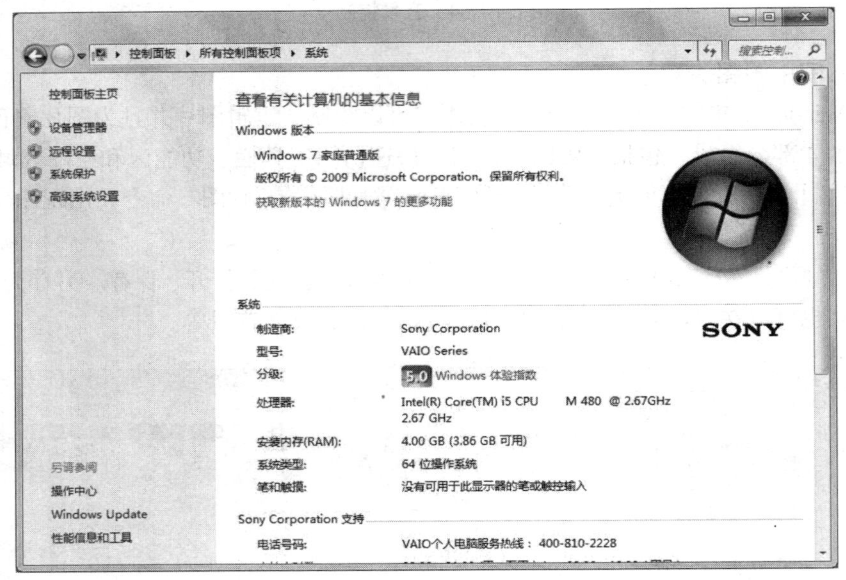

图 1-57 “系统”窗口

3．单击“高级系统设置”，会跳出“系统属性”对话框，如图 1-58 所示。

4．单击选择“硬件”选项卡，再单击“设备管理器”按钮，打开“设备管理器”对话框，其中显示与使用的计算机连接的所有硬件设备，如图 1-59 所示。

工序 12：检测计算机硬件性能

Windows 7 提供了计算机硬件测评功能，用户通过它可以方便地了解计算机的硬件和软件配置，并以数字形式显示测量结果，分数越高说明计算机运行得越好，并且越快。计算机每个硬件组件都会接收单独的子分数，计算机的基础分数是由最低的子分数确定的，而不是合并子分数的平均数。

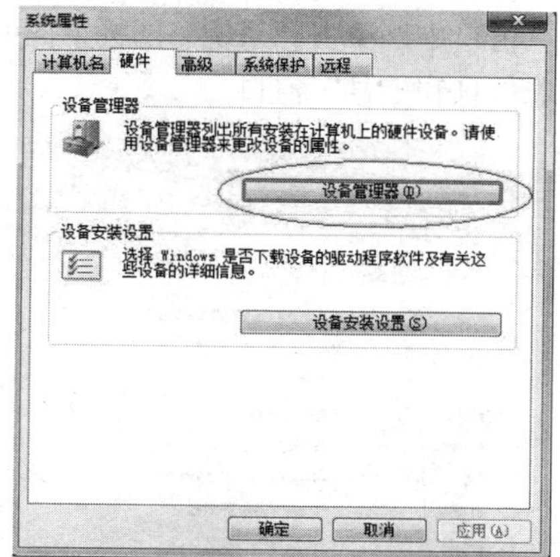

图 1-58　“系统属性”对话框

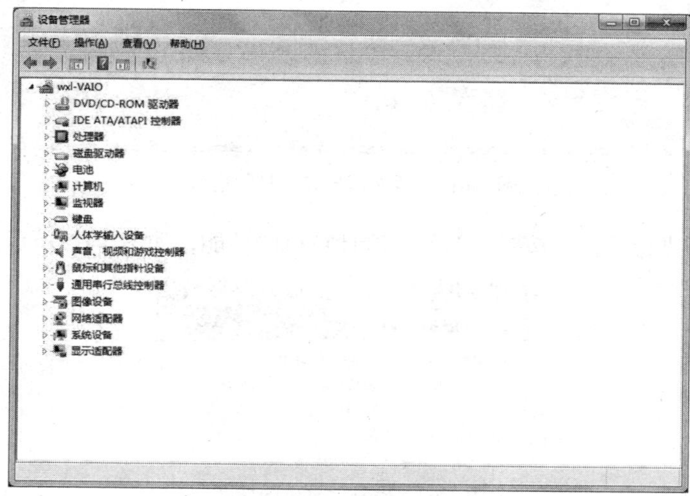

图 1-59　“设备管理器”窗口

1．打开控制面板，在分类视图中打开“系统和安全”窗口，如图 1-60 所示。

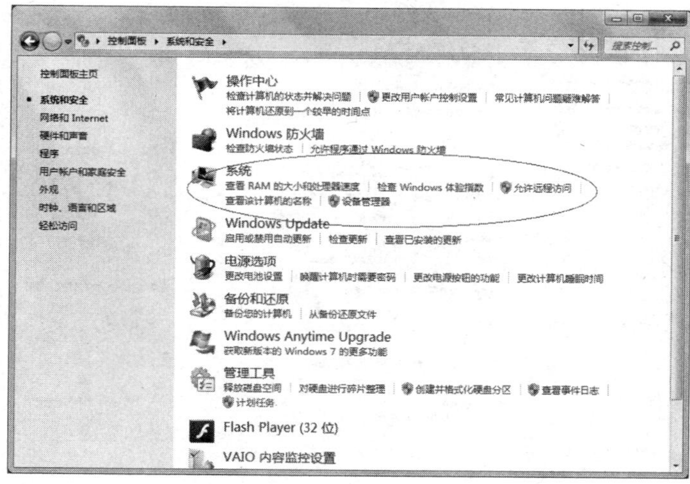

图 1-60　“系统和安全”窗口

2．在打开的“系统和安全”窗口中，单击“系统”图标下面的“检查 Windows 体检指数”选项，出现图 1-61 所示的“性能信息和工具”窗口。

图 1-61 “性能信息和工具”窗口

3．单击“重新进行评估”按钮，开始检测计算机的性能，如图 1-62 所示。

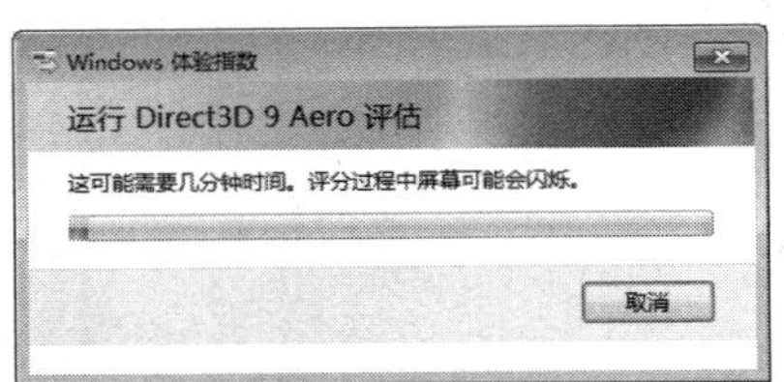

图 1-62 检测计算机的性能

4．检测完成后，在“性能信息和工具”窗口中将显示最新检测的计算机性能指数，如图 1-63 所示。

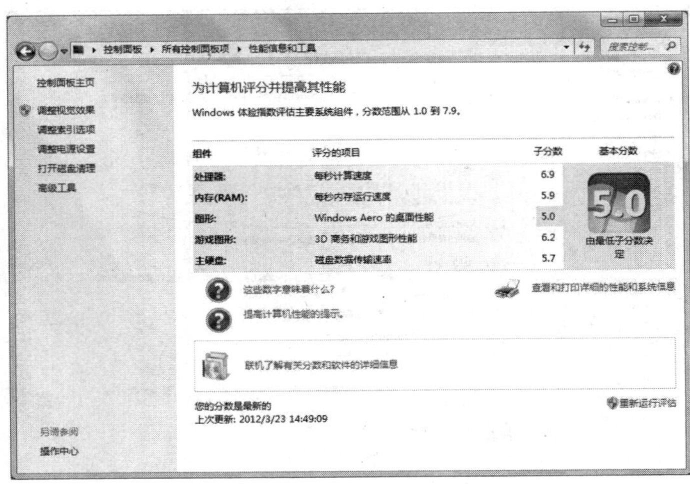

图 1-63 最新的计算机性能指数

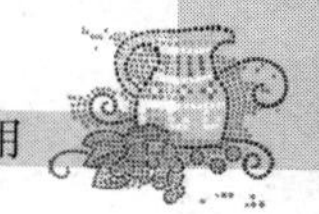

工序 13：整理磁盘碎片

1．单击“开始”菜单，执行“所有程序”→“附件”→“系统工具”命令，然后单击“磁盘碎片整理程序”，打开“磁盘碎片整理程序”对话框 ，如图 1-64 所示。

2．单击“配置计划”按钮，在弹出的“磁盘碎片整理程序：修改计划”对话框中，可以设置自动执行碎片整理任务的频率、日期、具体时间和磁盘。设置完成后单击“确定”按钮。

3．单击“磁盘碎片整理”按钮，立即开始对整个磁盘进行碎片整理工作。

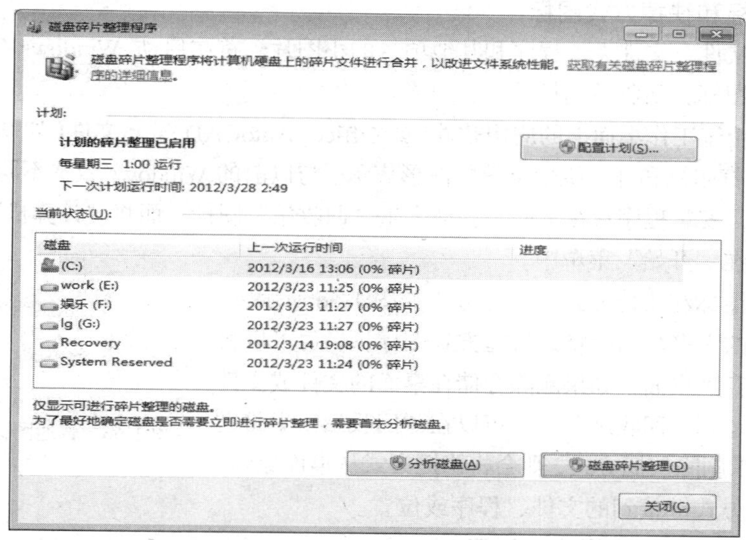

图 1-64　“磁盘碎片整理程序”对话框

【知识链接】

链接 1：认识桌面

桌面是打开计算机并登录到 Windows 之后看到的主屏幕区域。就像实际的桌面一样，它是工作的平台。打开程序或文件夹时，它们便会出现在桌面上。还可以将一些项目（如文件和文件夹）放在桌面上，并且随意排列它们（随意在桌面摆放图标是 Windows 7 的新功能）。如图 1-65 所示，这个界面就是 Windows 7 桌面，桌面的组成元素主要由桌面背景、图标、开始按钮和任务栏组成。

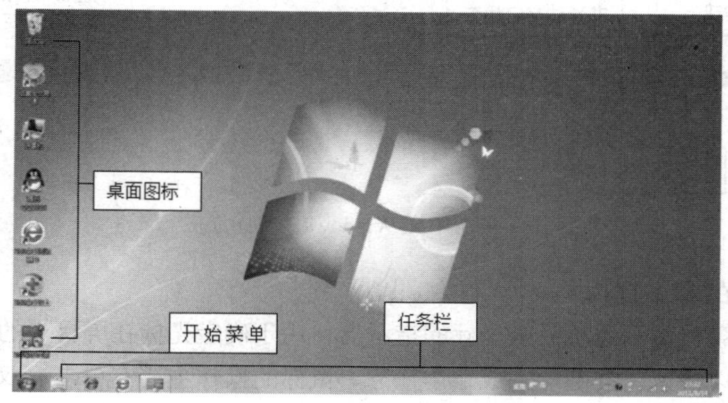

图 1-65　中文 Windows 7 操作系统的桌面

桌面包括任务栏，任务栏位于屏幕的底部，显示正在运行的程序，利用它可以在运行的程序之间进行切换。它还包含“开始”按钮，使用该按钮可以访问程序、文件夹和计算机设置。

在 Windows 7 中，用户能对自己的桌面进行更多的操作和个性化设置。屏幕背景可以是个人收集的数字图片、Windows 7 提供的图片、纯色或带有颜色框架的图片，也可以显示幻灯片图片。Windows 7 操作系统自带了很多漂亮的背景图片，用户可以从中选择自己喜欢的图片作为桌面背景，除此之外，用户还可以把自己收藏的精美图片设置为桌面背景。

链接 2：图标和快捷方式图标

图标是代表文件、文件夹、程序和其他项目的小图片。首次启动 Windows 7 时，将在桌面上至少看到一个图标：回收站图标。

桌面图标是位于工作桌面上的应用软件（如 Office、AutoCAD 等）、文件（如 Word 文档、Excel 文档、图形等）、打印机和计算机信息等的图形表示。与以前的 Windows 版本不同的是，Windows 7 安装结束之后，安装程序只在桌面上自动产生“回收站”图标，而将“计算机”、“网上邻居”等程序图标放置在“开始”菜单中。

图标有普通图标和快捷方式图标之分，如图 1-66 所示。

添加到桌面的大多数图标将是快捷方式图标，但也可以将文件或文件夹保存到桌面。如果删除存储在桌面的文件或文件夹，它们会被移动到“回收站”中，可以在“回收站”中将它们永久删除。如果删除快捷方式，则会将快捷方式从桌面删除，但不会删除快捷方式链接到的文件、程序或位置。

图 1-66　普通图标和快捷方式图标

链接 3：认识任务栏及操作的使用

任务栏是位于桌面最底部的长条。主要由“程序”区域和“通知”区域组成。与以前的操作系统相比，Windows 7 中的任务栏设计更加人性化，使用更加方便、灵活，功能更加强大，如图 1-67 所示。

中文 Windows 7 是一个多任务操作系统，可以同时启动多个程序，但是位于前台的任务只有一个。当一个应用程序被打开时，会在任务栏中出现一个表示该应用程序的按钮，任务栏上的每个按钮表示正在运行的一个程序或已打开的一个窗口。用户按 Alt+Tab 组合键可以在不同的窗口之间进行切换操作。

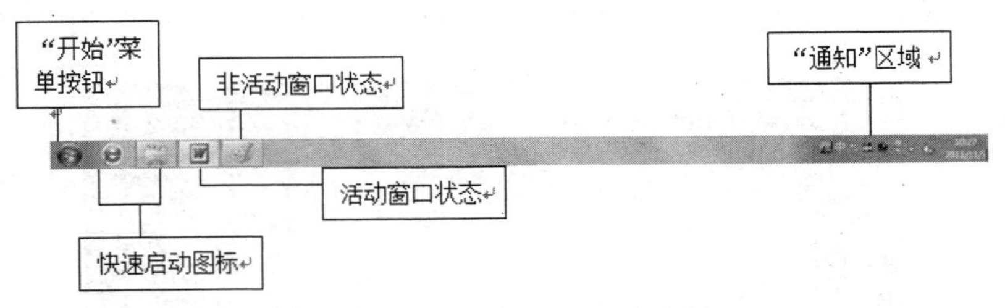

图 1-67　中文 Windows 7 的任务栏

链接 4：鼠标的基本操作

鼠标是定位计算机显示系统纵横坐标的指示器，用于确定光标在屏幕上的位置。在应用软件的支持下，鼠标可以快速、准确地完成某个任务。鼠标的操作主要有单击、双击、移动、拖动，并且可以与键盘组合使用。

要更改鼠标的属性，可在控制面板中选择鼠标，单击进入“鼠标属性”对话框，如图 1-68 所示。

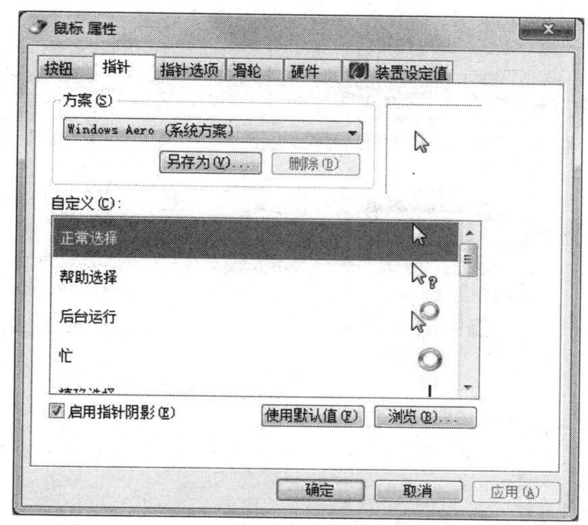

图 1-68　“鼠标属性”对话框

1. 指向：移动鼠标，让鼠标指针停留在某对象上。

2. 单击：鼠标指向某对象，按鼠标左键。

3. 右键单击：快速按下鼠标右键并释放。右键单击一般用于打开一个与操作相关的快捷菜单。

4. 双击：连续两次快速按下并释放鼠标左键。双击一般用于打开窗口，启动应用程序。

5. 拖动：按下鼠标左键，移动鼠标到指定位置，再释放按键的操作。拖动一般用于选择多个操作对象，复制或移动对象等。

6. 与键盘组合使用：当要选中一个或多个文件时，需要与键盘键结合使用。假如要选中多个文件，可按住 Ctrl 键的同时，单击需要选定的文件即可。再如，在浏览网页中，想再打开一个新的浏览页，可按 Shift 键，再进行鼠标操作。

在不同的鼠标操作状态下，就有不同的鼠标光标，如表 1-1 所示为中文 Windows 7 标准的鼠标光标形状及其意义。

表 1-1　鼠标光标形状及其意义

鼠标光标形状	意　义	鼠标光标形状	意　义
	标准选择		垂直调整
	帮助选择		水平调整
	后台操作		沿对角线调整 1
	忙		沿对角线调整 2
	精确定位		移动
	文本选择		候选
	不可用		链接选择

链接 5：认识窗口

窗口是 Windows 中使用最多的图形界面。大部分窗口都由相同的元素组成，最主要的元素包

括标题栏、地址栏、搜索框、工具栏、工作区等。

双击桌面上的“计算机”图标，打开的窗口就是 Windows 7 的一个标准窗口，如图 1-69 所示。

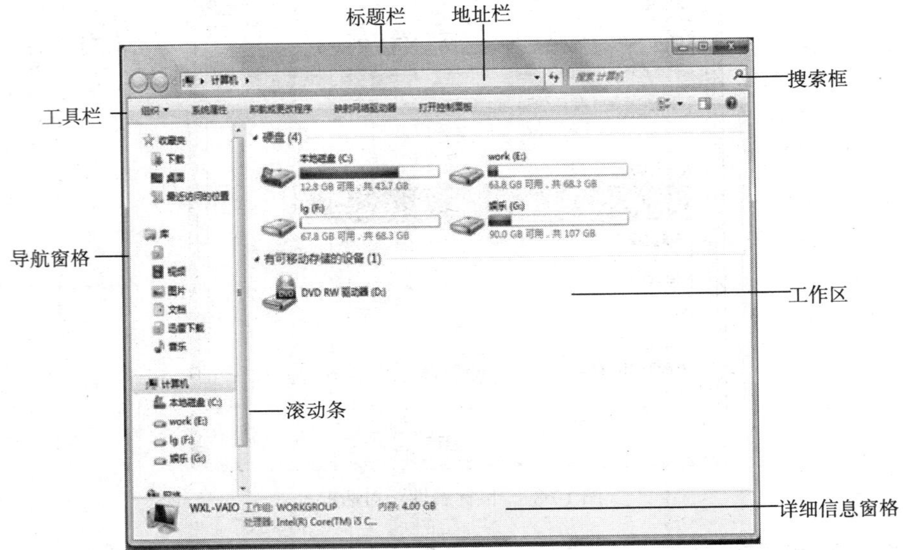

图 1-69　窗口的基本元素

1．标题栏

标题栏的最右边有 3 个按钮，用于改变窗口的尺寸。它们的功能分别为：单击第 1 个按钮是把窗口最小化；单击第 2 个按钮可以使窗口在最大和中等大小间转换；单击第 3 个带叉按钮是关闭窗口。另外，把鼠标放在标题栏的空白处，再单击鼠标右键会打开一个快捷菜单。用户可以选择对窗口进行移动、改变大小、最大化、最小化和关闭等操作。

2．地址栏

地址栏类似于网页中的地址栏，用于显示和输入当前窗口的地址（可在地址栏中输入网址，可在连网的情况下直接打开网站）。单击右侧的按钮▾，在弹出的列表中选择路径，方便用户快速浏览文件。

3．搜索栏

Windows 7 窗口右上角的搜索栏与“开始”菜单中标有“开始搜索”的搜索框的作用和用法相同，都具有在计算机中搜索各种文件的功能。

4．工具栏

地址栏的下方是工具栏，提供了一些基本工具和菜单任务。

5．导航窗格

导航窗格中提供了文件夹列表，它们以树状结构显示给用户，从而方便用户迅速定位所需的目标。

6．工作区

窗口内的区域为工作区，用户在这个区域内进行当前应用程序支持的操作。

7．详细信息窗格

本窗格用于显示当前操作的状态提示信息，或当前用户选定对象的详细信息。

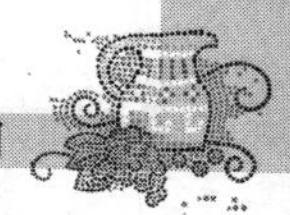

8．滚动条

若当前窗口不能显示所有的文件内容，可以将鼠标置于窗口的滚动条上，拖动鼠标以查看当前视图之处的窗口内容。

链接 6：帮助和支持中心

Windows 帮助和支持是 Windows 的内置帮助系统。在这里可以快速获取常见问题的答案、疑难解答提示以及操作执行说明。

若要打开 Windows“帮助和支持”，单击“开始”按钮，在菜单右侧框中单击“帮助和支持”。或者按 F1 键也可打开“帮助和支持中心”，如图 1-70 所示。

获得帮助的最快方法是在搜索框中键入一个或两个词。例如，若要获得有关无线网络的信息，输入“无线网络”，然后按回车键。将出现结果列表，其中最有用的结果显示在顶部。单击其中一个结果以阅读主题。

也可以获取最新的帮助内容，如果已连接到 Internet，将 Windows 帮助和支持设置为“联机帮助”。“联机帮助”包括新主题和现有主题的最新版本。

1．在“Windows 帮助和支持”窗口的工具栏上，单击“选项”，然后单击“设置”。

2．在“搜索结果”中选中“使用联机帮助改进搜索结果（推荐）”复选框，然后单击“确定”按钮。当连接到网络时，“帮助和支持”窗口的右下角将显示“联机帮助”一词。

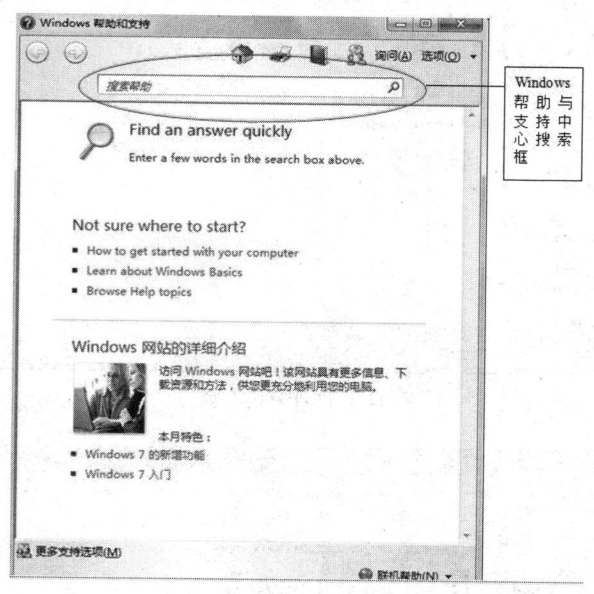

图 1-70　帮助和支持窗口

任务三　管理和使用 Windows 7 的文件及文件夹

【情景再现】

小乐已经对 Windows 7 的界面操作有了初步了解。现在很多东西都要用到电子文档，一大堆文

件如果不管理就显得杂乱无章，有时要找个文件都不知如何下手，现在就和小乐一起来管理计算机中的文件。

【任务实现】

工序 1：管理“计算机”与“资源管理器”

打开“计算机”窗口有如下两种方法。

1. 双击桌面上的“计算机”图标打开“计算机”窗口。

2. 可用 Win 键+ E 快捷键打开“计算机”窗口，如图 1-71 所示。

打开“资源管理器”窗口也有如下两种方法。

1. 单击“开始”→“所有程序”→“附件”→“Windows 资源管理器”命令可打开如图 1-72 所示的“资源管理器”窗口。

2. 在“开始”按钮上单击鼠标右键，在弹出的菜单中选择“打开 Windows 资源管理器”，即打开“资源管理器”窗口。

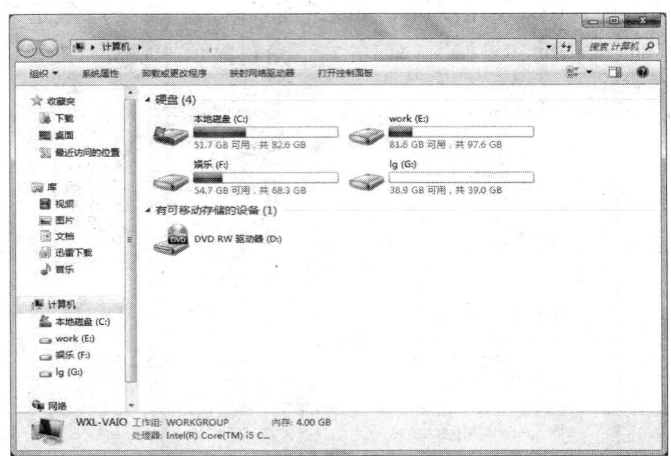

图 1-71 “计算机”窗口

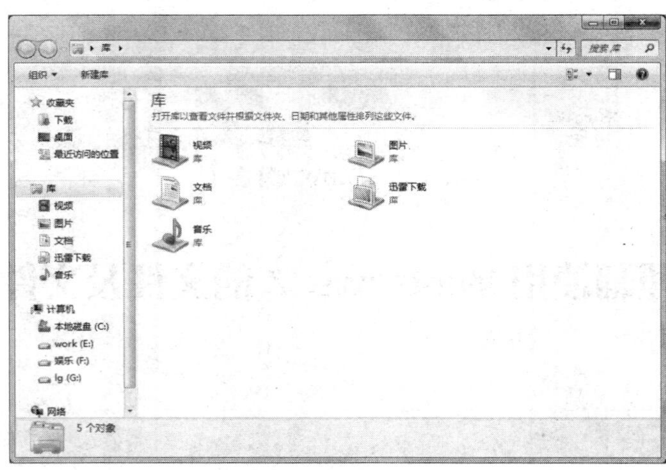

图 1-72 “资源管理器”窗口

工序 2：新建文件夹

1．在桌面上双击”计算机”图标，在打开的”计算机”窗口中双击“本地磁盘（E:）”项，打开硬盘驱动器 E，如图 1-73 所示。

图 1-73　依次双击打开 E 盘窗口

2．单击 E 盘窗口左上角“组织”旁的▾按钮，在弹出的下拉列表中，选择“布局”→“菜单栏”命令，如图 1-74 所示。

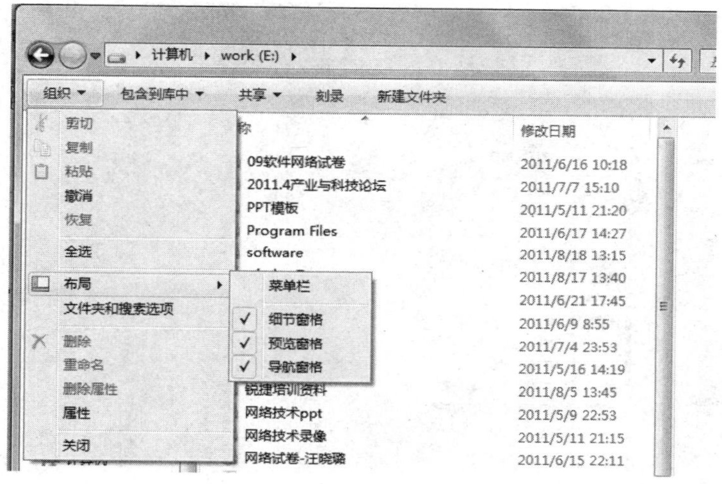

图 1-74　组织中的菜单栏

3．此时，工具栏上面多了一项，即“新建文件夹”。在菜单栏中单击“文件”按钮，在弹出的菜单中单击“新建”→“文件夹”命令，系统将创建一个新的文件夹，如图 1-75 所示。

图 1-75　“新建文件夹”项

以下是创建文件夹其他方法。

只需在窗口的工作区空白处单击鼠标右键，在弹出的快捷菜单中单击“新建”→“文件夹”命令即可创建新的文件夹，如图 1-76 所示。

工序 3：重命名文件和文件夹

当用户创建完文件或文件夹后，可以随时修改文件或文件夹的名称，以满足管理的需要。文件或文件夹重命名有以下 4 种方法。

1．通过菜单重命名文件或文件夹

选择需要重命名的文件或文件夹，然后单击“组织”按钮，在弹出的下拉菜单中选择“重命

名”命令，如图 1-77 所示，文件名呈现出反显状态（即可编辑状态），如图 1-78 所示，重新输入新的文件夹名，按回车键即可。

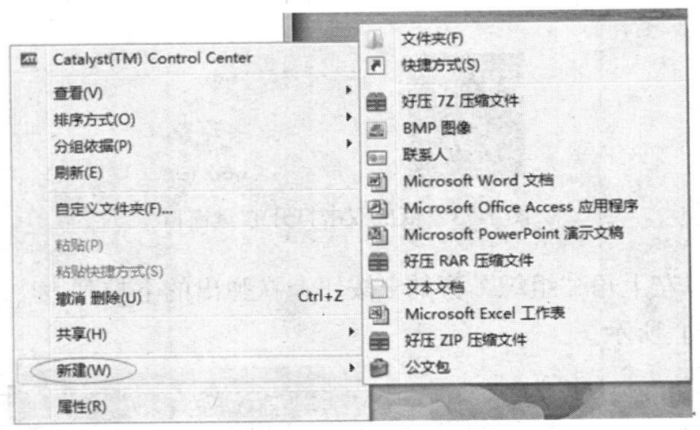

图 1-76　创建新文件夹

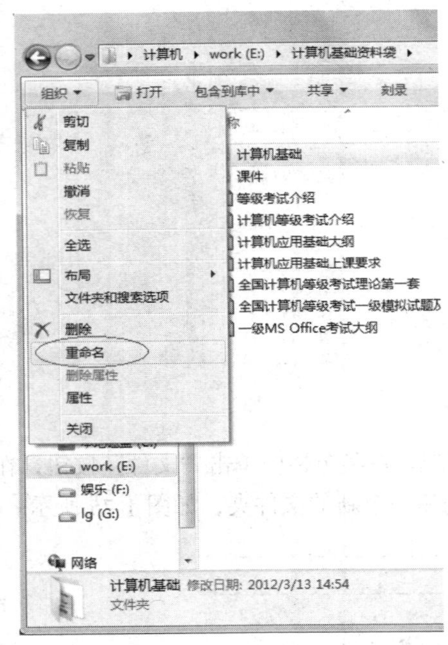

图 1-77　“重命名”命令

图 1-78　文件名反显状态

2．通过右键快捷菜单重命名文件或文件夹

选中需要重命名的文件或文件夹，然后单击鼠标右键，在弹出的快捷菜单中选择“重命名”命令。单击“重命名”命令后文件呈现反白显示状态，输入新的文件名称即可。

3．通过快捷键重命名文件或文件夹

选中需要进行重命名的文件或文件夹，按 F2 键，可看到文件名呈现反白显示状态，输入新的文件名称即可。

4．批量重命名文件

如果用户需要重命名相似的多个文件，可以使用批量重命名文件的方法，具体操作如下。

（1）在窗口中选中所有需要重命名的文件，单击“组织”选项，从弹出的下拉菜单中选择“重

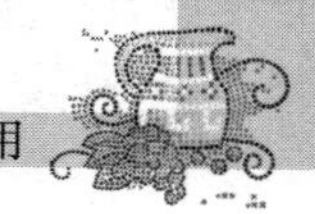

命名”命令，如图 1-79 所示。

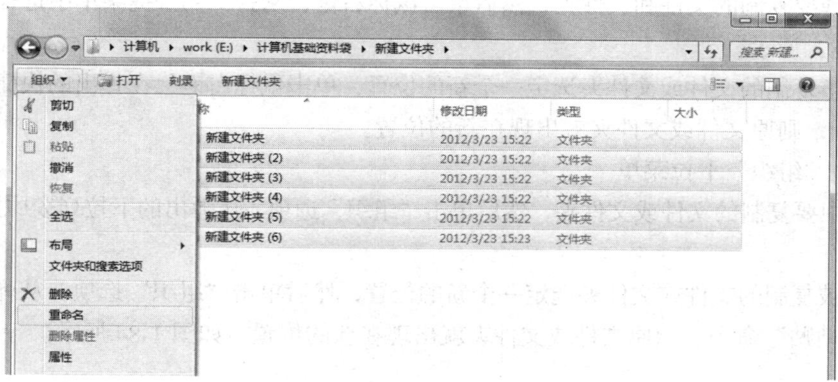

图 1-79　批量重命名文件

（2）这时所选文件中的第一个文件名称会呈现反白显示状态（即可编辑状态），如图 1-80 所示。

（3）直接输入新文件名，这里输入“计算机基础”，如图 1-81 所示。

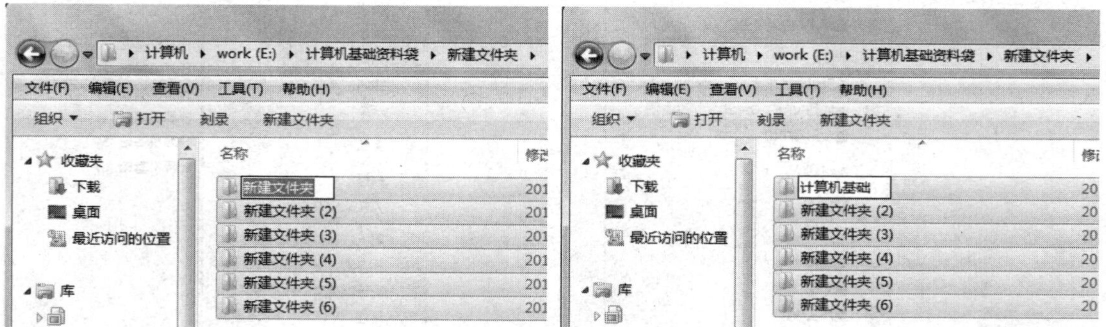

图 1-80　文件名呈反白显示状态　　　　图 1-81　输入新文件名

（4）在窗口空白处单击鼠标左键即可完成所选文件的批量重命名，如图 1-82 所示。

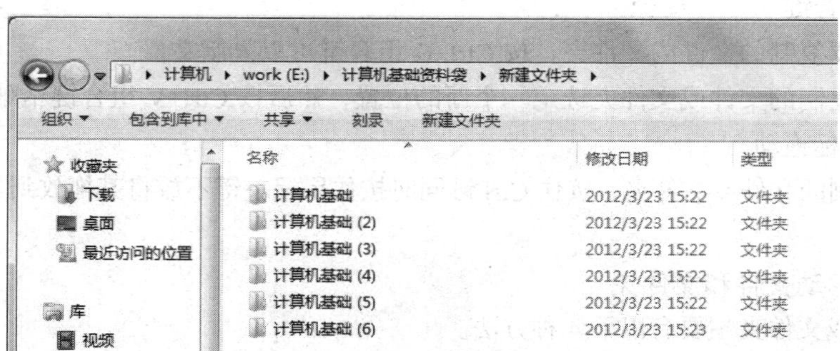

图 1-82　批量处理文件完成

工序 4：复制文件和文件夹

在工作中，为了防止文件损坏、系统出现问题或计算机中毒等原因造成的文件丢失，所以十分需要对文件数据进行备份。

文件和文件夹复制有以下 4 种方法。

1．使用右键快捷菜单

（1）选择要复制的文件和文件夹，然后单击鼠标右键，从弹出的快捷菜单中选择“复制”命令，如图 1-83 所示。

（2）为被复制的文件或文件夹选定一个新的位置，单击鼠标右键，在弹出的快捷菜单中选择“粘贴”命令，则原文件或文件夹就出现在新的位置。

2．使用“组织”下拉菜单

（1）选中要复制的文件或文件夹，然后单击“组织”选项，从弹出的下拉列表中选择“复制”命令。

（2）为被复制的文件或文件夹选定一个新的位置，然后单击“组织”选项，从弹出的下拉列表中选择“粘贴”命令。则原文件或文件夹就出现在新的位置，如图 1-84 所示。

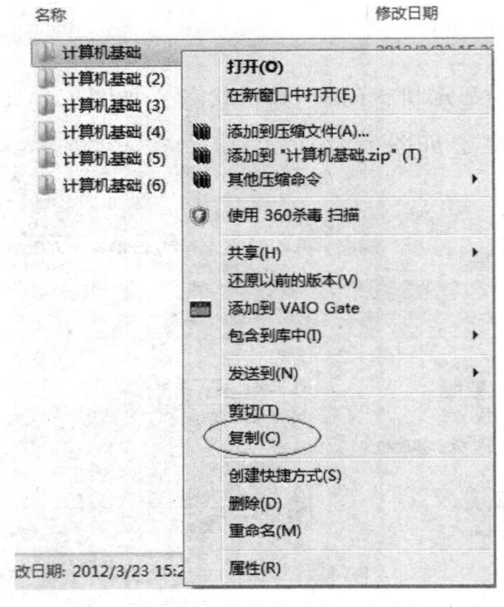

图 1-83　右键快捷菜单中选择“复制”命令

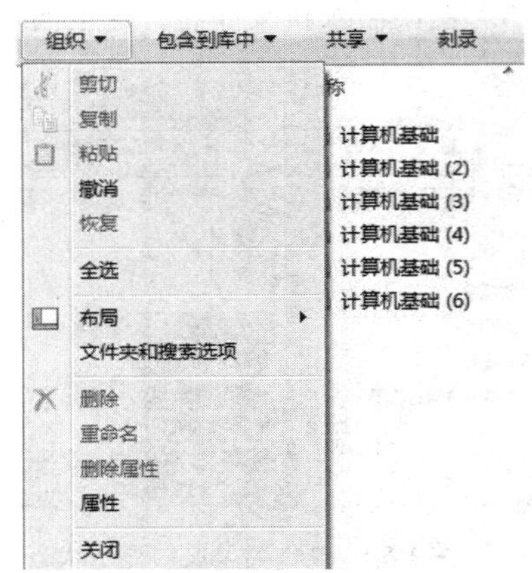

图 1-84　“组织”下拉菜单

3．使用组合键

（1）选中要复制的文件或文件夹，按 Ctrl+C 组合键可以复制文件。

（2）为被复制的文件或文件夹选定一个新的位置，然后按 Ctrl+V 组合键粘贴文件。

4．使用鼠标拖动

选中要复制的文件或文件夹，按住 Ctrl 键同时按住鼠标左键不放将其拖放到目标区域释放鼠标即可。

工序 5：移动文件和文件夹

移动文件或文件夹主要有以下 4 种方法。

1．使用右键快捷菜单

（1）选择要剪切的文件和文件夹，然后单击鼠标右键，从弹出的快捷菜单中选择“剪切”命令。

（2）为被复制的文件或文件夹选定一个新的位置，单击鼠标右键，在弹出的快捷菜单中选择“粘贴”命令，则原文件或文件夹就出现在新的位置。

2．使用“组织”下拉菜单

（1）选中剪切的文件或文件夹，然后单击“组织”选项，从弹出的下拉列表中选择“剪切”命令，如图 1-84 所示。

（2）为被剪切的文件或文件夹选定一个新的位置，然后单击“组织”选项，从弹出的下拉列表中选择“粘贴”命令。则原文件或文件夹的一个复件就出现在新位置的窗口中。

3．使用组合快捷键

（1）选中要移动的文件或文件夹，按 Ctrl+X 组合键可以剪切文件。

（2）为被剪切的文件或文件夹选定一个新的位置，然后按 Ctrl+V 组合键粘贴文件。

4．使用鼠标拖动

选中要移动的文件或文件夹，按住鼠标左键不放将其拖放到目标区域释放鼠标即可。

工序 6：删除文件夹和文件

为了保持计算机中文件系统的整洁有序，节约磁盘空间，可以做一些清理工作来保持计算机高效率地运行，如删除一些无用的文件或文件夹。删除文件或文件夹主要有以下 4 种方法。

1．使用“组织”下拉菜单

（1）选中要删除的文件或文件夹，然后单击“组织”选项，从弹出的下拉列表中选择“删除”命令。

（2）此时会弹出“删除文件夹”的对话框，单击“是”按钮，则将该文件夹发送到回收站中。

2．使用右键快捷菜单

（1）将鼠标指针移动到目标文件夹上。

（2）在文件夹图标上单击鼠标右键以显示快捷菜单。

（3）单击“删除”命令，在弹出的“删除文件夹”对话框中的“是”按钮，删除该文件夹，此时该文件夹发送到回收站中。

3．使用 Delete 键

选中要删除的文件或文件夹，然后按 Delete 键，将直接弹出如图 1-85 所示的“删除文件夹”对话框，单击“是”按钮，则将该文件夹发送到回收站中。

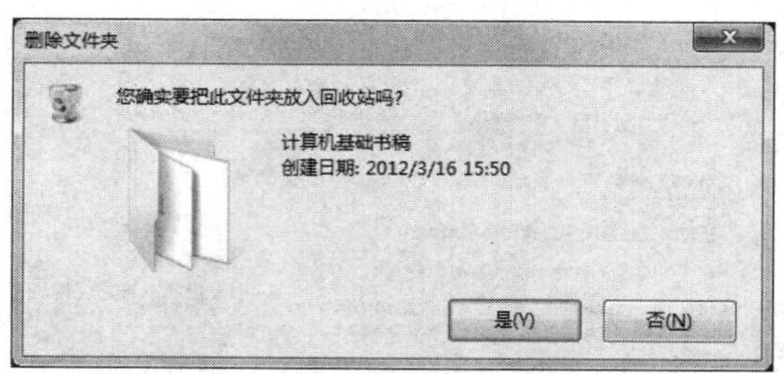

图 1-85　“删除文件夹”对话框

4．直接拖动法

将鼠标指针移动到要删除的文件或文件夹上，按住鼠标左键将鼠标移动到回收站的图标上，然后释放鼠标左键。

工序 7：使用回收站

1．删除回收站中的文件

（1）双击打开“回收站”。

（2）若要永久性删除某个文件，单击该文件，按 Delete 键，然后在弹出的对话框中单击“是”按钮。

（3）若要删除所有文件，在工具栏上单击“清空回收站”，然后在弹出的对话框中单击“是”按钮。

（4）也可用右键菜单的方式，在回收站图标上单击鼠标右键，出现图 1-86 所示的快捷菜单，单击“清空回收站”命令后在弹出的对话框中单击“是”按钮。

2．撤销删除

向回收站中发送文件并不是单向的，每个人都可能因为误操作而删除很重要的文件。回收站可以帮助挽回这类错误。

（1）双击“回收站”图标以显示回收站中的内容。

（2）单击选定的文件。

（3）再单击鼠标右键，选择“还原”命令，选定的文件则被还原到它们原来的位置。

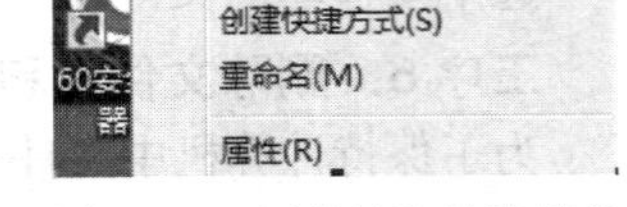

图 1-86 “回收站”快捷菜单

3．设置回收站的最大存储容量

如果想将回收站作为安全屏障，在其中保留所有删除的文件，则可以增加回收站的最大存储容量。

（1）在桌面上，右键单击“回收站”，然后单击“属性”命令。

（2）在“回收站位置”中，单击要更改的回收站位置（可能是 C 驱动器）。

（3）单击“自定义大小”，然后在“最大大小（MB）”文本框中输入回收站最大存储容量（以兆字节为单位）；

（4）单击“确定”按钮。

工序 8：保存文件

1．双击 IE 浏览器图标，打开浏览器窗口。

2．在“地址”栏中输入网页地址 http://tech.sina.com.cn/n/2011-10-31/09246253207.shtml，打开网页，内容如图 1-87 所示。

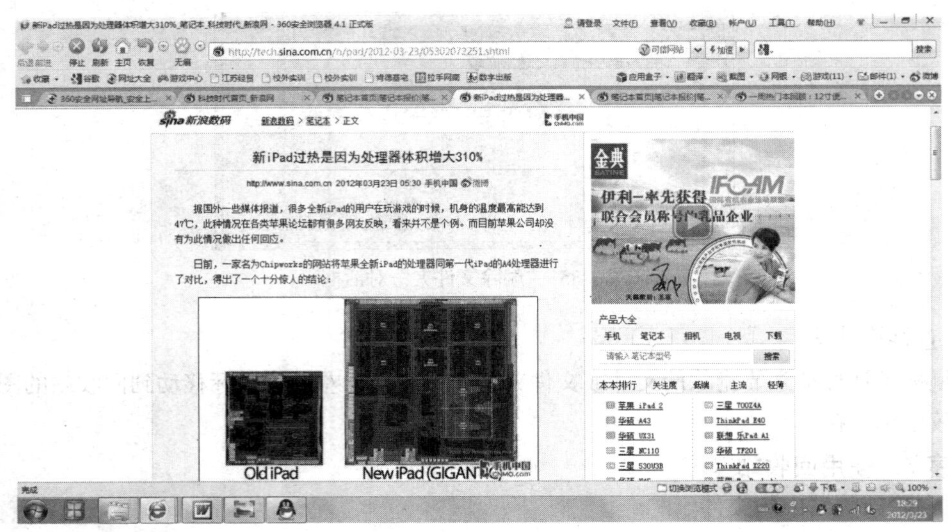

图 1-87 网页内容

3. 单击浏览器窗口的“文件”菜单项，从中选择“另存为”命令，打开“保存网页”对话框。

（1）文件保存位置：在“保存在”拉列表框中选择保存路径“E：\Windows 7\第一章图集”。

（2）文件名称：在“文件名”列表框中键入“新 ipad 过热是因为处理器体积增大 310%”。

（3）文件类型：在“保存类型”下拉列表框中选择“网页，全部（*. htm；*. html）”。

4. 单击“保存”按钮，完成该网页的保存操作，如图 1-88 所示。

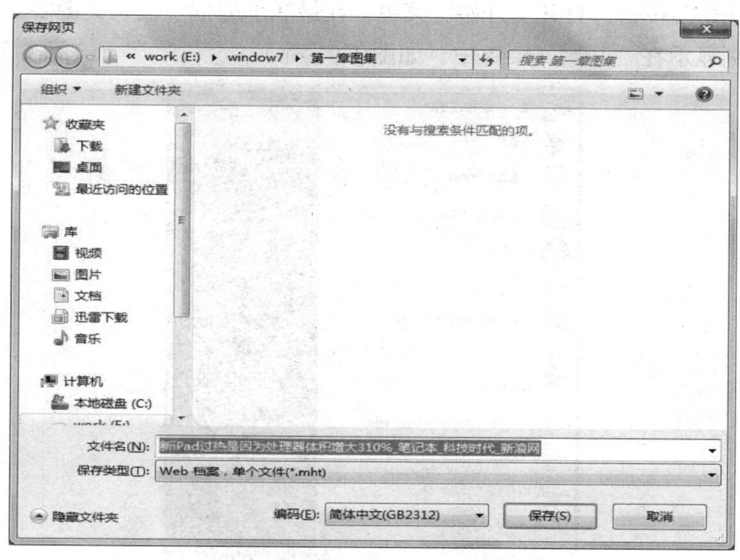

图 1-88　保存网页文件

工序 9：保存图片

1. 右键单击“笔记本电脑”图片，从打开的快捷菜单中选择“图片另存为”命令，打开“保存图片”对话框，如图 1-89 所示。

2. 选择保存路径为“库:\图片\我的图片”，文件名为“图片”，保存类型为“JPEG(*. jpg)”，如图 1-90 所示。

显示图片(H)
图片另存为(S)...
复制图片地址(M)
电子邮件图片(E)...
打印图片(I)...
转到图片收藏(G)
设置为背景(G)
设为桌面项(D)...

图 1-89　保存图片

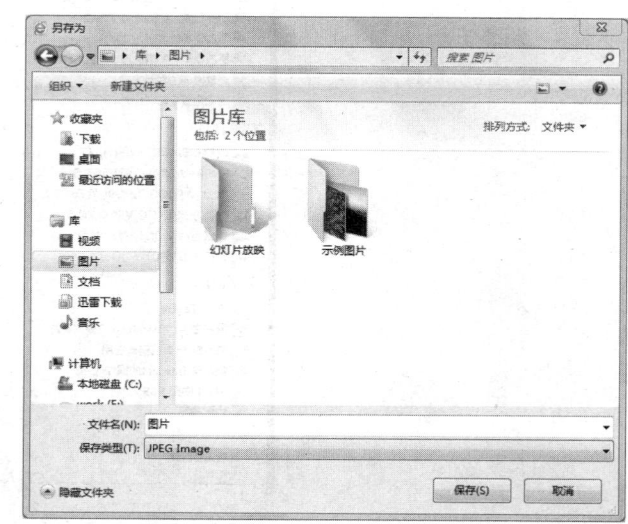

图 1-90　“保存图片”窗口

工序 10：查找文件

Windows 7 的搜索功能十分强大，搜索界面也更加人性化，用户可以在“计算机”、“Windows 资源管理器”和“开始”菜单中找到搜索功能。

搜索文件或文件夹有以下两种方法。

1．使用“开始”菜单搜索框

（1）单击“开始”按钮，打开“开始”菜单，在最底部的框中输入关键字，搜索结果在输入关键字之后会立刻显示在“开始”菜单中，如图 1-91 所示。

图 1-91 “开始”菜单中的“搜索”文本框

（2）如果在“开始”菜单中显示的搜索结果中没有要找的文件，可以单击“查看更多结果”选项，如果还没有找到目标文件，用户可以单击图 1-92 底部框中的选项，在以下范围内再搜索。

图 1-92 “开始”搜索框的搜索选项

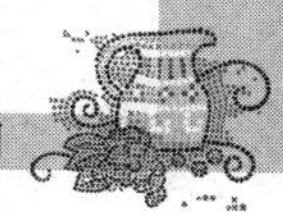

2．使用“计算机”窗口搜索

（1）打开“计算机”窗口，在窗口右上角的搜索框中输入查询的关键字即可进行搜索，如图 1-93 所示。如果想在某个特定的文件夹下进行搜索，必须先打开此文件夹。

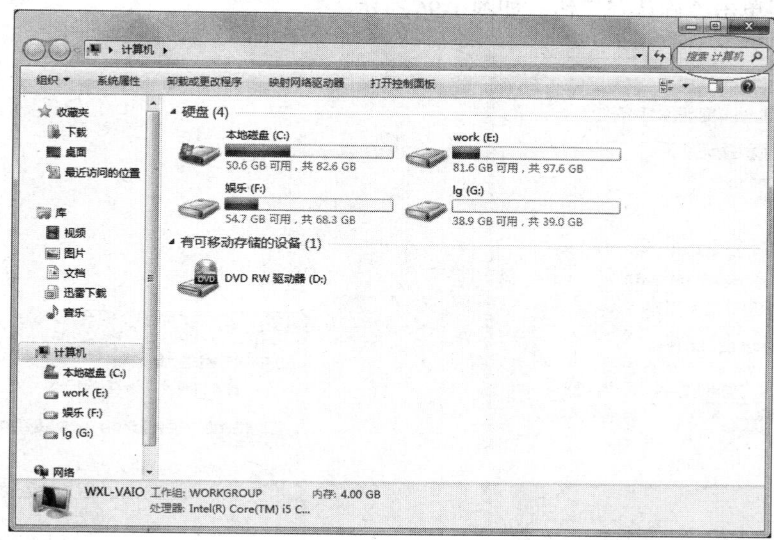

图 1-93　使用“计算机”窗口搜索

（2）用户可以单击搜索框启动“添加搜索筛选器”选项，以此来缩小搜索范围，如图 1-94 所示。

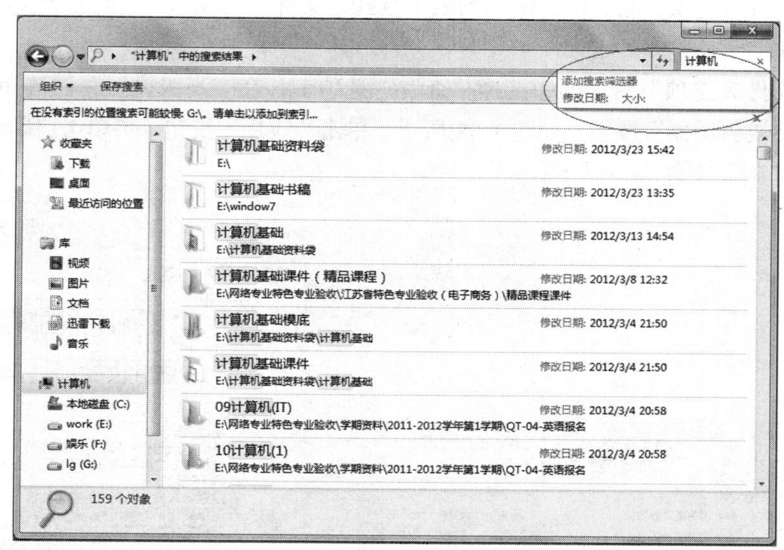

图 1-94　使用“添加搜索筛选器”

工序 11：隐藏与显示文件和文件夹

在实际使用计算机的过程中，用户希望有些文件夹不被别人看到，这时可以隐藏文件。当用户想看时，再将其显示出来。

1．隐藏文件夹——以“计算机基础资料袋”文件夹为例

（1）打开“计算机基础”文件夹属性对话框，勾选“隐藏”复选框，然后单击“应用”按钮，如图 1-95 所示。

（2）此时，弹出“确认属性更改”对话框，选择“将更改应用于此文件夹、子文件夹和文件”单选按钮，然后单击“确认”按钮，如图 1-96 所示。

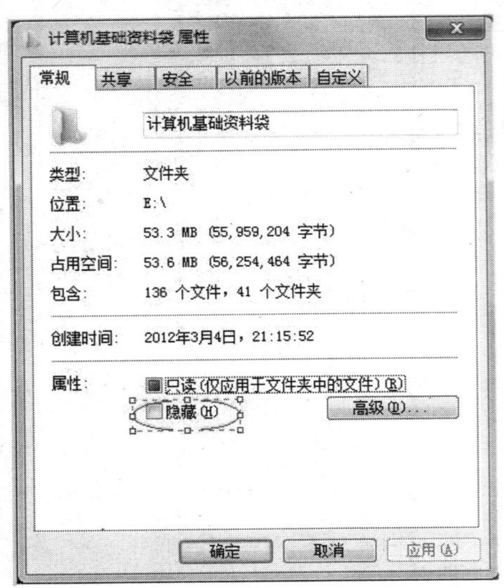

图 1-95　文件夹属性对话框

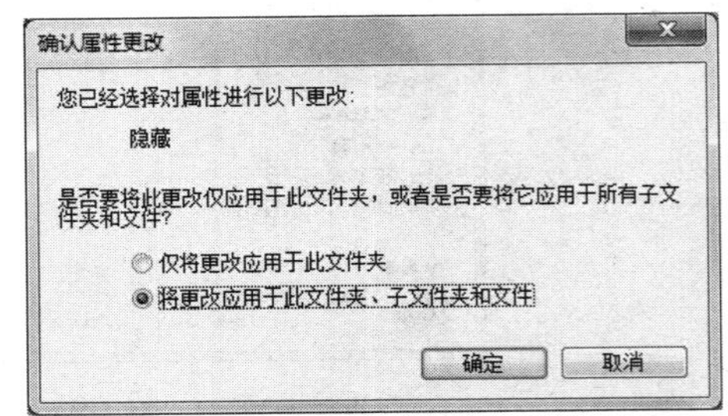

图 1-96　“确认属性更改”对话框

（3）返回文件夹属性对话框，单击“确定”按钮即可完成设置，此时文件夹为浅灰色。在菜单栏中单击“工具”选项，然后在弹出的列表中选择“文件夹选项”，即可打开“文件夹选项”对话框，如图 1-97 所示。

（4）在“文件夹选项”对话框中选择“查看”选项卡，在“高级设置”栏选择“不显示隐藏的文件、文件夹或驱动器”按钮，如图 1-98 所示。单击“应用”按钮，再单击“确定”按钮即可。此时“计算机基础”文件夹不见了。

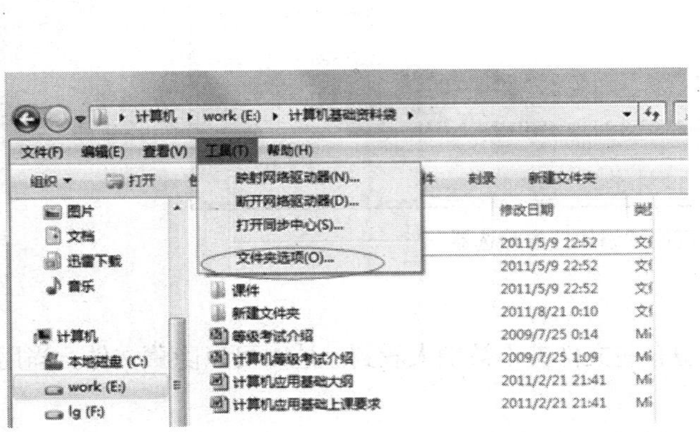

图 1-97　单击“工具”选项

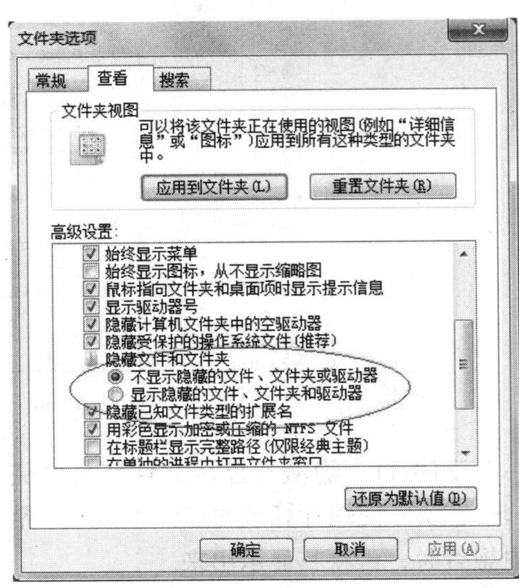

图 1-98　“文件夹选项”对话框

2．显示隐藏的文件夹——以“计算机基础”文件夹为例

（1）在菜单栏中单击“工具”选项，在下拉列表中选择“文件夹选项”，即可打开“文件夹选项”对话框。

（2）在“文件夹选项”中选择“查看”选项卡，在“高级设置”栏选择“显示隐藏的文件、文件夹或驱动器” 按钮，如图 1-99 所示。单击“应用”按钮，再单击“确定”按钮即可。此时“计算机基础”文件夹将显示出来，但仍是透明色。

（3）右键单击“计算机基础”文件夹，在属性对话框中取消“隐藏”复选框的勾选，然后单击“应用”按钮。此时弹出“确认属性更改”对话框，选择“将更改应用于此文件夹、子文件夹和文件”按钮，然后单击“确认”按钮，此时“计算机基础”文件夹将正常显示。

工序 12：更改文件和文件夹的“只读”属性

如果要求用户只能访问此文件，而不能对文件进行修改，那就涉及文件的“只读”属性。设置“只读”属性的具体操作步骤如下。

1．打开所选文件或文件夹的属性对话框，在“属性”对话框中勾选“只读”复选框，然后单击“应用”按钮即可，如图 1-100 所示。

图 1-99　目标文件夹为透明色

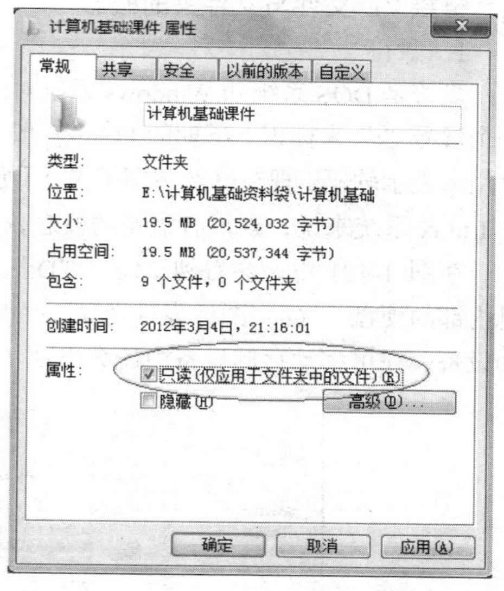

图 1-100　文件夹的属性对话框

2．此时，弹出“确认属性更改”对话框，选择“将更改应用于此文件夹、子文件夹和文件”按钮，然后单击“确认”按钮。

如需去掉“只读”属性，只需按照设置过程一样，把勾选的“只读”复选框取消即可。

【知识链接】

计算机操作或处理的对象是数据，而数据是以文件的形式储存在计算机的磁盘上。文件是数据的最小组织单位，而文件夹是存放文件的组织实体。在 Windows 7 中，用户可以很轻松地管理文件和文件夹。管理文件和文件夹的主要工具是“计算机”与“资源管理器”。

链接 1：“计算机”与“资源管理器”

Windows 7 中“计算机”窗口的功能相当于 Windows XP 系统中的“我的电脑”窗口，同样具有浏览和管理文件的功能。

资源管理器以目录的形式显示存储在计算机上的所有文件，通过它可以方便地对文件进行浏览、查看、移动、复制等操作，在一个窗口中用户可以浏览所有的磁盘、文件和文件夹。

从图 1-71 和图 1-72 中可以看出，“资源管理器”窗口与“计算机”窗口不仅在结构布局上相似，而且使用方法也完全相同。中文 Windows 7 的资源管理器提出了“库”的概念，打开 Windows 资源管理器首先看到的就是“库”文件夹，Windows 7 中的“库”为用户访问存储在计算机中的文件提供了统一的视图，用户不必牢记每一个文件放置在哪个盘上，方便了用户的操作和查找。Windows 7 的“库”主要包括“视频库”、“图片库”、“音乐库”“文档库”等。用户可以很方便地把所要存储的文件分类存储。

不论是在 Windows 资源管理器窗口还是在“计算机”的左侧树状窗口中，当鼠标靠近包含文件或子文件夹的目录时，包含子文件夹的所有文件夹中会自动出现标识◢，表示目录还有子目录，并且已经展开子目录。如果再单击◢标识，标识则变成▷并且子目录会被自动隐藏。

链接 2：文件与文件夹的概念

1. 盘符

盘符是 DOS 系统和 Windows 系统对于磁盘存储设备的标识符。一般使用 26 个英文字符加上一个冒号“:”来标识。早期的 PC 机一般装有两个软盘驱动器，所以，“A:”和“B:”这两个盘符就用来表示软驱（现在已经不用了）。而硬盘设备就是从字母“C:”开始一直到“Z:”。对于 UNIX 和 Linux 系统来说，则没有盘符的概念，但是目录和路径的概念是相同的。

在图 1-101 中，会看到“C:”、“D:”、“E:”和“F:”这 4 个图标都是一样的，它们表示计算机内部的硬盘，“G:”图标表示光盘。平时文件都保存在计算机的硬盘中。如果有 U 盘和其他移动设备，在可移动存储设备中还会出现“H:”、“I:”等图标。

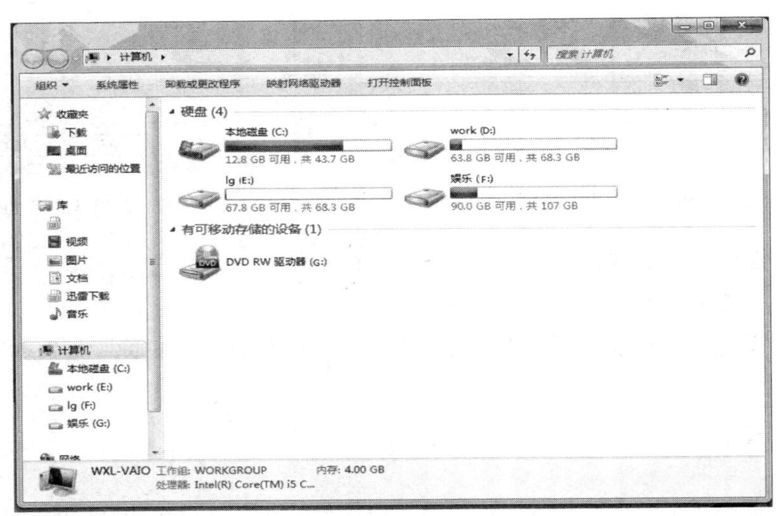

图 1-101　盘符

2. 文件

文件是 Windows 存取磁盘信息的基本单位，一个文件是磁盘上存储的信息的一个集合，可

以是文字、图片、影片和应用程序等。

3．文件及文件夹命名规则

（1）文件的种类是由主名和扩展名两部分来标识的，文件和文件夹名长度不超过 256 个字符，1 个汉字相当于 2 个字符。

（2）在文件和文件夹名中不能出现"\"、" /"、":"、"*"、"?"、"<"、">"、"|" 等字符。

（3）文件和文件夹名不区分大小写。

（4）每个文件都有扩展名（通常为 3 个字符），用来表示文件类型。文件夹名没有扩展名。

（5）同一个文件夹中文件、文件夹名不能重名。

一般情况下文件分为文本文件、图像文件、压缩文件、音频文件和视频文件等。表 1-2 所示为一些常用文件扩展名及其表示的文件类型。

表 1-2　文件扩展名及其文件类型

扩 展 名	文件类型	例　　子
.com	可执行文件	Command.com
.exe	可执行文件	Explorer.exe
.txt	纯文本文件	Readme.txt
.doc /.docx	Word 文档	计算机教程.doc
.xls	Excel 文档	工资表.xls
.ppt	PowerPoint 演示文稿文件	计算机基础知识.ppt
.dll	动态链接库	Hdk3ct32.dll
.bmp	位图文件	Bliss.bmp
.htm	网页文件	Index.htm
.pdf	Adobe Acrobat 文档	网络.pdf
.wma	声音文件	123.wma
.mp3	音频格式	爱.mp3
.rar 或.zip	压缩文件格式	计算机.rar 或计算机.zip
.wmv	视频文件	电影.wmv

4．文件夹

文件夹是用来存放文件的容器，以前习惯的称为目录，目前最流行的文件管理模式为树状结构，如图 1-102 所示。

每个文件夹都有自己的文件夹名，其命名规则与文件名的命名规则相同。

在每个磁盘上有一个根目录，它是在磁盘格式化时建立的，用"\"表示（根目录无法删除）。

链接 3：安装和使用打印机

打印机是计算机的输出设备之一，用于将计算机处理结果打印在相关介质上。常见的打印机有针式打印机、激光打印机和喷墨打印机和多功能一体机等。它们各有优点，满足各种用户的需求。

安装打印机的具体步骤如下。

1．把打印机的信号线与计算机的对应端口相连（一般是 LPT1 或 USB 接口），并且接通电源。

2．开机启动 Windows 7 系统，安装打印机相对应的型号的驱动程序。

3．单击“开始”按钮，在“开始菜单”中选择“控制面板”，在大图标下单击“打印机和设备”；在打开的“打印机”窗口单击“添加打印机”选项卡，选择“添加本地打印机”，单击“下一步”按钮，在弹出的“选择打印机端口”页面，选择“使用现有端口”选项卡，在弹出的“安装打印机驱动程序”页面中，选择打印机型号，厂商名称等内容，按提示步骤一步步的完成，如图 1-103 所示。

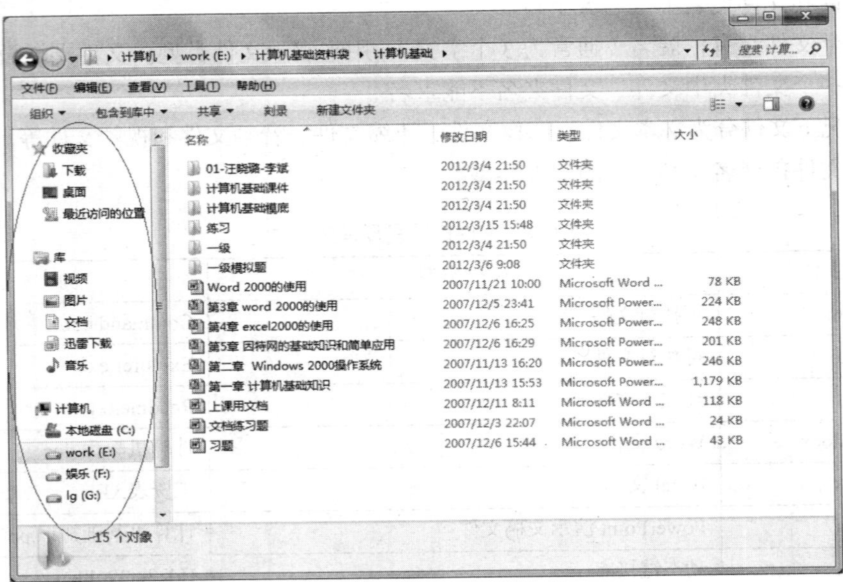

图 1-102　文件夹

图 1-103　“设备和打印机”窗口

4．安装好打印机后，在要设置为默认打印机的图标上点击鼠标右键，在弹出的快捷菜单中选择“设置为默认打印机”，会发现“√”标记移到了这台打印机上。

5．选择“打印测试页”，以确定打印机安装是否正确。

6．设置打印机属性，可在“打印机”窗口中单击安装后的打印机，在菜单栏中选择“打印服务器属性”选项，可打开“打印机服务器属性”对话框，在对话框中可以设置纸张和样式、纸张来源、打印质量，如图 1-104 所示。

7．打开“打印机和传真”窗口，双击要管理的打印机，打开该打印机窗口（如果此打印机有打印作业，会出现打印作业列表），如图 1-105 所示。

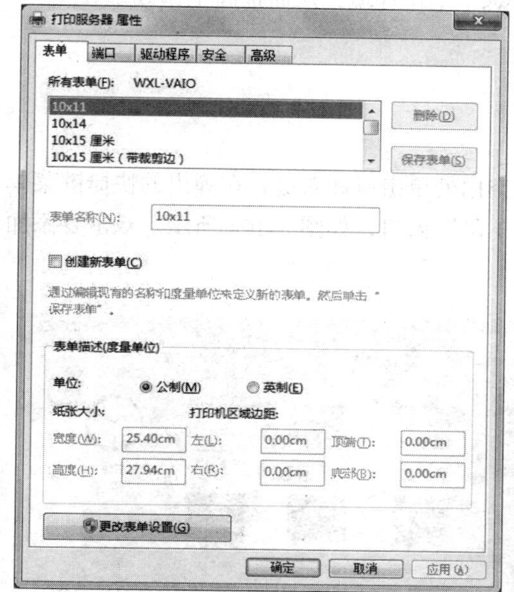

图 1-104　“打印机服务器属性”对话框

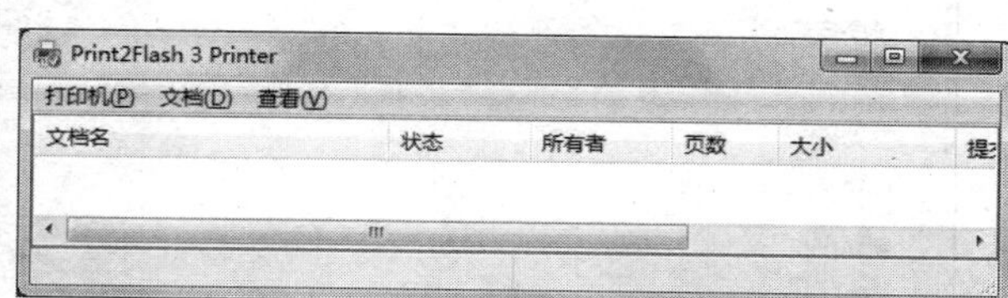

图 1-105　管理打印作业

8．单击“文件”菜单项，在其下拉菜单中可有“连接”、“设为默认打印机”、“暂停打印”、“取消所有文档”、“共享”、“脱机使用打印机”、“属性”等选择项。

9．如果打印机中有作业正在运行，可选择“暂停”来暂时停止打印，选择“取消所有文档”可将打印机中的作业删除，如图 1-106 所示。

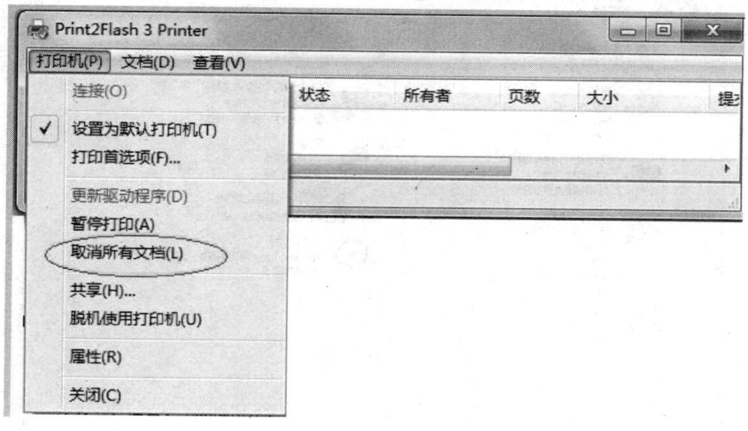

图 1-106　取消打印作业

任务四　设置个性化工作环境

【情景再现】

小乐学会了计算机的基本操作后，已经掌握了 Windows 7 的基本功能，于是自己买了台电脑。她为了体现自己的个性，想要一个与众不同的 Windows 7 工作环境，从而提高工作效率。

【任务实现】

工序 1：添加桌面小工具

向桌面添加这些小工具的方法十分简单。在桌面空白处单击鼠标右键，在弹出的快捷键菜单中选择“小工具”命令，如图 1-107 所示。打开“小工具”窗口，如图 1-108 所示。双击要添加的小工具，桌面上将出现某个小工具的图标。

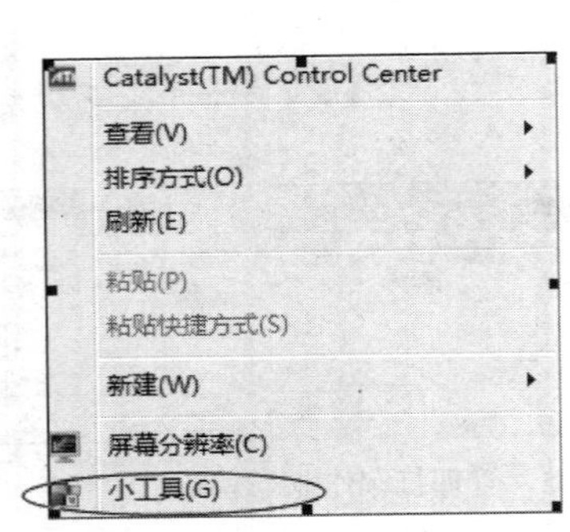

图 1-107　快捷键菜单

图 1-108　“小工具”窗口

工序 2：设置控制面板窗口

1. 进入“开始”菜单，打开“控制面板”窗口，如图 1-109 所示。

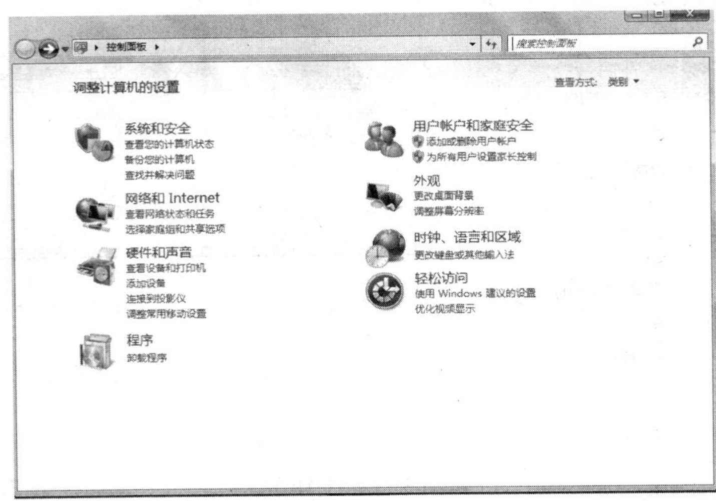

图 1-109　“控制面板”窗口

2．单击“查看方式”按钮，如图 1-110 所示。有 3 种控制面板样式：分类视图、大图标视图、小图标视图效果分别如图 1-109、图 1-111 和图 1-112 所示。

3．将鼠标指针指向这个项目的图标或名称，在该项目旁会出现这个项目的详细含义，如果要打开这个项目，单击这个项目的图标或名称即可。

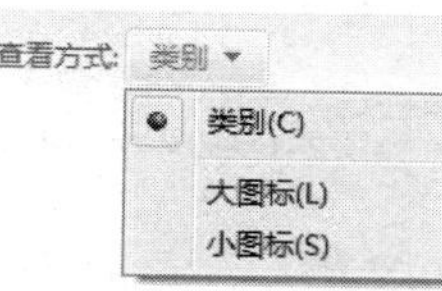

图 1-110　查看方式

图 1-111　“控制面板”大图标窗口

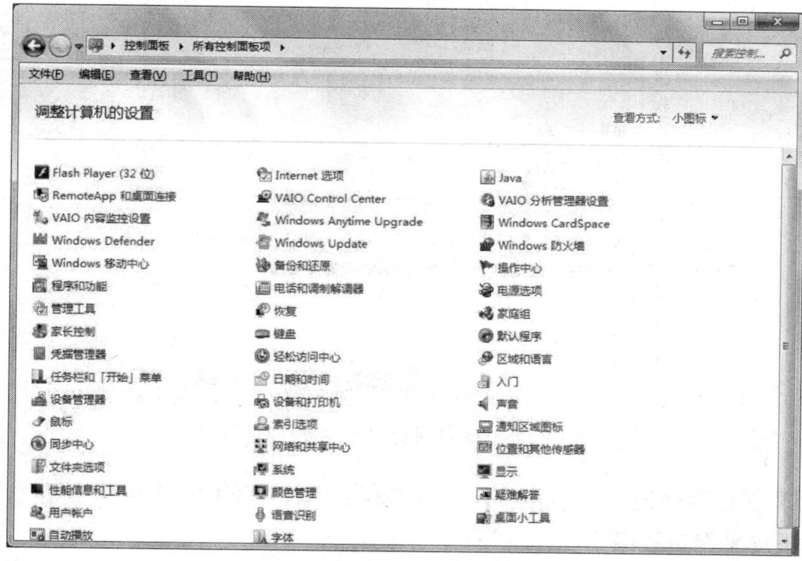

图 1-112　“控制面板”小图标窗口

工序 3：设置个性化的屏幕保护程序

1. 执行“开始”→“控制面板”命令，在大图标或小图标的状态下打开“显示”图标，会出现图 1-113 所示的“显示”窗口。

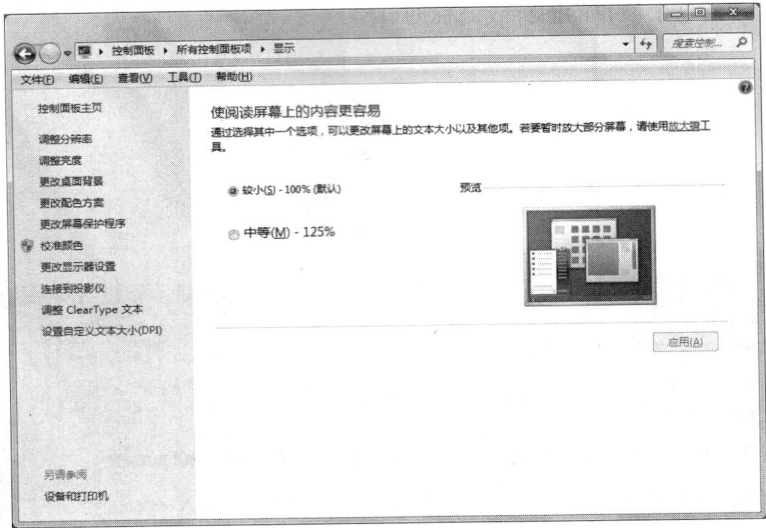

图 1-113 “显示”窗口

2. 在左边的列表框中单击“更改屏幕保护程序”选项，打开“屏幕保护程序设置”对话框，如图 1-114 所示。

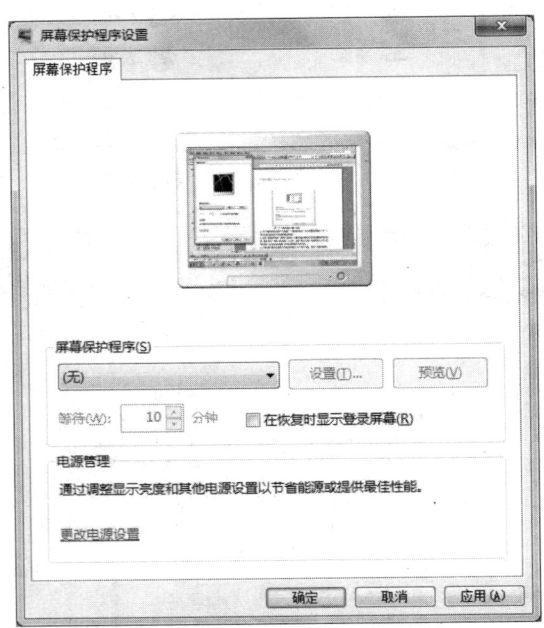

图 1-114 “屏幕保护程序设置”对话框

3. 在“屏幕保护程序设置”对话框中，“屏幕保护程序”下拉列表框为“无”，表示计算机当前状态为未设置屏幕保护程序。

4. 单击“屏幕保护程序”列表的下拉按钮，会看到当前计算机所有可用的屏幕保护程序列表，

选择“照片”选项，如图 1-115 所示。单击“预览”按钮，会看到照片以幻灯片的形式放映，移动鼠标或任意键，即可结束屏幕保护程序预览。

5. 设置计算机在闲置多长时间后启用屏保，在“等待”框中，选择上下键按钮设置，例如 1min。

6. 如果想为自己的计算机设置保护，可以勾选“在恢复时显示登录屏幕”复选框。下次登录时会需要键入密码才能进入。

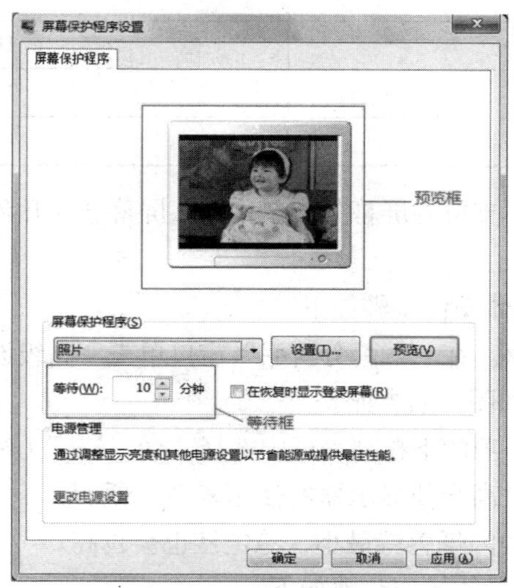

图 1-115　“照片”屏幕保护

工序 4：设置屏幕分辨率、刷新率和色彩

计算机显示画面的质量与屏幕分辨率和刷新频率息息相关。分辨率是指显示器所能显示点的数量，设置刷新频率主要是防止屏幕出现闪屏现象。

1. 设置屏幕分辨率，具体操作步骤如下。

（1）在桌面单击鼠标右键，从弹出的快捷菜单中选择“屏幕分辨率”选项，打开“屏幕分辨率”窗口，如图 1-116 所示。

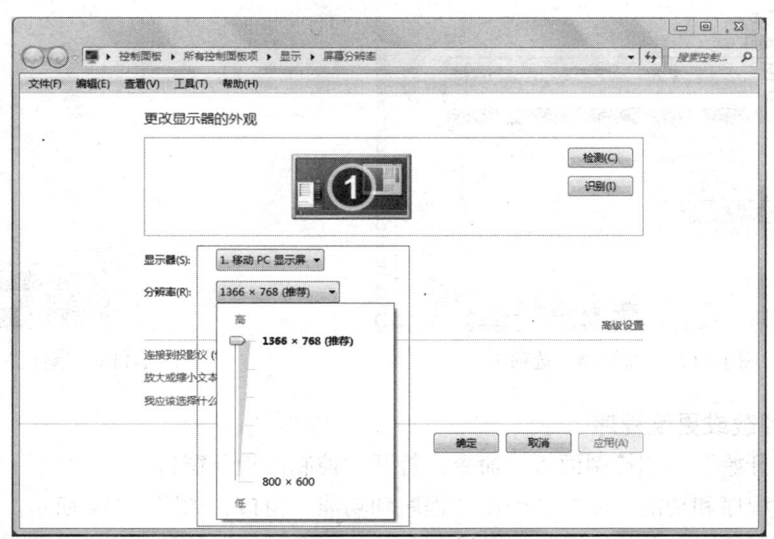

图 1-116　“屏幕分辨率”选项卡

（2）在“分辨率”下拉菜单中选择屏幕分辨率，通过拖动滑杆来设置分辨率。

表 1-3 所示为屏幕大小与其对应的屏幕分辨率，以供参考。

表 1–3 分辨率与屏幕大小对应关系

屏幕大小	分辨率
19 英寸	1280×1024
20 英寸	1600×1200
22 英寸	1680×1050
24 英寸	1900×1200

如果将监视器设置为其不支持的屏幕分辨率，那么屏幕会在几秒钟内变成黑色，然后还原为原来的分辨率。

2．设置屏幕刷新率，具体操作步骤如下。

（1）修改显示器刷新频率。在“屏幕分辨率”窗口单击“高级设置”按钮。在弹出的对话框中选择“监视器”选项卡，如图 1-117 所示。

（2）在“屏幕刷新频率”项的下拉列表框中选择“60 赫兹”（笔记本电脑屏幕刷新频率只能设置为 60Hz）。屏幕刷新率过高会使显示器的使用寿命降低。

屏幕刷新率越高，人眼的闪烁感就最小，稳定性也会越高。

3．调整显示器的色彩，具体操作步骤如下。

（1）在“监视器”选项卡中选择“颜色”下拉列表。

（2）从列表框中选择“真彩色（32 位）”，可使显示器的显示颜色更加丰富，如图 1-118 所示。

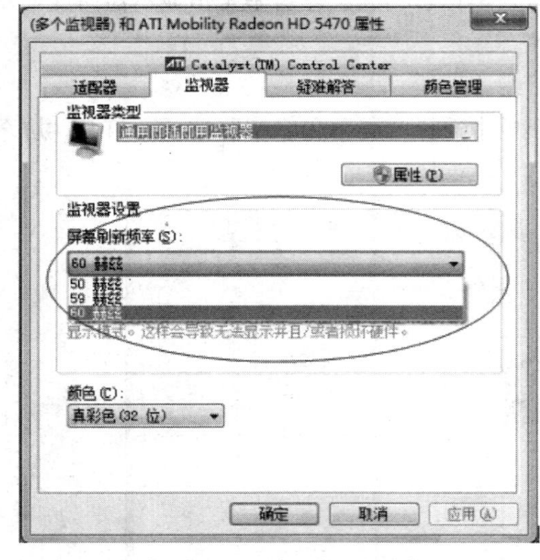

图 1-117 “监视器”选项卡

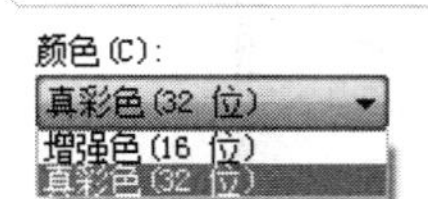

图 1-118 “颜色”下拉列表框

工序 5：卸载或更改程序

1．执行“开始”→“控制面板”命令，打开“控制面板”窗口。

2．双击“程序和功能”图标，弹出“程序和功能”窗口，如图 1-119 所示。

3．单击选择程序，在“组织”一栏就会出现“卸载/更改”按钮，也可右键单击选择“卸载/

更改”按钮，此时会跳出一个对话框，询问卸载的原因，选择一个卸载原因，如图 1-120 所示。

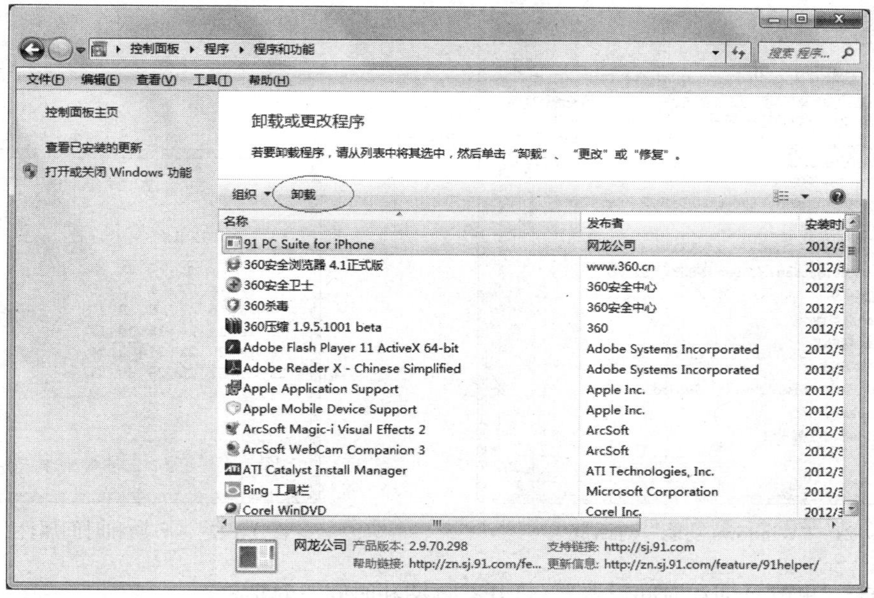

图 1-119　“程序和功能”窗口

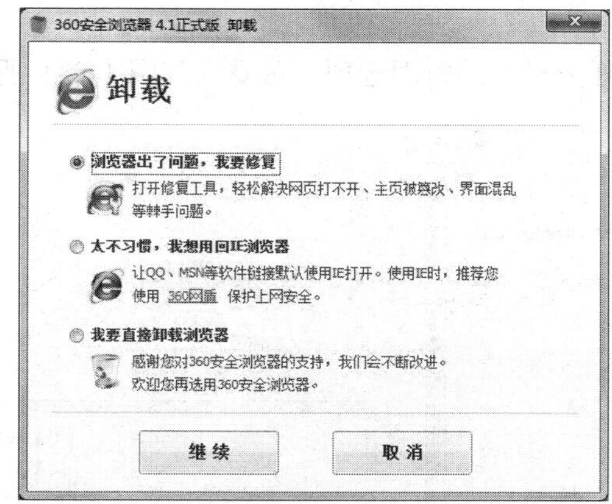

图 1-120　卸载浏览器

4．按照提示一步步进行，就可以将此程序彻底地更改或删除。

工序 6：添加删除 Windows 组件

1．执行“开始”→“控制面板”命令，打开“控制面板”窗口。

2．双击“程序和功能”图标，弹出“程序和功能”窗口。

3．在左边选项栏中单击“打开或关闭 Windows 功能”，会弹出如图 1-121 所示的对话框。在弹出对话框的列表中，在勾选需要安装的组件，单击“确定”按钮。

工序 7：设置日期、时间和时区

当计算机启动后，在任务栏的通知区域可以看到系统的当前时间。用户可以根据需要重新设置系统的日期和时间。

1．单击任务栏右下角的“日期/时间”选项，或者在“开始”菜单中打开“控制面板”，双击

“日期和时间”图标，打开“日期和时间”对话框，如图 1-122 所示。

图 1-121 “Windows 功能”对话框

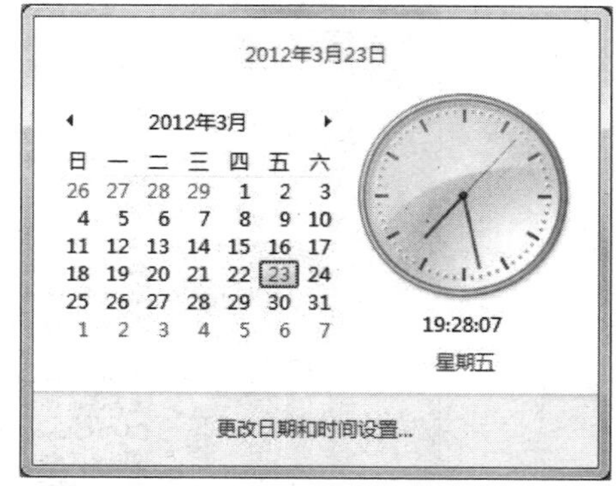

图 1-122 “日期和时间属性”对话框

2．单击“更改日期和时间设置”，打开“日期和时间”对话框。

在 Windows 7 操作系统中，可以设置多个时钟，也就是说可以同时查看多个不同时区的时间，如图 1-123 所示。

3．设置完成后，单击任务栏上的时间选项，可看到如图 1-124 所示的时钟。

图 1-123 “日期和时间”对话框

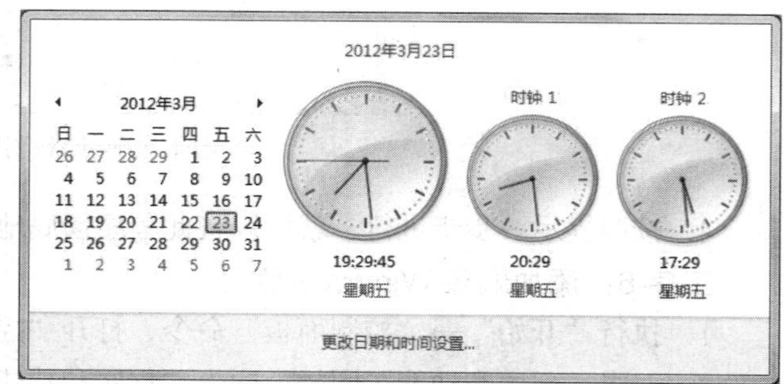

图 1-124 多个时钟窗口

工序 8：设置 Windows 7 字体

字体是数字、符号和字符的集合。字体描述了特定的字样和其他特性，如大小、间距和跨度。Windows 7 中有些字体是系统自带的，比如说 TrueType 字体和 OpenType 字体。它们适用于各种计算机、打印机和程序。有些字体是跟随其他应用程序一起安装的。字体的种类越多，可以选择的余地越大。

1．设置字体

（1）在控制面板大图标视图中双击"字体"图标，即可进入"字体"窗口，如图 1-125 所示。

图 1-125　"字体"窗口

（2）单击左侧区域的"字体设置"，即可进入"字体设置"窗口，如图 1-126 所示。

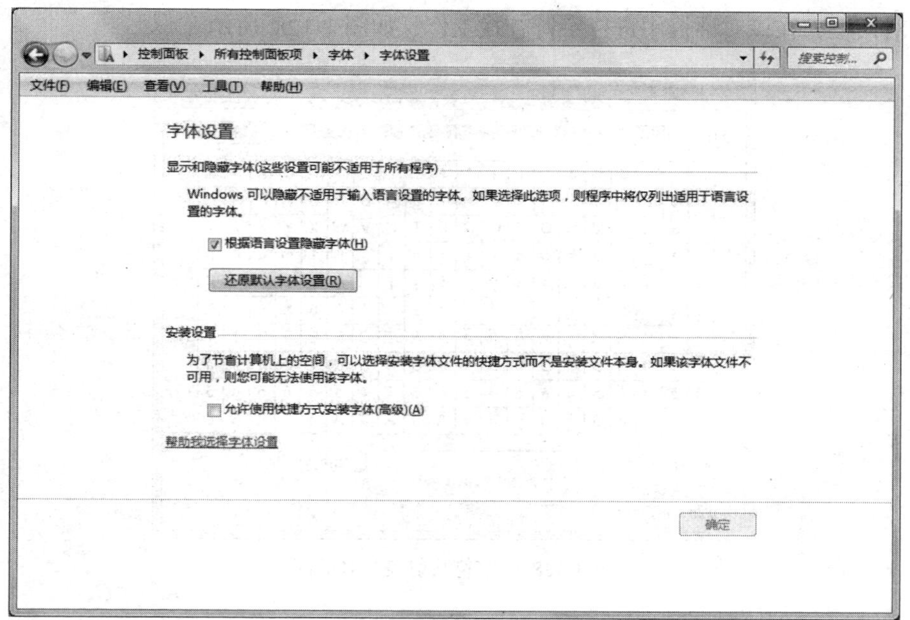

图 1-126　"字体设置"窗口

2．安装字体

Windows 7 系统提供了多种字体，而对于一些对字体有特殊要求的用户，还需要用户自己添

加一些字体。

在“添加字体”对话框，找到需要安装的字体后右键单击要安装的字体，然后单击“安装”按钮。还可以通过将字体拖动到“字体”控制面板来安装字体，如图 1-127 所示。

图 1-127 “添加字体”对话框

3．删除字体

（1）单击打开“字体”对话框。

（2）单击要删除的字体。若要一次选择多种字体，在单击每种字体时按住 Ctrl 键。

（3）在工具栏中，单击“删除”按钮。

4．查找字符

Windows 7 提供查找字符功能，单击图 1-125 左侧区域的“查找字符”按钮即可显示“字符映射表”对话框，在该对话框中进行字符查找工作，如图 1-128 所示。

图 1-128 “字符映射表”对话框

工序 9：用户账户管理

不同的用户对计算机使用的需求不同，系统将用户账户分为 3 种类型，并为不同的用户提供了不同的计算机控制级别。Windows 7 有强大的管理机制，可限制用户更改系统设置，以确保计算机的安全。

- 管理员账户。此类用户拥有最高极限，可以在系统内进行任何操作，如更改安全设置、安装软件和硬件，或者更改其他用户账户等。
- 标准账户。此类用户可以使用计算机上安装的大多数程序和功能，但在进行一些会影响其他用户的操作时，要经过管理员的许可。
- 来宾账户。这是 Windows 为临时用户所设立的账户类型，可供任何人使用，其权限也比较低。例如，来宾用户无法访问其他用户的个人文件夹，无法安装软硬件或更改系统设置等。

1．创建用户账户

（1）执行“开始”菜单→“控制面板”命令，打开“控制面板”窗口。

（2）在分类视图下，单击“用户账户和家庭安全”选项，会弹出如图 1-129 所示的“用户账户和家庭安全”窗口，在“用户账户”区域内选择“添加或删除用户账户”选项。

图 1-129　用户账户主页窗口

（3）在弹出的“管理账户”窗口内，列出了当前系统内的账户信息。在该窗口内单击“创建一个新账户”按钮，弹出“创建新账户”窗口，如图 1-130 所示。

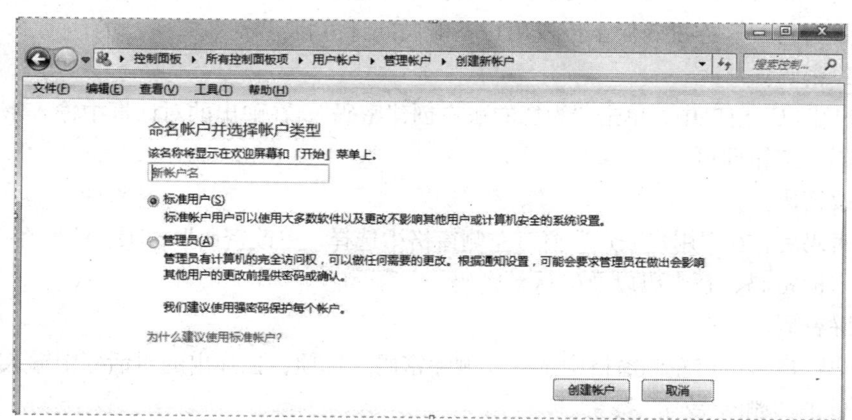

图 1-130　“创建新账户”窗口

2．更改账户

（1）在“用户账户”窗口中，选择“更改账户名称”选项，如 1-131 所示。

（2）在弹出的“更改名称”窗口中，在“新账户名”文本框中输入一个新账户名，单击“更

改名称”按钮即可，如图 1-132 所示。

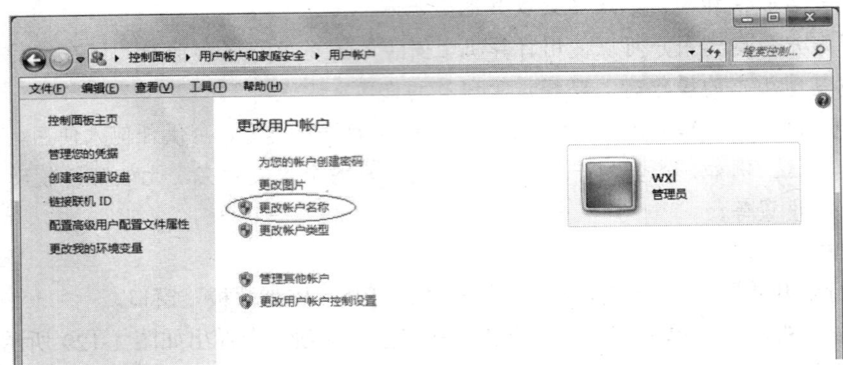

图 1-131 “用户账户”窗口

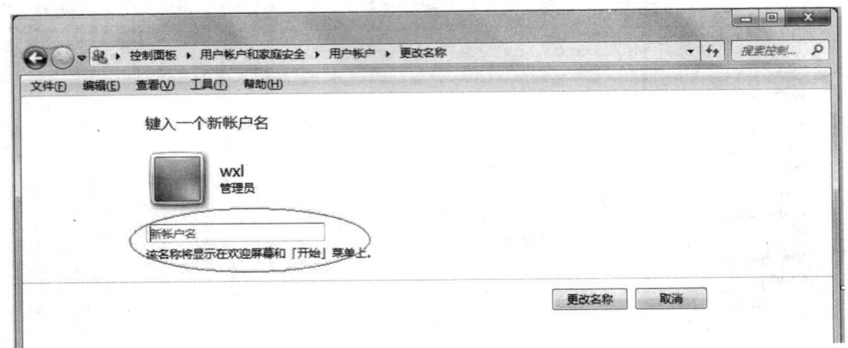

图 1-132 “更改名称”窗口

3．创建、更改或删除密码

密码是用户登录到计算机并访问文件、程序及其他资源时输入的一串“通行令”，使用者必须知道如何配置密码，这样可确保未授权用户不能访问计算机。

（1）创建密码。

在“用户账户”窗口中，单击“为您的账户创建密码”，在弹出的对话框中输入密码信息，单击“创建密码”按钮即可。

（2）更改密码。

创建好密码后，在“用户账户”窗口左侧窗格中选择“更改密码”选项，然后在“更改密码”对话框中输入旧密码、新密码以及确认新密码。

（3）删除密码。

在“用户账户”窗口左侧窗格中选择“删除密码”选项，在弹出的对话框中输入当前用户的密码信息，单击“删除密码”按钮。

4．使用家长控制

在 Windows 7 中增加了一个新的功能——家长控制。用户可以使用家长控制功能对儿童使用计算机的方式进行管理。如限制儿童玩游戏的时间，玩的游戏的类型等。

若要启用家长控制，用户需要有一个自己的管理员账户。为孩子设置一个标准用户账户。具体操作步骤如下。

（1）打开“控制面板”窗口，选择“用户账户和家庭安全”区域中的“为所有用户设置家长控制”选项。

（2）在弹出的“家长控制”窗口中，单击要设置家长控制的标准用户账户，如图 1-133 所示。

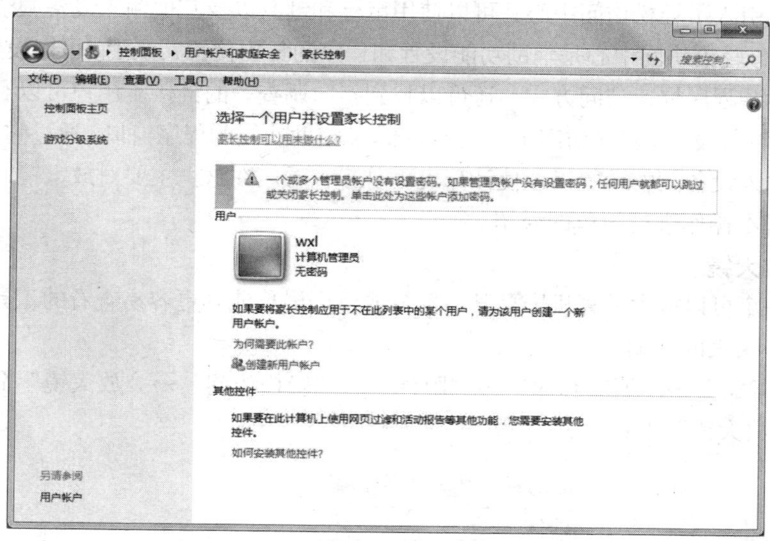

图 1-133　家长控制窗口

（3）在弹出的“用户控制”窗口中，选中“家长控制”栏中的“启用，应用当前设置”按钮。此时，“活动报告”栏和“Windows 设置”栏中的选项都将被激活，用户可根据具体情况对其进行设置。

工序 10：使用“系统还原”

系统还原可将计算机的系统文件及时还原到早期的还原点。此方法可以在不影响个人文件（如电子邮件、文档或照片）的情况下，撤销对计算机所进行的系统更改。

1. 单击“开始”菜单，执行“所有程序”→“附件”→“系统工具”→“系统还原”命令，打开“系统还原”向导窗口，如图 1-134 所示。

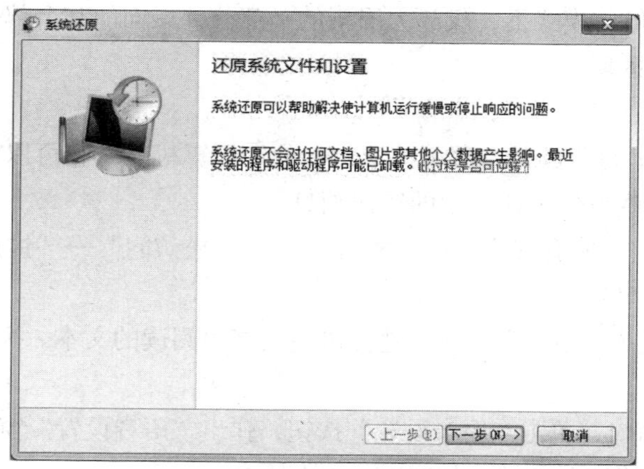

图 1-134　“系统还原”窗口

2. 根据自己的需要，选择相应的任务，按向导的提示，完成操作。

【知识链接】

Windows 7引入了轻松访问中心，可以使用鼠标和键盘以及其他输入设备调整设置以便使计算机更易于查看。轻松访问中心是辅助功能设置和程序的集中位置，通过它可以设置 Windows 中包含的辅助功能和程序快速访问方式，还可以找到指向调查表的链接。用户可以利用调查表的建议进行有用的，可行设置。轻松访问中心是 Windows 辅助功能的程序窗口，通过它可以使用鼠标、键盘以及其他输入设备调整设置以便使计算机更易于查看。在这里主要对放大镜、讲述人、屏幕键盘等功能及基本操作进行简单的介绍。

链接 1：放大镜

放大镜是一个可以放大计算机屏幕某一部分或整个屏幕使其更容易查看的工具，这对视力较差的用户提供了很大的帮助。

1. 单击“开始”→“所有程序”→“附件”→“轻松访问”→“放大镜”命令，出现如图 1-135 所示的“放大镜”工具栏。

图 1-135 “放大镜”工具栏

2. 在放大镜窗口中，单击“视图”按钮，在下拉列表中有 3 种选择：全屏模式、镜头模式、停靠模式。

（1）全屏模式：在全屏模式下，整个屏幕会被放大。用户可以使放大镜跟随鼠标指针。

（2）镜头模式：在镜头模式下，鼠标指针周围的区域会被放大。移动鼠标指针时，放大的屏幕区域随之移动。

（3）停靠模式：在停靠模式下，仅放大屏幕的一部分，桌面的其余部分处于正常状态，用户可以控制放大哪个屏幕区域。

链接 2：讲述人

讲述人是 Windows 自带的基本屏幕读取器，使用计算机时，它可以将屏幕上的文本转换成语音，并描述发生的某些事件（如显示的错误消息）。

1. 单击“开始”→“所有程序”→“附件”→“轻松访问”→“讲述人”命令，打开如图 1-136 所示“讲述人”窗口。

2. 在“主要‘讲述人’设置”区域，选择讲述人高声阅读的文本。执行如图 1-136 所示的一项或多项操作。

3. 在“讲述人”窗口，单击“语音设置”按钮，弹出“语音设置”窗口。在“选择声音”区域中选择声音，单击“确定”按钮，如图 1-137 所示。

链接 3：屏幕键盘

屏幕键盘是显示一个带有所有标准键的可视化键盘，当用户的键盘发生故障，暂时无法输入时，可以使用屏幕键盘代替物理键盘。

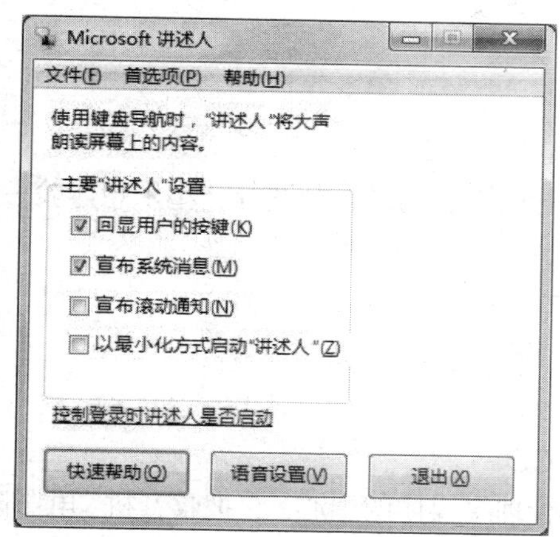

图 1-136　“讲述人”窗口

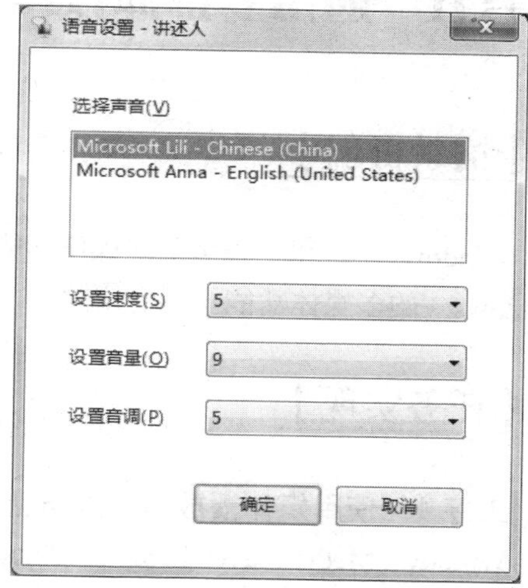

图 1-137　“语音设置”窗口

1．单击“开始”→“所有程序”→“附件”→“轻松访问”→“屏幕键盘”命令，打开如图 1-138 所示的“屏幕键盘”窗口。

图 1-138　“屏幕键盘”窗口

2．单击“选项”按钮，会弹出“选项”对话框，可根据需要进行设置，如图 1-139 所示。

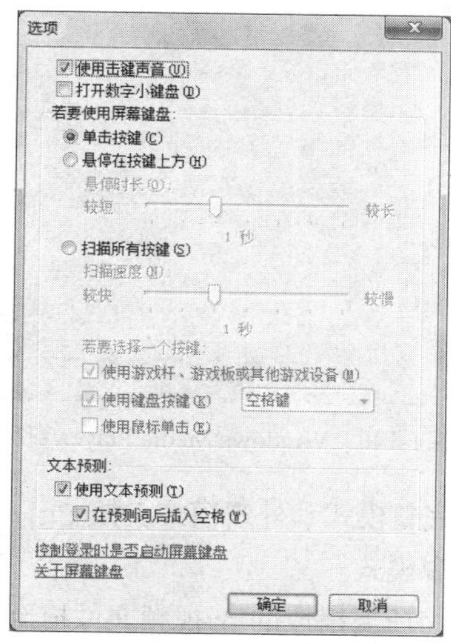

图 1-139　“选项”对话框

任务五　应用多媒体技术

【情景再现】

Windows 7 提供了强大的多媒体功能，可以听歌、看电影、刻录、制图等。小乐想体验一下 Windows 7 的多媒体功能。

【任务实现】

工序 1：使用媒体播放器播放声音文件并刻录成 CD

Windows Media Player 12 是在 Windows 7 中播放和管理多媒体的中心。它把收音机、电影院、CD 播放机和信息数据库等都装在一个应用程序中。使用播放器，可以播放动画、视频、声音文件等，也可以收听世界范围内的广播电台、播放和复制 CD、寻找 Internet 上提供的电影、“参加”音乐会以及创建计算机上所有媒体的自定义列表。

1．单击“开始”菜单，打开“所有程序”，执行 Windows Media Player 命令，出现图 1-140 所示的窗口。

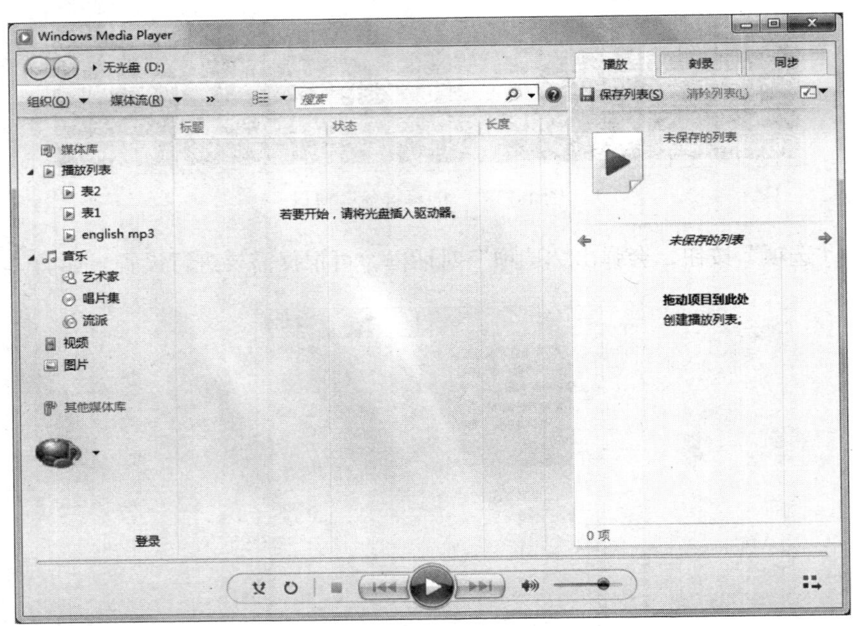

图 1-140　Windows Media Player 窗口

2．Windows Media Player 有完整模式和外观模式。按 Ctrl+1 组合键可快速切换到完整模式，按 Ctrl+2 组合键可快速切换到外观模式。

3．播放音/视频文件时，只需将所要播放的音/视频文件拖至 Windows Media Player 窗口即可。

4．在 Windows Media Player 中刻录 CD 或 DVD。

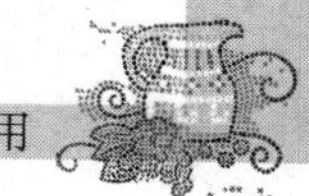

（1）如 Windows Media Player 已处于播放模式，单击窗口右上角的“媒体库”按钮。

（2）选择“刻录”选项卡，单击“刻录选项”按钮 →“音频 CD”，如图 1-141 所示。

（3）将一张空白的 CD-R 光盘插入到 CD 刻录机中（如果出现了“自动播放”对话框，请关闭它）。

（4）在媒体库中选择要刻录到音频 CD 的项目。

（5）创建刻录列表，请将项目从细节窗格（位于播放机库中间的窗格）拖动到列表窗格（位于媒体库右侧的窗格）。

（6）如果想更改刻录列表中歌曲的顺序，在列表中上下拖动歌曲。

（7）如果想从刻录列表中删除某首歌曲，右键单击该歌曲，然后单击“从列表中删除”。

（8）当把列表里的曲目调整好后，单击“开始刻录”。刻录光盘需要几分钟的时间才能完成。

图 1-141　刻录音乐

工序 2：使用 Windows live 照片库查看编辑图片

1．进入“开始”菜单，选择“程序”，执行“Windows Live 照片库”命令，打开“Windows Live 照片库”窗口，可以看到照片建立的时间，把鼠标放至图片上，图片会自动放大，如图 1-142 所示。

2．在工具栏中单击“幻灯片放映”按钮，在弹出的下拉列表中选择一种放映方式，如图 1-143 所示。

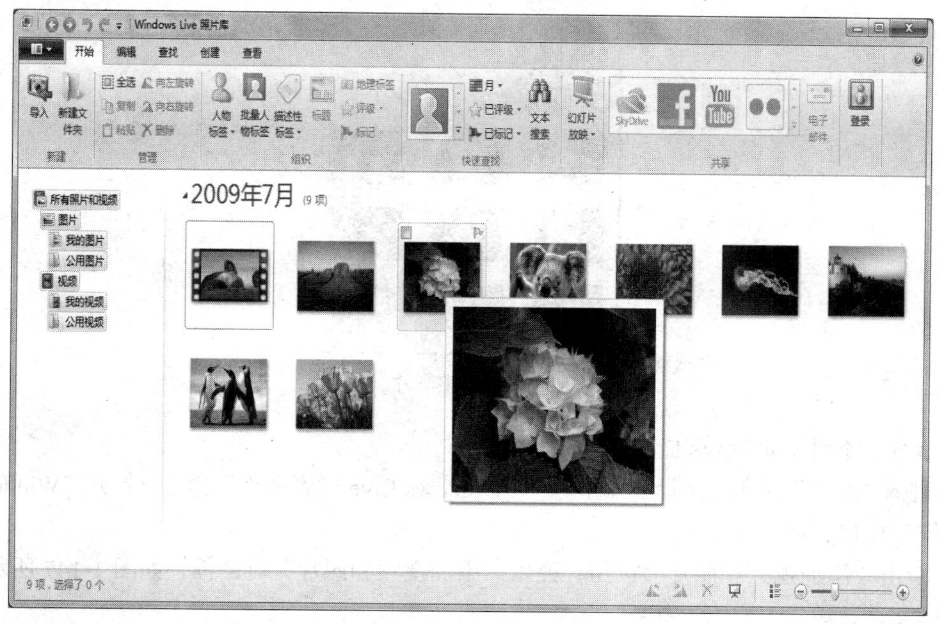

图 1-142　“Windows Live 照片库”窗口

3．在照片库中编辑图片。

（1）在打开的照片库中双击打开需要编辑的图片，进入图片编辑窗口，如图 1-144 所示。

（2）在图片编辑窗口的右侧可以看到图片的基本信息，在标题栏的文本框中输入标题“花朵”。

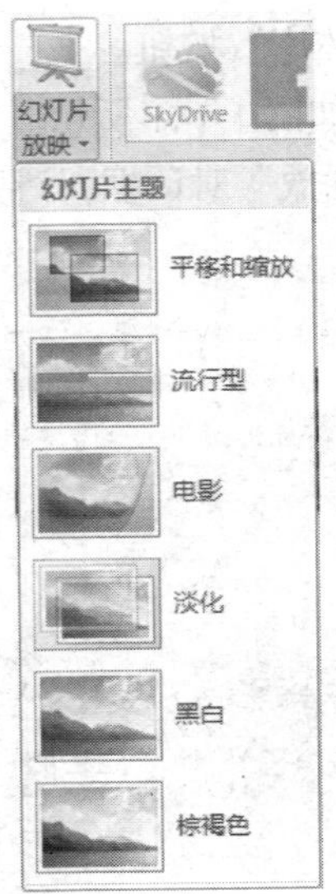

图 1-143　幻灯片放映方式

图 1-144　图片编辑窗口

（3）接下来就可以对图片进行编辑了。可以选择“颜色”选项对调整图片颜色，如图 1-145 所示。也可以选择剪裁、微调、曝光、红眼等其他功能。

4．图片设置好后，在窗口右上角单击“文闭文件”按钮，即可返回到浏览状态。

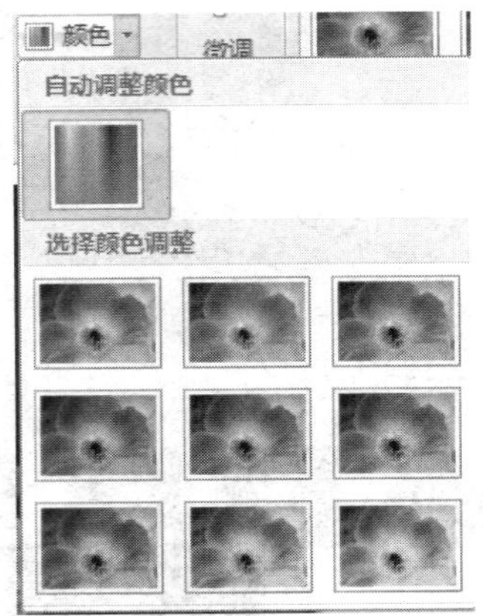

图 1-145　调整图片颜色

工序 3：使用 Windows Live 影音制作动画

1．进入“开始”菜单，选择“程序”→“Windows Live 影音制作”命令，打开“Windows Live 影音制作”窗口，如图 1-146 所示。

2．单击“添加视频和照片”按钮，弹出“添加视频和照片”对话框，如图 1-147 所示。选择一个视频文件，单击“打开”按钮。

3．在“Windows Live 影音制作”窗口的工具栏中打开“动画”选项卡，在制作工作区会把刚刚打开的动画分解成一张张的图片，在“过渡特技”区域按顺序为图片添加动画效果，如图 1-148 所示。

4．动画制作好后，在窗口左上角单击按钮，选择“保存项目”命令，在弹出的“保存

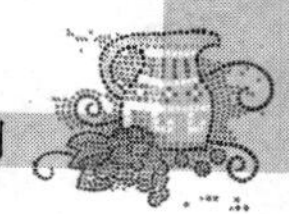

项目”对话框中选择目标位置，单击“保存”按钮即可。

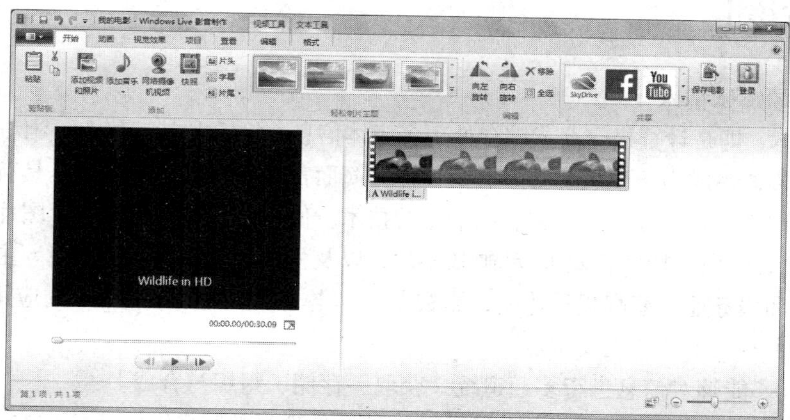

图 1-146　“Windows Live 影音制作”窗口

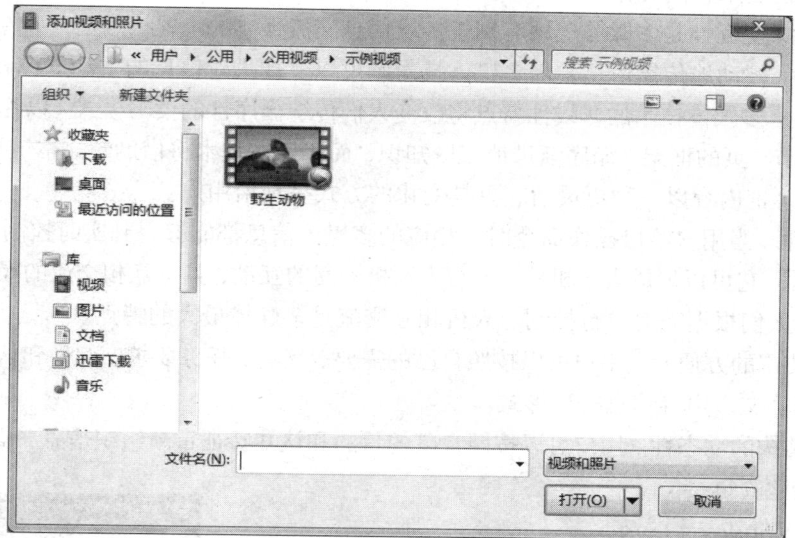

图 1-147　“添加视频和照片”对话框

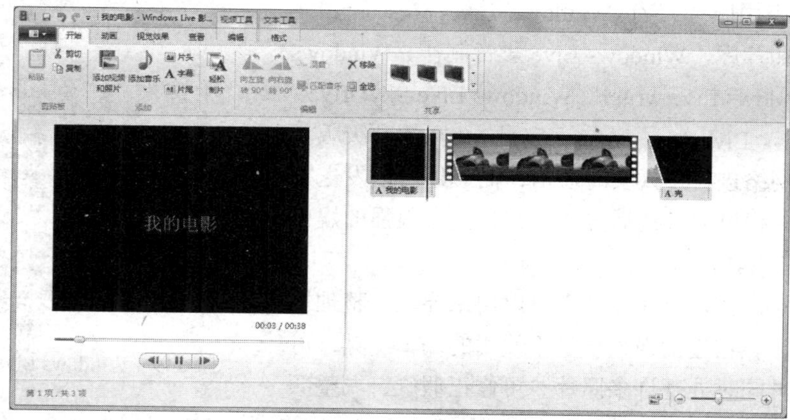

图 1-148　“Windows Live 影音制作”动画制作窗口

【知识链接】

链接 1：多媒体技术

多媒体技术，即是计算机交互式综合处理多媒体信息（包括文本、声音、图像等），使多种信息建立逻辑连接，集成为一个系统并具有交互性。简而言之，多媒体技术就是具有集成性、实时性和交互性的计算机综合处理声、文、图信息的技术。使用的媒体包括文字、图片、照片、声音（包含音乐、语音旁白、特殊音效）、动画和影片，以及程序所提供的互动功能。主要应用在教育和培训、商业和服务业、家庭娱乐休闲，影视制作。电子出版业及 Internet 的应用。

多媒体技术有以下几个主要特点。

1．集成性。能够对信息进行多通道统一获取、存储、组织与合成。

2．控制性。多媒体技术是以计算机为中心，综合处理和控制多媒体信息，并按人的要求以多种媒体形式表现出来，同时作用于人的多种感官。

3．交互性。交互性是多媒体应用有别于传统信息交流媒体的主要特点之一。传统信息交流媒体只能单向地、被动地传播信息，而多媒体技术则可以实现人对信息的主动选择和控制。

4．非线性。多媒体技术的非线性特点将改变人们传统循序性的读写模式。以往人们读写方式大多采用章、节、页的框架，循序渐进地获取知识，而多媒体技术将借助超文本链接（Hyper Text Link）的方法，把内容以一种更灵活、更具变化的方式呈现给用户。

5．实时性。当用户给出操作命令时，相应的多媒体信息都能够得到实时控制。

6．互动性。它可以形成人与机器、人与人及机器间的互动，具有互相交流的操作环境及身临其境的场景，人们根据需要进行控制。人机相互交流是多媒体最大的特点。

7．信息使用的方便性。用户可以按照自己的需要、兴趣、任务要求、偏爱和认知特点来使用信息，获取图、文、声等信息表现形式。

8．信息结构的动态性。用户可以按照自己的目的和认知特征重新组织信息，增加、删除或修改节点，重新建立链接。

链接 2：Windows Live

Windows Live 是一种 WEB 服务平台，包括微软向用户提供的各种应用服务，有 Windows Live Messenger、Windows Live 照片库、Windows Live 影音制作、Windows Live mail、Windows Live writer、Windows Live SkyDrive。

1．Windows Live Messenger。它是 MSN 的升级版。不仅可以通过网络进行多人实时通信，而且还可以发送视频消息或留言，提供多种沟通方式，并且具有很强的娱乐性，其界面如图 1-149 所示。

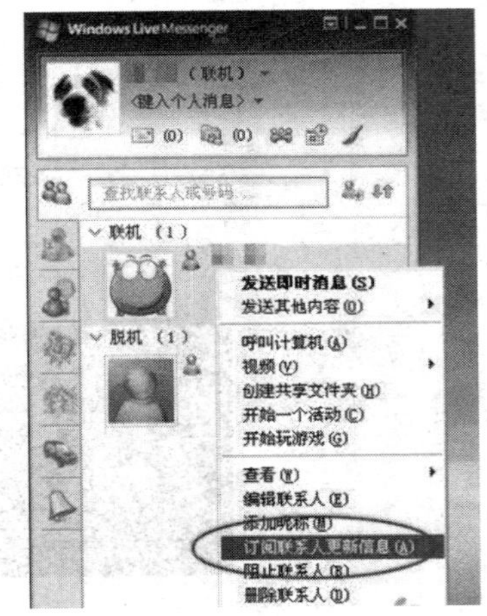

图 1-149　Windows Live Messenger 界面

2．Windows Live 照片库。它可以用来导入、整理、编辑和共享照片。它包括强大且易于使用的编辑工具，可以使用这些工具同时处理许多照片。可修正瑕疵、调整颜色和曝光、修复红眼，甚至可以将两张或更多照片（如不同版本的合照）“合成”为一张照片。而且借助其自动编辑功能，照片库甚至可以改进照片外观，实现全景拼接，如图 1-150 所示。

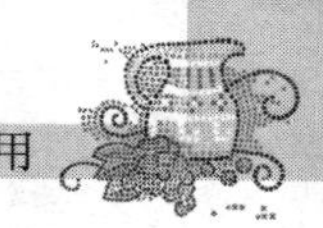

图 1-150　Windows Live 照片库的全景拼接

3．Windows Live 影音制作。它能使用户将照片和视频制作成精美的电影。添加在电影中使用的照片和视频，然后在影音制作中添加音乐、片头、过渡特技，并且能进行编辑。编辑电影现在就如同将场景、静态照片和过渡拖放到所需位置一样简单。甚至可以使用自动电影让影音制作为用户创建电影，如图 1-151 所示。

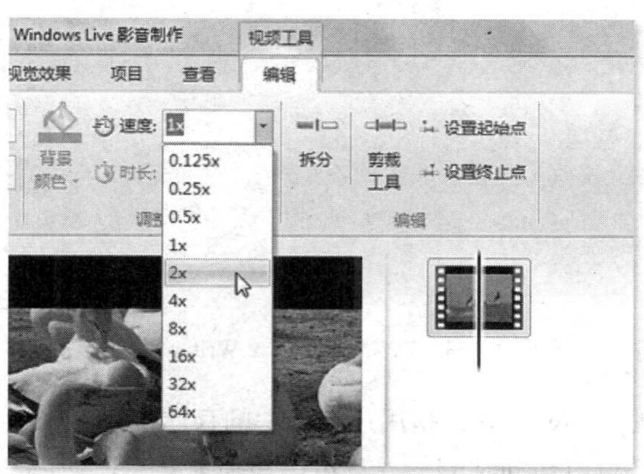

图 1-151　“Windows Live 影音”制作视频

4．Windows Live Mail。它是基于网络的一款免费电子邮件软件。如果用户经常出差或者没有自己的计算机，使用 Windows Live Mail 在网络连接正常的前提下，可以随时随处发送和接收电子邮件，如图 1-152 所示。

5．Windows Live Writer 使任何人都可以轻松地像专业博客撰写者一样讲述故事。 可以撰写精彩的日志，还可以在将其发布到网络之前预览在网上的显示效果。另外，还可以将日志发布到喜爱的任何日志服务提供商，如图 1-153 所示。

图 1-152 “Windows Live Mail”窗口

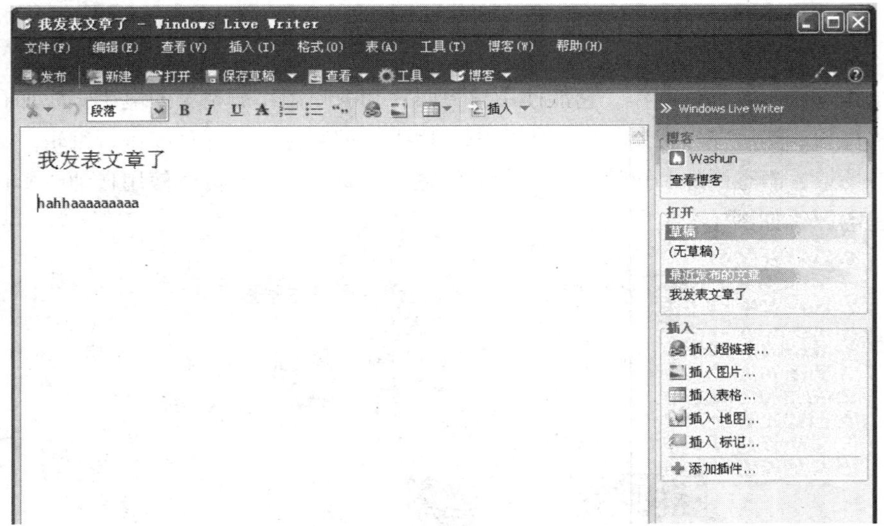

图 1-153 “Windows Live Writer”窗口

6．Windows Live Sky Drive。它是指用户在云中的存储位置。将用户的文件和照片上载至此处后，用户从任意位置都可以访问它们，并且可以与他人共享以便协同处理。

任务六　输入汉字

【情景再现】

小乐现在对 Windows 7 基本全面了解了。现在她有了一个新的任务，因为她的打字速度太慢

了，需要学习打字。在学习打字之前，还要先安装一些快捷、高效的输入法，现在就开始吧。

【任务实现】

工序 1：安装和删除中文输入法

1．安装输入法

（1）打开控制面板，在类别视图中单击“时钟、语言和区域”选项，选择“区域和语言”选项按钮，打开“区域和语言”对话框，如图 1-154 所示。

（2）选择“键盘和语言”选项卡，单击“更改键盘”按钮，然后在出现的如图 1-155 所示的“文字服务和输入语言”对话框中，选择需要安装的输入法后单击“添加”按钮，完成后单击“确定”按钮。

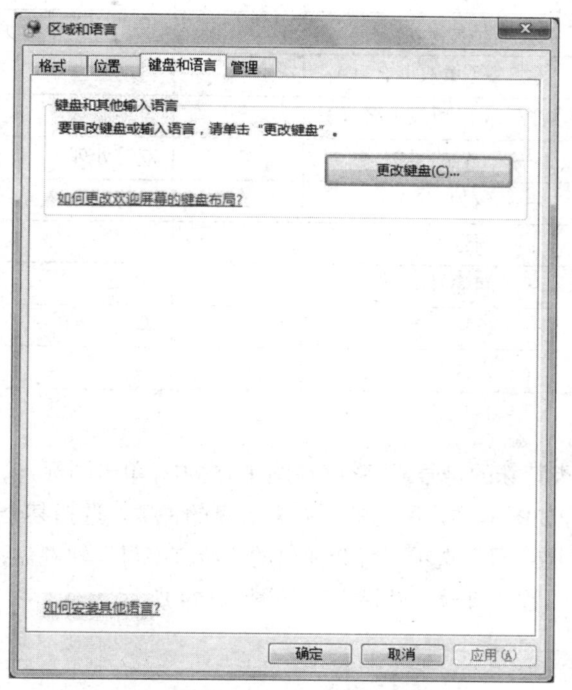

图 1-154　“区域和语言”对话框

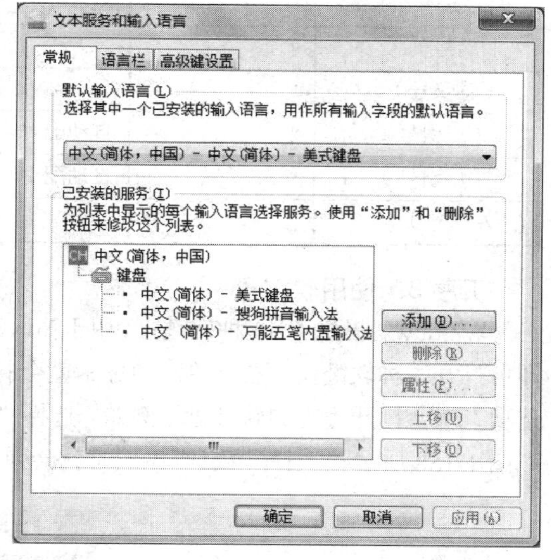

图 1-155　“文本服务和输入语言”对话框

（3）对于不是 Windows 内置的输入法，如“五笔字型”、Sogou 等输入法，可以根据该软件的使用说明进行安装。

2．删除输入法

在“文字服务和输入语言”对话框中，选中需要删除的输入法后单击“删除”按钮，完成后单击“确定”按钮即可。

工序 2：使用输入法语言栏

1．中英文切换

在如图 1-156 所示的语言栏中，当图标**中**转换为**英**时，表示已转换为英文状态，也可用 Shift 键，切换中英文输入法。

2．全角/半角的切换

在图 1-156 中，图标☽变成●时，表示由半角状态转换为全角状态，也可使用 Shift+Space 组合键在全角和半角输入状态之间切换。

3．中英文标点的切换

在图 1-156 中，如果图标由☽°转换为☽·时，表示标点由中文标点转换为英文标点，也可使用 Ctrl+·组合键在中英文标点输入状态之间切换。

中文(简体) - 美式键盘
中文(简体) - 搜狗拼音输入法
中文(简体) - 万能五笔输入法
中文(简体) - 微软拼音 ABC 输入风格
显示语言栏(S)

图 1-156　语言栏

表 1-4 所示为中文标点符号与键盘的对应关系，以及相应的说明。

表 1–4　中文标点符号与键盘的对应关系

中文符号	键　位	说　明	中文符号	键　位	说　明
。（句号）	。		)（右括号）	)	
，（逗号）	，		〈、《（单双书名号）	<	自动嵌套
；（分号）	；		〉、》（单双书名号）	>	自动嵌套
:（冒号）	:		……（省略号）	^	双符处理
？（问号）	?		——（破折号）	-	双符处理
！（感叹号）	!		、（顿号）	\	
“”（双引号）	“	自动配对	·（间隔号）	@	
‘’（单引号）	‘	自动配对	—（连接号）	&	
(（左括号）	(		￥（人民币符号）	$	

工序 3：使用软键盘

Windows 提供了 13 种软键盘，用于输入某类特殊的符号或字符。在图 1-156 中，单击图标⌨，即可打开一种软键盘。右键单击图标⌨就会打开如图 1-157 所示的所有软键盘的种类。选择某个选项，就会打开相应的软键盘。例如，选择“希腊字母”选项，就会弹出的“希腊字母”软键盘，如图 1-158 所示；选择“数学符号”，就会弹出“数学符号”软键盘，如图 1-159 所示。

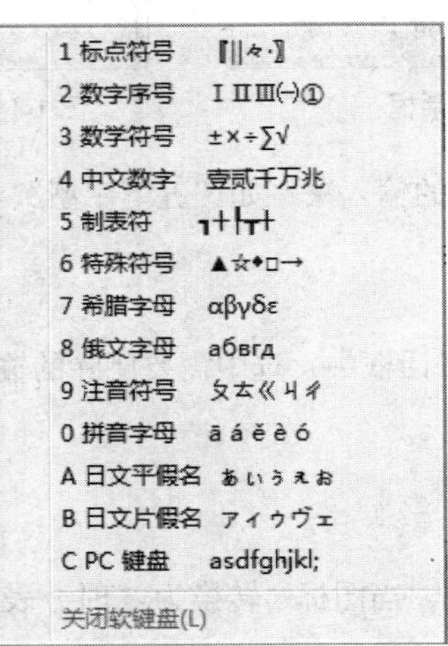

图 1-157　软键盘的种类

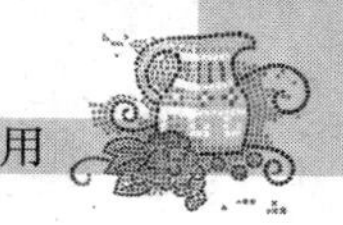

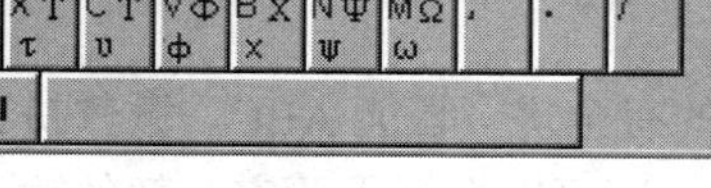

图 1-158　“希腊字母”软键盘　　图 1-159　“数学符号”软键盘

工序 4：设置语言栏

右键单击任务栏中的语言栏，屏幕上会弹出如图 1-160 所示的快捷菜单，可对语言栏进行设置。

工序 5：输入汉字

1．单击“开始”菜单，选择“附件”→“记事本”命令，打开“记事本”窗口。

2．根据选定的输入方式进行输入汉字的编码。例如在 Sougou 输入法状态下，输入 s'd，出现图 1-161 所示的汉字输入对话框。

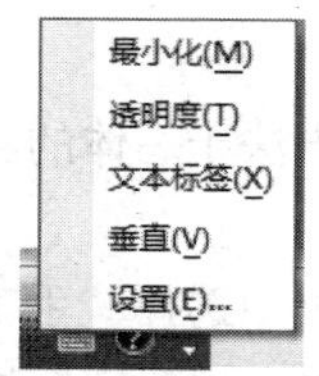

图 1-160　语言栏快捷菜单

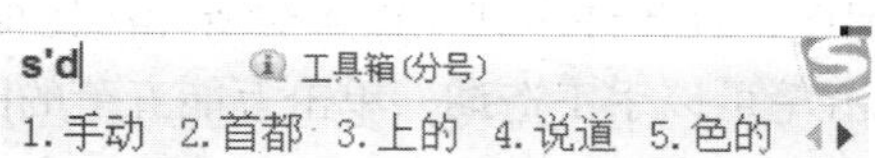

图 1-161　汉字输入对话框

3．若屏幕显示行上没有要找的字，可以用◂▸或左右箭头进行翻页查找。

4．按空格键即可输入编号为“1”的汉字或词，输入编号即可输入相应的汉字或词。

工序 6：替换输入法图标

1．在“文本服务和输入语言”对话框中，选中“中文（简体）—美式键盘”，单击“属性”按钮，会弹出如图 1-162 所示的“键盘布局预览”对话框。

2．在“键盘布局预览”对话框中，单击“更改图标”按钮，会弹出如图 1-163 所示的“更改图标”对话框。选择一个新的图标，单击“确定”按钮即可。

图 1-162　“键盘布局预览”对话框

图 1-163　“更改图标”对话框

【知识链接】

链接 1：中文输入法

Windows 7 提供了多种中文输入法，系统默认安装的有全拼、智能 ABC、微软拼音和郑码这 4 种汉字输入法。用户除了可以直接使用这些输入法外，还可以根据需要安装新的输入法或删除这些输入法。比如说时下比较流行的 Sogou 输入法，万能五笔输入法等。

Sogou 拼音输入法是 2006 年 6 月由搜狐公司推出的一款 Windows 平台下的汉字拼音输入法。搜狗拼音输入法是基于搜索引擎技术的它是特别适合网民使用的、新一代的输入法产品，用户可以通过互联网备份自己的个性化词库和配置信息。搜狗拼音输入法为现今主流汉字拼音输入法之一，奉行永久免费的原则。它界面简洁，功能强大，文件占用空间小，有更新词库的功能。如词库中有普通的人名、地名、唐诗宋词，还有输入繁体字的功能。更重要的是它可以更换皮肤，而且很智能，当把某些词语输了两三遍时，它便记住了。当输入“haha”时它可以输出^_^和 o（∩_∩）o，输入“du”它显示“°”。另外，它还有模糊音功能，如可以不区分 en 和 eng、in 和 ing。对提高中文打字速度很有帮助。

万能五笔（万能码）是一种集五笔、拼音、英文、笔画等多种输入方法于一体的 32 位外挂式输入法应用程序，具备许多其他输入法所无法比拟的特色。

1．万能五笔可以手工造词，单击万能五笔的图标，在弹出的菜单中选择“手工造词”，也可按 Ctrl+F10 快捷键，打开手工造词对话框，输入自己想组合的词，单击“确定”按钮即可。

2．万能五笔有记忆的功能，凡是输入过一次的重码字或词，万能五笔均会自动记忆，用户下一次再输入该字或词，万能五笔会把该字或词自动调整在第一位，用户只需直接敲空格键即可输入，无须再选数字。

3．输入英文的功能，在万能五笔中只要先输入英文编码，然后按 Esc 键下方的“~”键即可让英文编码直接输入。

4．万能五笔还可以直接输入拼音，和智能 ABC 一样好用。

链接 2：五笔字型字根表

五笔字根是五笔输入法的基本单元，是由王永民在 1983 年 8 月发明的。练好五笔字根是学习五笔字型的首要条件。图 1-164 所示的是五笔字型字根表，它还有相应的帮助记忆的口诀。

11G：王旁青头戋（兼）五一；

12F：土士二干十寸雨，不要忘了革字底；

13D：大犬三羊古石厂；

14S：木丁西；

15A：工戈草头右框七；

21H：目具上止卜虎皮；

22J：日早两竖与虫依；

23K：口与川，字根稀；

24L：田甲方框四车力；

25M：山由贝，下框几；

31T：禾竹一撇双人立，反文条头共三一；

32R：白手看头三二斤；
33E：月彡（衫）乃用家衣底，豹头豹尾与舟底；
34W：人和八三四里，祭头登头在其底；
35Q：金勺缺点无尾鱼。犬旁留叉一点儿夕，氏无七（妻）；
41Y：言文方广在四一，高头一捺谁人去；
42U：立辛两点六门病；
43I：水旁兴头小倒立；
44O：火业头，四点米；
45P：之字军盖建道底，摘礻（示）衤（衣）；
51N：已半巳满不出己，左框折尸心和羽；
52B：子耳了也框向上，两折也在五二里；
53V：女刀九臼山朝西；
54C：又巴马，经有上，勇字头，丢矢矣；
55X：慈母无心弓和匕，幼无力；

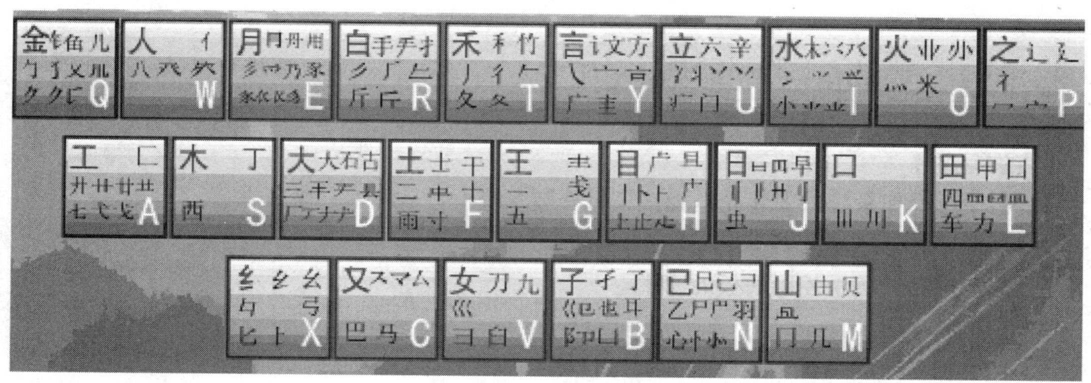

图 1-164　五笔字根表

在学习使用五笔字型的过程中，还有一些小技巧。

1．五笔字型中分为一级简码、二级简码、三级简码。一级简码就二十五个汉字，对应 25 个按键，如表 1-5 所示。输入一个字母加一个空格就可以输入一级简码汉字。

表 1-5　一级简码对应表

字	一级简码	字	一级简码
我	Q	主	Y
人	W	产	U
有	E	不	I
的	R	为	O
和	T	这	P
工	A	要	S
在	D	地	F
一	G	上	H

续表

字	一级简码	字	一级简码
是	J	中	K
国	L	经	X
以	C	发	V
了	B	民	N
同	M		

2. 键名汉字输入。键名是指各键位左上角的黑体字根，它们是组字频度较高，而形体上又有一定代表性的字根，它们中绝大多数本身就是汉字，只要把它们所在键连击 4 次就可以了，举例如下。

王：11 11 11 11 (GGGG)；　立：42 42 42 42 (UUUU)

知识评价

实训一　Windows 7 的基本操作

【实训目的】

1. 会使用操作系统的安装光盘为计算机安装系统。
2. 掌握 Windows 7 的基本操作。
3. 掌握 Windows 7 控制面板的使用。

【实训内容】

1. 自已独立完成 Windows 7 操作系统的安装。
2. 改变任务栏的大小和位置，并设置任务栏为自动隐藏或者总在前面。
3. 移动“计算机”窗口，并改变窗口的大小。
4. 运行“计算器”程序，计算 123456 × 7890 的结果。
5. 用 3 种方式查看控制面板。
6. 按照如下要求设置桌面属性。

（1）选择自己的照片作为桌面，将其平铺在桌面上。

（2）把自己的照片作为屏幕保护程序，屏保等待时间设置为 5 分钟。

（3）按自己的喜好更改“计算机”的图标。

7. 把刚刚用自己的照片设置好的桌面，用截屏的方式复制到“画图”程序中，并对其进行编辑。
8. 查看计算机 E 盘的属性，并对 E 盘执行“磁盘清理”操作。
9. 设置两个账户，其中一个账户具有“家长控制”权限。
10. 添加一个新的时钟，选择时区为“大西洋时区”。
11. 在桌面上放置日历小工具，方便查看日期。

实训二　Windows 7 文件及文件夹的操作

【实训目的】

1．掌握 Windows 7 的文件及文件夹的管理。

2．掌握 Windows 7 中的搜索功能。

【实训内容】

1．用两种方法在桌面上创建一个文件夹，文件名为“实验题”。

2．打开记事本，将实训一中计算器计算计算结果复制到记事本中，然后以“计算结果.txt”为文件名保存到桌面上的“实验题”文件夹中。

3．使用 4 种方法将“实验题”文件夹复制到 E 盘的根目录下。

4．使用 4 种方法将“实验题”文件夹移动到 E 盘的根目录下。

5．启动“搜索”程序，查找刚才建立的“计算结果.txt”文本文件。

6．将“实验题”文件夹中的“计算结果.txt”文本文件删除至回收站，然后在回收站中执行“还原”操作。

7．打开“资源管理器”，完成以下操作。

（1）在“实验题”文件夹中创建一个名为“练习”的文件夹。

（2）将“实验题”文件夹中的“图片”文件复制 / 移动到“练习”文件夹下。

（3）在“实验题”文件夹中将“计算结果．txt”文件更名为“记事本.txt”。

（4）将“记事本．txt”文件设置成“只读”、“隐藏”、“存档”属性。

（5）在文件夹选项中选择“显示所有文件”，去掉“公式.txt”文件的“隐藏”属性。

8．对“实验题”文件夹中两个文件夹进行批量重命名。

实训三　输入汉字

【实训目的】

1．掌握中文输入法的使用。

2．掌握中文输入技术。

【实训内容】

1．替换输入法图标。

2．从“开始”菜单中运行“写字板”程序，在 10min 内，输入以下内容。

西藏的天是湛蓝的，它犹如一块巨大的蓝布，紧紧地包裹着这块神秘的土地。一切在蓝天的映衬下显得是那样的清晰明快，即便是远方的物体亦可一览无余。我们来到西藏，突然进入这明亮的世界，着实有些不大适应，似乎一切都暴露在光天化日之下，就连一点点小小的隐私也无法避免阳光的照射。这是我们这些身处闹市，环境受到严重污染的人来到西藏的第一反应，更是西藏这块神奇的土地赐予我们的第一印象。

西藏的云是洁白的，它犹如一朵朵巨大的棉花团悬挂在天上，时而聚集，时而分散，时而融进雪山，时而落在草原；它又像洁白的哈达，带着吉祥，散布在离天最近的地方。我们这些内地人久违了这如画的白云，以至于眼看着云朵，心中还在猜测这是真还是假，我常常为此感到尴尬，

同时也为此感到幸运，因为在这里看到了真正的祥云。

西藏的山是真正的高山，即便是那些像山不是山的土丘，都有可观的海拔。西藏的山大抵可分三类：一类为洁白的雪山，二类为苍凉的秃山，三类为生机盎然的青山。这次我们有幸领略了它们各自的风采。

学习单元二

中文版 Microsoft Word 2010 的应用

学习目标

【知识目标】

- 识记：Word 的基本概念、基本功能和运行环境；文档的视图；文档的模板；域的使用；文档的保护。
- 领会：文档的创建、编辑及应用。

【技能目标】

- 能够创建、打开、输入和保存文档。
- 能够对文本进行编辑，并打印文档。
- 能够使用和编辑插入的图形、图片、艺术字等。
- 能够编辑文档图表，并对图表中的数据进行排序和计算。

任务一　学生会通知函

【情景再现】

学生会小乐同学准备发一个通知，不想用传统的贴海报的形式，想给相关同学发送电子通知。并且要根据通知内容的多少，适当调整字体、字号、行间距和段间距，目的是使通知更加美观，完成如图 2-1 所示的通知。现在开始看看小乐是如何做的。

*******学院关于 2011 届学生会换届工作的通知

李同同学：

为了更好地规范学生会换届工作，现将有关要求通知如下：

学生会换届工作是我院学生会整体工作的重点之一，做好学生会换届工作有利于促进学生会组织机构建设，有利于促进学生整体工作的开展。

一、换届指导思想

公开竞选，公平竞争，择优录取，民主集中，完善学生会机构建设，培养学生干部骨干，建立高效、灵活、团结、务实的学生会组织。

二、组织机构设置

1. 学生会设主席 1 名，副主席 4 名。下设办公室、实践部、学习部、文艺部、女工部、生活部、体育部、设计部、《学桥》编辑部。
2. 学生会主席团其中 1 名副主席负责管理团委下设学生社团。
3. 各部门部长 1 名，副部长 2 名。

三、选拔条件

1. 我院全日制本科生，学习成绩优良，政治上积极进步，思想道德素质过硬，踏实肯干，责任心强，严格自律，以身作则，遵守纪律。
2. 有较强的组织管理能力和良好的团队协作精神，敢于创新，在各方面起带头表率作用，在同学中有较高威信。
3. 学生会副部长、学生会委员、年级干部、班级干部或者具有学校相关社团同等职位的任职经历，并有良好表现者优先。

四、日程安排

1. xx 月 xx 日-xx 月 xx 日在全院范围内广泛宣传，公开竞选，尽力争取更多优秀人才，完善学生会队伍自身建设。
2. 报名方式：报名表于 x 月 xx 日在学生会办公室领取或直接登录学院网站下载。
3. 报名申请材料于 x 月 xx 日中午交至学生会办公室（学院办公楼五楼）。
4. 主席团、部长选拔面试时间是 x 月 x 日，地点待定；副部长选拔面试时间是 x 月 x 日，地点待定。
5. 面试要求时间：演说时间为 5-8 分钟，涉及内容主要是自我介绍、职位理解、工作设想等；面试问答时间为 5 分钟，题目由面试人员拟定。
6. x 月 xx 日公示拟定人员名单，以便听取广大同学的意见反映。
7. x 月 xx 日公示最终结果。

五、其他要求

1. 学生会换届工作在院党委领导下、院团委直接指导下由学生会具体落实。
2. 换届工作要透明公开、公平公正，把德才兼备的优秀学生吸纳到学生会组织中来。
3. 各有关部门要高度重视换届工作，认真组织，广泛宣传发动，积极将优秀学生干部推荐到学生会。

六、换届领导小组

组　　长：

常务副组长：

副 组 长：

组　　员：

领导小组下设办公室，兼任办公室主任

七、联系电话

++++++++++学院团委学生会

2011-xx-xx

联系回信：是否参选

图 2-1　通知效果图

【任务实现】

工序 1：页面设置

1．启动 Word 2010，切换到“页面布局”选项卡，单击“页面设置”选项组的“纸张大小”按钮，在弹出的下拉菜单中选择“其他页面大小”命令，如图 2-2 所示。

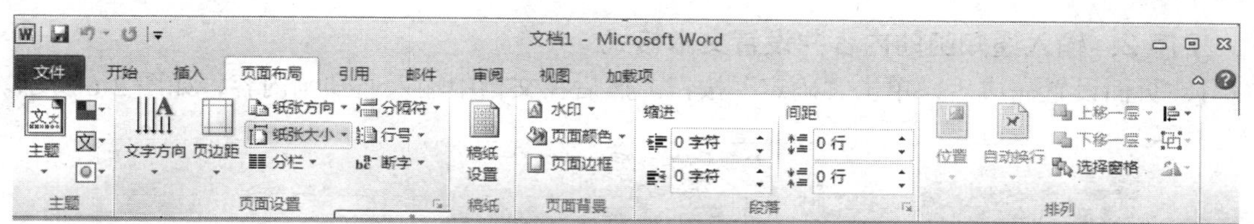

图 2-2 “页面布局”选项卡

2. 在弹出的“页面设置”对话框中选择“纸张”选项卡，在“纸张大小”下拉列表选择“其他页面大小”选项。在“宽度”文本框输入“24 厘米”，在“高度”文本框输入“23 厘米”，如图 2-3 所示。

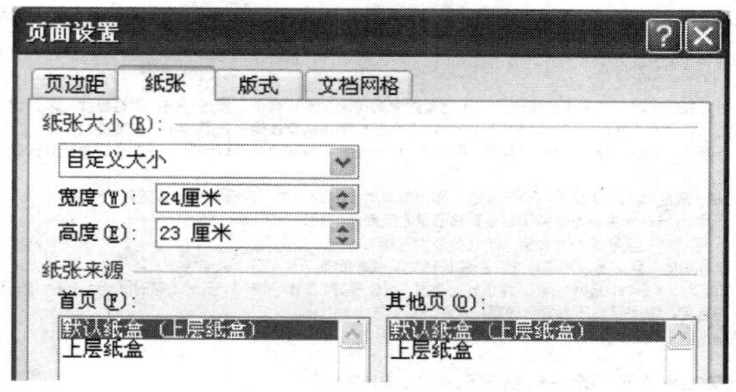

图 2-3 设置页面宽度和高度

3. 选择“页边距”选项卡，分别在“上”、“下”、“左”、“右”文本框输入“1 厘米”，如图 2-4 所示。

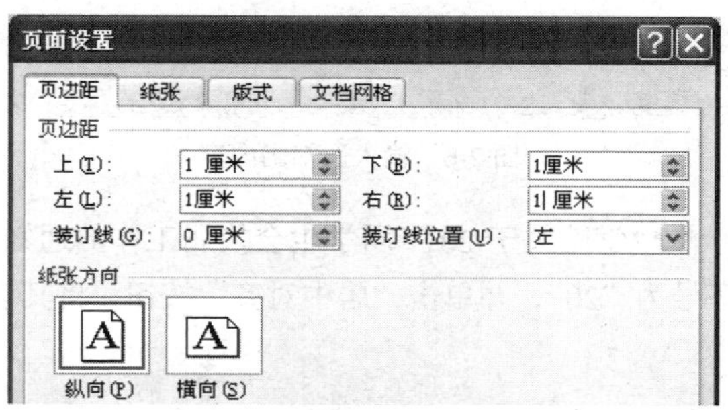

图 2-4 “页边距”选项卡

4. 选择“版式”选项卡，分别在“页眉”、“页脚”文本框输入“0 厘米”，如图 2-5 所示。

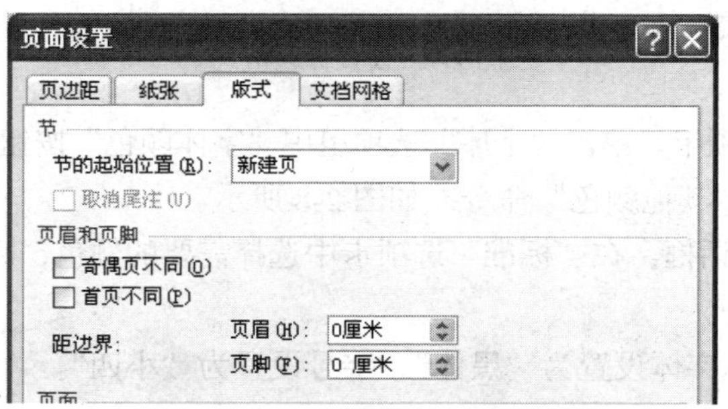

图 2-5 “版式”选项卡

工序 2：输入通知函的内容并设置文本格式

1．页面设置完成后，单击“确定”按钮。然后在文档中输入通知函内容，如图 2-6 所示。

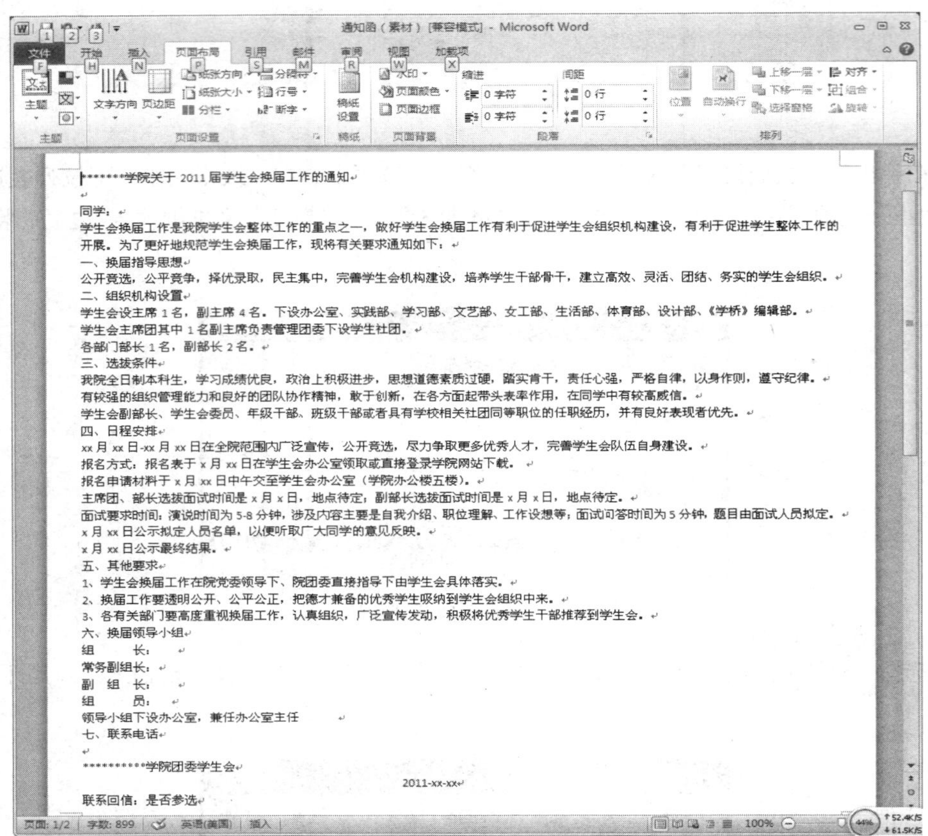

******学院关于 2011 届学生会换届工作的通知

同学：

学生会换届工作是我院学生会整体工作的重点之一，做好学生会换届工作有利于促进学生会组织机构建设，有利于促进学生整体工作的开展。为了更好地规范学生会换届工作，现将有关要求通知如下：

一、换届指导思想

公开竞选，公平竞争，择优录取，民主集中，完善学生会机构建设，培养学生干部骨干，建立高效、灵活、团结、务实的学生会组织。

二、组织机构设置

学生会设主席 1 名，副主席 4 名。下设办公室、实践部、学习部、文艺部、女工部、生活部、体育部、设计部、《学桥》编辑部。

学生会主席团其中 1 名副主席负责管理团委下设学生社团。

各部门部长 1 名，副部长 2 名。

三、选拔条件

我院全日制本科生，学习成绩优良，政治上积极进步，思想道德素质过硬，踏实肯干，责任心强，严格自律，以身作则，遵守纪律。

有较强的组织管理能力和良好的团队协作精神，敢于创新，在各方面起带头表率作用，在同学中有较高威信。

学生会副部长、学生会委员、年级干部、班级干部或者具有学校相关社团同等职位的任职经历，并有良好表现者优先。

四、日程安排

xx 月 xx 日-xx 月 xx 日在全院范围内广泛宣传，公开竞选，尽力争取更多优秀人才，完善学生会队伍自身建设。

报名方式：报名表于 x 月 xx 日在学生会办公室领取或直接登录学院网站下载。

报名申请材料于 x 月 xx 日中午交至学生会办公室（学院办公楼五楼）。

主席团、部长选拔面试时间是 x 月 x 日，地点待定；副部长选拔面试时间是 x 月 x 日，地点待定。

面试要求时间：演说时间为 5-8 分钟，涉及内容主要是自我介绍、职位理解、工作设想等；面试问答时间为 5 分钟，题目由面试人员拟定。

x 月 xx 日公示拟定人员名单，以便听取广大同学的意见反映。

x 月 xx 日公示最终结果。

五、其他要求

1、学生会换届工作在院党委领导下、院团委直接指导下由学生会具体落实。

2、换届工作要透明公开、公平公正，把德才兼备的优秀学生吸纳到学生会组织中来。

3、各有关部门要高度重视换届工作，认真组织，广泛宣传发动，积极将优秀学生干部推荐到学生会。

六、换届领导小组

组　　长：

常务副组长：

副 组 长：

组　　员：

领导小组下设办公室，兼任办公室主任

七、联系电话

**********学院团委学生会

2011-xx-xx

联系回信：是否参选

图 2-6　输入通知函内容

2．选择第一行的“******学院关于 2011 届学生会换届工作的通知”标题，在格式工具栏上设置字体为“隶书”，字号为“20”，并单击“居中对齐”按钮，将其设置为居中对齐，如图 2-7 所示。

图 2-7　设置标题格式

3．选择“开始”选项卡，单击“字体”选项组中“字体颜色”按钮右侧向下的箭头按钮，在弹出的下拉菜单中选择“其他颜色”命令，如图 2-8 所示。

4．打开“颜色”对话框，在“标准”选项卡中选择需要的颜色，完成后单击“确定”按钮，如图 2-9 所示。

5．将“同学:”文本字体设置为“黑体”，字号设置为“小四”。

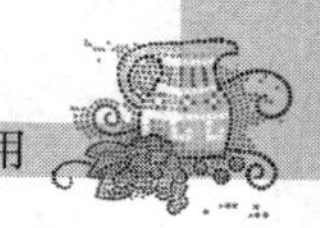

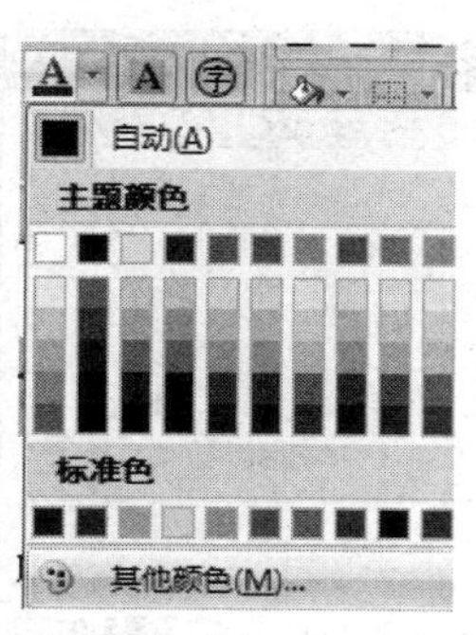

图 2-8　“其他颜色”命令

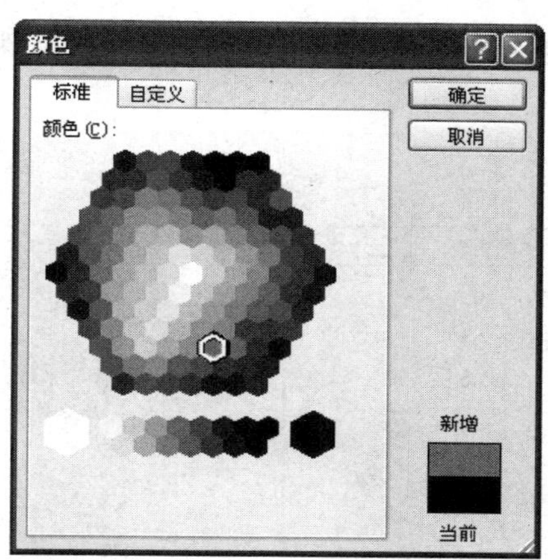

图 2-9　选择文本颜色

工序 3：设置段落格式

1．选择“学生会换届工作……有利于促进学生整体工作的开展。”这段文字，在浮动格式工具栏上设置其字体为“黑体”，字号为“五号”，如图 2-10 所示。

2．重新将鼠标移动到文档最前面，选择“学生会换届工作……有利于促进学生整体工作的开展。”这段文字，单击“字体”选项组右下角的按钮，打开“字体”对话框，切换到“高级”选项卡，在“字符间距”栏的“缩放”下拉列表中选择“90%”，如图 2-11 所示。

图 2-10　设置文字格式

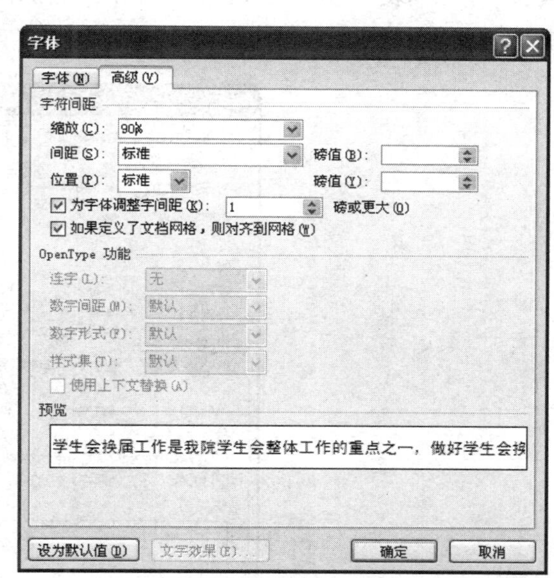

图 2-11　缩放字符间距

3．选择“为了更好地规范学生会换届工作，现将有关要求通知如下：”文本，将其字体设置为“黑体”，字号设置为“四号”，然后选择“为了更好地规范学生会换届工作，现将有关要求通知如下：”下面所有的文本，将其字体设置为“华文仿宋”，字号为“小五”。

4．保持文本的选中状态，单击“段落”选项组中的“行距”按钮，在弹出的下拉菜单中选择“1.15”，如图 2-12 所示。

5．选中“同学：”以下全部文本，单击“段落”选项组右下角的按钮，打开“段落”对话框，切换到“缩进和间距”选项卡，在“特殊格式”下拉列表中选择“首行缩进”选项，如图 2-13 所示。

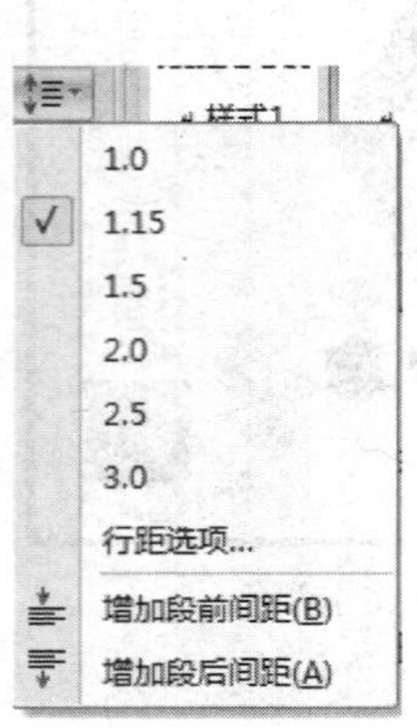

图 2-12　设置行距

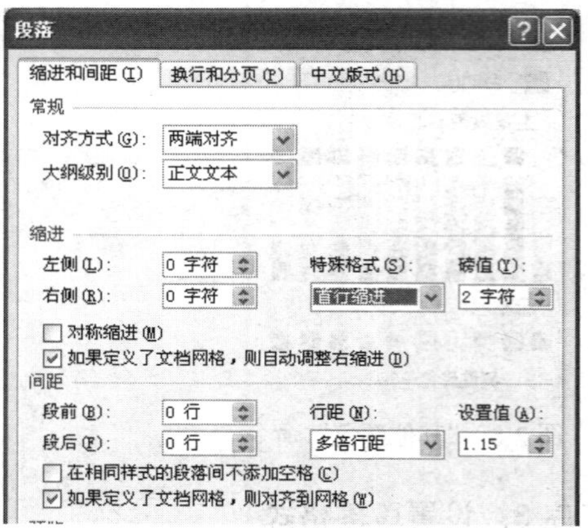

图 2-13　“段落”对话框

6．选择“一……”段落，在“开始”选项卡的“字体”组中将字体设置为“华文隶书”，字号设置为“五号”。

7．保持段落的选中状态，单击“段落”选项组右下角的按钮，打开“段落”对话框，在“大纲级别”下拉列表中选择“2 级”选项，在“特殊格式”下拉列表选择“无”选项，并将“间距”组中的“段前”与“段后”值都设置为“0.5 行”，如图 2-14 所示，完成后单击“确定”按钮。

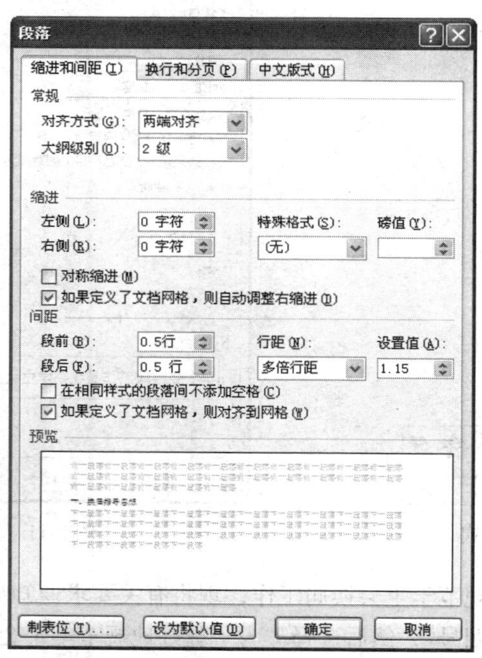

图 2-14　设置段落格式

8．保持段落的选择状态，双击“开始”选项卡“剪贴板”组中的“格式刷”按钮，如图 2-15 所示。

图 2-15　“格式刷”按钮

9．将光标移至“二……”段落前，光标变成刷子形状，拖动鼠标选择该段落进行格式复制。

10．按照同样的方法对段落“三……”、“四……”、“五……”、“六……”进行格式复制，完成后单击“剪贴板”组中的“格式刷”按钮取消格式复制。

11．同时选中倒数 2、3 行，单击“段落”组的“右对齐”按钮，使两个段落右对齐，如图 2-16 所示。

图 2-16　“右对齐”文本效果

12．保持倒数 2、3 行文字为选中状态，单击“段落”选项组右下角的按钮，在对话框“间距”栏的“段前”框中输入“0.5 行”，在“行距”下拉列表中选择“固定值”选项，并在“设置值”文本框输入“16 磅”，如图 2-17 所示。在浮动格式工具栏上设置其字体为“黑体”、字号为“四号”。

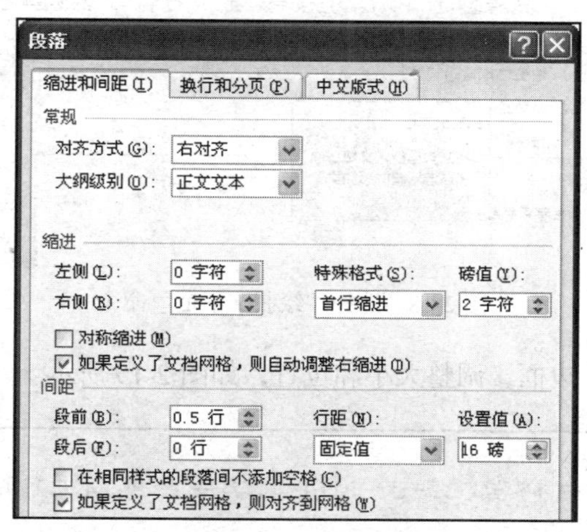

图 2-17　设置落款段落格式

工序 4：添加文本框

1．选择第二段“学生会换届工作是我院学生会整体工作的重点之一，做好学生会换届工作有利于促进学生会组织机构建设，有利于促进学生整体工作的开展。”文本，切换到“插入”选项卡，单击“文本”选项组中的“文本框”按钮，在弹出下拉菜单中选择“绘制文本框”命令，如图 2-18 所示，给选择的文本加一个文本框。

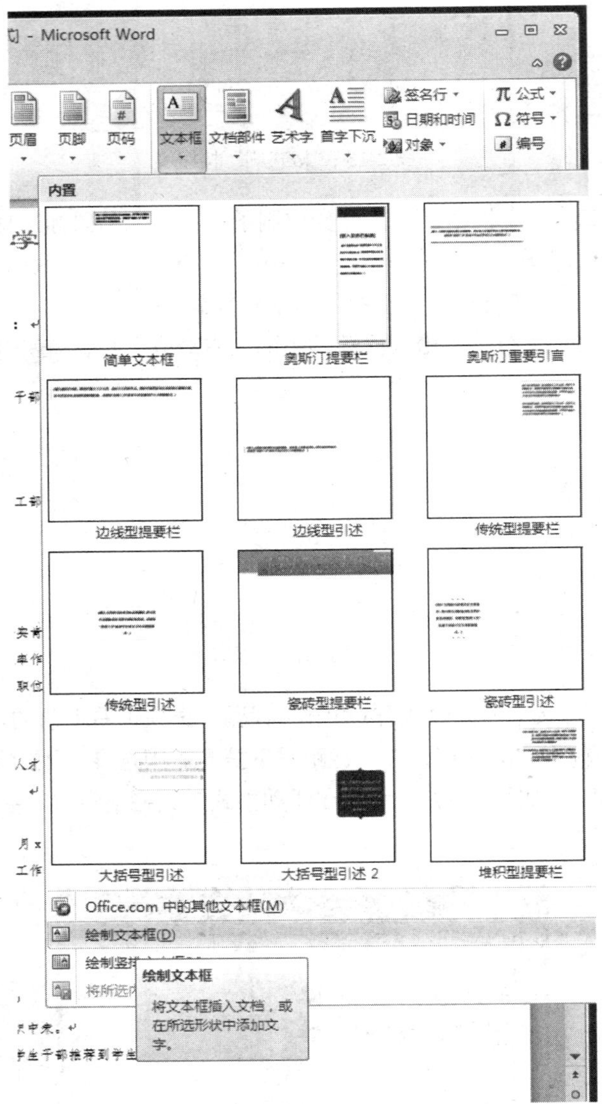

图 2-18　选择“绘制文本框”命令

2．用鼠标拖动文本框边框，调整大小和位置，如图 2-19 所示。

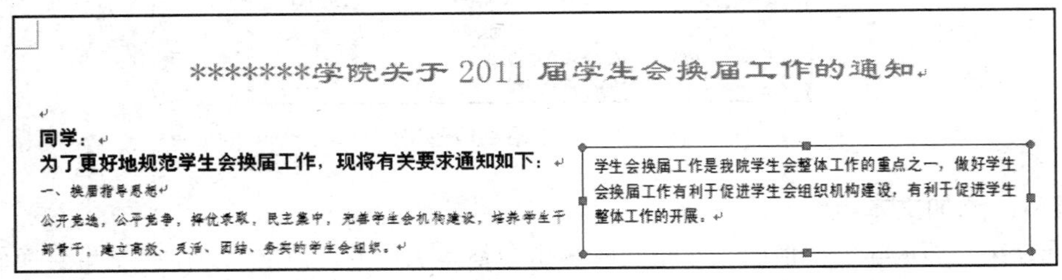
*******学院关于 2011 届学生会换届工作的通知

同学：

为了更好地规范学生会换届工作，现将有关要求通知如下：

一、换届指导思想

公开竞选，公平竞争，择优录取，民主集中，完善学生会机构建设，培养学生干部骨干，建立高效、灵活、团结、务实的学生会组织。

学生会换届工作是我院学生会整体工作的重点之一，做好学生会换届工作有利于促进学生会组织机构建设，有利于促进学生整体工作的开展。

图 2-19　调整文本框大小和位置

3．保持文本框的选中状态，选择“格式”选项卡，在“文本框样式”选项组单击“其他”按钮▾，如图 2-20 所示。

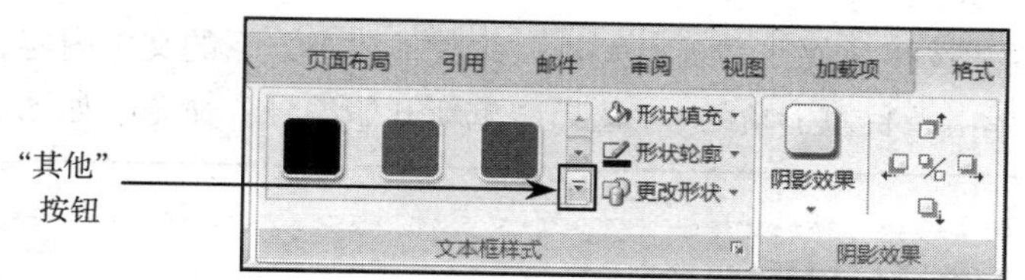

图 2-20　"格式"选项卡

4．在弹出的下拉列表中选择一种文本框格式，此处选择"虚线轮廓—强调文字颜色 3"格式，如图 2-21 所示。

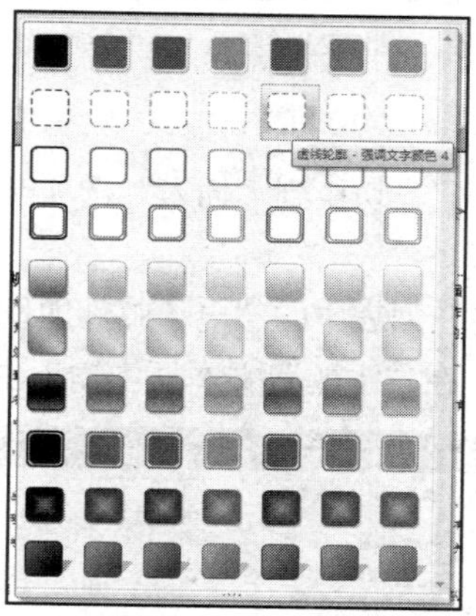

图 2-21　选择文本框样式

工序 5：设置文本编号

1．选择"组织机构设置"下的文本内容，选择"开始"选项卡，单击"段落"选项组中"编号"按钮右侧的箭头，在弹出的下拉菜单中选择需要的编号样式，如图 2-22 所示。

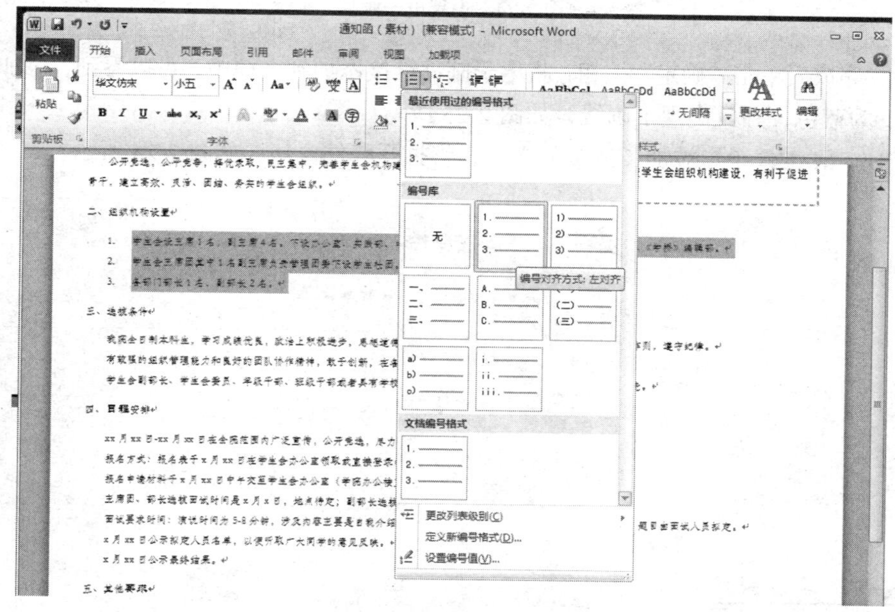

图 2-22　选择编号样式

2．在文档中分别选择“选拔条件”、“日程安排”、“其他要求”下的文本内容，采用步骤 1 所述的方法设置编号。并单击条目左上角的 选择“重新开始编号”命令，如图 2-23 所示。

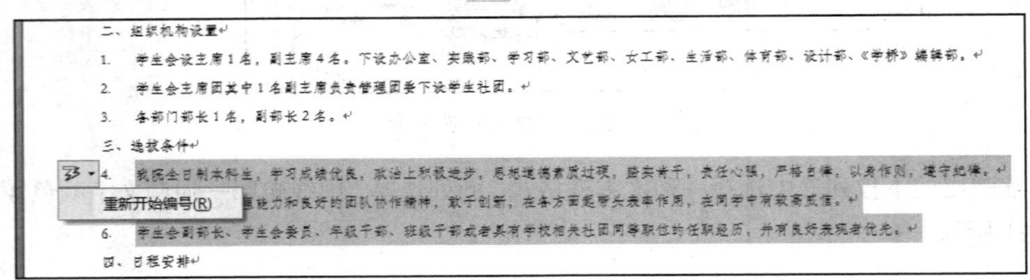

图 2-23　重新开始编号

工序 6：插入超链接

1．选择“联系回信：是否参选”，切换到“插入”选项卡，单击“链接”组中的“超链接”按钮，打开“插入超链接”对话框。

2．在对话框中选择“链接到：”列表中的“电子邮件地址”选项，在“电子邮件地址”文本框中输入邀请人的电子邮件地址，在“主题”文本框中输入主题，如图 2-24 所示。

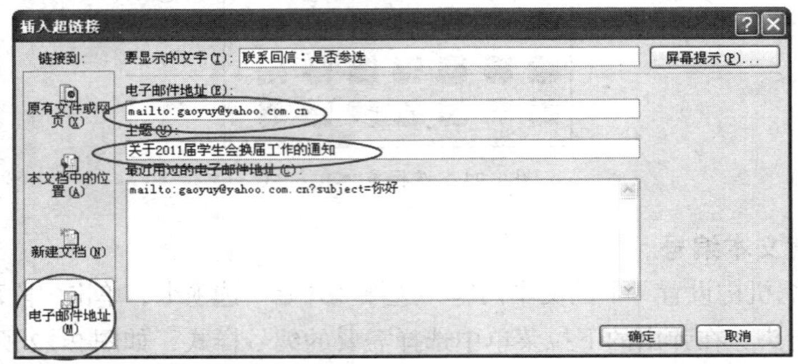

图 2-24　设置电子邮件

3．设置完成后单击“确定”按钮，将电子邮件链接添加到文档中，可以看到，添加了链接的文本颜色变为蓝色，并且出现下画线，如图 2-25 所示。

4．按住 Ctrl 键并单击添加了链接的文本，将打开邮件窗口，如图 2-26 所示。

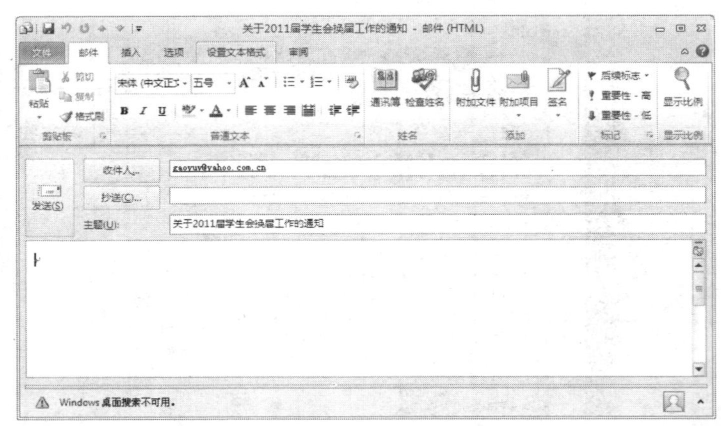

联系回信：是否参选

图 2-25　添加了链接的文本

图 2-26　邮件窗口

工序 7：创建收件人名单

1．选择“邮件”选项卡，单击“开始邮件合并”组中的“选择收件人”按钮，在弹出的菜单中选择“键入新列表”命令，如图 2-27 所示。

2．打开“新建地址列表”对话框，输入收件人的名称与邮箱地址，单击“新建条目”按钮，创建 3 个新的收件人条目，输入收件人的名称与邮箱地址，如图 2-28 所示。

图 2-27　“键入新列表”命令

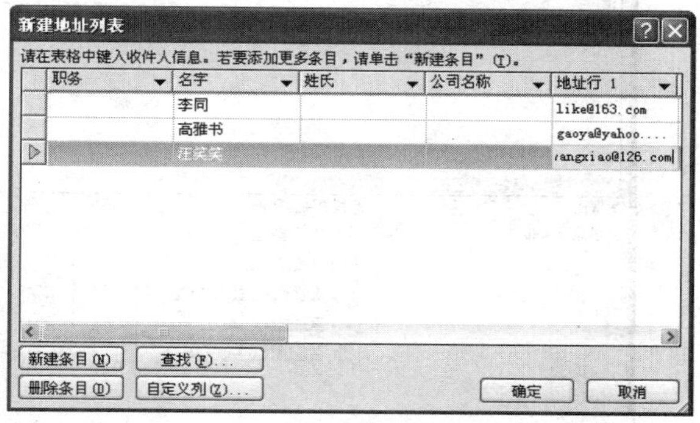

图 2-28　创建新的收件人条目

3．所有的收件人信息添加完成后单击“确定”按钮，打开保存“通讯录”对话框，输入文件名、保存路径，完成后单击“保存”按钮即可。

工序 8：合并联系人

1．选择“邮件”选项卡，单击“开始邮件合并”组中的“选择收件人”按钮，在弹出的菜单中选择“所用现有列表”命令。

2．打开“选取数据源”对话框，选择刚刚创建的地址列表，完成后单击“打开”按钮，如图 2-29 所示。

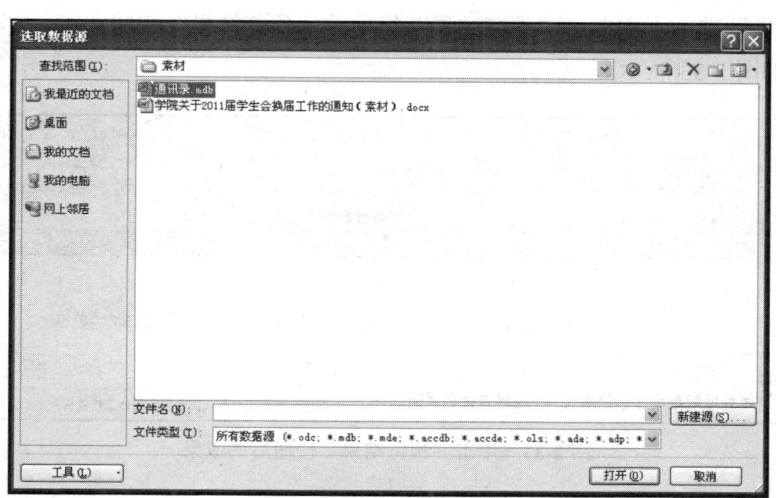

图 2-29　“选取数据源”对话框

3．单击“开始邮件合并”组中的“编辑收件人列表”按钮，打开“邮件合并收件人”对话框，选择所有项，完成后单击“确定”按钮，如图 2-30 所示。

4．将光标放置与“同学：”前，在“邮件”选项卡中单击“编写和插入域”组中的“插入合

并域”按钮，在弹出的菜单中选择“名字”命令，如图 2-31 所示。 插入“名字”合并域后的文档如图 2-32 所示。

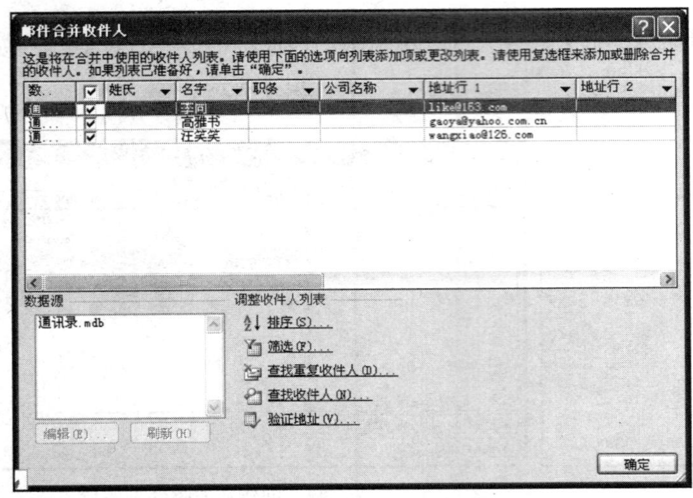

图 2-30 “邮件合并收件人”对话框

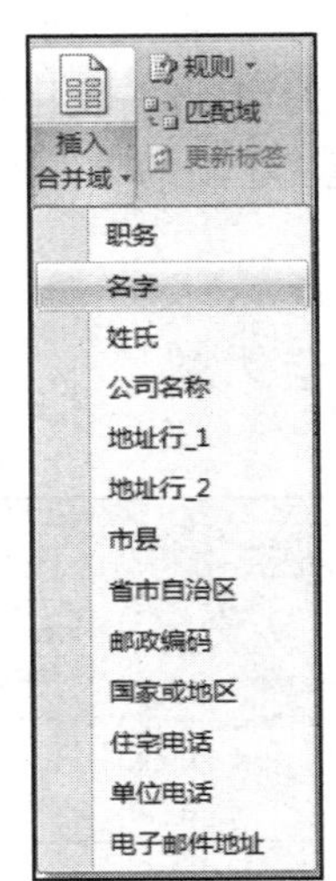

图 2-31 选择“名字”命令

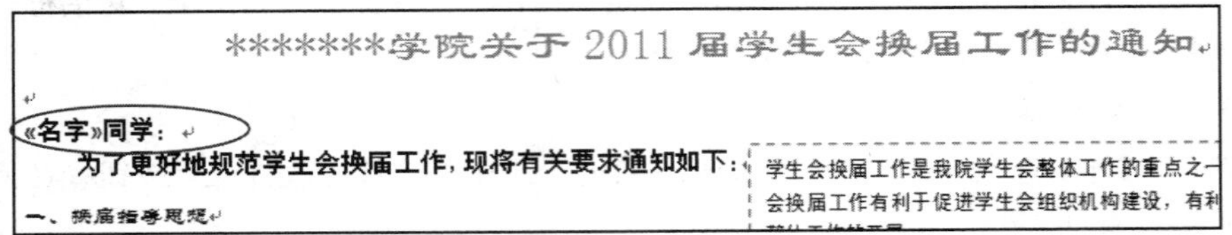

图 2-32 插入“名字”合并域后的文档

工序 9：预览与发送通知函

1．在“邮件”选项卡中单击“预览结果”组中的“预览结果”按钮，Word 会自动显示最后一位联系人，如图 2-33 所示。

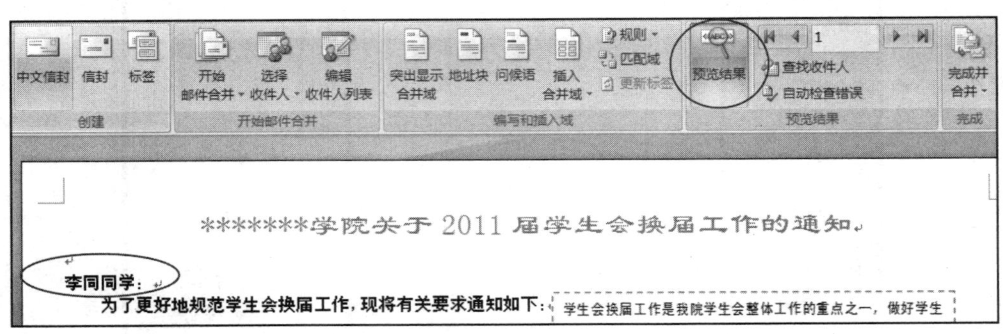

图 2-33 单击“预览结果”按钮后的效果

2．启动邮件发送程序 Outlook，在“邮件”选项卡中单击“完成”组中的“完成并合并”按钮，在弹出的菜单中选择“发送电子邮件”命令，如图 2-34 所示。

3．打开“合并到电子邮件”对话框，在“主题行”文本框输入“2011 届学生会换届工作的通知”， 完成后单击“确定”按钮即可，如图 2-35 所示。完成后保存文件。

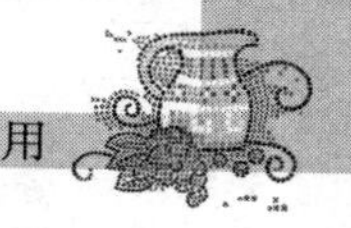

图 2-34　选择“发送电子邮件”命令

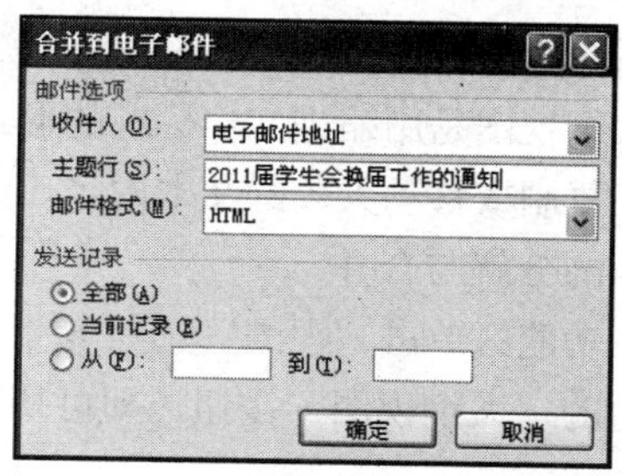

图 2-35　“合并到电子邮件”对话框

【知识链接】

链接 1：文档的视图

文档视图是用户在使用 Word 2010 编辑文档时观察文档结构的屏幕显示形式。用户可以根据需要选择相应的模式，使编辑和观察文档更加方便。

Word 2010 中提供了“页面视图”、“阅读版式视图”、“Web 版式视图”、“大纲视图”和“草稿视图”5 种视图模式。使用这些视图方式就可以方便地对文档进行浏览和相应的操作，不同的视图方式之间可以切换。

1．草稿视图

“草稿视图”取消了页面边距、分栏、页眉页脚和图片等元素，仅显示标题和正文，是最节省计算机系统硬件资源的视图方式。当然现在计算机系统的硬件配置都比较高，基本上不存在由于硬件配置偏低而使 Word 2010 运行遇到障碍的问题。

在该视图方式中，当文本输入超过一页时，编辑窗口中将出现一条虚线，这就是分页符。分页符表示页与页之间的分隔，即文本的内容从前一页进入下一页，可以使文档阅读起来比较连贯，并不是一条真正的直线。

在功能区中，选择“视图”选项卡“文档视图”组中选择“草稿视图”选项，或者直接单击窗口状态栏右边的“草稿视图”按钮，即可切换到草稿视图，如图 2-36 所示。

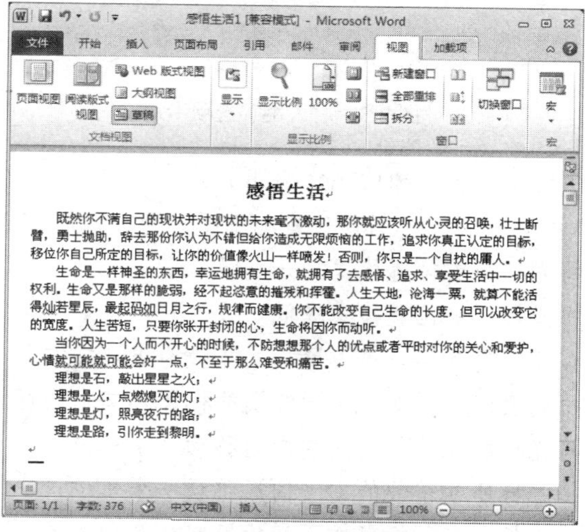

图 2-36　草稿视图

2．大纲视图

大纲视图是用缩进文档标题的形式代表标题在文档结构中的级别，可以非常方便地修改标题内容、复制或移动大段的文本内容。因此，大纲视图适合纲目的编辑、文档结构的整体调整及长篇文档的分解与合并。

在功能区单击“视图”选项卡“文档视图”组的“大纲视图”选项，或者直接单击窗口状态栏右边的“大纲视图”按钮，即可切换到大纲视图，如图 2-37 所示。

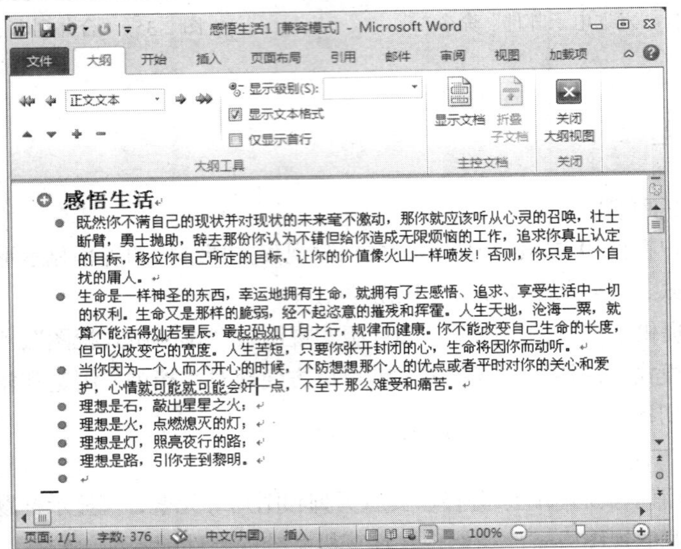

图 2-37　大纲视图

切换到大纲视图后，Word 2010 将自动在功能区显示“大纲”选项卡，如图 2-38 所示，其中包含了大纲视图中最常用的操作。

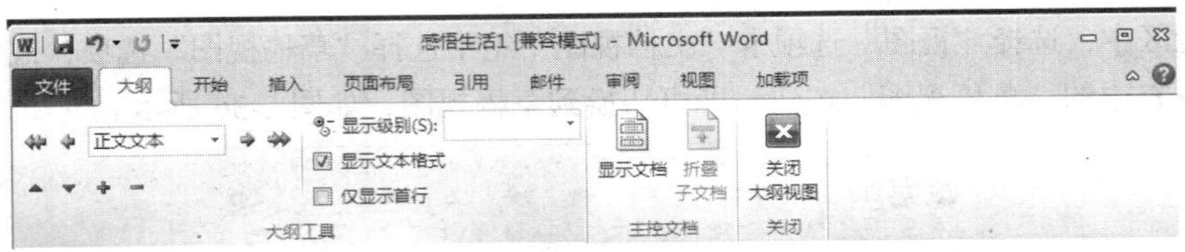

图 2-38　“大纲”选项卡

“大纲”选项卡中各个部分的名称和功能介绍如下。

- “提升至标题 1”按钮：将光标当前位置格式提升为“标题 1”。
- “升级”按钮：将光标当前位置格式提升一级。
- “降级”按钮：将光标当前位置格式降低一级。
- “降级为正文”按钮：将光标当前位置格式降级为正文文本。
- “显示级别”下拉列表：选择显示不同级别的标题和文本内容。
- “上移”按钮：将光标所在单位的文字向前移动一个单位。
- “下移”按钮：将光标所在单位的文字向后移动一个单位。
- “展开”按钮：将光标所在行标题的下属标题或文本内容显示出来。

- “折叠”按钮：将光标所在行标题的下属标题或文本内容隐藏起来。
- “仅显示首行”复选框：显示文本内容中每一段的第一行，后边内容省略。
- “显示文本格式”复选框：在大纲视图中显示或隐藏字符格式。

3．Web 版式视图

Web 版式视图显示文档在 Web 浏览器中的外观，它是一种“所见即所得”的视图方式，即在 Web 版式视图中编辑的文档将会与浏览器中显示得一样。

这种视图的最大优点是优化了屏幕布局，文档具有最佳的屏幕外观，使得联机阅读变得更容易。在 Web 版式视图方式中，正文显示得更大，并且自动换行以适应窗口，而不是以实际的打印效果显示。另外，还可以对文档的背景、浏览和制作网页等进行设置。

在功能区选择“视图”选项卡“文档视图”组中的“Web 版式视图”选项，或者直接单击窗口状态栏右边的“Web 版式视图”按钮，即可切换到 Web 版式视图方式中，如图 2-39 所示。

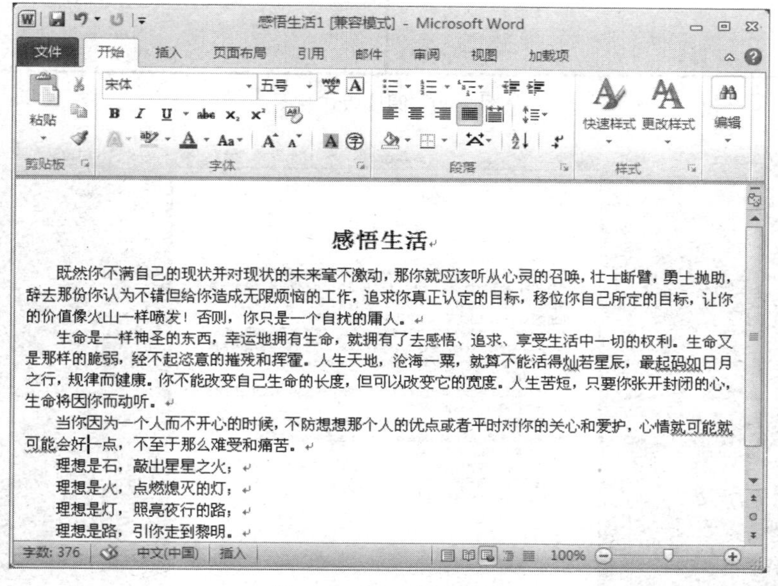

图 2-39　Web 版式视图

注意，Web 版式视图能够模仿 Web 浏览器来显示文档，但并不是完全一致的。

4．阅读版式视图

阅读版式视图提供了更方便的文档阅读方式。在阅读版式视图中可以完整地显示每一张页面，就像书本展开一样。

在功能区选择“视图”选项卡“文档视图”组中的“阅读版式视图”选项，或者直接单击窗口状态栏右边的“阅读版式视图”按钮，即可切换到阅读版式视图方式中，如图 2-40 所示。

阅读版式视图隐藏了不必要的工具栏，例如其他视图方式中默认的“常用”工具栏和“格式”工具栏，使屏幕阅读更加方便。与其他视图相比，阅读版式视图字号变大，行长度变小，页面适合屏幕，使视图看上去更加亲切、赏心悦目。

单击阅读版式视图窗口中的“关闭”按钮即可退出阅读版式视图。单击工具栏中的“视图选项”按钮，可实现在每屏一页和每屏多页之间进行切换，图 2-41 所示为每屏一页的显示效果。

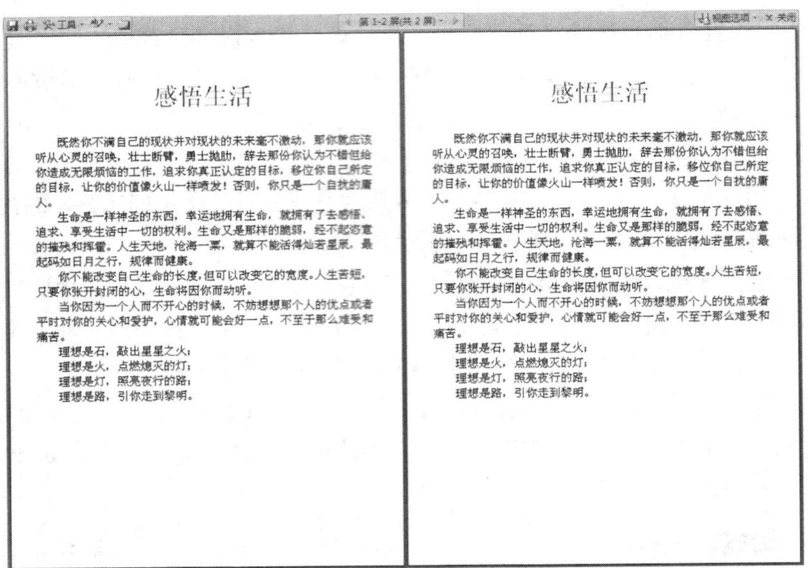

感悟生活

既然你不满自己的现状并对现状的未来毫不激动，那你就应该听从心灵的召唤，壮士断臂，勇士抛肋，辞去那份你认为不错但给你造成无限烦恼的工作，追求你真正认定的目标，移位你自己所定的目标，让你的价值像火山一样喷发！否则，你只是一个自扰的庸人。

生命是一样神圣的东西，幸运地拥有生命，就拥有了去感悟、追求、享受生活中一切的权利。生命又是那样的脆弱，经不起恣意的摧残和挥霍。人生天地，沧海一粟，就算不能活得灿若星辰，最起码如日月之行，规律而健康。

你不能改变自己生命的长度，但可以改变它的宽度。人生苦短，只要你张开封闭的心，生命将因你而动听。

当你因为一个人而不开心的时候，不妨想想那个人的优点或者平时对你的关心和爱护，心情就可能会好一点，不至于那么难受和痛苦。

理想是石，敲出星星之火；
理想是火，点燃熄灭的灯；
理想是灯，照亮夜行的路；
理想是路，引你走到黎明。

图 2-40　阅读版式视图

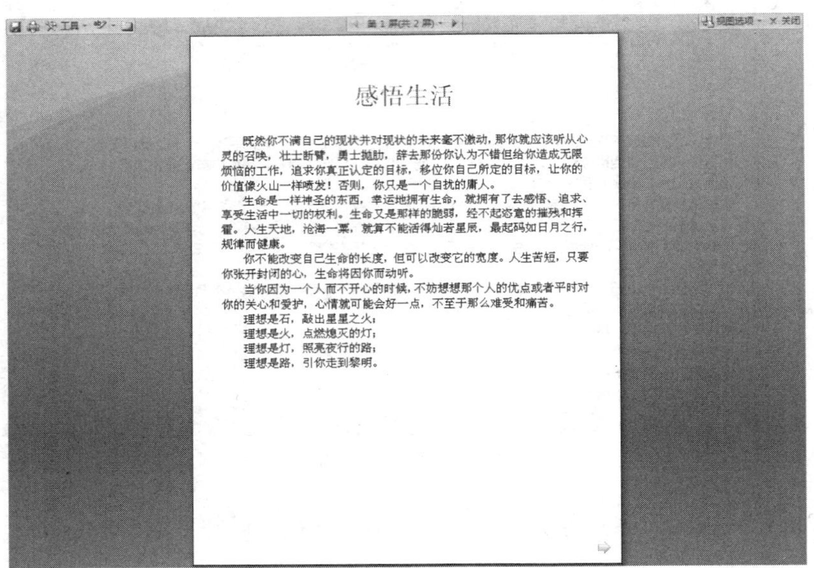

感悟生活

既然你不满自己的现状并对现状的未来毫不激动，那你就应该听从心灵的召唤，壮士断臂，勇士抛肋，辞去那份你认为不错但给你造成无限烦恼的工作，追求你真正认定的目标，移位你自己所定的目标，让你的价值像火山一样喷发！否则，你只是一个自扰的庸人。

生命是一样神圣的东西，幸运地拥有生命，就拥有了去感悟、追求、享受生活中一切的权利。生命又是那样的脆弱，经不起恣意的摧残和挥霍。人生天地，沧海一粟，就算不能活得灿若星辰，最起码如日月之行，规律而健康。

你不能改变自己生命的长度，但可以改变它的宽度。人生苦短，只要你张开封闭的心，生命将因你而动听。

当你因为一个人而不开心的时候，不妨想想那个人的优点或者平时对你的关心和爱护，心情就可能会好一点，不至于那么难受和痛苦。

理想是石，敲出星星之火；
理想是火，点燃熄灭的灯；
理想是灯，照亮夜行的路；
理想是路，引你走到黎明。

图 2-41　每屏一页显示效果

5．页面视图

在页面视图方式下，在屏幕上显示的效果和文档的打印效果完全相同。在此视图方式中，可以查看打印页面中的文本、图片和其他元素的位置。一般情况下，用户可以在编辑和排版时使用页面视图方式，在编辑时确定各个组成部分的位置和大小，从而大大减少以后的排版工作。但是使用页面视图方式时，显示的速度比普通视图方式要慢，尤其是在显示图形或者显示图标的时候。

在功能区选择“视图”选项卡“文档视图”组中的“页面视图”选项，或者直接单击窗口状态栏右边的“页面视图”按钮，即可切换到页面视图方式。在页面视图方式中，不再以一条虚线表示分页，而是直接显示页边距，如图 2-42 所示。

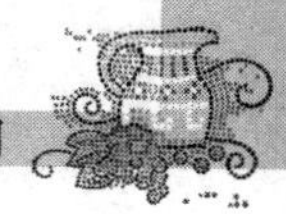

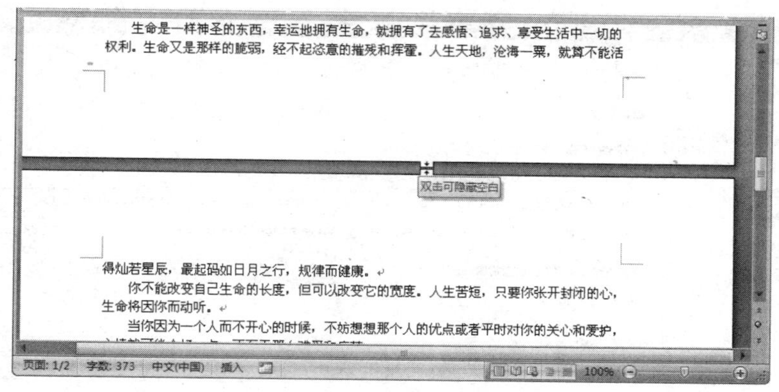

图 2-42　页面视图

如果要节省页面视图中的屏幕空间，可以隐藏页面之间的空白区域。将鼠标指针移到页面的分页标记上，当鼠标变为形状时，双击鼠标左键即可，效果如图 2-43 所示。

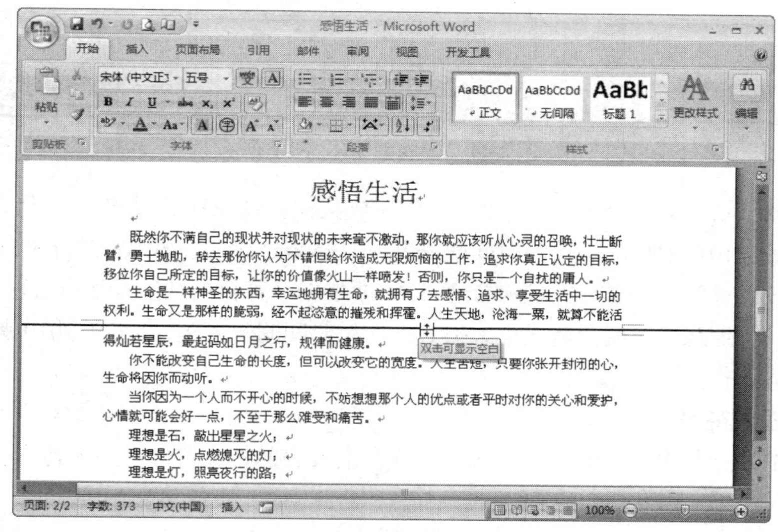

图 2-43　隐藏页面之间的空白区域

链接 2：自动保存文档

Word 2010 可以按照某一固定时间间隔自动对文档进行保存，这样大大减少断电或死机时由于忘记保存文档所造成的损失。

设置“自动保存”功能的具体操作步骤如下。

1. 单击“文件”选项组，然后在弹出的菜单中选择“选项”命令，弹出“Word 选项”对话框，在该对话框左侧选择“保存”选项，如图 2-44 所示。

2. 在该对话框右侧的“保存文档”选区中的“将文件保存为此格式”下拉列表中选择文件保存的类型。

3. 选中“保存自动恢复信息时间间隔”单选按钮，并在其后的微调框中输入保存文件的时间间隔。

4. 在“自动恢复文件位置”文本框中输入保存文件的位置，或者单击“浏览”按钮，在弹出的“修改位置”对话框中设置保存文件的位置。

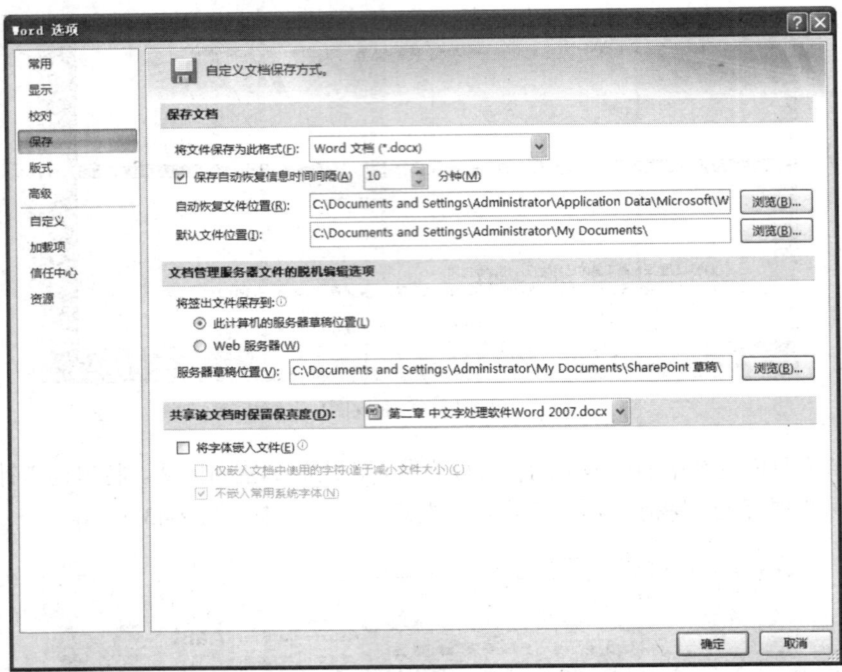

图 2-44 “Word 选项”对话框

5. 设置完成后，单击“确定”按钮，即可完成文档自动保存的设置。

注意，Word 2010 中自动保存的时间间隔并不是越短越好。在默认状态下自动保存时间间隔为 10 分钟，一般设置为 5 ~ 15 分钟较为合适，这需要根据计算机的性能及运行程序的稳定性来定。如果时间太长，发生意外时就会造成重大损失；如果时间间隔太短，Word 2010 频繁地自动保存又会干扰正常的工作。

链接 3：插入符号

在输入文本的过程中，有时需要插入一些键盘上没有的特殊符号。插入特殊符号的具体操作步骤如下。

1. 在功能区选择“插入”选项卡中的“符号”组中选择“符号”选项，在弹出的下拉菜单中选择“其他符号”命令，弹出“符号”对话框，如图 2-45 所示。

图 2-45 “符号”对话框

2．在该对话框中的“字体”下拉列表中选择所需的字体，在“子集”下拉列表中选择所需的选项。

3．在列表框中选择需要的符号，单击“插入”按钮，即可在插入点处插入该符号。

4．此时对话框中的“取消”按钮变为“关闭”按钮，单击“关闭”按钮关闭对话框。

5．在“符号”对话框中打开“特殊字符”选项卡，如图 2-46 所示。

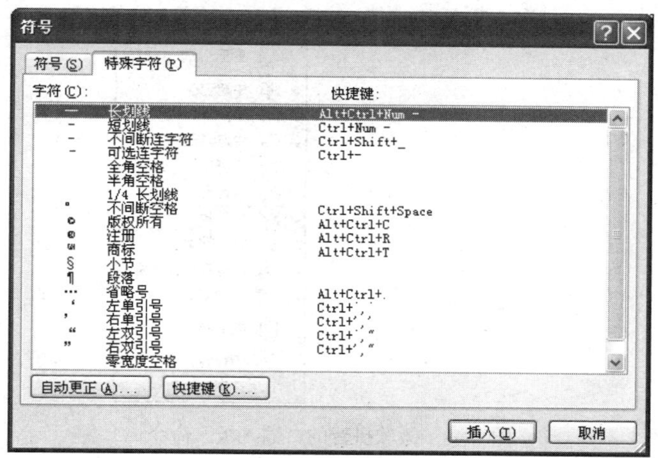

图 2-46　“特殊字符”选项卡

6．选中需要插入的特殊字符，然后单击“插入”按钮，再单击“关闭”按钮，即可完成特殊字符的插入。

注意，在“符号”对话框中单击“快捷键”按钮，弹出“自定义键盘”对话框，如图 2-47 所示。将光标定位在“请按新快捷键”文本框中，然后直接按要定义的快捷键，单击“指定”按钮，再单击“关闭”按钮，完成插入符号的快捷键设置。这样，当用户需要多次使用同一个符号时，只需按所定义的快捷键即可插入该符号。

图 2-47　“自定义键盘”对话框

链接 4：插入特殊符号

插入特殊符号的具体操作步骤如下。

1．将插入点置于文档中要插入特殊符号的位置。

2．在语言栏上单击键盘按钮，然后在菜单中选择“微软拼音—新体验 2010”。微软拼音输入法的状态条将出现在语言栏上，单击右边下拉列表，选择“输入板”选项，如图 2-48 所示。

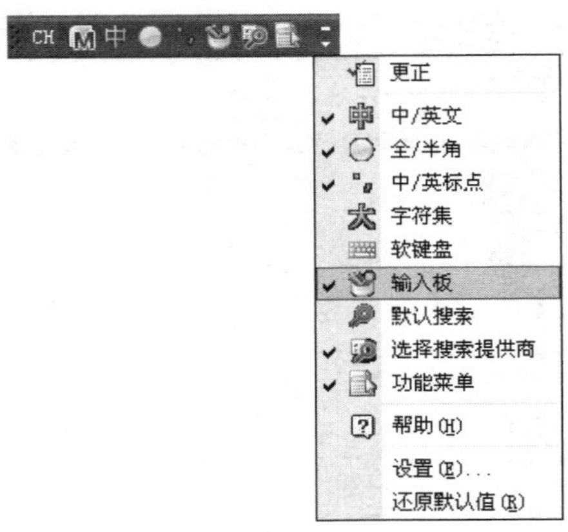

图 2-48　微软拼音的“输入板”命令

3．单击“开启/关闭输入板”按钮，打开输入板对话框，单击“符号”选项卡。

4．在下拉列表框中选择“特殊符号”选项，就可看到特殊符号，选择所需的特殊符号，如图 2-49 所示。

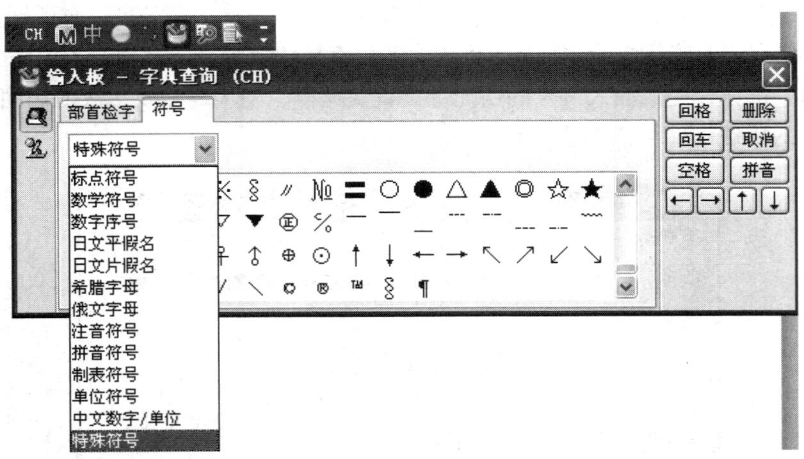

图 2-49　“输入板”对话框

链接 5：插入日期和时间

用户可以直接在文档中插入日期和时间，也可以使用 Word 2010 提供的插入日期和时间功能，具体操作步骤如下。

1．将插入点定位在要插入日期和时间的位置。

2．在功能区选择“插入”选项卡“文本”组中的“日期和时间”选项，弹出“日期和时间”对话框，如图 2-50 所示。

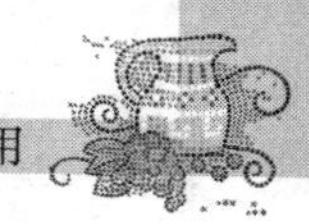

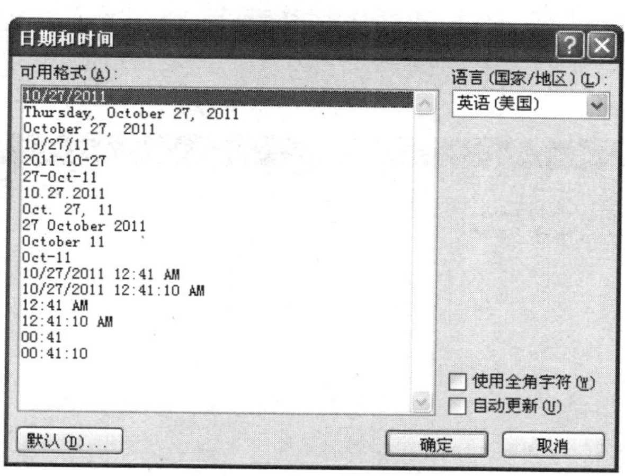

图 2-50　“日期和时间”对话框

3．用户可根据需要在“语言（国家/地区）”下拉列表中选择一种语言；在“可用格式”列表中选择一种日期和时间格式。

4．如果勾选“自动更新”复选框，则以域的形式插入当前的日期和时间。该日期和时间是一个可变的数值，它可根据打印的日期和时间的改变而改变。取消勾选“自动更新”复选框，则可将插入的日期和时间作为文本永久地保留在文档中。

5．单击“确定”按钮完成设置。

链接 6：模板的使用

模板就是由多个特定样式组合而成的具有固定编排格式的一种特殊文档。它包括字体、快捷键指定方案、菜单、页面设置、特殊格式、样式以及宏等。用户在打开模板时会创建模板本身的副本。在 Word 2010 中，模板可以是.dotx 文件，或者是.dotm 文件（.dotm 类型文件允许在文件中启用宏）。在将文档保存为.docx 或.docm 文件时，文档会与文档基于的模板分开保存。

可以在模板中提供建议的或必需的文本以供其他人使用，还可以提供内容控件（如预定义下拉列表或特殊徽标），在这方面模板与文档极其相似。可以对模板中的某个部分添加保护，或者对模板应用密码以防止对模板的内容进行更改。

1．创建模板

虽然 Word 中带有许多预先设计的模板，但有时还是不能满足用户的需要。此时用户可以创建模板，以满足某些特殊的需求。用户可以从空白文档开始并将其保存为模板，或者基于现有的文档或模板创建模板。

创建空白模板的具体操作步骤如下。

（1）单击“文件”菜单，在弹出的下拉菜单中选择“新建”命令。

（2）在右边双击“我的模板”选项，弹出“新建”对话框，选择“空白文档”，然后单击“确定”按钮。

（3）根据需要更改页面边距、页面大小和方向、样式以及其他格式，还可以根据基于该模板创建的所有新文档中的内容，添加相应的说明文字、内容控件和图形。

（4）设置完成后，单击“文件”菜单，在弹出的下拉菜单中选择“另存为”命令，弹出“另存为”对话框，如图 2-51 所示。

（5）在该对话框中选择“受信任模板”选项，在“文件名”文本框中指定新模板的文件名，

在“保存类型”下拉列表中选择“Word 模板”选项，然后单击“保存”按钮保存文档，即可创建新的空白模板。

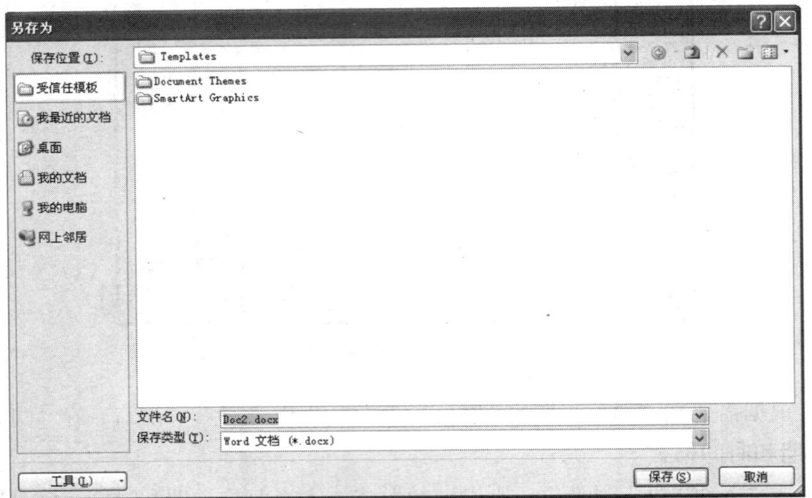

图 2-51 “另存为”对话框

注意，用户还可以将模板保存为“启用宏的 Word 模板”（.dotm 文件）或者“Word 97-2003 模板”（.dot 文件）。

基于已安装的模板创建新模板的具体操作步骤如下。

（1）单击“文件”菜单，在弹出的下拉菜单中选择“新建”命令。

（2）在右边双击“样本模板”选项，如图 2-52 所示。

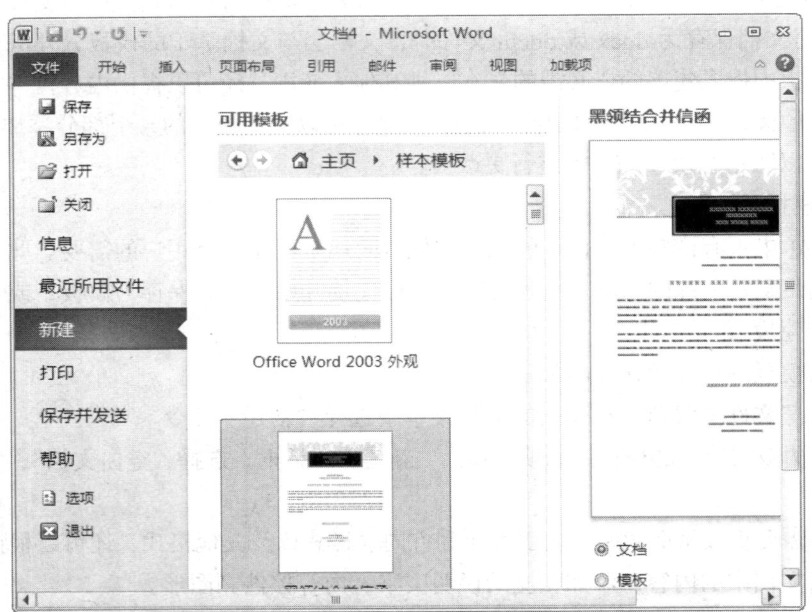

图 2-52 “可用模板”对话框

（3）在该对话框的“可用模板”列表框中选择所需要的模板，并选中“模板”单选按钮，单

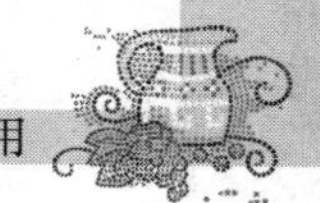

击“创建”按钮，创建基于该模板的模板。

（4）根据需要对基于该模板的所有新文档中出现的内容，进行相应的更改。

（5）单击“文件”菜单，在弹出的下拉菜单中选择“另存为”命令，在弹出的“另存为”对话框中选择“受信任模板”选项，在“文件名”文本框中指定新模板的文件名，在“保存类型”下拉列表中选择“Word 模板”，然后单击“保存”按钮即可。

基于现有文档创建新模板的具体操作步骤如下。

（1）单击”文件”菜单，在弹出的下拉菜单中选择“新建”命令，弹出“新建文档”对话框。

（2）在该对话框中的“模板”列表框中选择“根据现有内容新建”选项，弹出“根据现有文档新建”对话框，如图 2-53 所示。

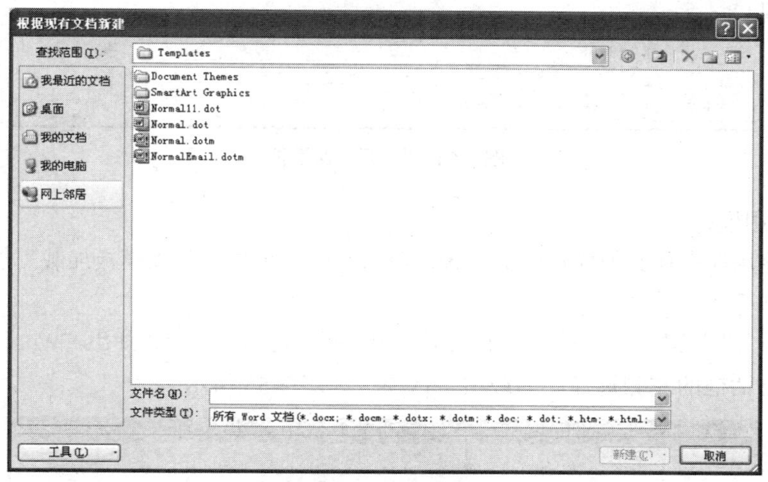

图 2-53　“根据现有文档新建”对话框

（3）在该对话框中选择需要的文档，单击“新建”按钮创建文档。

（4）根据需要更改页面边距、页面大小和方向、样式以及其他格式，还可以根据需要出现在基于该模板创建的所有新文档中的内容，添加相应的说明文字、内容控件和图形。

（5）设置完成后，单击“文件”菜单，在弹出的下拉菜单中选择“另存为”命令，弹出“另存为”对话框。

（6）在该对话框中选择“受信任模板”选项，在“文件名”文本框中指定新模板的文件名，在“保存类型”下拉列表中选择“Word 模板”选项，然后单击“保存”按钮保存文档，即可创建新的空白模板。

2．修改模板

修改模板的具体操作步骤如下。

（1）单击”文件”菜单，在弹出的下拉菜单中选择“打开”命令，弹出“打开”对话框，如图 2-54 所示。

（2）在“打开”对话框中的列表框中选中需要进行修改的模板，单击“打开”按钮，即可打开该模板。

（3）对该模板进行修改，例如修改文字、图形、样式、格式设置以及自定义工具栏等。

（4）修改完毕后，单击”文件”菜单，在弹出的下拉菜单中选择“另存为”命令，保存修改后的模板。

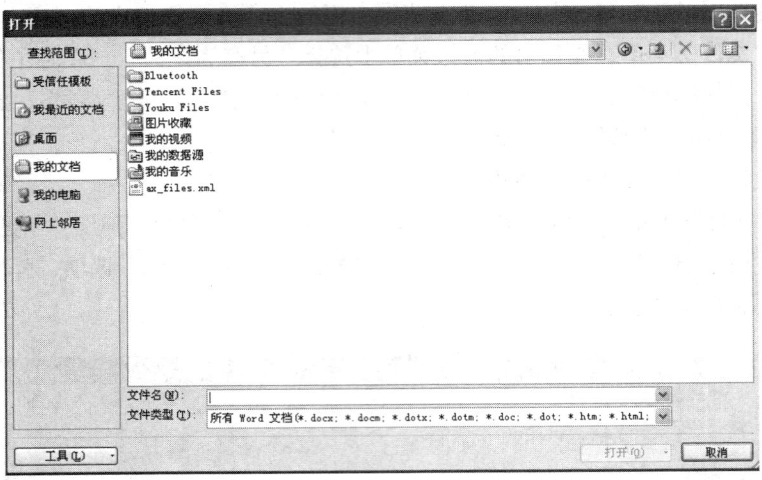

图 2-54 “打开”对话框

3．加载共用模板

如果需要使用保存在其他模板中的设置，可将其他模板作为共用模板加载。加载共用模板的具体操作步骤如下。

（1）单击”文件”菜单，在弹出的下拉菜单中选择“选项”命令，弹出“Word 选项”对话框。

（2）在该对话框的左侧选择“加载项”选项，如图 2-55 所示。

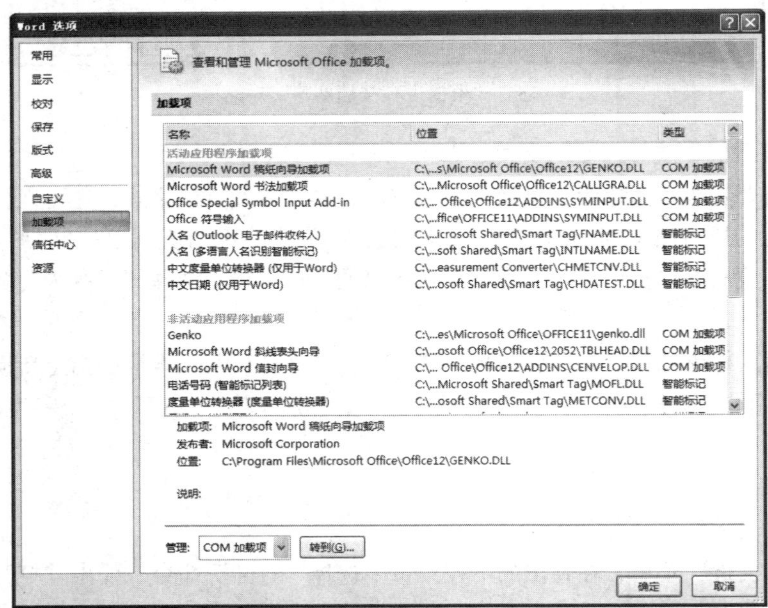

图 2-55 “Word 选项”对话框

（3）在该对话框中的“管理”下拉列表中选择“模板”选项，单击“转到”按钮，弹出“模板和加载项”对话框，打开“模板”选项卡，如图 2-56 所示。

（4）在该选项卡中的“文档模板”选区中单击“选用”按钮，弹出“选用模板”对话框。

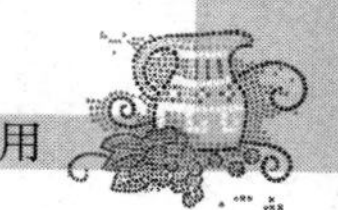

（5）在该对话框中选择需要的模板，单击“打开”按钮，返回到“模板和加载项”对话框中，在该对话框中勾选“自动更新文档样式”复选框，如果对模板样式进行修改，则 Word 2010 将自动对基于此模板创建的文档样式进行更新。

（6）在“模板和加载项”对话框中单击“添加”按钮，弹出“添加模板”对话框。

（7）在该对话框中选择需要添加的模板，单击“确定”按钮，返回到“模板和加载项”对话框中，单击“确定”按钮，完成共用模板的加载。

注意，在“模板和加载项”对话框中的“共用模板及加载项”选区中选中某个不常用的模板，单击“删除”按钮，即可卸载该模板。卸载模板并非将其从计算机上真正删除，只是使其不可用。若需要恢复，按步骤 6 中的操作进行添加即可。

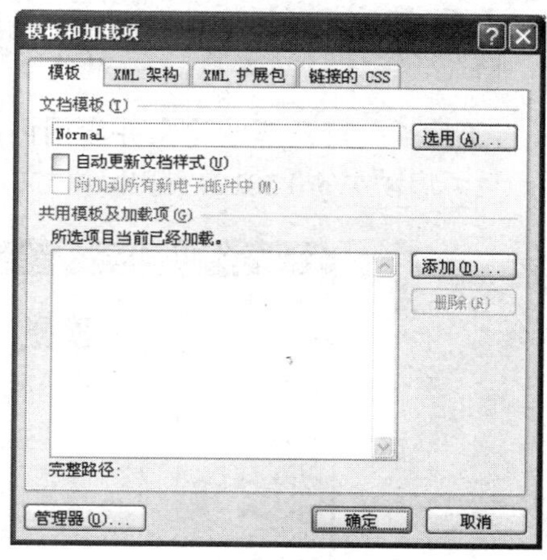

图 2-56　“模板”选项卡

任务二　长文档排版——毕业论文排版

【情景再现】

小乐马上要毕业了，现在毕业论文差不多马上要完成了，但是她对长文档排版并不熟悉，现在就学习如何对毕业论文这种长文档进行排版。完成如图 2-57 所示的毕业论文排版效果。

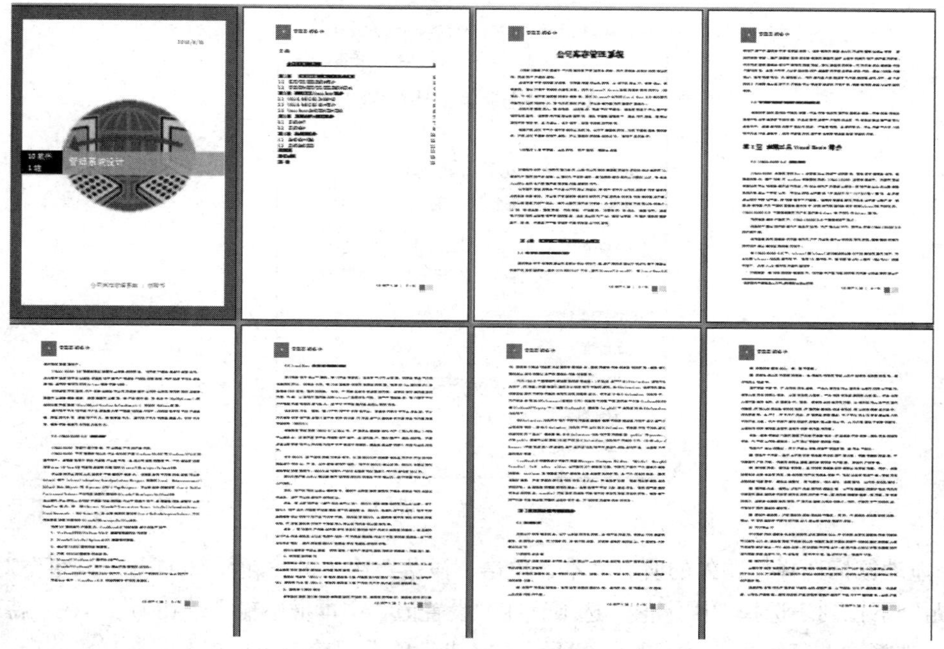

图 2-57　毕业论文排版的效果图

【任务实现】

工序 1：打开毕业论文并套用内建样式

1．启动 Word 2010，打开素材文件夹中“论文（素材）.docx”文件，如图 2-58 所示。

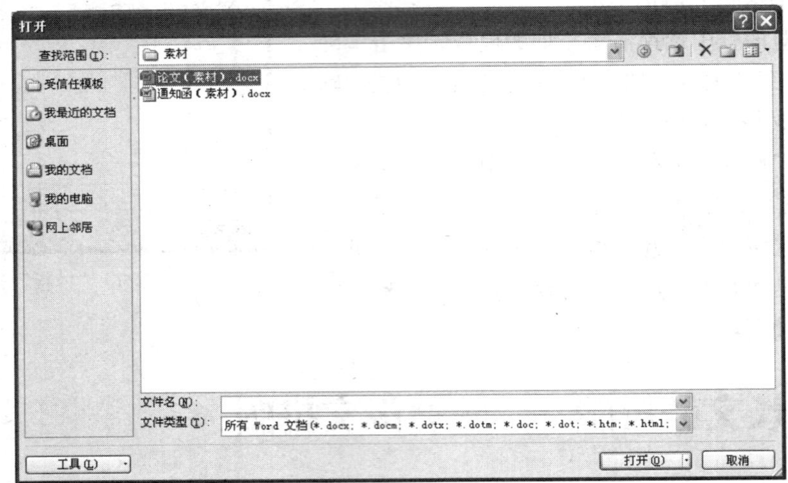

图 2-58 “打开”窗口

2．选择标题“公司库存管理系统”，选择“开始”选项卡，单击“样式”组中的“其他”按钮，在弹出的菜单中选择“标题 1”选项，如图 2-59 所示。单击“段落”组中的“居中对齐”，使标题居中对齐。

图 2-59 选择“标题 1”

3．拖动鼠标选择标题外的所有文本，单击“段落”组中的按钮，打开“段落”对话框，在“行距”下拉列表选择“固定值”选项，在“设置值”文本框中输入“18 磅”。在“特殊格式”下拉列表选择“首行缩进”，如图 2-60 所示。完成后单击“确定”按钮。

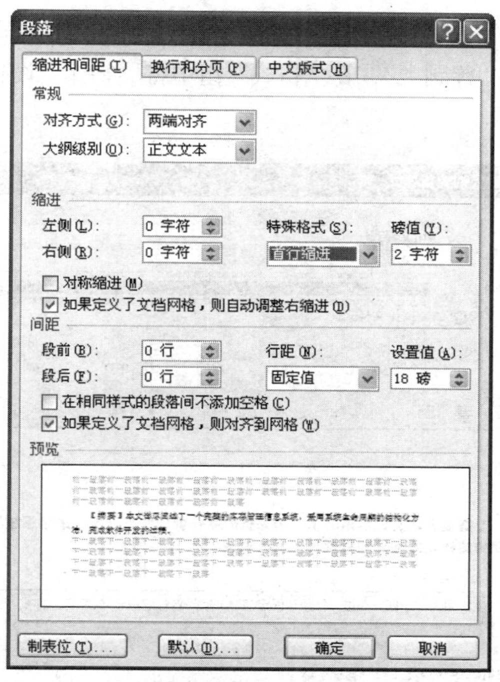

图 2-60　设置“行距”和“特殊格式”

工序 2：自定义样式

1．选择“开始”选项卡，单击“样式”组中的 按钮，打开“样式”窗口，在窗口中单击“新建样式”按钮，如图 2-61 所示。

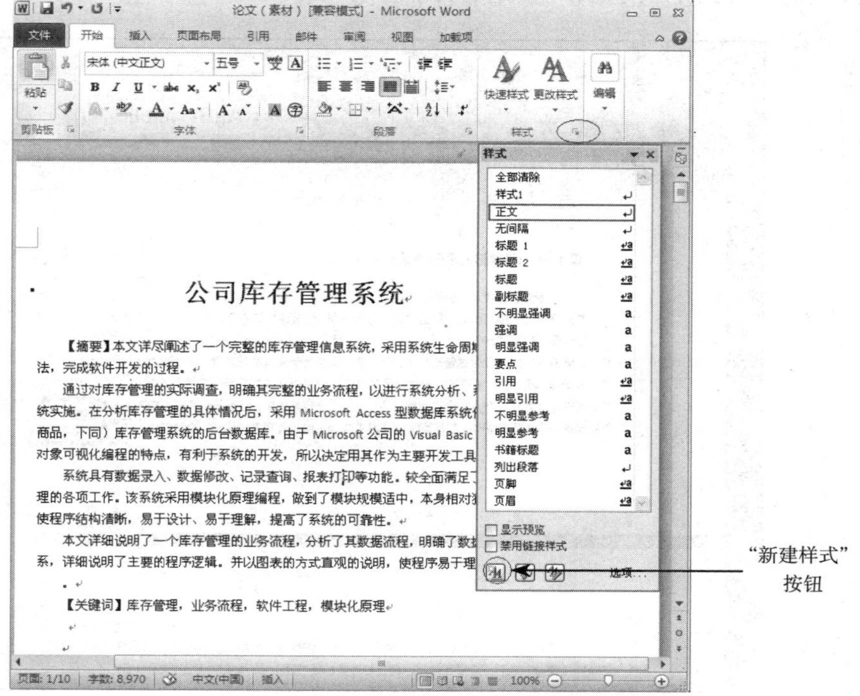

图 2-61　“新建样式”按钮

2．打开“根据格式设置创建新样式”对话框，在“名称”文本框中输入“论文样式 1”，在“样式基准”下拉列表选择“标题 2”，在“格式”组中将“字体”设置为“黑体”，“字号”设置为“小四”，如图 2-62 所示。

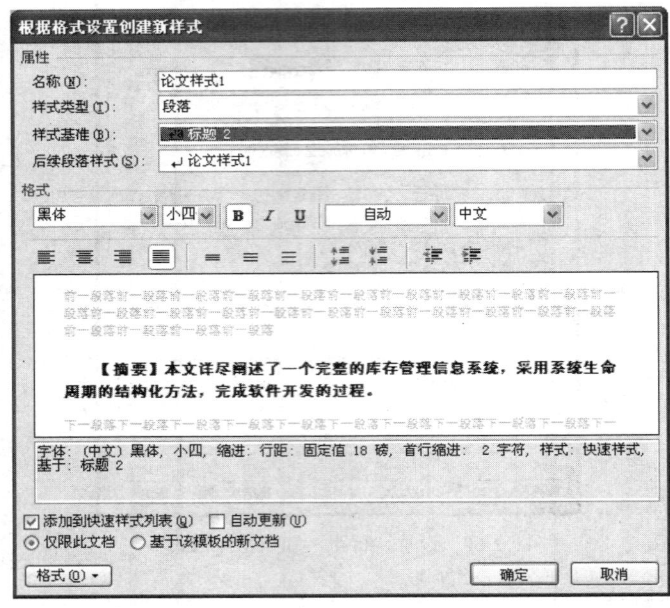

图 2-62　“根据格式设置创建新样式”对话框

3．在文档中选择“第 1 章……”，在论文窗口中选择新建的“论文样式 1”，如图 2-63 所示。新建的“论文样式 1”便应用于所选的文字。

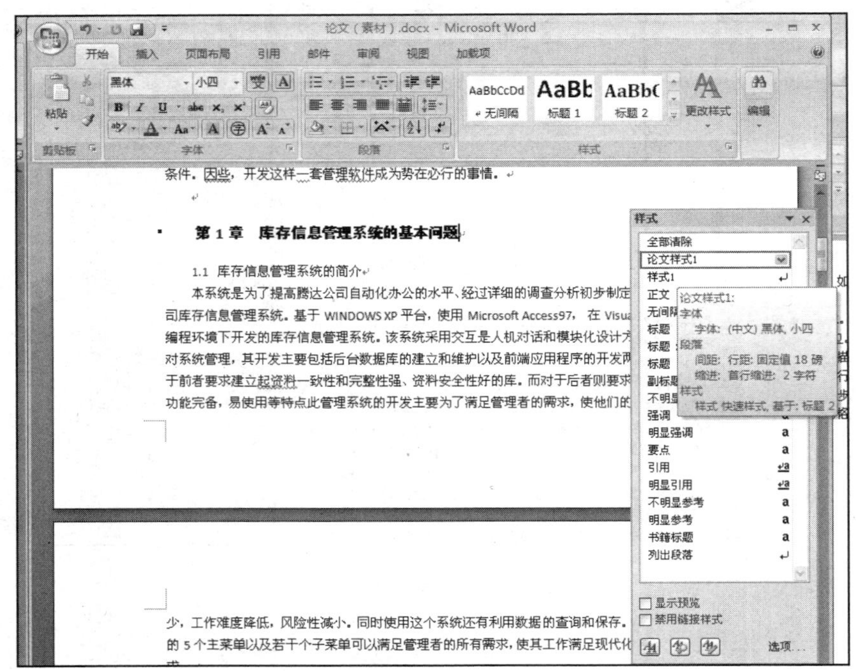

图 2-63　应用样式

4．按照同样的方法将新建的“论文样式 1”应用于“第 2 章……” 到“第 4 章……” ，“结束语”、“参考文献”、“致谢”。

5．打开“样式”窗口，在窗口中单击“新建样式”按钮，打开“根据格式设置创建新样式”对话框，在“名称”文本框中输入“论文样式 2”，在“样式基准”下拉列表选择“标题 3”选项，在“格式”组中将“字体”设置为“方正大黑简体”，“字号”设置为“五号”，如图 2-64 所示。完成后单击“确定”按钮，新建的样式即可显示在“样式”窗口中。

6．在文档中选择节标题，如“1.1……”，在“样式”窗口选择新建的“论文样式 2”，新建的“论文样式 2”便应用于所选的文字。

工序 3：添加脚注

1．将光标移至第 1 页“基于 WINDOWS XP 平台，使用 Microsoft Access 97，在 Visual Basic 6.0 编程环境下开发的库存信息管理系统。”中的“系统”后，切换到“引用”选项卡，单击“脚注”组中的“插入脚注”按钮，如图 2-65 所示。

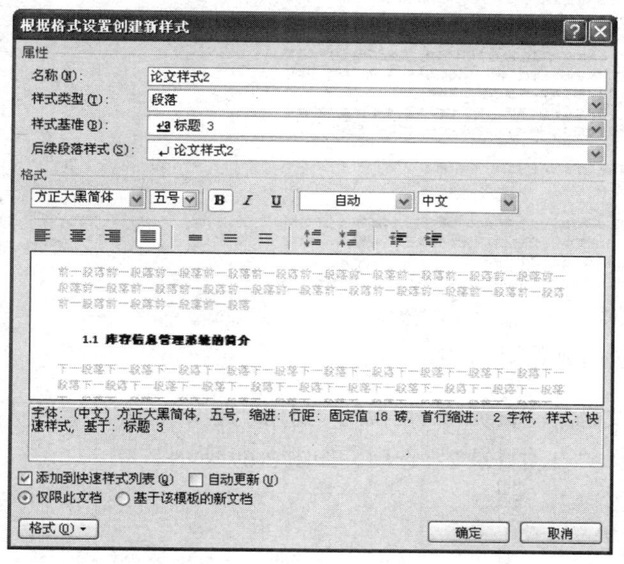

图 2-64　“根据格式设置创建新样式”对话框

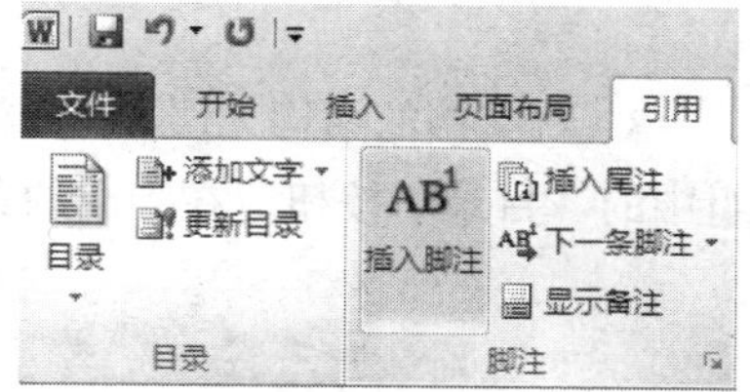

图 2-65　“插入脚注”按钮

2．在本页最下端显示脚注编辑区，在编辑区输入注释文字，如图 2-66 所示。

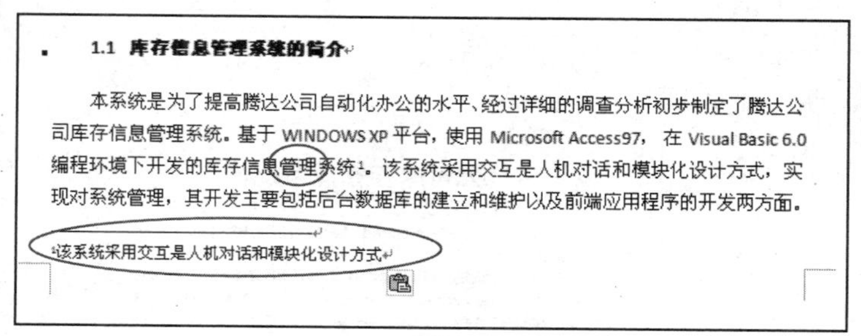

图 2-66　插入脚注效果

工序 4：添加目录

1．切换到“视图”选项卡，在“显示”组中勾选“导航窗格”复选框，如图 2-67 所示。

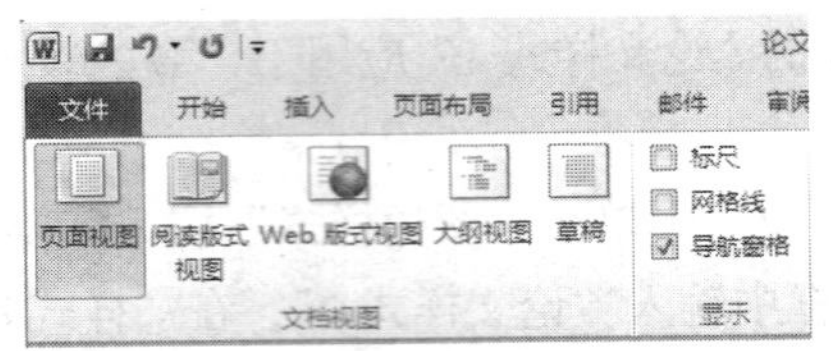

图 2-67 勾选“文档结构图”复选框

2．打开“导航窗格”任务窗格，在窗格中可以查看文档的结构，如图 2-68 所示。

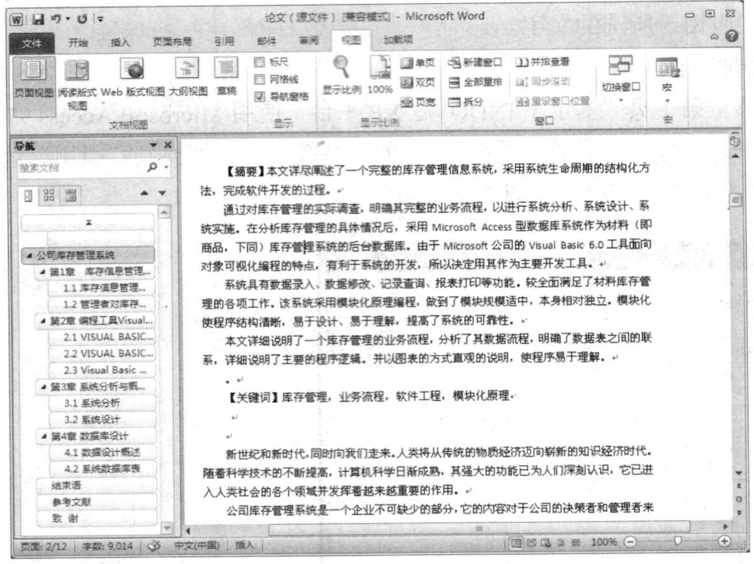

图 2-68 查看文档结构

3．若文档的结构无误，将光标放置于文档第一页页首，切换到“引用”选项卡，单击“目录”组中的“目录”按钮，在弹出的菜单中选择“自动目录 2”选项，如图 2-69 所示。

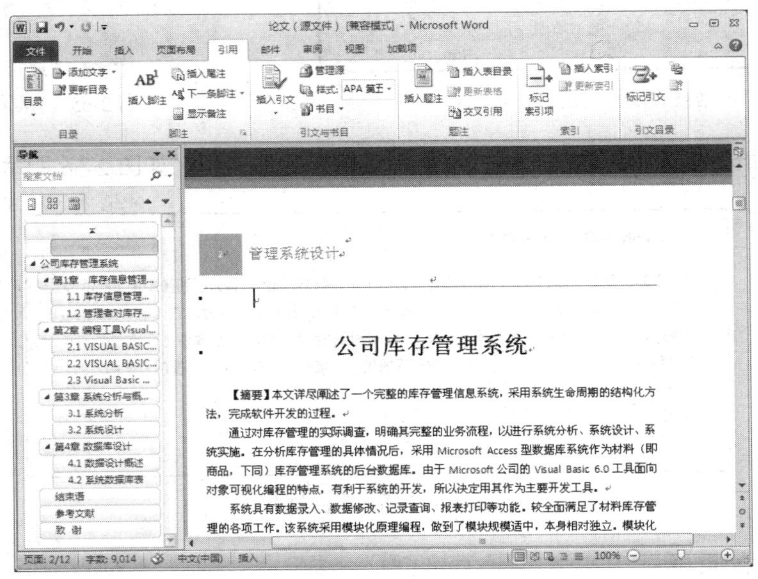

图 2-69 选择“自动目录 2”选项

4．经过上述操作即可在文档中插入目录，效果如图 2-70 所示。

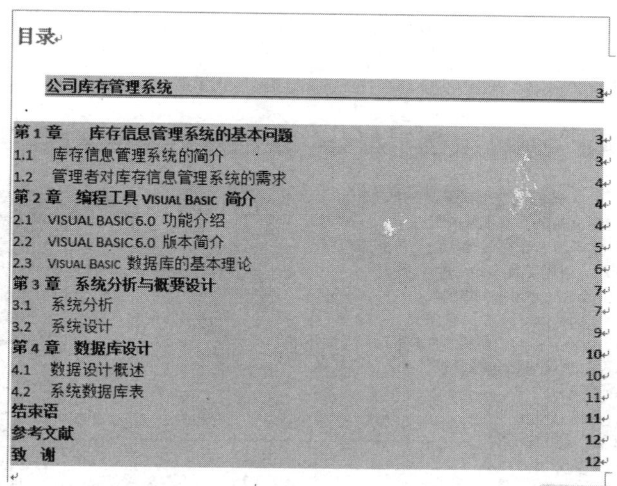

目录

公司库存管理系统 3

第 1 章　库存信息管理系统的基本问题 3
1.1　库存信息管理系统的简介 3
1.2　管理者对库存信息管理系统的需求 4
第 2 章　编程工具 VISUAL BASIC 简介 4
2.1　VISUAL BASIC 6.0 功能介绍 4
2.2　VISUAL BASIC 6.0 版本简介 5
2.3　VISUAL BASIC 数据库的基本理论 6
第 3 章　系统分析与概要设计 7
3.1　系统分析 7
3.2　系统设计 9
第 4 章　数据库设计 10
4.1　数据设计概述 10
4.2　系统数据库表 11
结束语 11
参考文献 12
致　谢 12

图 2-70　目录效果

工序 5：设置目录

1．单击“目录”组中的“目录”按钮，在弹出的菜单选择“插入目录”选项，打开“目录”对话框，在“制表符前导符”下拉列表框中选择最后一项，在“格式”下拉列表框中选择“流行”选项，如图 2-71 所示。完成后单击“确定”按钮。

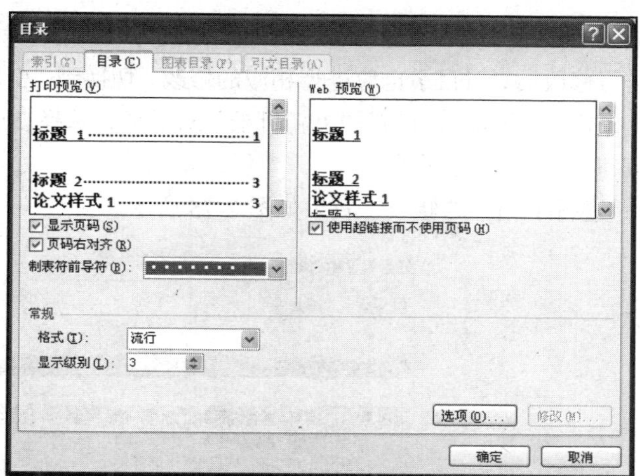

图 2-71　目录对话框

2．弹出 Microsoft Office Word 对话框，如图 2-72 所示。

图 2-72　Microsoft Office Word 对话框

3．单击“确定”按钮，此时文档中的目录根据设置进行了相应的调整，设置目录样式后的效果，如图 2-73 所示。

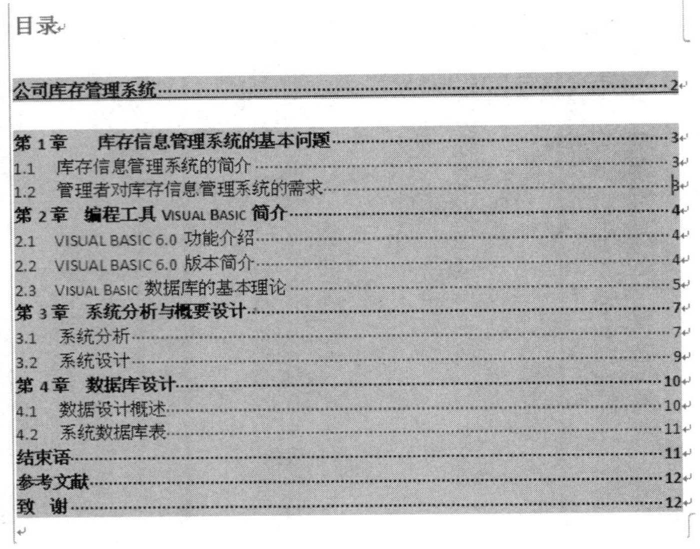
目录

公司库存管理系统……2

第 1 章　库存信息管理系统的基本问题……3
1.1　库存信息管理系统的简介……3
1.2　管理者对库存信息管理系统的需求……3
第 2 章　编程工具 VISUAL BASIC 简介……4
2.1　VISUAL BASIC 6.0 功能介绍……4
2.2　VISUAL BASIC 6.0 版本简介……4
2.3　VISUAL BASIC 数据库的基本理论……5
第 3 章　系统分析与概要设计……7
3.1　系统分析……7
3.2　系统设计……9
第 4 章　数据库设计……10
4.1　数据设计概述……10
4.2　系统数据库表……11
结束语……11
参考文献……12
致　谢……12

图 2-73　设置目录样式后的效果

4．选中目录，打开“段落”对话框，设置行距“29 磅”。

工序 6：更新目录

1．将文档中“第 2 章　编程工具 Visual Basic 简介”更改为“第 2 章　编 程 工 具　Visual Basic 介绍”。对标题进行修改后，对目录也应进行相应的修改，切换到“引用”选项卡，单击“目录”组的“更新目录”按钮更新目录，打开“更新目录”对话框，选择“更新整个目录”选项，完成后单击“确定”按钮，如图 2-74 所示。

2．此时文档的目录进行了相应的修改，效果如图 2-75 所示。

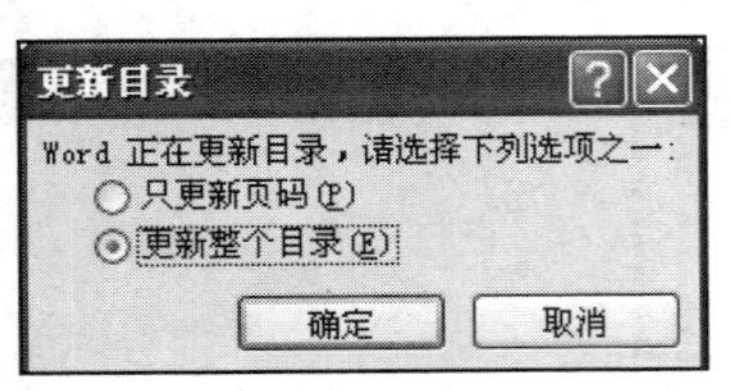

图 2-74　“更新目录”对话框

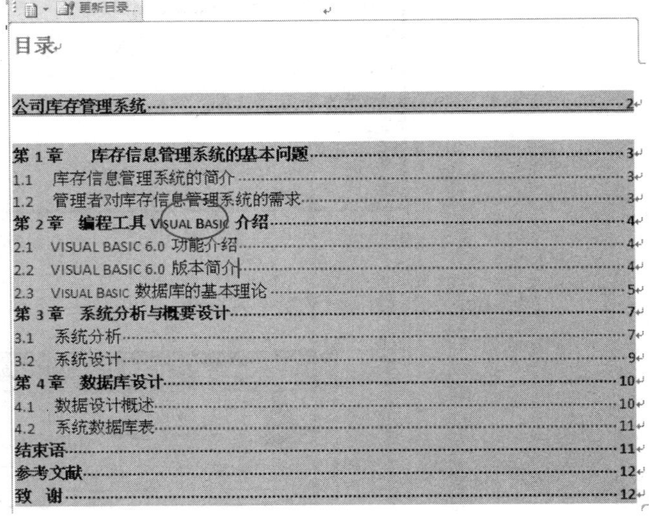
更新目录...

目录

公司库存管理系统……2

第 1 章　库存信息管理系统的基本问题……3
1.1　库存信息管理系统的简介……3
1.2　管理者对库存信息管理系统的需求……3
第 2 章　编程工具 VISUAL BASIC 介绍……4
2.1　VISUAL BASIC 6.0 功能介绍……4
2.2　VISUAL BASIC 6.0 版本简介……4
2.3　VISUAL BASIC 数据库的基本理论……5
第 3 章　系统分析与概要设计……7
3.1　系统分析……7
3.2　系统设计……9
第 4 章　数据库设计……10
4.1　数据设计概述……10
4.2　系统数据库表……11
结束语……11
参考文献……12
致　谢……12

图 2-75　更新目录

工序 7：插入封面

1．鼠标定位到页首左上角，切换到“插入”选项卡，在“页”组中单击“封面”按钮，如图 2-76 所示。

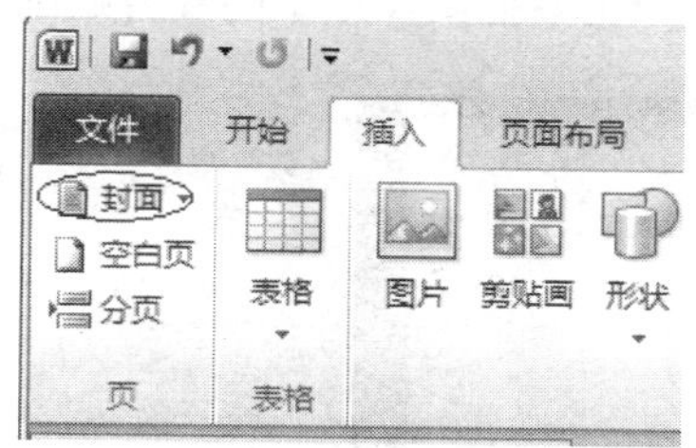

图 2-76 “封面”按钮

2．在弹出的封面库中选择“飞越型”，如图 2-77 所示。

图 2-77 “飞越型”封面

3．单击封面中的“日期”控件右侧的三角按钮选择日期。单击“公司”控件，输入“10 软件 1 班”。单击“公司”控件，输入“10 软件 1 班”，单击“标题”控件，输入“管理系统设计”，单击“副标题”控件，输入“公司库存管理系统”，单击“姓名”控件，输入作者姓名。完成后效

果如图 2-78 所示。

工序 8：插入图片

1．单击选中封面中的“汽车”图片，按 Delete 键删除选中的图片。

2．切换到“插入”选项卡，单击“插图”组中的“剪贴画”按钮，如图 2-79 所示。

图 2-78　封面效果

图 2-79　“剪贴画”按钮

3．在窗口的右侧出现“剪贴画”窗格，在“搜索文字”文本框中输入“计算机”，单击“搜索”按钮，在搜索出来的图片中选择一幅图片，双击鼠标即可，如图 2-80 所示。

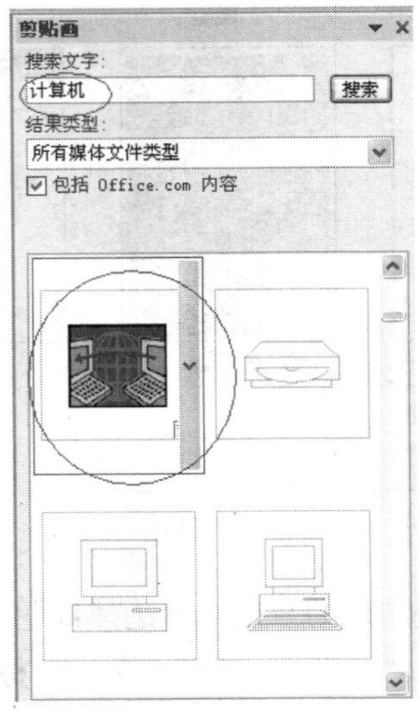

图 2-80　选择图片

4. 选中插入的图片，切换到图片工具的“格式”选项卡，在“排列”组中单击“位置”下拉按钮，在弹出的菜单选择“其他布局选项”，弹出“布局”对话框。单击“文字环绕”选项卡，选择“浮于文字下方”选项，然后将图片拖动到合适的位置，如图 2-81 所示。

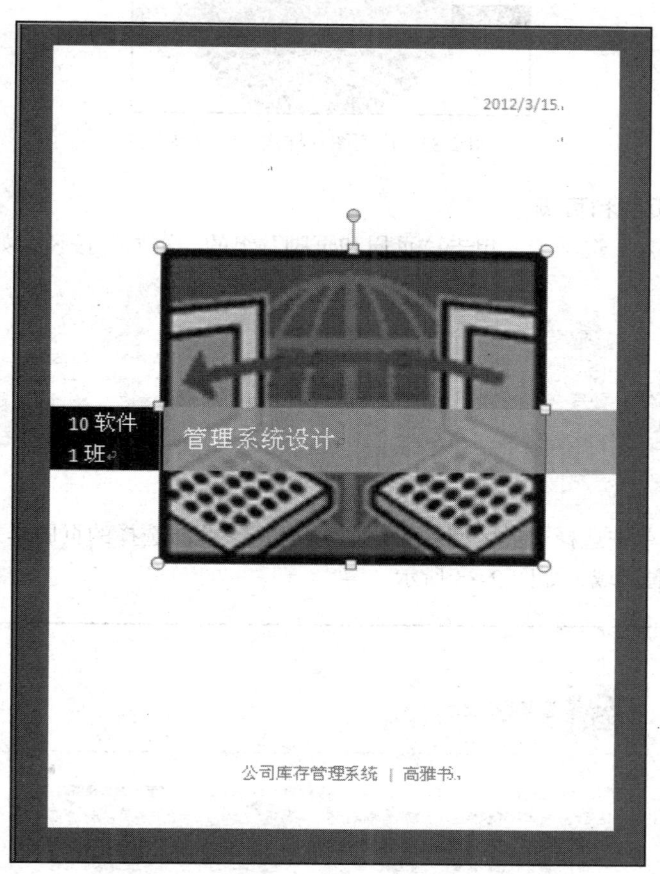

图 2-81　设置文字环绕方式之后的图片效果

5. 保持图片的选中状态，在“图片样式”组的列表框中单击按钮，在弹出的菜单中选择“柔化椭圆边缘”选项，如图 2-82 所示。此时，插入的图片效果如图 2-83 所示。

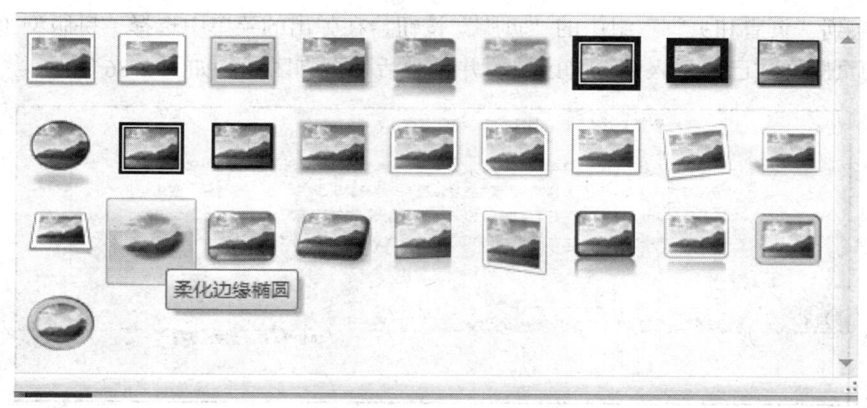

图 2-82　“柔化椭圆边缘”选项

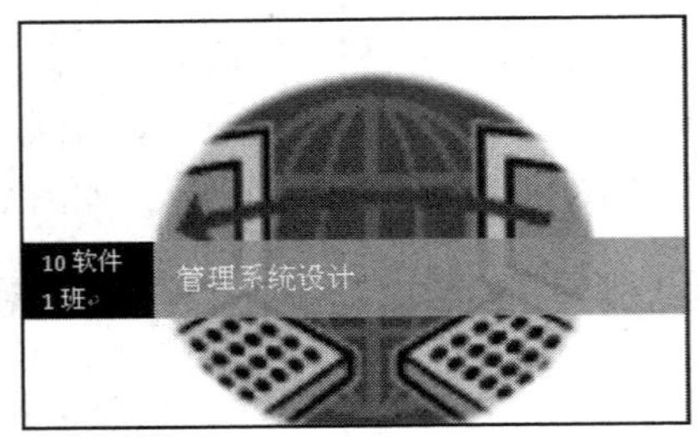

图 2-83　应用图片样式后的效果

工序 9：添加页眉和页脚

1. 切换到“插入”选项卡，单击“页眉和页脚”组的“页眉”按钮，如图 2-84 所示。

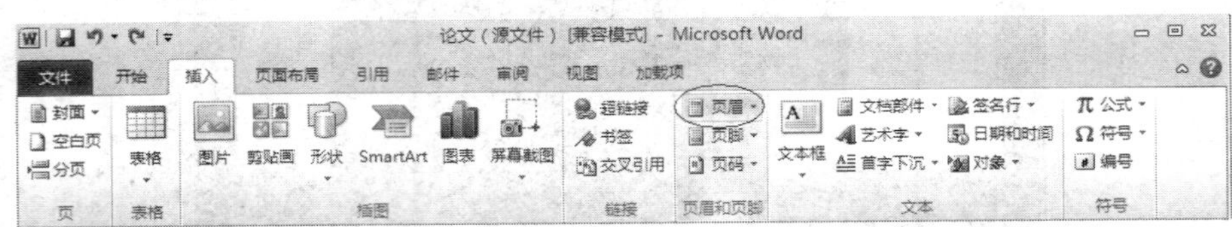

图 2-84　“页眉”按钮

2. 在弹出的菜单中选择“拼版型（偶数页）”选项，此时选择的页眉样式已经插入到页眉区域，并且激活了页眉区域，如图 2-85 所示

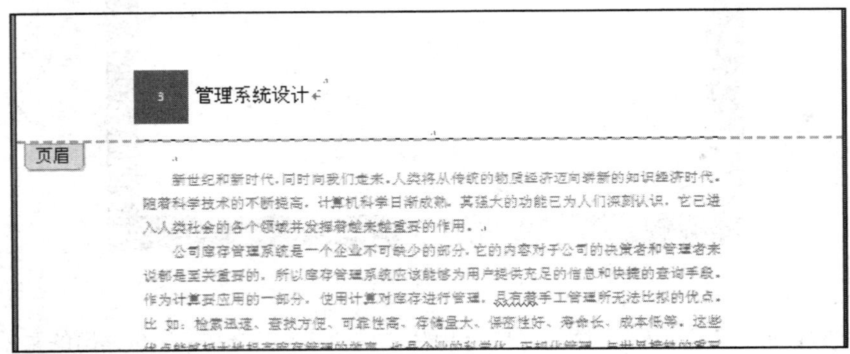

图 2-85　插入页眉

3. 切换到“页眉和页脚”组中的“页脚”按钮，在弹出的菜单中选择“拼版型（偶数页）”，此时选择的页脚样式已经插入到页脚区域，并且激活了页脚区域，如图 2-86 所示。

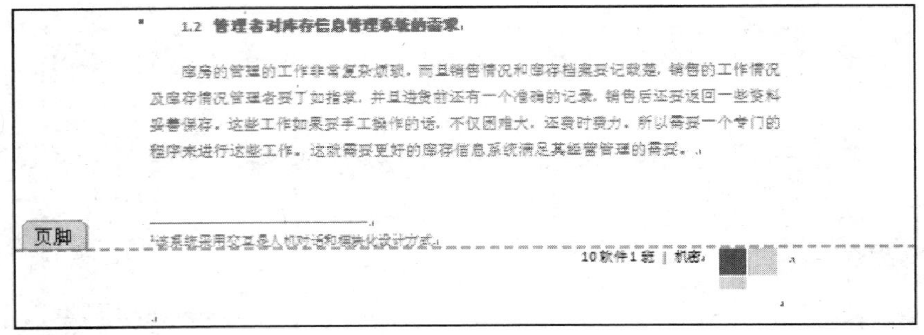

图 2-86　插入页脚

工序 10：插入页码

1．保持页脚激活状态，删除“机密”。切换到“插入”选项卡，选择“页眉和页脚”组“页码”按钮旁的下拉按钮，选择“当前位置”下拉列表中的“加粗显示的数字”选项，如图 2-87 所示。

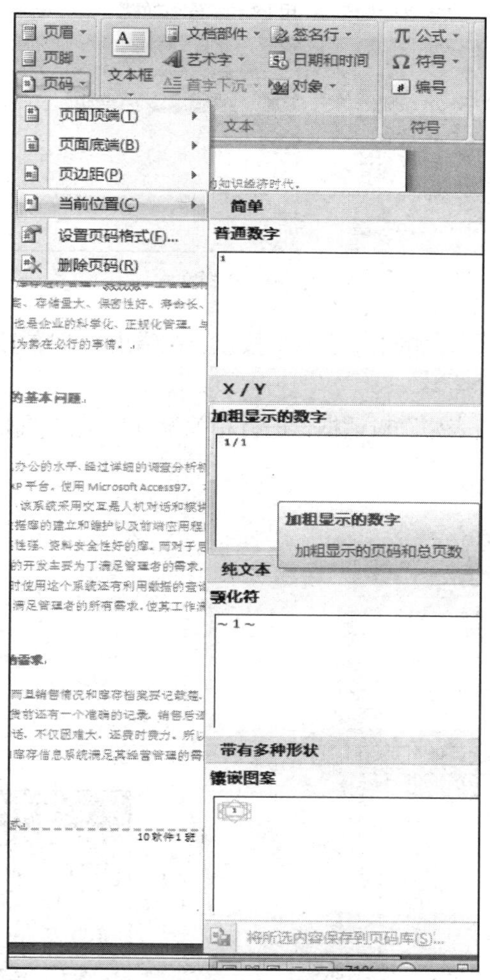

图 2-87　“加粗显示的数字”选项

2．页脚设置效果如图 2-88 所示。

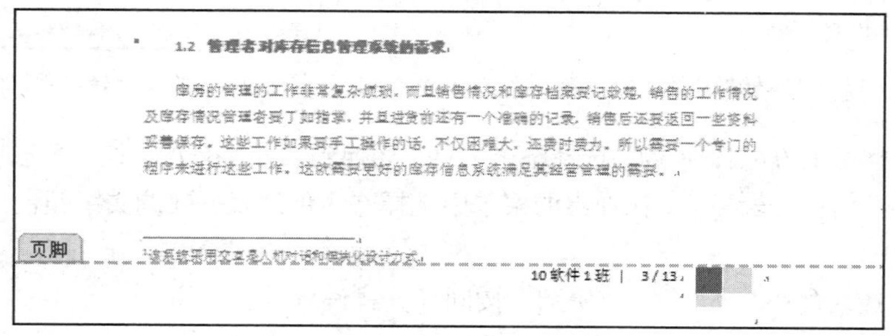

图 2-88　页脚设置效果

工序 11：将文本转换为表格

1．选择需要转换为表格的文字，如图 2-89 所示。

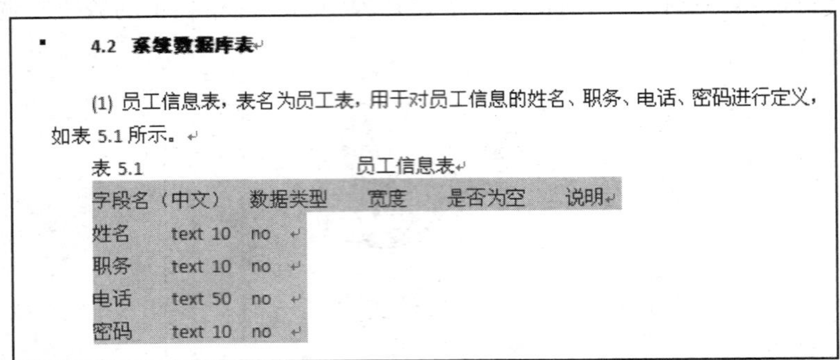

4.2 系统数据库表

(1) 员工信息表，表名为员工表，用于对员工信息的姓名、职务、电话、密码进行定义，如表 5.1 所示。

表 5.1　　　员工信息表

字段名（中文）　数据类型　宽度　是否为空　说明

姓名　text 10　no

职务　text 10　no

电话　text 50　no

密码　text 10　no

图 2-89　选择文本

2．切换到“插入”选项卡，单击“表格”按钮，在弹出的菜单中选择“文本转换成表格”命令，如图 2-90 所示。

3．打开“将文字转换为表格”对话框，进行相关设置后单击“确定”按钮，即可将文本转为表格，如图 2-91 所示。

图 2-90　选择“文本转换成表格”命令

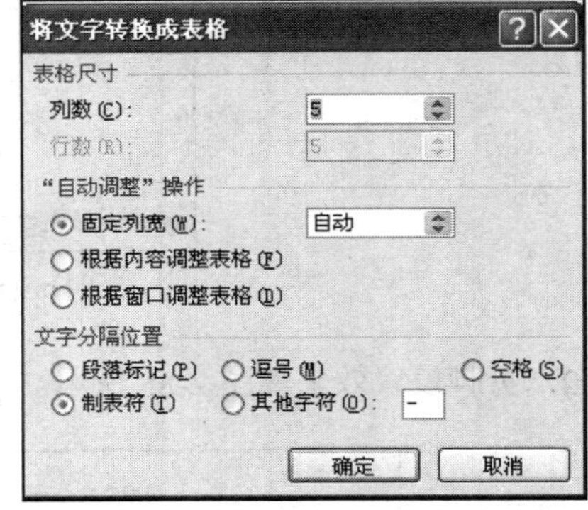

图 2-91　“将文字转换为表格”对话框

4．单击表格左上方的按钮 ，选择整个表格。切换到表格工具的“设计”选项卡，单击“表样式”组中的“其他”按钮 ，在弹出的菜单中选择“浅色列表—强调文字颜色 1”选项，如图 2-92 所示。

5．设置完成后的表格如图 2-93 所示。按同样方式设置其他表格。

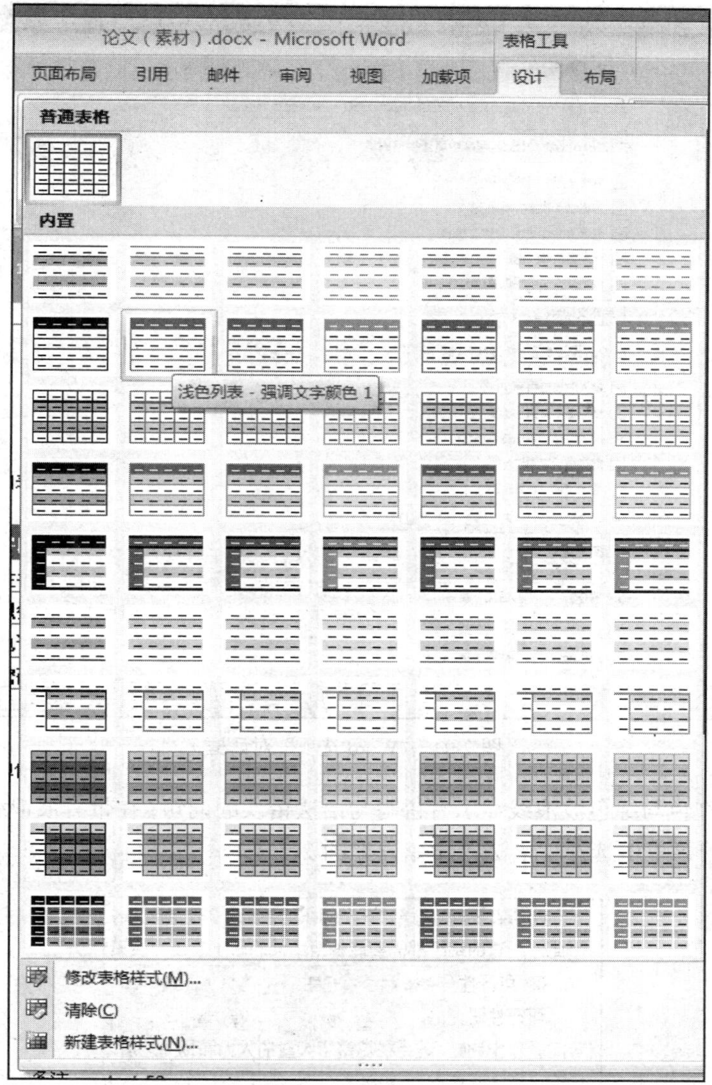

图 2-92　选择“浅色列表—强调文字颜色 1”选项

表 5.1　员工信息表

字段名（中文）	数据类型	宽度	是否为空	说明
姓名	text	10	no	
职务	text	10	no	
电话	text	50	no	
密码	text	10	no	

图 2-93　文档中的表格

工序 12：拼写和语法检查

1．单击“文件”菜单，在弹出的菜单中选择底部的“选项”命令。

2．打开“Word 选项”对话框，单击左侧“校对”选项，按如图 2-94 所示设置“在 Word 中更正拼写和语法时”栏。完成后单击“确定”按钮。

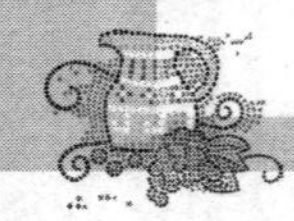

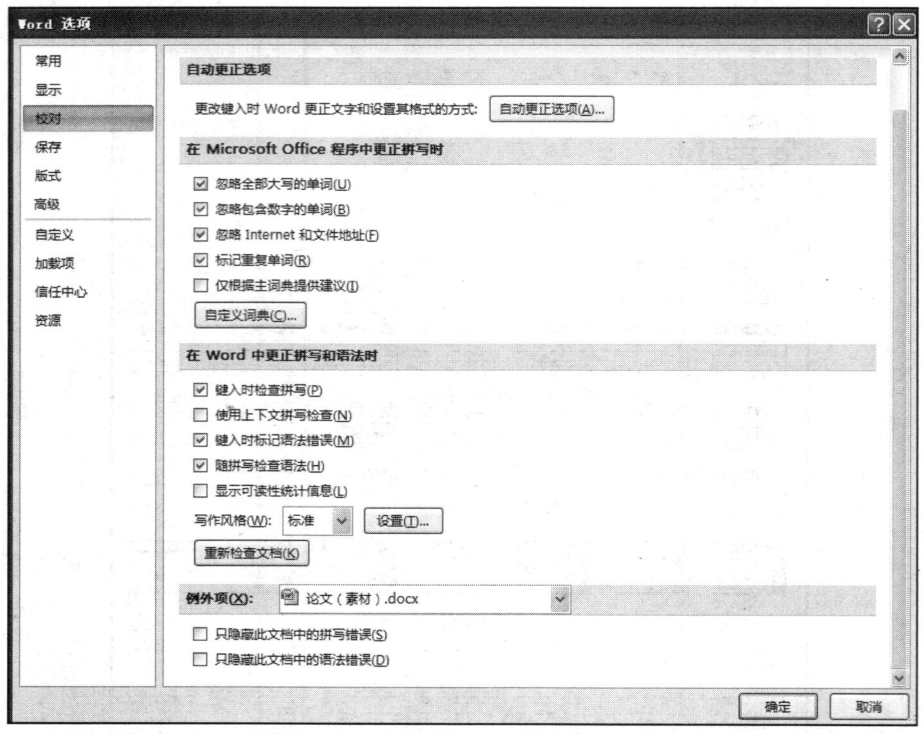

图 2-94 “Word 选项”对话框

3．文档中以红色与绿色波浪线显示有拼写与语法错误的词句，在带有波浪线的词句上单击鼠标右键，在弹出的菜单中选择“语法”命令，如图 2-95 所示。

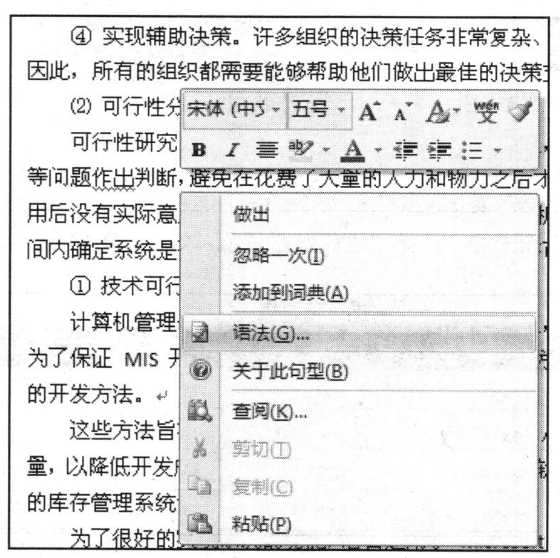

图 2-95 “语法”命令

4．如果出现有拼写与语法错误的词句，单击“更改”按钮，如图 2-96 所示。如果觉得显示了错误的词句是正确的，单击“全部忽略”按钮。

5．按照同样的方法检查并修改词句，直至检查完毕，如图 2-97 所示。

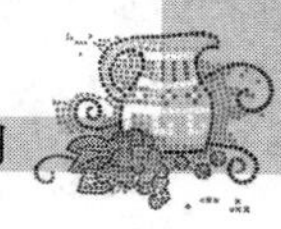

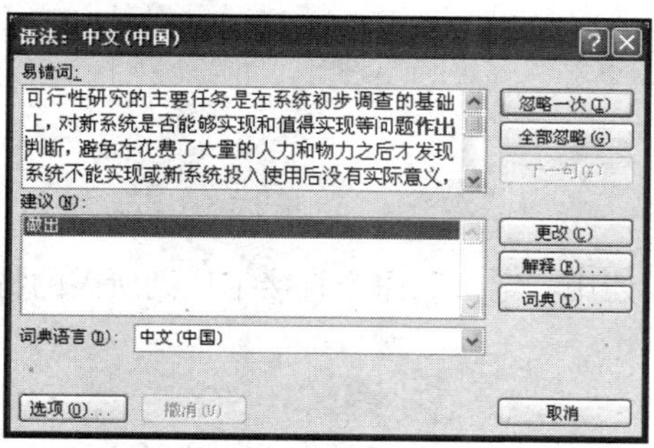

图 2-96　“语法：中文（中国）”对话框

图 2-97　检查完毕对话框

工序 13：分页

将光标放置在标题“公司库存管理系统”，切换到“插入”选项卡，单击“页”组中的“分页”按钮，如图 2-98 所示。完成后目录独自为一页。

图 2-98　单击“页”组的“分页”按钮

工序 14：打印文档

1. 单击“文件”菜单命令，在弹出的子菜单中选择“打印”命令，在右边窗格可预览打印效果，如图 2-99 所示。检查无误后，单击“预览”组中的“关闭打印预览”按钮。

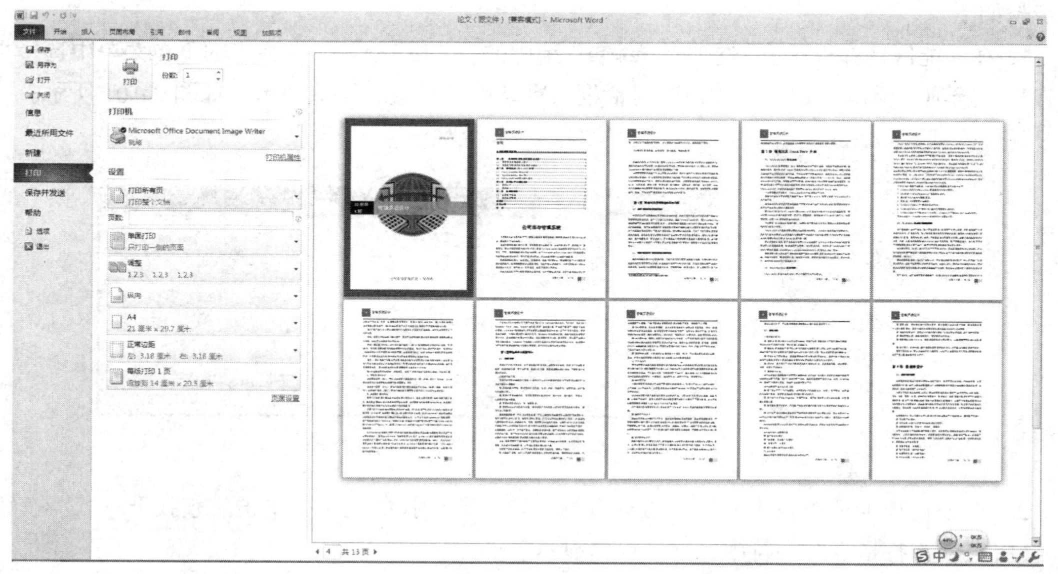

图 2-99　打印预览视图

2. 单击“打印”按钮，即可打印。

【知识链接】

链接 1：长文档定位到特定位置

如果一个文档太长，或者知道将要定位的位置，可使用“定位”命令直接定位到所需的特定位置，该功能在长文档的编辑中非常有用。

使用“定位”命令定位的具体操作步骤如下。

1. 在功能区选择“开始”选项卡“编辑”组中的“查找”选项，在弹出的下拉菜单中选择“转到”选项，弹出“查找和替换”对话框，默认情况下打开“定位”选项卡。

2. 在“定位目标”列表框中选择所需的定位对象，如选择“页”选项。

3. 在“输入页号”文本框中输入具体的页号，例如输入“5”，如图 2-100 所示。

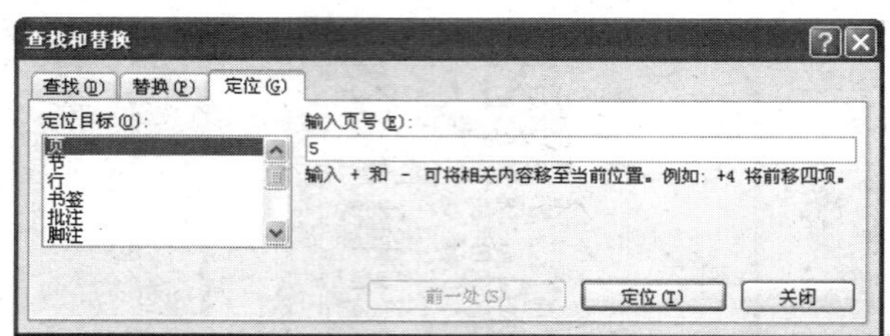

图 2-100 “定位”选项卡

4. 单击“定位”按钮，插入点将移至第 5 页的第一行的起始位置。

5. 单击“关闭”按钮关闭对话框。

链接 2：查找和替换文本

查找是指在文档中查找用户指定的内容，并将光标定位在找到的内容上。查找文本的具体操作步骤如下。

1. 在功能区选择“开始”选项卡“编辑”组中的“查找”选项，在弹出的下拉菜单中选择“高级查找”选项，弹出“查找和替换”对话框，默认打开“查找”选项卡，如图 2-101 所示。

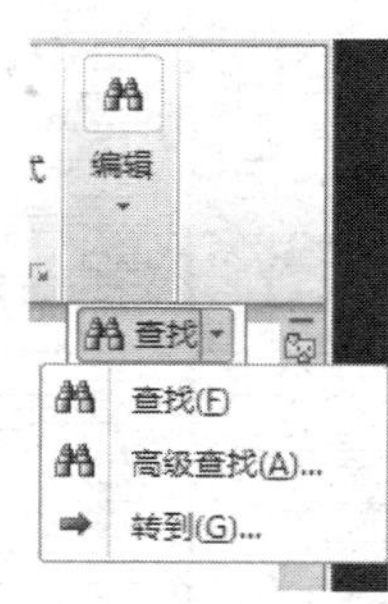

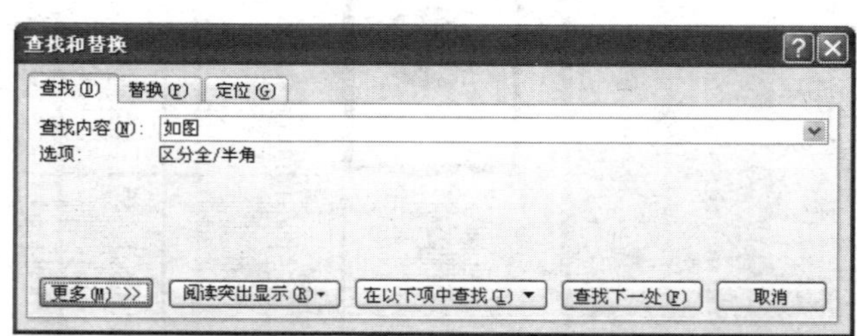

图 2-101 “查找”选项和“查找”选项卡

2. 在该选项卡“查找内容”下拉列表框中输入要查找的文字，单击“查找下一处”按钮，Word 将自动查找指定的字符串，并以反白显示。

3. 如果需要继续查找，单击“查找下一处”按钮，Word 2010 将继续查找下一个文本，直到文档的末尾。查找完毕后，系统将弹出提示框，提示用户已经完成对文档的搜索。

4．单击“查找”选项卡中的“更多”按钮，将打开“查找”选项卡的高级形式，如图 2-102 所示。

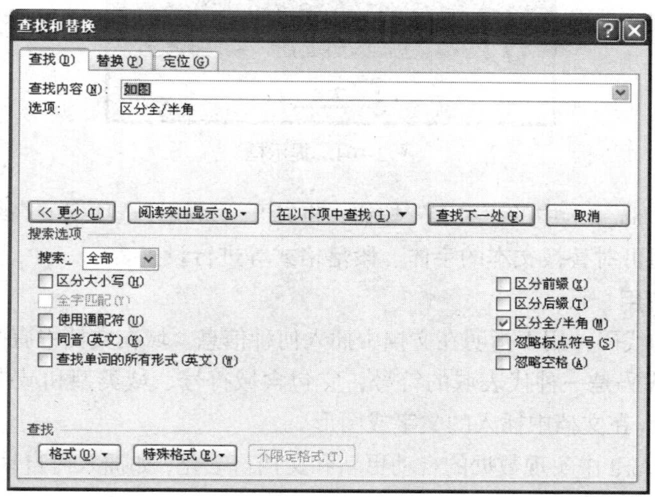

图 2-102　“查找”选项卡的高级形式

5．在该选项卡“搜索选项”栏中的“搜索”下拉列表框中可设置查找的范围。如果希望在查找过程中区分字母的大小写，可选中“区分大小写”复选框。

6．单击“格式”按钮，在弹出的下拉菜单中选择“字体”命令，弹出“查找字体”对话框，在该对话框中设置要查找的文本的字体。

7．单击“格式”按钮，在弹出的下拉菜单中选择“段落”命令，弹出“查找段落”对话框，在该对话框中设置要查找的文本的段落格式。

8．查找完文本后，单击“取消”按钮关闭“查找和替换”对话框。

替换是指先查找所需要替换的内容，再按照指定的要求给予替换。替换文本的具体操作步骤如下。

1．在功能区选择“开始”选项卡“编辑”组中的“替换”选项，弹出“查找和替换”对话框，默认打开“替换”选项卡，如图 2-103 所示。

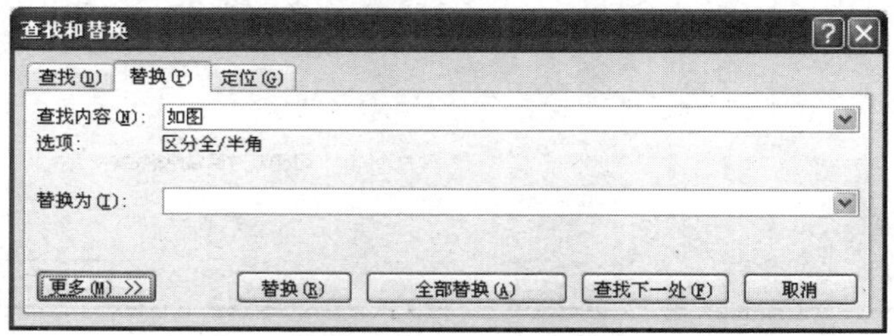

图 2-103　“替换”选项卡

2．在该选项卡的“查找内容”下拉列表框中输入要查找的内容；在“替换为”下拉列表框中输入要替换的内容。

3．单击“替换”按钮，即可将文档中的内容进行替换。

4．如果要一次性替换文档中的全部被替换对象，可单击“全部替换”按钮，系统将自动替换

全部内容，替换完成后，系统弹出如图 2-104 所示的提示框。

图 2-104　提示框

5．单击“替换”选项卡中的“更多”按钮，将打开“替换”选项卡的高级形式。在该选项卡中单击“格式”按钮可对替换文本的字体、段落格式等进行设置。

链接 3：域的使用

域是一种特殊的代码，用于指明在文档中插入何种信息。域在文档中有两种表现形式，即域代码和域结果。域代码是一种代表域的符号，它包含域符号、域类型和域指令。域结果就是当 Word 执行域指令时，在文档中插入的文字或图形。

使用域可以在 Word 中实现数据的自动更新和文档自动化，如插入可自动更新的时间和日期、自动创建和更新目录等。

1．插入域

插入域的具体操作步骤如下。

（1）将光标定位在需要插入域的位置。

（2）在“插入”选项卡“文本”组中的“文档部件”选项的下拉列表中选择“域”选项，弹出“域”对话框，如图 2-105 所示。

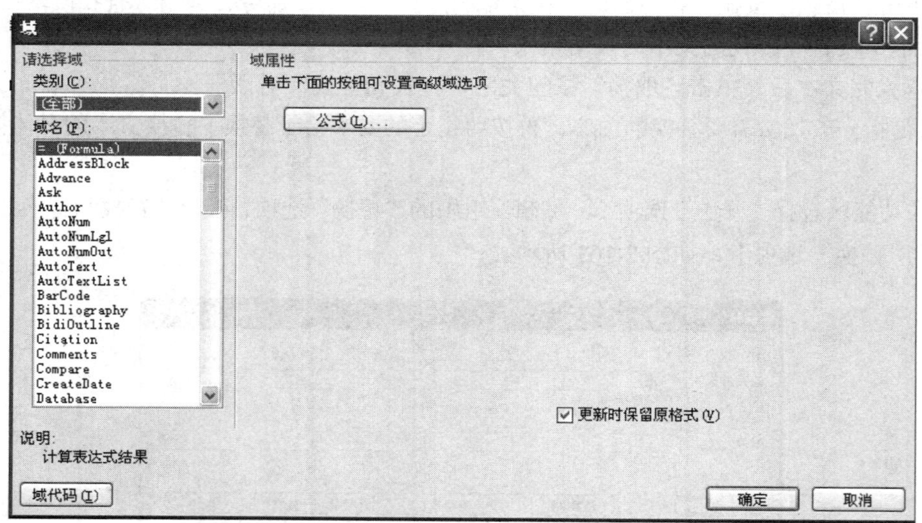

图 2-105　“域”对话框

（3）在该对话框中单击“公式”按钮，弹出如图 2-106 所示的“公式”对话框，在该对话框中可编辑域代码。

（4）在“域”对话框中的“类别”下拉列表中选择要插入域的类别，如选择“时间和日期”选项；在“域名”列表框中选择需要插入的域。

图 2-106 “公式”对话框

（5）单击“域代码”按钮后再单击“选项”按钮，弹出“域选项”对话框，如图 2-107 所示。

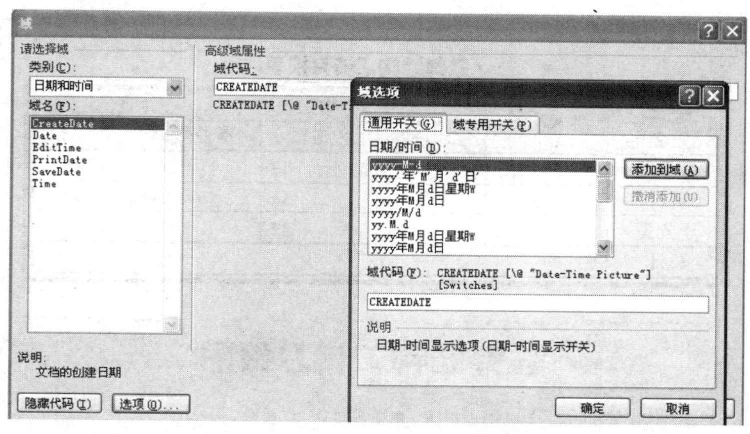

图 2-107 “域选项”对话框

（6）在该对话框中选择开关类型，单击“添加到域”按钮，即可为域代码添加开关。

（7）设置完成后，单击“确定”按钮，即可在文档中插入选定的域。

技巧：按快捷键 Ctrl+F9，即可直接在括号中输入需要的域代码。

2．查看和更新域

在文档中插入域后，用户还可以查看域和更新域。

（1）查看域

查看域有两种方式，即查看域结果或查看域代码。一般情况下，在文档中看到的是域结果，在显示的域代码中可以对插入的域进行编辑。Word 允许用户在这两种方式之间切换。

如果用户需要查看域代码，可将鼠标移至域上，单击鼠标右键，从弹出的快捷菜单中选择“切换域代码”命令，可在文档中看到域代码。

（2）更新域

域的内容可以被更新，这就是域与普通文字之间的不同之处。如果要更新某个域，需要先选中域或域结果，然后按 F9 键即可；如果要更新整个文档中的域，可以在“开始”选项卡“编辑”组中选择“选择”→“全选”命令，选定整个文档，然后按 F9 键即可。

3．锁定域和解除域锁定

如果要锁定域，首先选中该域，然后按快捷键 Ctrl+F11 即可。锁定域的外观与未锁定域的外观相同，但在锁定域上单击鼠标右键时，将发现快捷菜单中的“更新域”命令呈不可用状态，即该域不随着文档的更新而更新。

如果要解除域锁定以便更新域结果，首先选中该域，然后按快捷键 Ctrl+Shift+F11 即可。

任务三　工资统计表和工资统计图

【情景再现】

学院财务处李处长请小乐设计“教师结构工资月报表”，并能用图示比较教师工资情况。小乐设计好了，如图 2-108 所示。下面看看她是如何实现的。

教师结构工资月报表

项目 姓名	基本工资	结构工资			实发工资
		课时费	教案费	作业费	
张天敏	2560	465	48	20	3093
刘江洋	2780	640	54	30	3504
李光意	3000	345	32	15	3392
总计	9989				

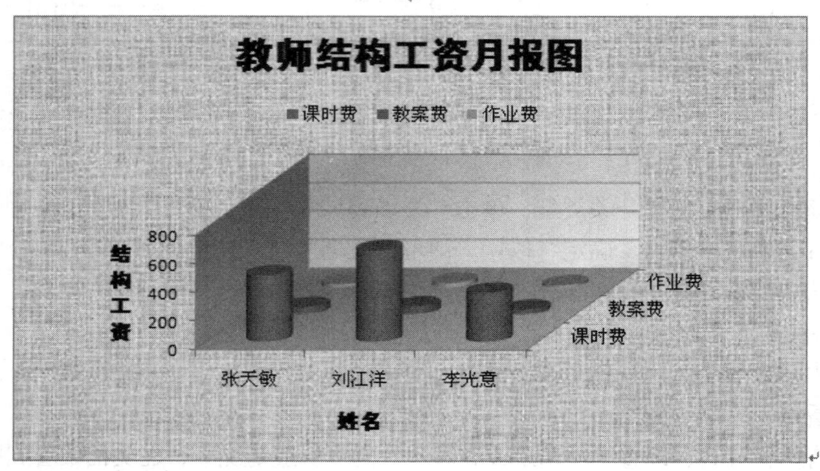

图 2-108　教师结构工资月报表表格和图示

【任务实现】

工序 1：插入表格

1．启动 Word 2010，在文档中单击左键，输入“教师结构工资月报表”，设置字体为“黑体”，字号为“小四”，并居中对齐。

2．在文字后按回车键换行，切换到“插入”选项卡，单击“表格”组中的“表格”按钮，在弹出的菜单中选择“插入表格”命令，如图 2-109 所示。

3．弹出“插入表格”对话框，在“列数”框中输入“7”、在“行数”框中输入“5”，如图 2-110 所示。设置完成后，单击“确定”按钮，在文档中插入表格。

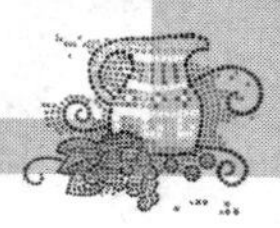

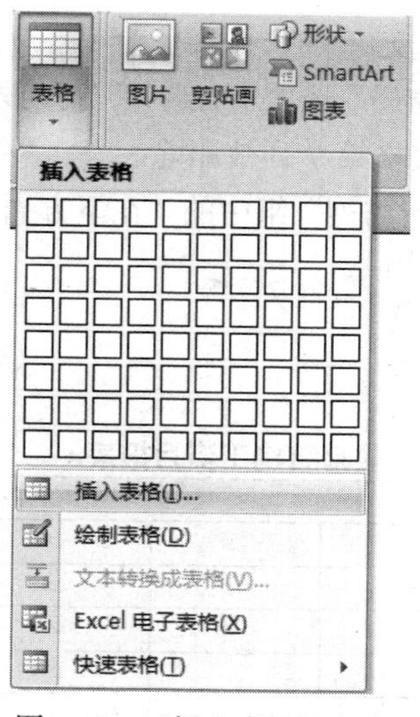

图 2-109　“插入表格”命令

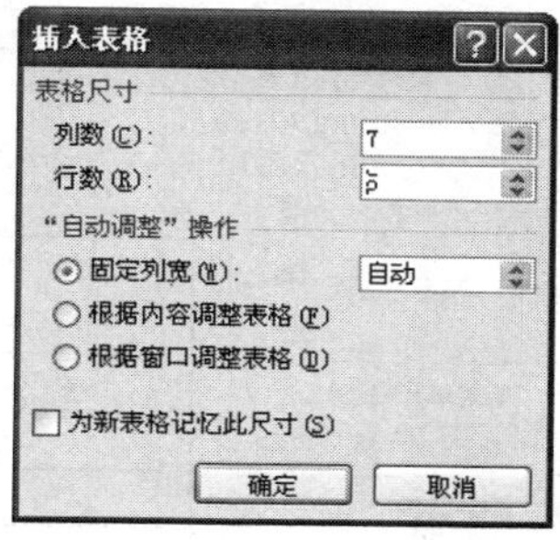

图 2-110　“插入表格”对话框

工序 2：合并单元格

1．拖动鼠标选中表格第 1 列的第 1、2 单元格，切换到表格工具的“布局”选项卡，单击“合并”组中的“合并单元格”按钮，如图 2-111 所示。

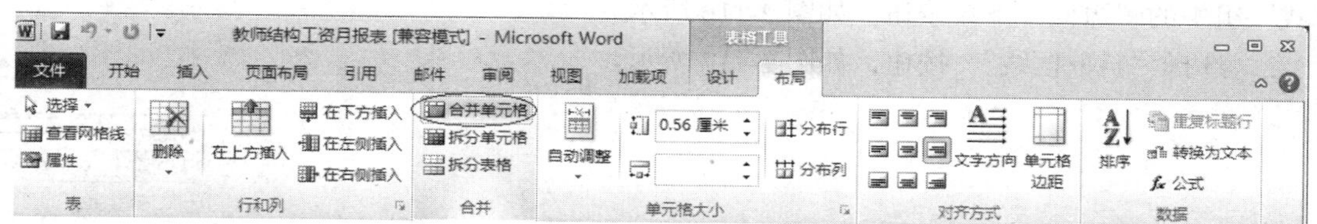

图 2-111　“合并单元格”按钮

2．刚刚选择的表格第 1 列的第 1、2 单元格被合并，如图 2-112 所示。

教师结构工资月报表

<table>
<tr><td rowspan="2"></td><td></td><td></td><td></td><td></td><td></td><td></td></tr>
<tr><td></td><td></td><td></td><td></td><td></td><td></td></tr>
<tr><td></td><td></td><td></td><td></td><td></td><td></td><td></td></tr>
<tr><td></td><td></td><td></td><td></td><td></td><td></td><td></td></tr>
<tr><td></td><td></td><td></td><td></td><td></td><td></td><td></td></tr>
</table>

图 2-112　合并单元格后的效果

3．如图 2-113 所示，合并其他单元格。

教师结构工资月报表

<table>
<tr><td rowspan="2"></td><td rowspan="2"></td><td colspan="3"></td><td rowspan="2"></td><td></td></tr>
<tr><td></td><td></td><td></td><td></td></tr>
<tr><td></td><td></td><td></td><td></td><td></td><td></td><td></td></tr>
<tr><td></td><td></td><td></td><td></td><td></td><td></td><td></td></tr>
<tr><td></td><td></td><td></td><td></td><td></td><td></td><td></td></tr>
</table>

图 2-113　合并其他单元格

工序 3：调整表格

1．在表格第 7 列的任意单元格中单击鼠标，单击“布局”选项卡，选择“行与列”组“删除”选项下拉菜单中的“删除列”按钮，如图 2-114 所示。表格第 7 列被删除。

2．在表格第 4 行的任意单元格中单击鼠标，选择“行与列”组中的“在下方插入”按钮，在表格中添加一个新行，如图 2-115 所示。

文件
开始
插入
页面布局
选择
查看网格线
属性
表
删除
在上方插入
删除单元格(D)...
删除列(C)
删除行(R)
删除表格(T)

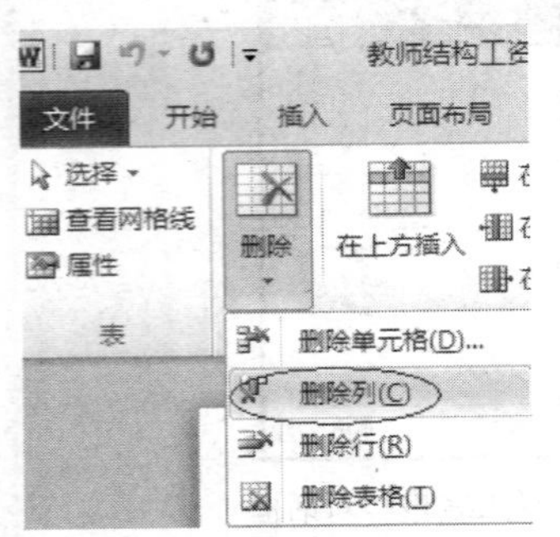

图 2-114 “删除列”命令

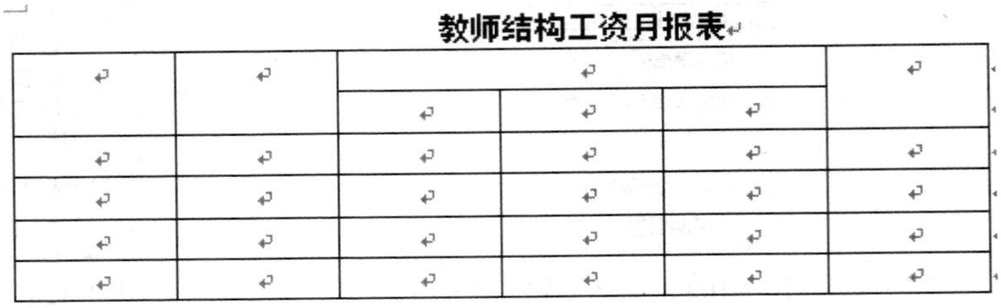

教师结构工资月报表

图 2-115 文档中的表格

工序 4：添加斜线表头

1．在表格第 1 行第 1 列的单元格中单击鼠标，选择表格工具的“设计”选项卡，单击“表格样式”组中的“边框”下拉按钮，如图 2-116 所示。

2．选择“斜下框线” 按钮，如图 2-117 所示。

教师结构工资月报表 [兼容模式] - Microsoft Word
表格工具
文件
开始
插入
页面布局
引用
邮件
审阅
视图
加载项
设计
布局
标题行
第一列
汇总行
最后一列
镶边行
镶边列
表格样式选项
表格样式
底纹
边框

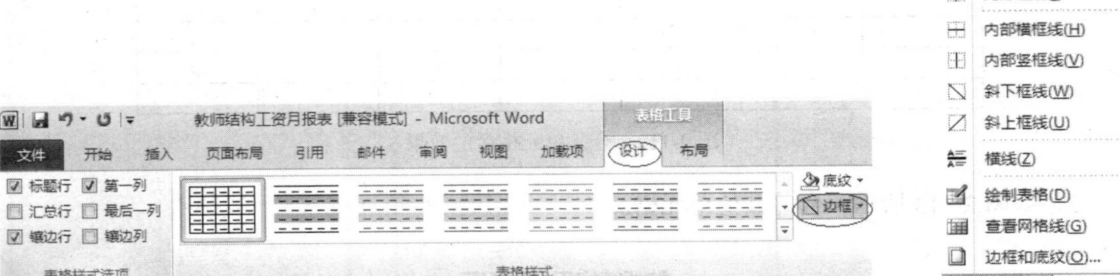

图 2-116 “边框”下拉按钮

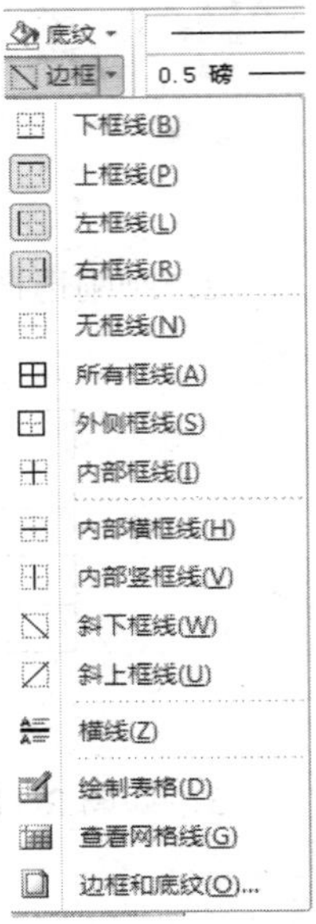

底纹
边框
0.5 磅
下框线(B)
上框线(P)
左框线(L)
右框线(R)
无框线(N)
所有框线(A)
外侧框线(S)
内部框线(I)
内部横框线(H)
内部竖框线(V)
斜下框线(W)
斜上框线(U)
横线(Z)
绘制表格(D)
查看网格线(G)
边框和底纹(O)...

图 2-117 “斜下框线”按钮

3．在表格第 1 行第 1 列的单元格中单击鼠标，输入“项目”，然后按回车键，再输入“姓名”，效果如图 2-118 所示。

工序 5：输入内容并设置格式

1．在表格中输入文字，选择所有数字，单击“对齐方式”组中的“中部右对齐”。将其

他文本字号设置为“五号”、字体设置为“宋体”，如图 2-119 所示。

教师结构工资月报表

项目 姓名					

图 2-118　输入文字

教师结构工资月报表

项目 姓名	基本工资	结构工资			实发工资
		课时费	教案费	作业费	
张天敏	2560	465	48	20	
刘江洋	2780	640	54	30	
李光意	3000	345	32	15	
总计					

图 2-119　输入文字并设置格式

2. 单击表格左上方的按钮，选择整个表格，切换到表格工具的“设计”选项卡，单击“表样式”组“边框”按钮右侧的箭头，在弹出的菜单中选择“所有框线”命令，如图 2-120 所示。

3. 单击“绘图边框”组中的“擦除”按钮，当光标变成一个橡皮擦形状时，在表格最后一行的竖边框上拖动鼠标，将竖边框全部擦除，如图 2-121 所示。

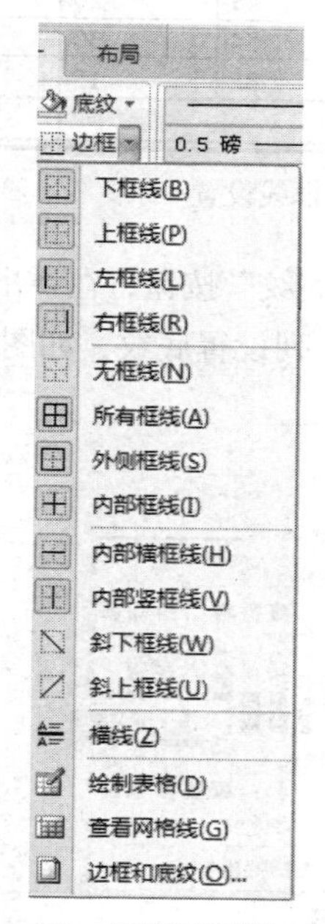

图 2-120　“所有框线”命令

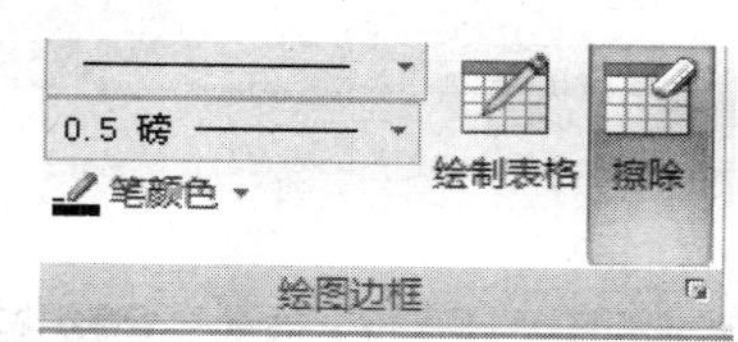

图 2-121　“擦除”按钮

4. 完成后再次单击“绘图边框”组中的“擦除”按钮，关闭擦除功能。

5. 在“绘图边框”组中单击“笔样式”右侧的下拉按钮，在弹出的菜单中选择第 13 种笔样式，如图 2-122 所示。

6．光标变成笔的形状时，在表格外边框上拖动鼠标，将表格外边框样式改为所选样式。

在“绘图边框”组中单击“笔样式”右侧的下拉按钮，在弹出的菜单选择第 1 种笔样式，然后在“笔画粗细”下拉列表选择“1.5 磅”，在表格“总计”行的上边框处拖动鼠标，应用边框样式，其他边框线设置，如图 2-123 所示。

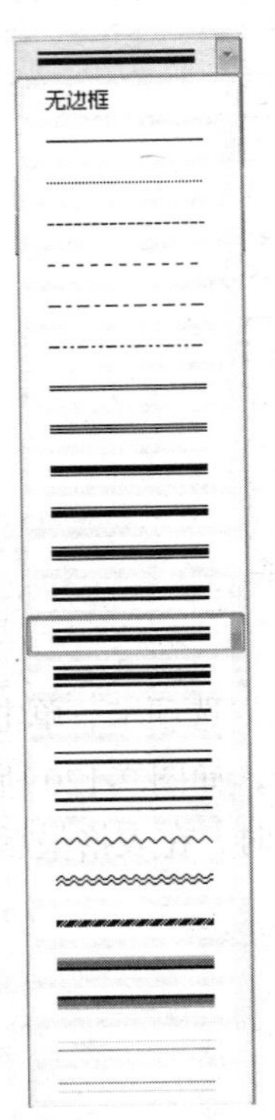

图 2-122　选择笔样式

项目 姓名	基本工资	结构工资			实发工资
		课时费	教案费	作业费	
张天繁	2560	465	48	20	
刘江洋	2780	640	54	30	
李光意	3000	345	32	15	
总计					

图 2-123　边框线设置

7．在表格工具的“设计”选项卡中单击“表样式”组中的“底纹”按钮，在弹出的菜单中选择“红色，强调文字颜色 2，淡色 60%”选项，选择第一行和第一列设置底纹，如图 2-124 所示。

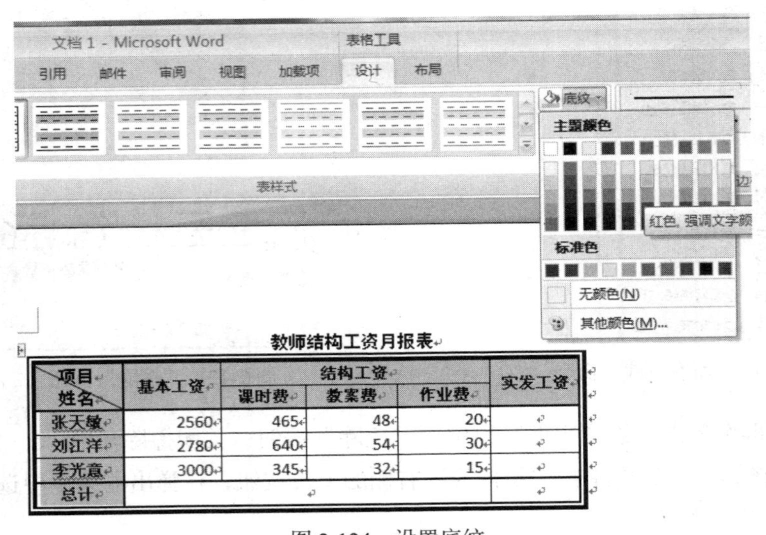

教师结构工资月报表

项目 姓名	基本工资	结构工资			实发工资
		课时费	教案费	作业费	
张天繁	2560	465	48	20	
刘江洋	2780	640	54	30	
李光意	3000	345	32	15	
总计					

图 2-124　设置底纹

工序 6：计算数据

1. 将光标放置到第 2 行第 6 列的单元格中，切换到表格工具的“布局”选项卡，单击“数据”组的“公式”按钮，在“公式”文本框输入函数“=SUM(left)”，完成后单击“确定”按钮，即可得出计算结果，如图 2-125 所示。

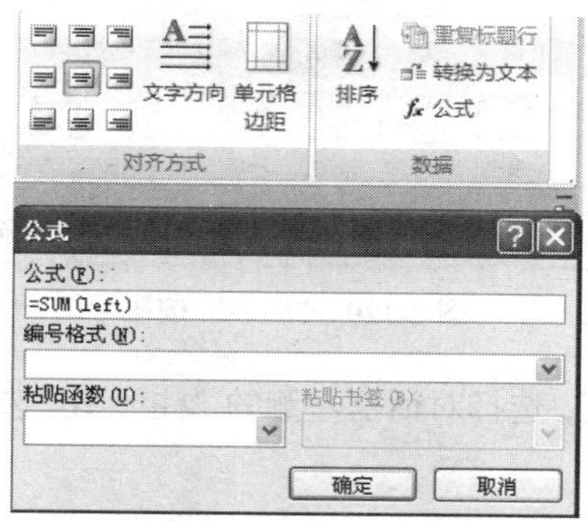

图 2-125　输入函数

2. 按照同样的方法计算下面两个单元格的“实发工资”，“总计”行最后一个单元格中输入公式“=SUM(ABOVE)”，完成后如图 2-126 所示。

项目 姓名	基本工资	结构工资			实发工资
		课时费	教案费	作业费	
张天敏	2560	465	48	20	3093
刘江洋	2780	640	54	30	3504
李光意	3000	345	32	15	3392
总计					9989

图 2-126　输入求和函数

3. 选择“总计”行最后两个单元格，单击“布局”选项卡“合并”组的合并单元格命令，效果如图 2-127 所示。

项目 姓名	基本工资	结构工资			实发工资
		课时费	教案费	作业费	
张天敏	2560	465	48	20	3093
刘江洋	2780	640	54	30	3504
李光意	3000	345	32	15	3392
总计	9989				

图 2-127　合并单元格

4. 保持最后一个单元格为选中状态，单击“对齐方式”的“两端中部对齐”，如图 2-128 所示。

项目 姓名	基本工资	结构工资			实发工资
		课时费	教案费	作业费	
张天敏	2560	465	48	20	3093
刘江洋	2780	640	54	30	3504
李光意	3000	345	32	15	3392
总计	9989				

图 2-128　两端中部对齐

工序 7：插入图表

1．鼠标定位在表格以下，输入两次回车。切换到“插入”选项卡，在“插图”组中单击“图表”按钮，如图 2-129 所示。

图 2-129 “图表”按钮

2．打开“插入图表”对话框，选择对话框左侧的“柱形图”选项，在右侧选择“簇状圆柱图”，如图 2-130 所示。

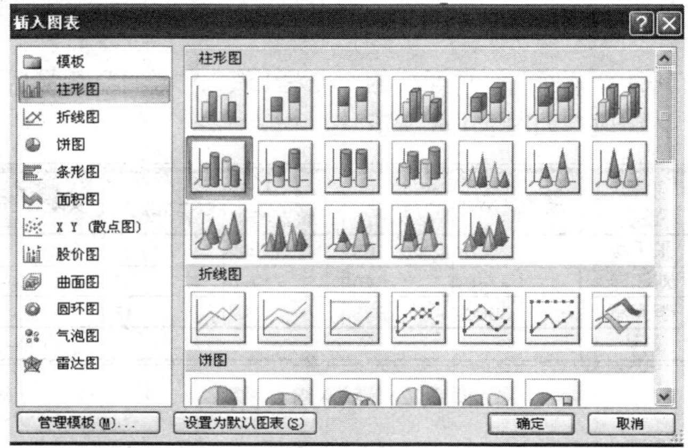

图 2-130 “簇状圆柱图”选项

3．完成后单击“确定”按钮，弹出 Excel 2010 窗口，在 Word 2010 中创建与 Excel 2010 中的内容对应的图表。

工序 8：编辑数据

1. 把 Word 表格对应的数据粘贴到 Excel 表格中，单击粘贴数据右下角的“粘贴选项”图标，在弹出的菜单中选择“匹配目标格式”按钮，即可将粘贴的表格格式去掉，如图 2-131 所示。

B1 课时费

	A	B	C	D	E	F
1		课时费	教案费	作业费		
2	类别 1	465	48	20		
3	类别 2	640	54	30		
4	类别 3	345	32	15		
5	类别 4	4.5	2.8	5	(Ctrl)	
6						
7					粘贴选项:	
8		若要调整图表数据区域的大小，请				的右下角。

图 2-131 将粘贴的表格格式去掉

2．再复制姓名，拖曳区域的右下角调整图表数据区域的大小，如图 2-132 所示。

A	B	C	D	E	F
	课时费	教案费	作业费		
张天敏	465	48	20		
刘江洋	640	54	30		
李光意	345	32	15		
类别 4	4.5	2.8	5		

若要调整图表数据区域的大小，请拖拽区域的右下角。

图 2-132　调整图表数据区域的大小

3．保存 Excel 中的数据，关闭 Excel，此时 Word 中的图表效果如图 2-133 所示。

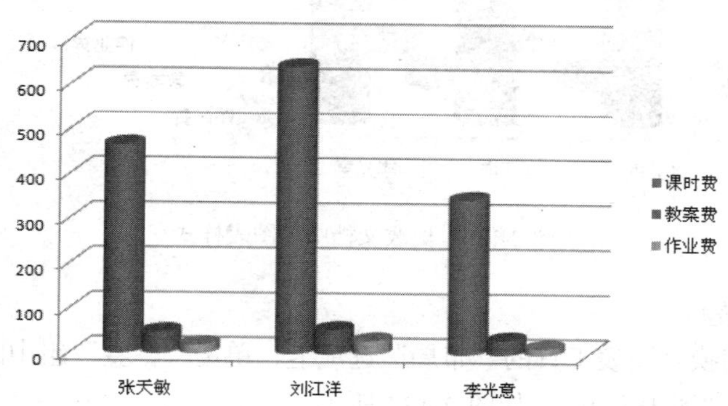

图 2-133　Word 中的图表效果

4．切换到图表工具的“设计”选项卡，单击“类型”组的“更改图表类型”按钮，如图 2-134 所示。

图 2-134　“更改图表类型”按钮

5．打开“更改图表类型”对话框，在对话框左侧选择“柱形图”选项，在右侧选择“三维圆柱图”，如图 2-135 所示。

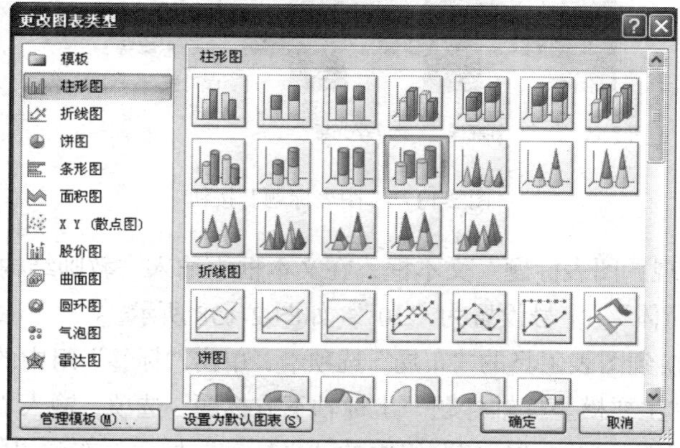

图 2-135　“三维圆柱图”选项

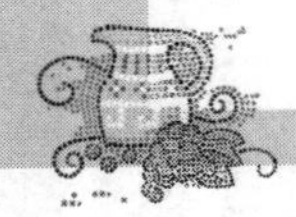

6．完成后单击“确定”按钮将更改文档中的图表样式，如图 2-136 所示。

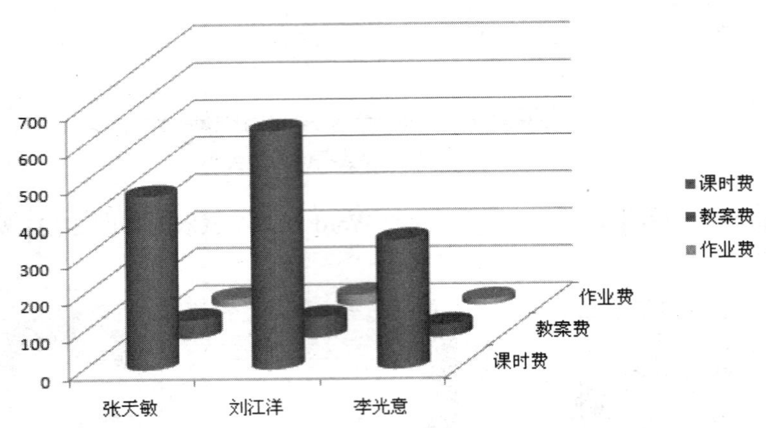

图 2-136　更改文档中的图表样式

工序 9：添加标题

1．选择图表，切换到图表工具的“布局”选项卡，单击“标签”组中的“图表标题”按钮，在弹出的菜单中选择“图表上方”，如图 2-137 所示。

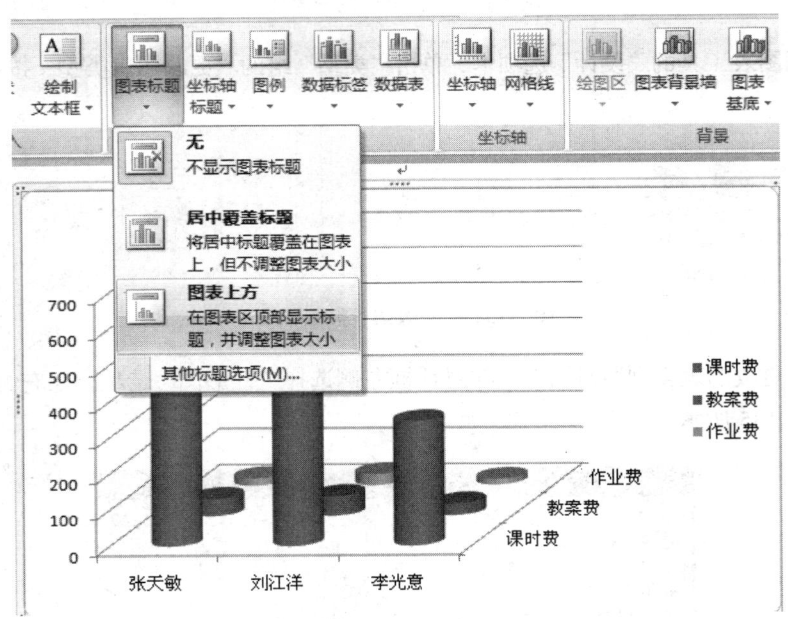

图 2-137　“图表标题”按钮

2．在图表上方出现“图表标题”文本框，在文本框中输入“教师结构工资月报图”，将其字体设置为“方正大黑简体”，字号设置为“20”，如图 2-138 所示。

3．选择图表，切换到图表工具的“布局”选项卡，单击“标签”组中的“坐标轴标题”按钮，在弹出的菜单中选择“主要横坐标轴标题→坐标轴下方标题”选项，输入“姓名”，完成后退出横坐标标题的文本编辑状态。单击“标签”组中的“坐标轴”按钮，在弹出的菜单中选择“主要纵

坐标轴标题→竖排标题”选项，输入“结构工资”，完成后退出横坐标标题的文本编辑状态。完成后将其字体设置为“方正大黑简体”，字号设置为“11”，效果如图 2-139 所示。

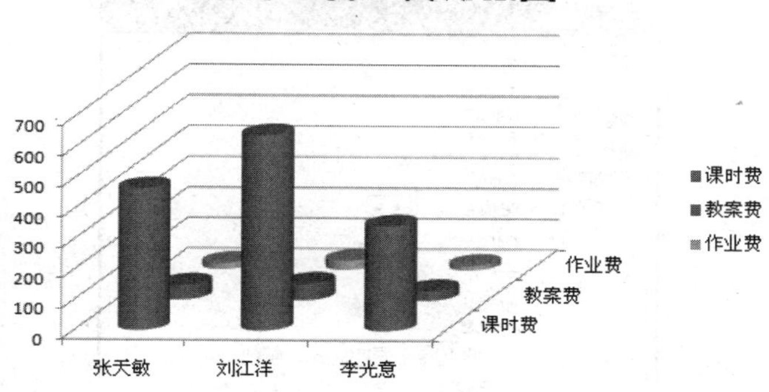

图 2-138　标题效果

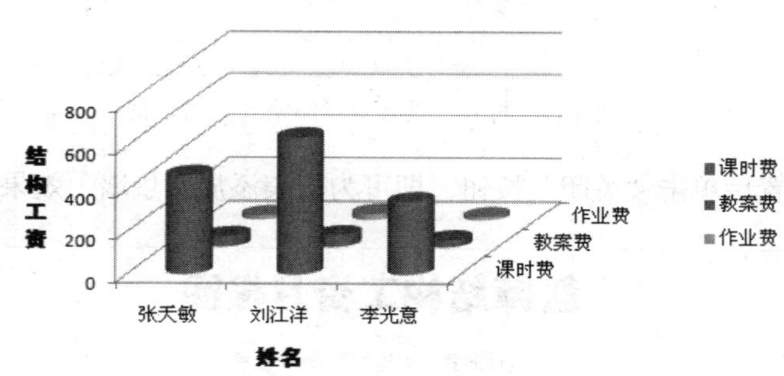

图 2-139　坐标标题效果

工序 10：设置图例

选择图表右侧的图例，切换到图表工具的“布局”选项卡，单击“标签”组中的“图例”按钮，在弹出的菜单中选择“在顶部显示图例”选项，如图 2-140 所示。

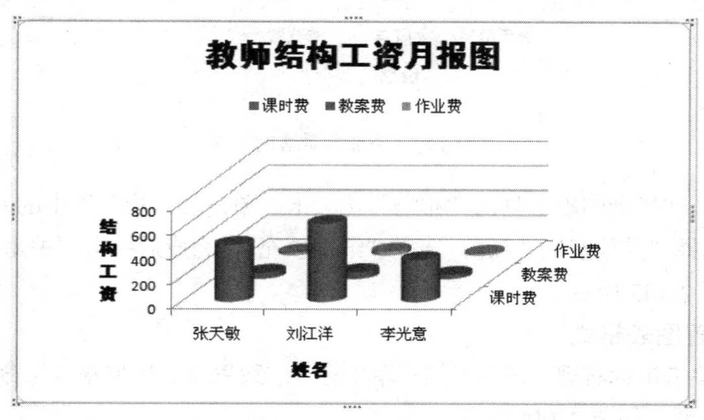

图 2-140　在顶部显示图例

工序 11：设置背景

1. 选择图表，切换到图表工具的“布局”选项卡，单击“背景”组中的“图片背景墙”按钮，在弹出的菜单中选择“其他背景墙选项”，打开“设置背景墙格式”对话框，如图 2-141 所示。

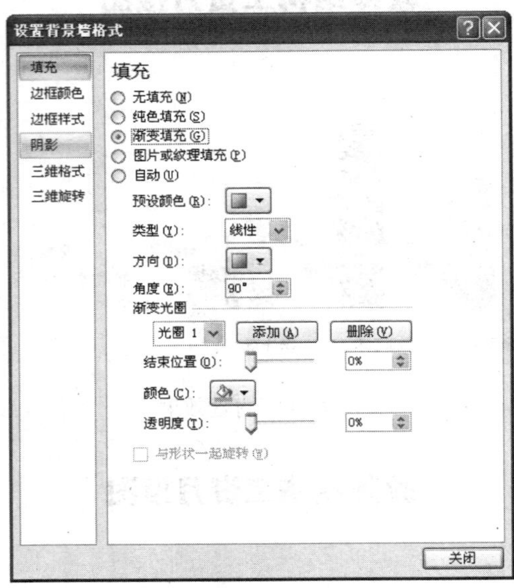

图 2-141　打开“设置背景墙格式”对话框

2. 完成各项设置后单击“关闭”按钮，即可为图表添加背景墙，效果如图 2-142 所示。

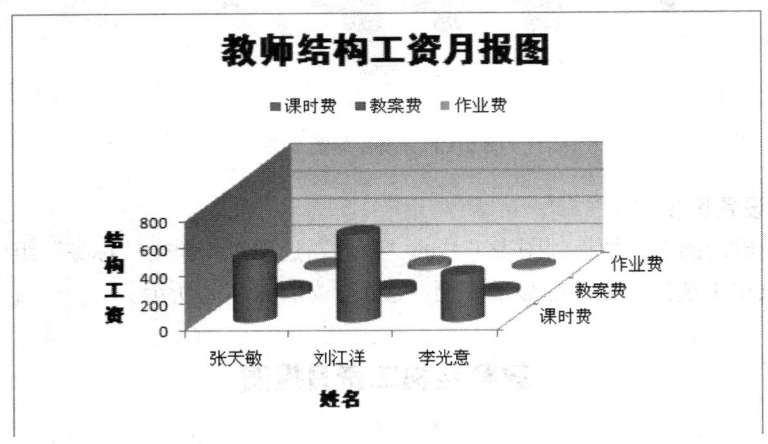

图 2-142　添加背景墙的效果

3. 选择图表，切换到图表工具的“布局”选项卡，单击“背景”组中的“图表基底”按钮，在弹出的菜单中选择“其他基底选项”，选择“渐变填充”，完成后单击“关闭”按钮，即可为图表添加基底，如图 2-143 所示。

工序 12：设置图表格式

1. 在图表上单击鼠标右键，在弹出的菜单中选择“设置图表区域格式”命令，弹出“设置图表区域格式”对话框，如图 2-144 所示。

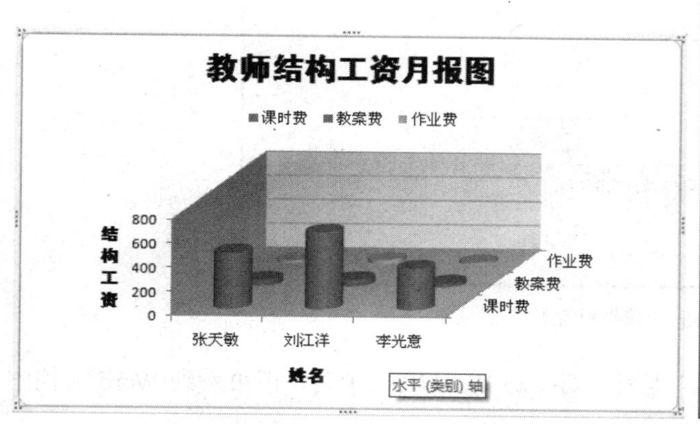

图 2-143　添加基底效果

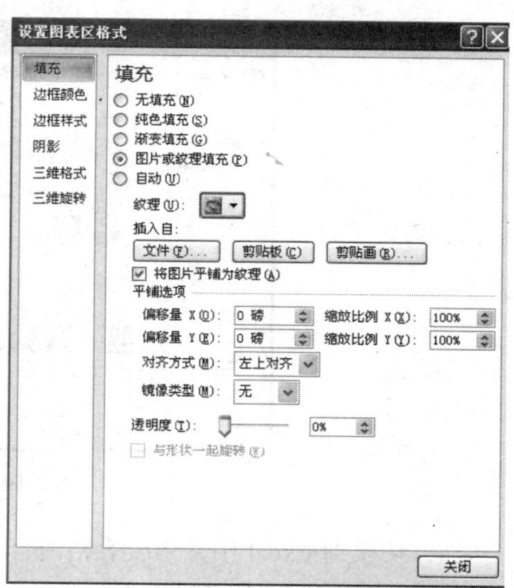

图 2-144　“设置图表区域格式”对话框

2．选择“图片或纹理填充”单选项，单击“纹理”按钮右侧的下拉箭头，在弹出的菜单中选择“画布”选项，单击“关闭”按钮，效果如图 2-145 所示。

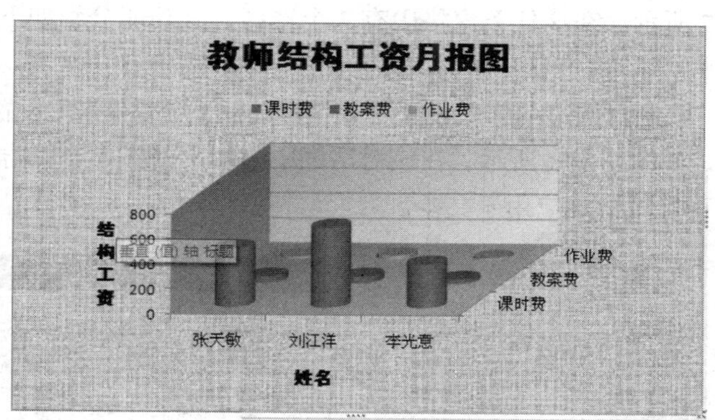

图 2-145　纹理填充效果

【知识链接】

链接 1：粘贴链接

粘贴链接是指在进行粘贴的过程中，建立与粘贴源的链接，粘贴链接后的文档将会随着源文档的变化而变化。下面将举例说明粘贴链接的具体操作步骤。

1．打开 Excel 应用程序，并在其中制作一个表格，然后对表格中的内容进行复制。

2．切换到 Word 文档中，在功能区选择“开始”选项卡“剪贴板”组中的“粘贴”按钮，在弹出的菜单中选择“选择性粘贴”选项，弹出“选择性粘贴”对话框，如图 2-146 所示。

3．在该对话框中选中“粘贴链接”单选按钮，单击“确定”按钮，即可将 Excel 表格中的内容粘贴到 Word 文档中。

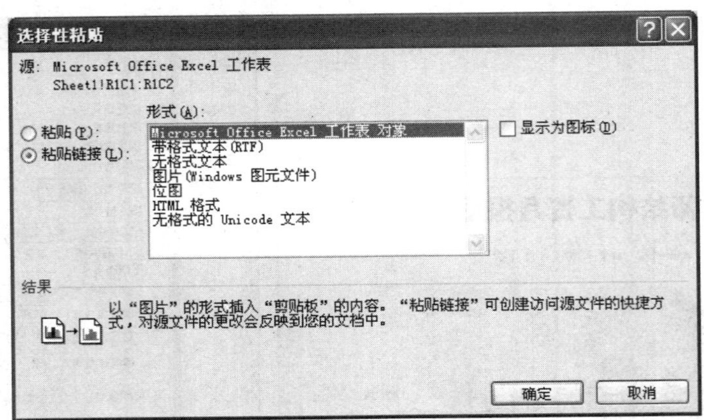

图 2-146 "选择性粘贴"对话框

4．切换到 Excel 中并修改表格内容，当用户切换到 Word 文档中时，即可看到 Word 文档中的的表格内容也将随之变化。

链接 2：保护文档

在 Word 2010 中，用户可以指定使用某种特定的样式，并且可以规定不能更改这些样式。

在功能区选择"审阅"选项卡"保护"组中的"限制编辑"选项，打开"限制格式和编辑"任务窗格，如图 2-147 所示。在该任务窗格中有 3 个选区，其功能分别如下。

1．格式设置限制

在该选区中选中"限制对选定的样式设置格式"复选框，然后单击"设置"超链接，弹出"格式设置限制"对话框，如图 2-148 所示。在该对话框中限制文档格式，以防止他人对文档进行修改，还可以防止用户直接将格式应用于文本。

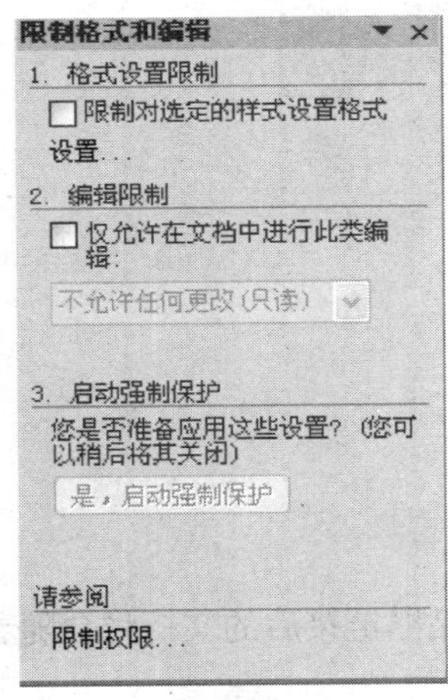

图 2-147 "限制格式和编辑"任务窗格

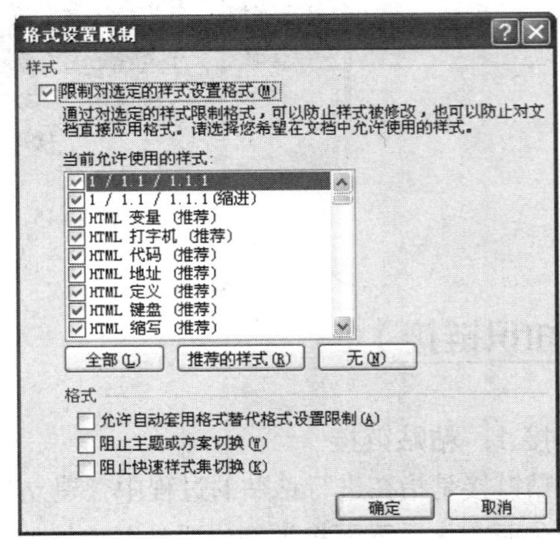

图 2-148 "格式设置限制"对话框

2．编辑限制

将文档保存为"只读"或"只可批注"格式后，可以将部分文档指定为无限制。还可以授予权限，允许用户修改无限制的文档。

3．启动强制保护

在"限制格式和编辑"任务窗格中单击"是，启动强制保护"按钮，弹出"启动强制保护"

对话框，如图 2-149 所示。

在该对话框中的“新密码（可选）”和“确认新密码”文本框中分别输入密码，单击“确定”按钮，“限制格式和编辑”任务窗格将有所改变，如图 2-150 所示。此时已经启动文档的强制保护功能。

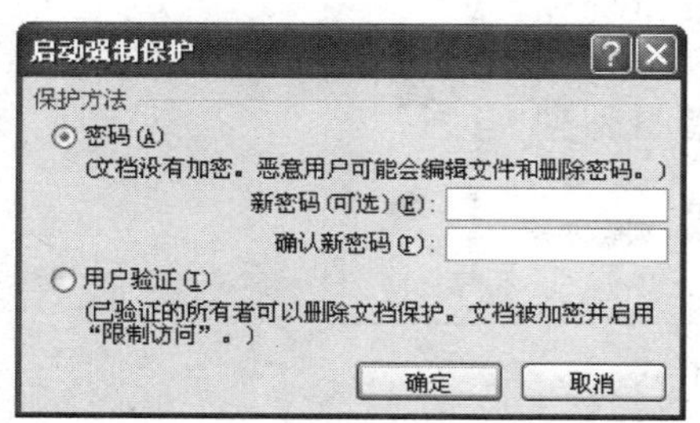

图 2-149　“启动强制保护”对话框

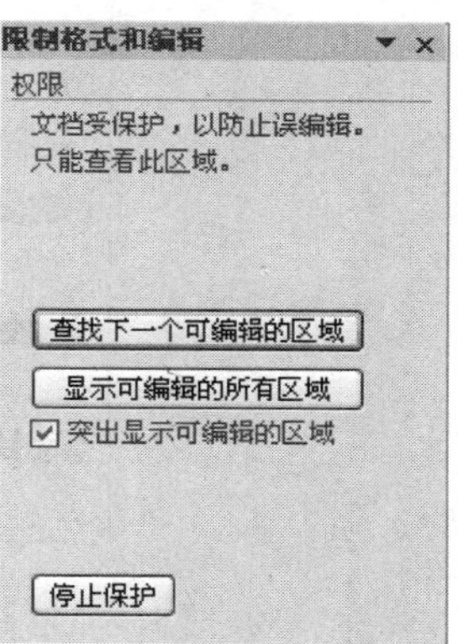

图 2-150　“限制格式和编辑”任务窗格

单击“限制格式和编辑”任务窗格中的“停止保护”按钮，将弹出如图 2-151 所示的“取消保护文档”对话框。在该对话框中的“密码”文本框中输入正确密码，单击“确定”按钮即可取消保护文档。

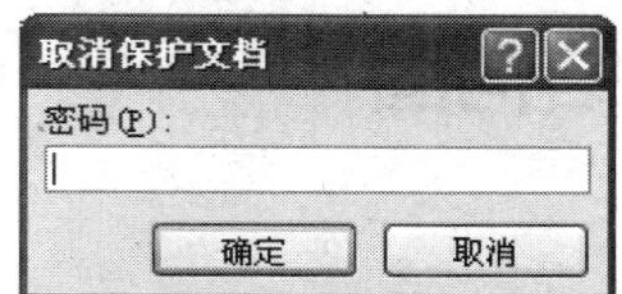

图 2-151　“取消保护文档”对话框

任务四　学生会结构图

【情景再现】

小乐参加学院学生会组织，学生会主席找到小乐，请她制作一张学生会结构图。下面看看小乐如何制作学生会结构图。

【任务实现】

工序 1：插入艺术字

1．启动 Word 2010，选择“页面布局”选项卡的“页面设置”组，单击纸张方向下拉列表，选择“横向”选项横向。

2．在文档开始处单击鼠标左键，输入“学生会结构图”。选中文档中输入的文本，切换到“插入”选项卡，单击“文本”组中“艺术字”按钮的下拉列表，在弹出的菜单选择“艺术字样 19”，如图 2-152 所示。

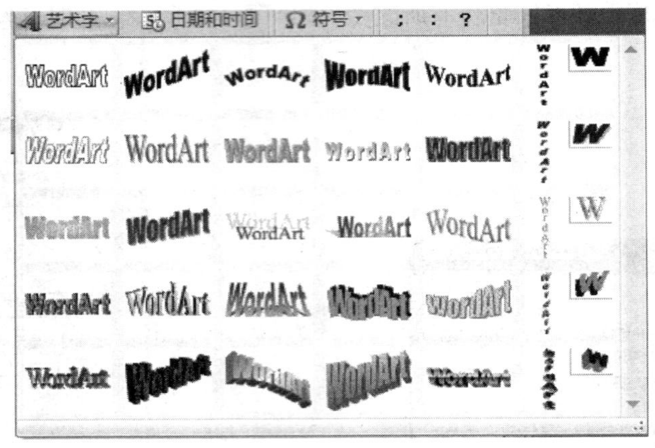

图 2-152　艺术字样式

3．打开“编辑艺术字文字”对话框，如图 2-153 所示。设置“字体”和“字号”，设置完成后单击“确定”按钮。

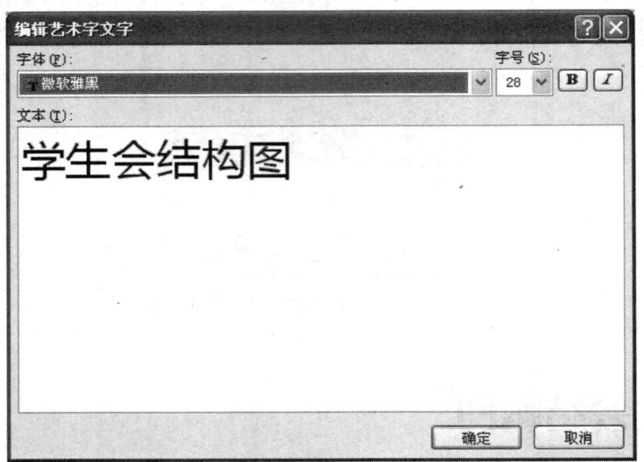

图 2-153　“编辑艺术字文字”对话框

4．在“艺术字工具”的“格式”选项卡中单击“三维效果”按钮，选择“无三维效果”选项，如图 2-154 所示。

图 2-154　“三维效果”按钮

5．单击“形状填充”按钮，在弹出的菜单中选择“黑色”。单击“形状轮廓”按钮，在弹出

菜单中选择“蓝色”。切换到“开始”选项卡，单击“段落”组中的“居中”按钮，使文字居中对齐，效果如图 2-155 所示。

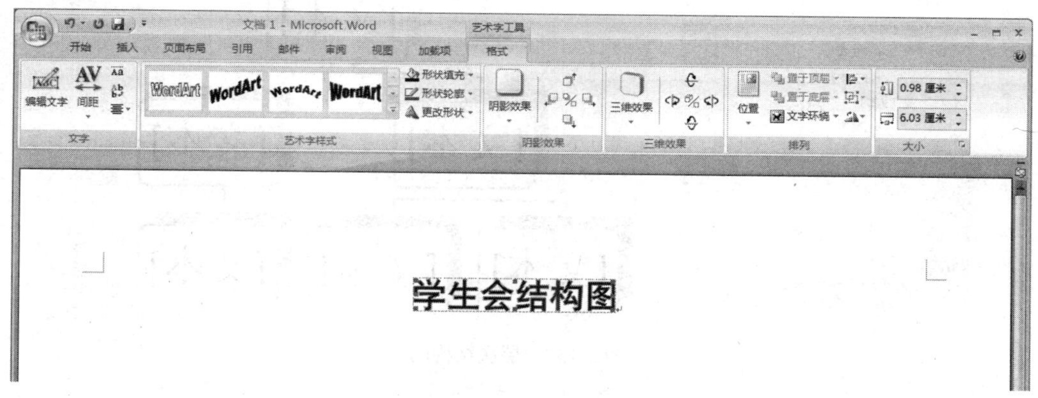

图 2-155　标题效果

工序 2：插入组织结构图

1．在艺术字后按回车键换行，选择“插入”选项卡，单击“插图”组中的 SmartArt 按钮，打开“选择 SmartArt 图形”对话框，选择“层次结构”选项，然后选择所需要的层次结构，如图 2-156 所示。

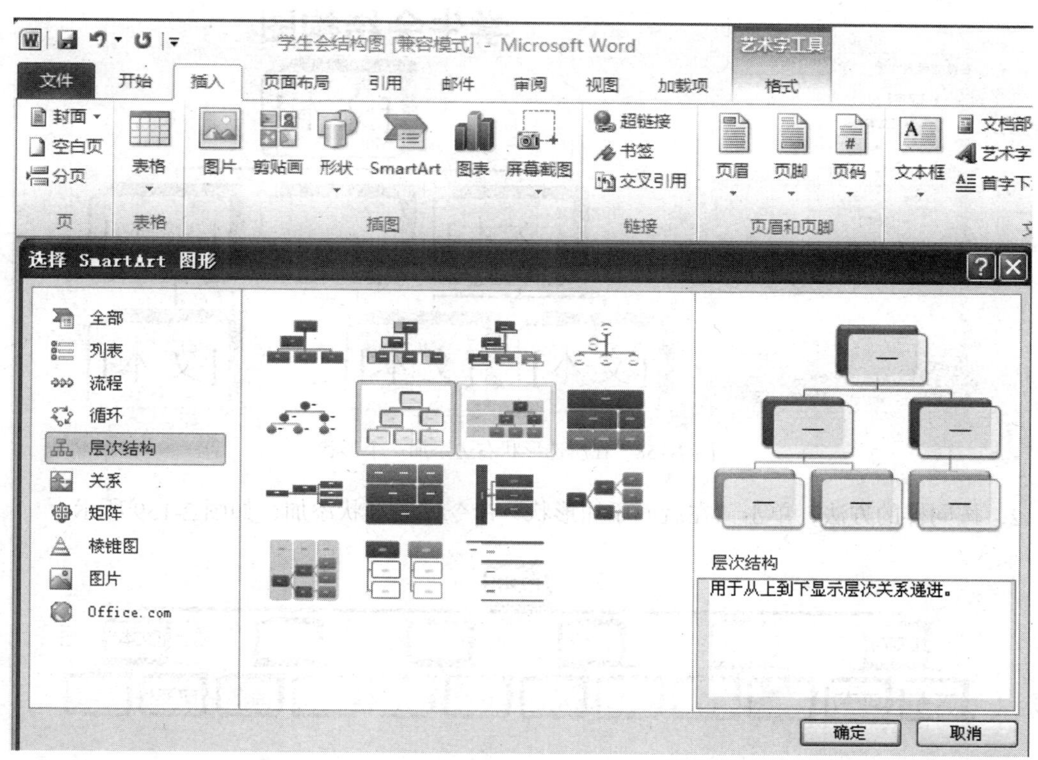

图 2-156　“选择 SmartArt 图形”对话框

2．完成后单击“确定”按钮，将层次结构图插入到文档中，如图 2-157 所示。

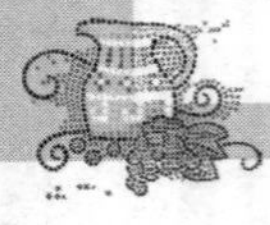

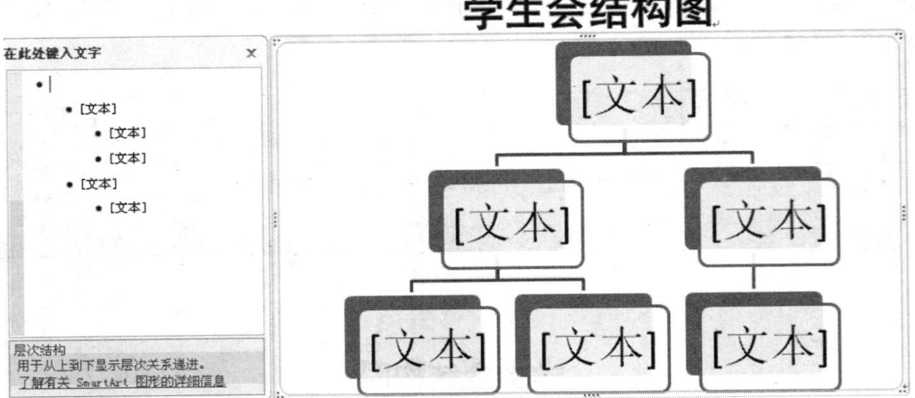

图 2-157　层次结构图

工序 3：添加项目

1. 将光标放置到第 2 层结构中第 1 个形状的边框上，光标变成十字箭头形状时单击边框选择该形状，切换到“SmartArt 工具”的“设计”选项卡，单击“创建图形”组中“添加形状”按钮右下方的下拉箭头，在弹出的菜单中选择“在后面添加形状”命令， 这样就在所选形状右边添加一个形状，如图 2-158 所示。

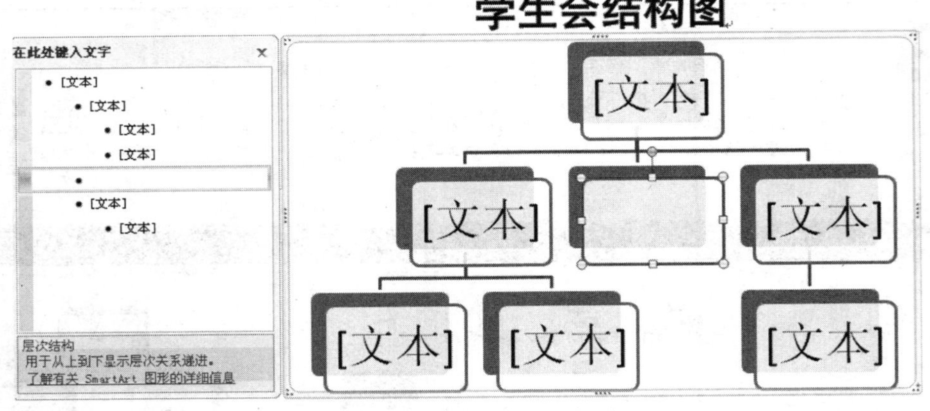

图 2-158　在所选形状右边添加一个形状

2. 按同样的方法，单击“在后面添加形状”命令完成形状添加，如图 2-159 所示。

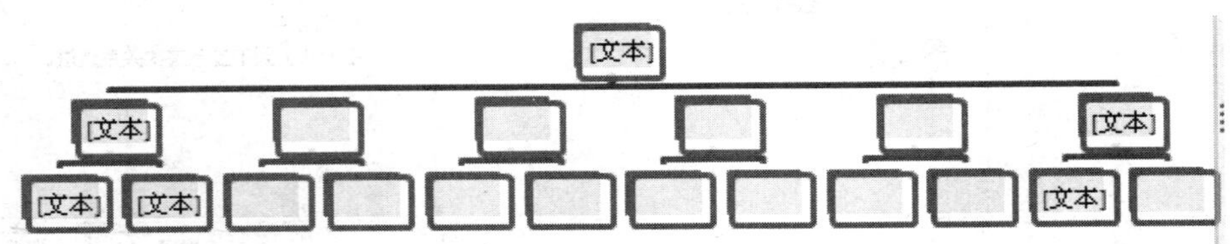

图 2-159　添加形状

工序 4：更改布局

1. 切换到“SmartArt 工具”的“设计”选项卡，选择“布局”组中的“组织结构图”选项，如图 2-160 所示。

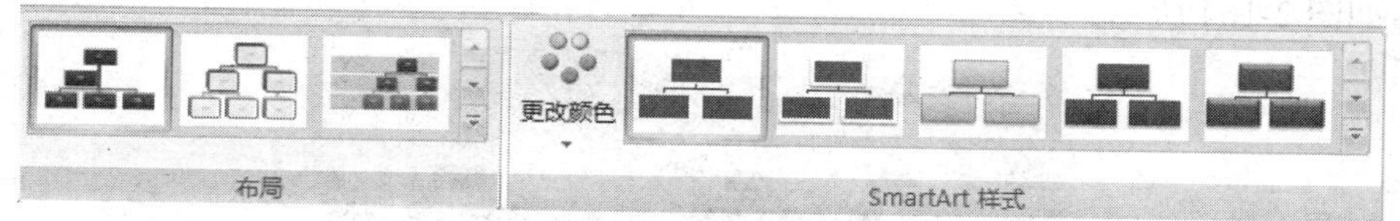

图 2-160　“组织结构图”选项

2．插入组织结构图的效果如图 2-161 所示。

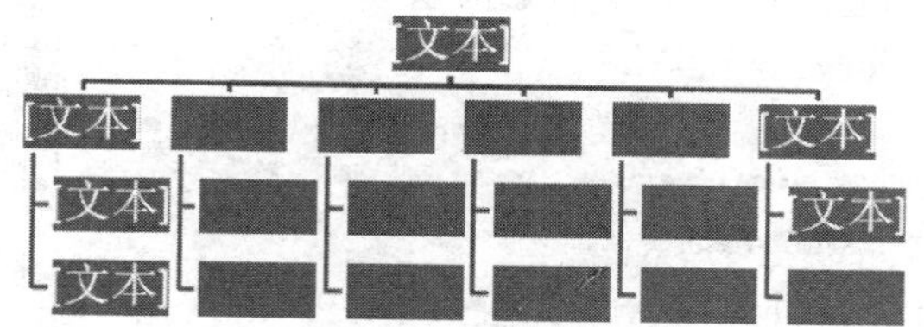

图 2-161　插入组织结构图后的效果

工序 5：输入文本

在第 1 层中的形状内部单击，然后在第 1 行中输入“学生会”，将“字号”设置为 16。按照同样方法输入第二层文本框中的内容，将“字号”设置为 15。输入第三、四层文本框中的内容，将“字号”设置为 14。并将各个形状调整到合适的大小，如图 2-162 所示。

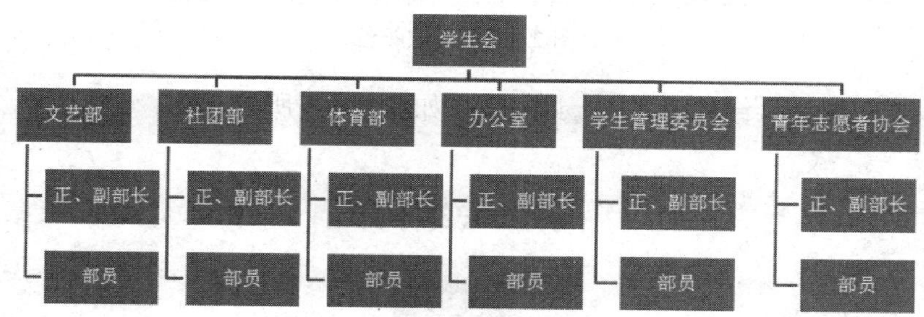

图 2-162　输入文本并将各形状调整到合适的大小后的效果

工序 6：美化结构图

1．选择组织结构图，切换到“SmartArt 工具”的“设计”选项卡，选择“SmartArt 样式”组右下角的其他按钮，在弹出的菜单中选择“三维”组的“嵌入”选项，如图 2-163 所示。

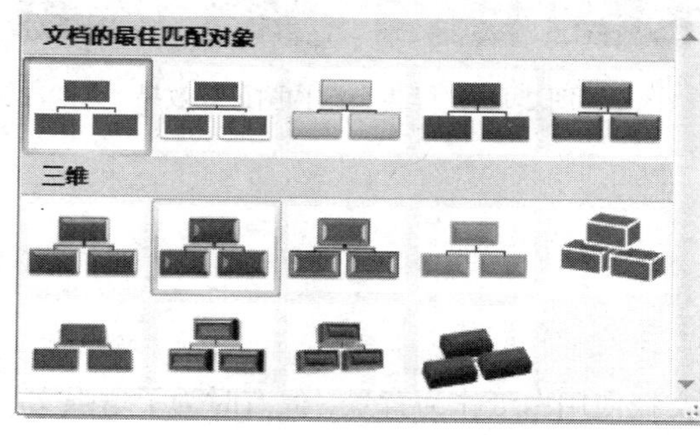

图 2-163　“嵌入”选项

2．单击“SmartArt 样式”组的“更改颜色”按钮，在弹出的菜单中选择“彩色”组中的第三个选项，如图 2-164 所示。

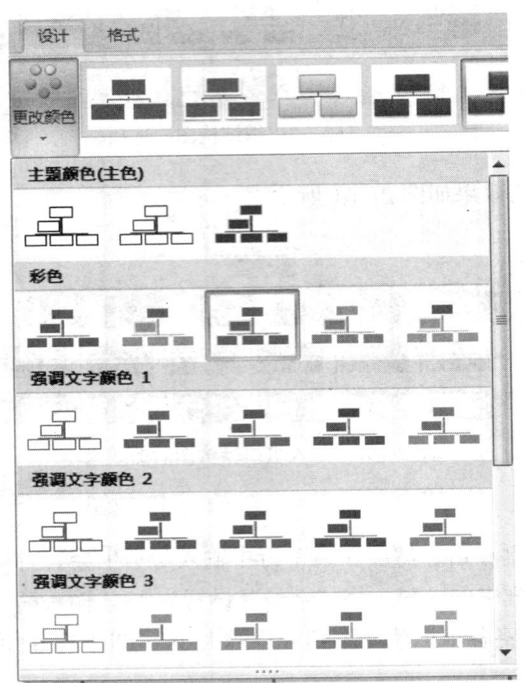

图 2-164　更改颜色

3．保存文档，学生会结构图完成，最终效果如图 2-165 所示。

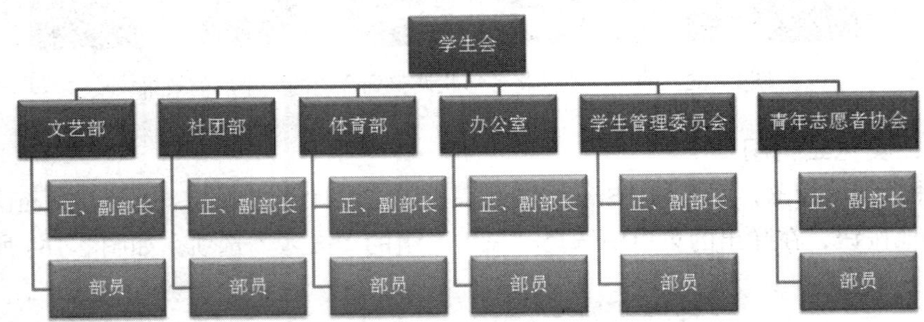

图 2-165　学生会结构图最终效果

【知识链接】

链接 1：应用背景

在默认情况下，Word 文档使用白纸作为背景，但有时为了增强文档的吸引力，需要为文档设置背景。用户可以为背景应用渐变、图案、图片、纯色或纹理等效果，渐变、图案、图片和纹理

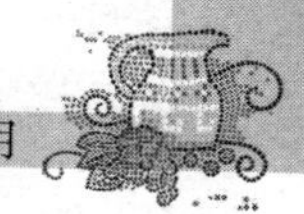

将进行平铺或重复，以填充页面。将文档保存为网页时，纹理和渐变被保存为 JPEG 文件，图案被保存为 GIF 文件。

在文档中应用背景的具体操作步骤如下。

1．在功能区选择“页面布局”选项卡“页面背景”组中的“页面颜色”按钮，弹出其下拉列表，如图 2-166 所示。

2．在该下拉列表中选择所需的颜色。如果没有用户需要的颜色，可选择“其他颜色”选项，在弹出的“颜色”对话框中选择所需的颜色。

3．还可以选择“填充效果”选项，弹出“填充效果”对话框，如图 2-167 所示。

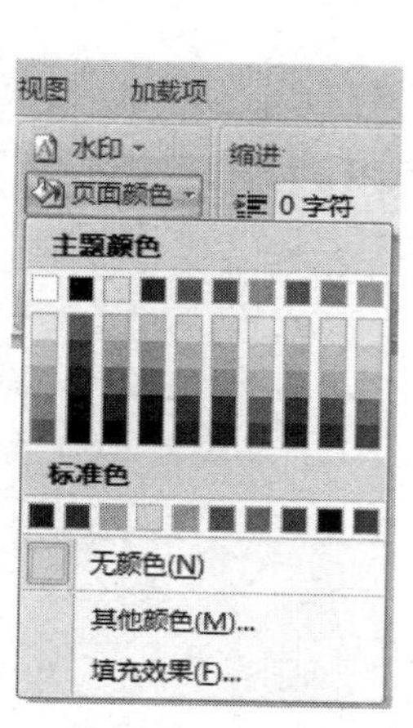

图 2-166　“页面颜色”下拉列表

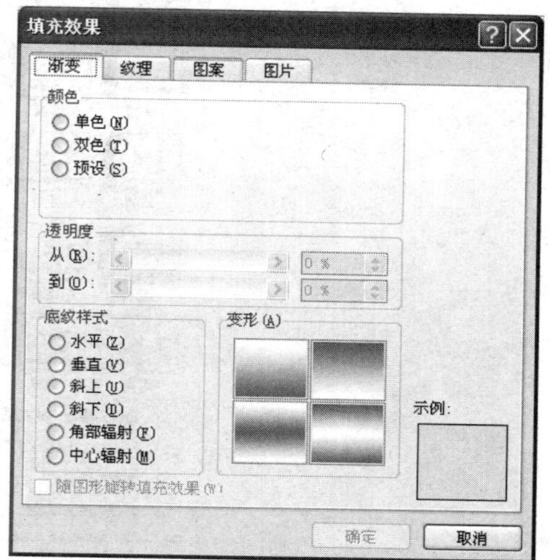

图 2-167　“填充效果”对话框

4．在该对话框中可将渐变色、纹理、图案以及图片设置为文档的背景。如在“图片”选项卡中单击“选择图片”按钮，弹出“选择图片”对话框。

5．在该对话框中选择需要的图片，单击“插入”按钮，返回到“填充效果”对话框中，单击“确定”按钮完成设置，效果如图 2-168 所示。

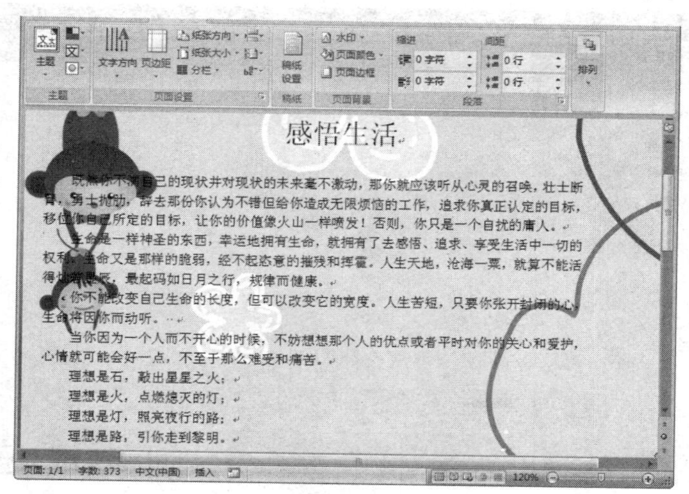

图 2-168　设置文档背景效果

链接 2：应用主题的使用

主题是一套设计风格统一的元素和配色方案，包括字体、水平线、背景图像、项目符号以及其他的文档元素。应用主题可以非常容易地创建出精美且具有专业水准的文档。

在文档中应用主题的具体操作步骤如下。

1．在功能区选择“页面布局”选项卡“主题”组中的“主题”选项，弹出其下拉列表，如图 2-169 所示。

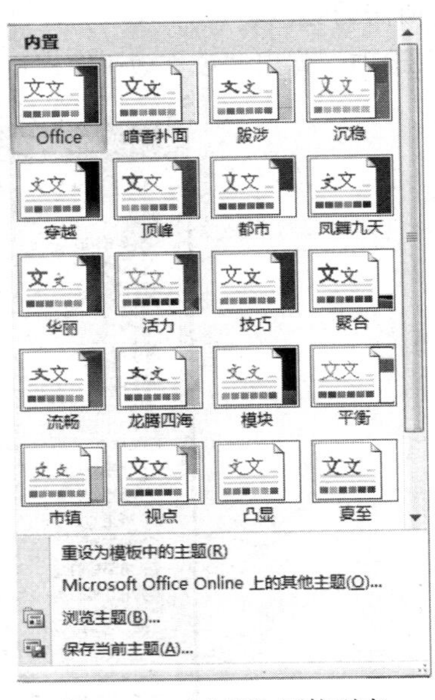

图 2-169　“主题”下拉列表

2．在该下拉列表中的“内置”选区中可选择适当的文档主题。选择“浏览主题”选项，可在弹出的“选择主题或主题文档”对话框中打开相应的主题或包含该主题的文档。

3．在该下拉列表中选择“保存当前主题”选项，弹出“保存当前主题”对话框，如图 2-170 所示。在该对话框中可保存当前的主题，以便以后继续使用。

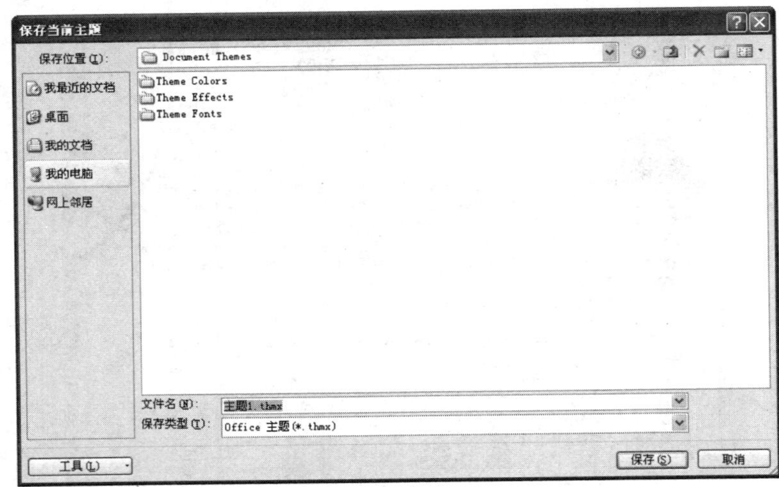

图 2-170　“保存当前主题”对话框

知识评价

实训一　编辑简单的 Word 2010 文档

【实训目的】

1. 掌握一种汉字输入方法。
2. 掌握文档的建立、保存与打开。
3. 掌握文本内容的选定与编辑。
4. 掌握文本的替换与英文校对。
5. 掌握文档的不同显示方式。

【实训内容】

1. 新建 Word 文档并在其中输入以下内容（段首暂不要空格），在 C:盘根目录下新建一个文件夹，以 W1.DOCX 为文件名（保存类型为“Word 文档”）将新保存在新建文件夹中，然后关闭该文档。

Word Star（简称为 WS）是一个较早产生并已十分普及的文字处理系统，风行于 20 世纪 80 年代，汉化的 WS 在我国曾非常流行。1989 年香港金山电脑公司推出的 WPS（Word Processing System），是完全针对汉字处理重新开发设计的，在当时我国的软件市场上独占鳌头。

随着 Windows 95 中文版的问世，Office 95 中文版也同时发布，但 Word 95 存在着在其环境下可存的文件不能在 Word 6.0 中打开的问题，降低了人们对其使用的热情。新推出的 Word 97 不但很好地解决了这个问题，而且还适应信息时代的发展，增加了许多新功能。

2. 打开所建立的 W1.DOCX 文件，在文本的最前面插入标题“文字处理软件的发展”，然后在文本的最后另起一段，输入以下内容，并保存文件。

1990 年 Microsoft 推出的 Windows 3.0 是一种全新的图形化用户界面的操作环境，受到软件开发者的青睐，英文版的 Word for Windows 因此诞生。1993 年，Microsoft 推出 Word 5.0 的中文版。1995 年，Word 6.0 的中文版问世。

3. 使“1989……占鳌头。”另起一段。将正文第三段最后一句“……增加了许多新功能。”改为“……增加了许多全新的功能。”。将最后两段正文互换位置。然后在文本的最后另起一段，复制标题以下的 4 段正文。

4. 将后四段文本中所有的“Microsoft”替换为“微软公司”， 并利用拼写检查功能检查所输入的英文单词有否拼写错误，如果存在拼写错误，请将其改正。

5. 以不同的视图显示文档。

6. 将文档以同名文件另存到 U 盘。

实训二　制作格式复杂的文档

【实训目的】

1. 掌握如何格式化字符。

2．掌握如何格式化段落。

3．掌握项目符号和编号的使用。

4．掌握分栏操作。

【实训内容】

按以下要求，制作图 2-171 所示的复杂格式的文档。

1．文字居中、黑体、小三号、红色、阴文。

2．首行缩进 2 字符、首字下沉 3 行。

3．橘黄色双下画线。

4．文字底纹颜色（浅绿）。

5．文字缩放 200%。

6．隶书、四号、阴影。

7．加粗、倾斜。

8．紫色、下标。

9．蓝色、提升 5 磅。

10．玫瑰红色，虚线边框。

11．红色、小四、着重号。

12．双倍行距、项目编号☆。

13．字符方框、底纹、字符间距加宽 2 磅。

14．段落底纹颜色（淡蓝），段落边框（天蓝、3 磅）。

互联网的广泛应用和发展[3]，使世界范围内的信息资源交流和共享成为可能，让我们坐在家里就可以掌握全球最新的咨询和信息。在我们通过网络在这个广阔的平台上获取信息进行信息查找或检索的时候，另一个不可避免的问题随之出现在我们的面前。那就是如何面对日益庞大的数据量，如何应对无限，无序，优劣混杂，缺乏统一组织与控制的网络信息呢？[4]

所以掌握一定的检索知识和检索技巧成为了在信息时代立足于社会的很重要的一个衡量标准。无论你将来从事哪一个行业[5]这都将是你成功的重要保障。

一、网络信息存在的几种重要形式[6]

☆ ***万维网信息***[7]：万维网即 www[8]，全称为 world wide web[9]。这种网络信息资源是建立在超文本、超媒体技术的基础上，集文本、图形、图像、声音为一体[10]，并直观的展现给用户的一种网络信息形式。是我们平时最常浏览的网页形式[11]。我们通过用鼠标点击对应于主题的超级连接，就可以通过浏览器浏览到我们所需要的信息。例如：新浪的新闻网等。

☆ ***FTP 信息***[7]：是互联网中使用文件传输协议进行信息传输的一种形式。其主要功能是在两台位于互联网上的计算机之间建立连接以传输文件，完成从一个系统到另一个系统完整的文件复制。例 如：我 们 学 校 主 页 上 的 ftp 资 源。[13]

☆ ***远程登录信息***[7]：通过在远程计算机系统中输入自己的用户名和口令，进行登录，登录成功建立连接后，就可以按给定的访问权限来访问相关资源。包括软件和数据库。例如:CNKI 数字图书馆。[14]

☆ ***用户服务组信息***[7]：互联网上最受欢迎的信息交流形式。包括各种新闻组、邮件列表、专题讨论组、兴趣组、辩论会等等。虽然名称各异，但功能都是由一组对某一特定主题有共同兴趣的网络用户组成的电子论坛。例如：网易社区。

图 2-171　复杂格式文档示例

实训三　制作图文混排的散文文档

【实训目的】

1．掌握 Word 文字排版的方法。

2．掌握在 Word 中插入图像的方式及排版图像格式的方法。

3．熟练掌握使用 Word 软件进行图文混排的基本知识，熟悉 Word 常用的排版知识。

【实训内容】

先输入图 2-172 中所示散文文档中的文字，并按以下要求设置其格式。

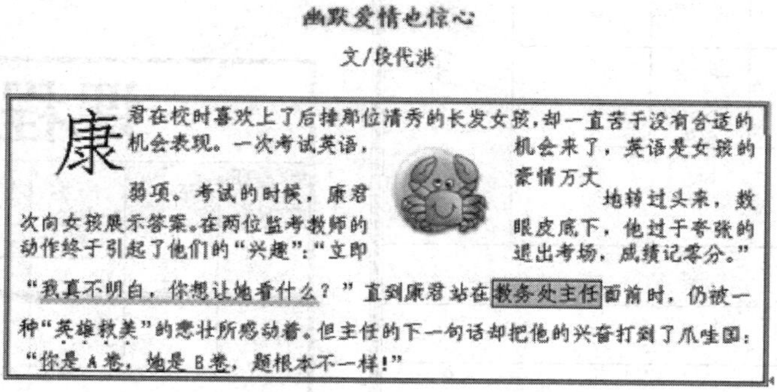

幽默爱情也惊心

文/段代洪

康君在校时喜欢上了后排那位清秀的长发女孩，却一直苦于没有合适的机会表现。一次考试英语，机会来了，英语是女孩的弱项。考试的时候，康君豪情万丈地转过头来，数次向女孩展示答案。在两位监考教师的眼皮底下，他过于夸张的动作终于引起了他们的“兴趣”：“立即退出考场，成绩记零分。”

“我真不明白，你想让她看什么？”直到康君站在教务处主任面前时，仍被一种“英雄救美”的悲壮所感动着。但主任的下一句话却把他的兴奋打到了爪哇国：“你是 A 卷，她是 B 卷，题根本不一样！”

图 2-172　散文文档示例

1．将标题设置为红色四号楷体字且加粗、居中。

2．将正文设置为小四号仿宋体字，首行缩进两个字。

3．首字下沉三行。

4．文中“豪情万丈”位置提升 12 磅。

5．文中“我真不明白，你想让她看什么”加橙色波浪线。

6．文中“教务处主任”加边框和底纹。

7．文中“英雄救美”加着重号。

8．文中的图片可从剪贴画中任选一幅，要求图片与文字“四周型环绕”。

9．整段文字加外边框。

【操作注意事项】

1．调整文字格式之前需要选中文字。

2．调整段落格式需要将光标定位在要调整格式的段落中。

3．图文混排时图像的版式为四周环绕型。

实训四　制作个人简历表格

【实训目的】

1．掌握 Word 表格制作的方法。

2．掌握通过合并、拆分和手绘等方式对表格进行修改的方法。

3．熟练掌握单元格与表格的格式设置。

4．掌握表格中文字的排版方式

【实训内容】

完成图 2-173 所示的两个表格，学习表格的制作方法。

个人简历

姓　名		性别		照片
学　历		政治面貌		
专　业		英语水平		
联系电话				
特　长				
奖　得				

课程表					
星期 / 节次	周一	周二	周三	周四	周五
1～4					
6～8					
晚自习					

图 2-173　表格示例

【操作注意事项】

1．数清表格的行数和列数后再插入表格。

2. 个人简历表可在表格中使用绘制表格工具绘制表格线，也可以使用橡皮擦工具擦除多余边线。

3. 课程表中的斜线表头可使用绘制表头工具进行绘制，也可手工绘制后将表格中的内容分为上下两段，上段执行右对齐，下段执行左对齐的方式来绘制。

4．加边框或底纹时注意选择的对象（是单元格还是整个表格）。

实训五　Word 2010 综合练习

【实训目的】

1．掌握 Word 文字排版能力。

2．掌握图文混排能力。

3．掌握表格绘制及计算能力。

4．掌握 Word 综合排版能力

【实训内容】

通过以下练习熟悉 Word 排版方法。先输图 2-174 所示文档中的文字和表格，然后按以下要求设置其格式。

我能想到最浪漫的事

我不是个太浪漫的人，但今天冷不丁跌落在时光的隧道里，试图去回忆去展望我能想到的，最浪漫的事。

5 岁：玩伴小胖拉着我到院中央的水盆前说："妹妹，我送你个大月亮。"当空明月倒映在水盆里，像个嫩黄的月饼。

10 岁：和一群死小子满身泥泞混战之后，小胖帮我抢回了风车，风车不会转了，我却破涕为笑。

科目 / 姓名	计算机	大学英语	高等数学	中医发展史	总评成绩
张三	88	78	80	90	336
李四	98	82	72	89	341
王五	78	79	85	83	325
平均分	88	79.67	79	87.33	

图 2-174　综合练习示例

1．将页面设置为 18cm×25cm，所有边距均为 1.5cm。

2．标题是小三号黑体字，并且居中。

3．文字是小四号仿宋体字。

4．文字中"妹妹，我送你个大月亮"加下画线。

5．文字中"最浪漫的事"加着重号。

6．文字中的图片可从剪贴画中任选一幅，要求图片做成与文字篇幅大小一样的"水印"；

7．表格中的"科目"、"姓名"是小五号幼圆体（或楷体）字体，其余均为小四号幼圆体（或楷体）字且居中。

8．计算并填写表格中每一栏的"平均分"和每一行的"总评成绩"（求和）。

学习单元三

中文版 Microsoft Excel 2010 的应用

学习目标

【知识目标】

- 识记：Excel 的基本概念；单元格、工作表和工作簿的基本概念。
- 领会：单元格绝对地址和相对地址的概念；数据透视表的概念；常用函数的调用；数据清单的概念；工作表自动套用格式和模板。

【技能目标】

- 能够创建、打开、输入和保存 Excel 工作表，并学会工作表的基本操作。
- 能够建立、编辑、修改和修饰图表。
- 能够设置工作表页面、打印预览和打印工作表、建立工作表链接。
- 能够保护和隐藏工作表。
- 能够对工作表重命名、实现工作表窗口的拆分和冻结。
- 能够调用函数进行计算。
- 能够建立数据清单，实现数据清单内容的排序、筛选、分类汇总以及数据合并。

通过以工作过程为导向的学习，让学生模拟完成实际工作岗位的需求，利用 Excel 2010 进行数据处理。

- 掌握 Excel 2010 的启动和退出，了解 Excel 2010 的界面。
- 理解工作簿、工作表和单元格的概念。
- 掌握工作表、单元格的编辑和格式化。
- 掌握公式和常用函数的使用。
- 理解数据清单的概念，掌握数据的排序和筛选，了解数据透视表。
- 掌握 Excel 2010 中图表的创建和格式化。

Excel 表格是与 Word 表格有较大差别的特殊表格，表中数据也不是简单堆积的静态数据。Excel 表格的实时动态性，使其更好地适应有数据变化要求的数据处理环境。因此，Excel 表格有更加强大的数据处理能力，也有更广阔的应用空间。制作、修饰电子表格是使用电子表格的基础，所以也是学习的重要内容。

任务一　应聘人员登记表

【情景再现】

每年的十一月份是商苑公司到学校招员工的时间，公司为了对学生情况有一个基本了解，决定做一个学生基本情况的统计。于是，商苑公司请小乐用 Excel 2010 做一个应聘人员登记表，如图 3-1 所示。

应聘人员登记表

申请职位（可多填）		1、		2、		3、	
姓　名		性　别		出生日期		婚姻状况	
民　族		政治面貌		户　籍			
学　历	日　期	学　校		专　业		学　位	
工作经历	时　间	单　位		职　务	离职原因	证明人	联系电话
职业证书	获得时间	证书名称					
主要成就：							
性格特点：							
爱好与兴趣：							
求职动机：							
本人需要说明的其他情况：							
本人声明：以上所填写的内容均属实，如上述所填写的内容有不实之处，可作为招聘方解除劳动关系的理由。							
		签字：				日期：	

图 3-1　应聘人员登记表

【任务实现】

工序 1：新建工作簿

1. 启动 Excel 2010，Excel 默认为用户新建了一个名为“工作簿 1”的空白工作簿。
2. 单击 Office 按钮，打开主菜单，选择“保存”命令，如图 3-2 所示。

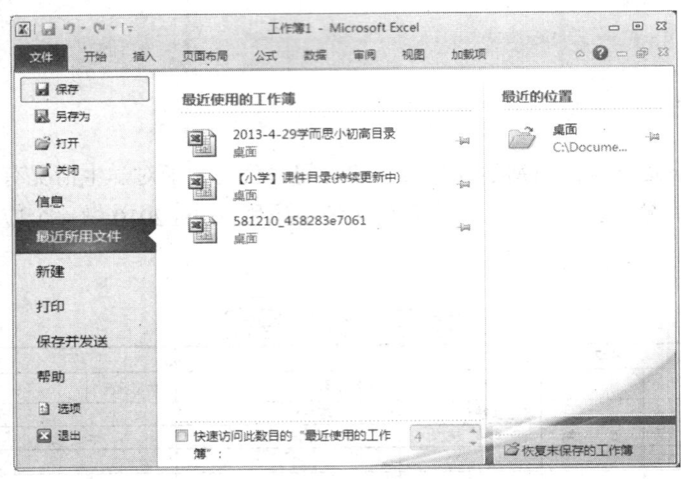

图 3-2 “保存”命令

3. 打开“另存为”对话框，单击“保存位置”右边的列表框，选择保存位置，在“文件名”文本框中输入保存文件的名称“应聘人员登记”，在“保存类型”下拉列表框选择保存类型为“Excel 工作簿（*.xlsx）”，然后单击“保存”按钮即可，如图 3-3 所示。

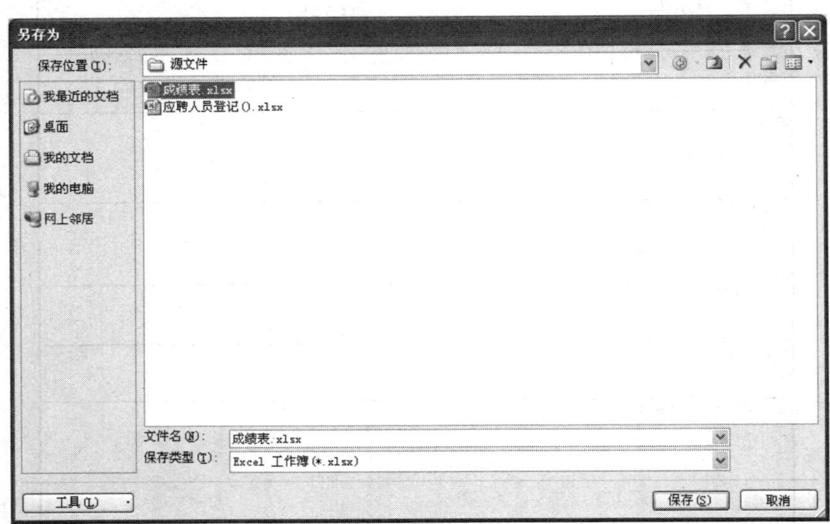

图 3-3 “另存为”对话框

工序 2：重命名工作表

1. 右键单击工作表标签栏的 Sheet1 标签，在弹出的快捷菜单中选择“重命名”命令，如图

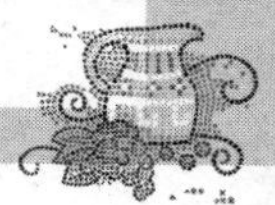

3-4 所示。

2．标签“Sheet1”呈反白显示，直接输入工作表的名称“应聘人员登记表”，按回车键，将该工作表重新命名。

工序 3：设置工作表边框

1．选中 A2:I32 单元格区域，切换到“开始”选项卡，单击“字体”组的“边框”按钮，在打开的下拉菜单中选择“其他边框”命令，如图 3-5 所示。

图 3-4　“重命名”命令　　　　图 3-5　“边框”下拉列表

2．打开“设置单元格格式”对话框，在“线条样式”列表框选择细实线，单击“预置”组中的“内部”按钮，将内部框线设置为细实线，可在其下的预览框中进行预览，如图 3-6 所示。

3．在“线条样式”列表框选择粗实线，单击“预置”组中的“外边框”按钮，将外部框线设置为粗实线，可在其下的预览框中进行预览，如图 3-7 所示。

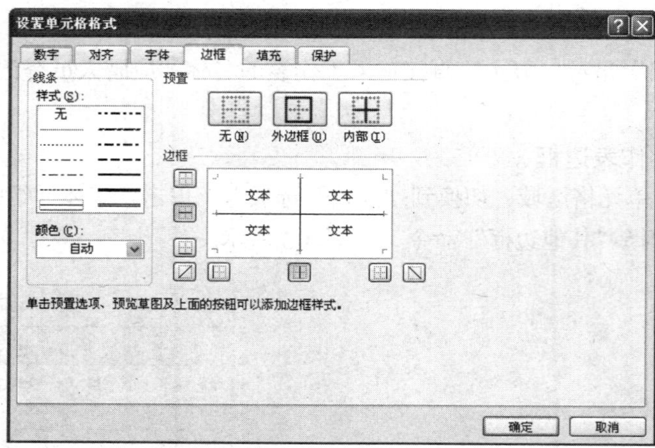

图 3-6 “设置单元格格式”对话框

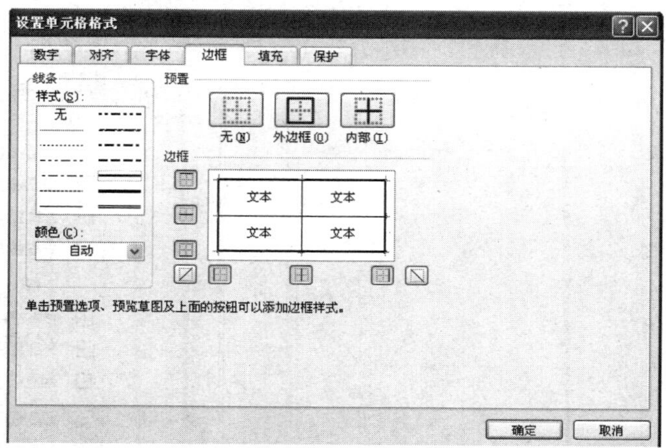

图 3-7 将外部框线设置为粗实线

4．完成后单击“确定”按钮，效果如图 3-8 所示。

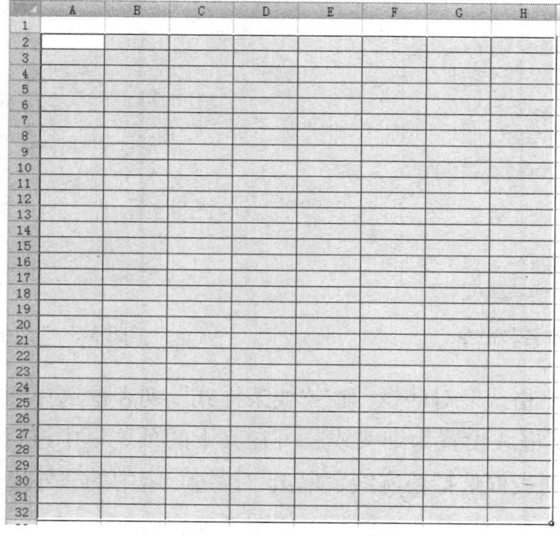

图 3-8 设置边框线后的效果

工序 4：在工作表中输入数据

1．单击选中 A1 单元格，按住鼠标左键横向拖动鼠标指针到 I1 单元格。切换至“开始”选项卡，选择“对齐方式”组中的“合并后居中”按钮，在弹出的下拉菜单中选择“合并后居中”命令，将选中的单元格合并为一个单元格，如图 3-9 所示。

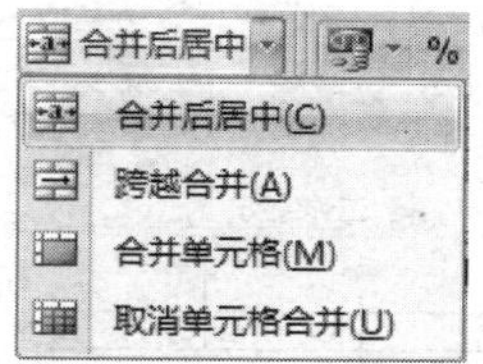

图 3-9　“合并后居中”按钮

双击合并后单元格，输入文字“应聘人员登记表”，效果如图 3-10 所示。

图 3-10　输入文字“应聘人员登记表”

2．使用同样的方法，合并其他单元格，效果如图 3-11 所示。

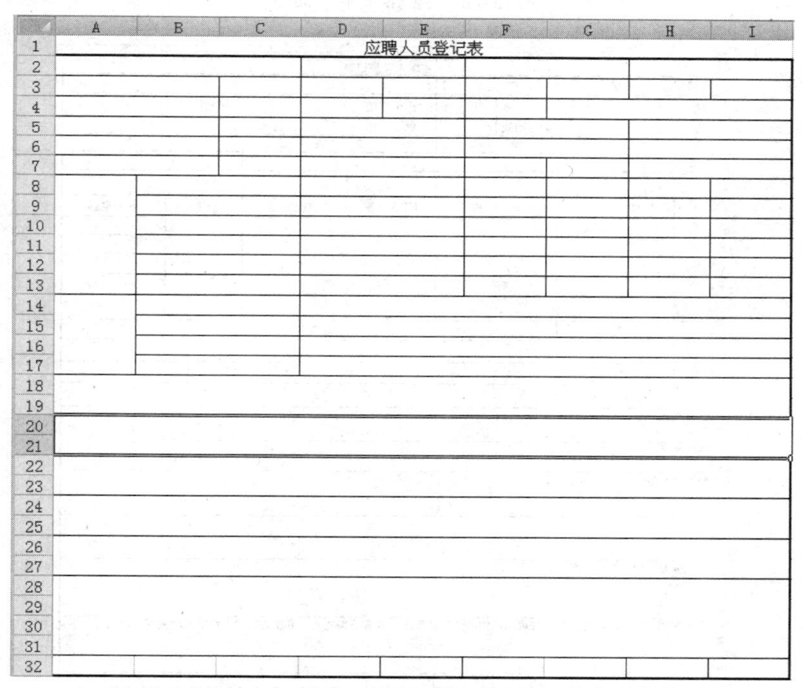

图 3-11　合并单元格后的效果

3．双击 A8 单元，输入“工作经历”。然后选中该单元格区域，单击“开始”选项卡“对齐方式”组中的“方向”按钮，从下拉菜单中选择“竖排文字”命令，如图 3-12 所示。

4．选中 A1:I17 单元格，切换至“开始”选项卡，选择“对齐方式”组中的“居中”按钮和“垂直居中”按钮；选中 A18:I31 单元格，切换“开始”选项卡，选择“对齐方式”组中的“文本左对齐”按钮和“顶端对齐”按钮，完成后单击“自动换行”按钮，如图 3-13 所示，

输入文字。按 Tab 键可以切换到同行相邻的下一个单元格，按 Shift+Tab 键可以切换到同行相邻的上一个单元格。

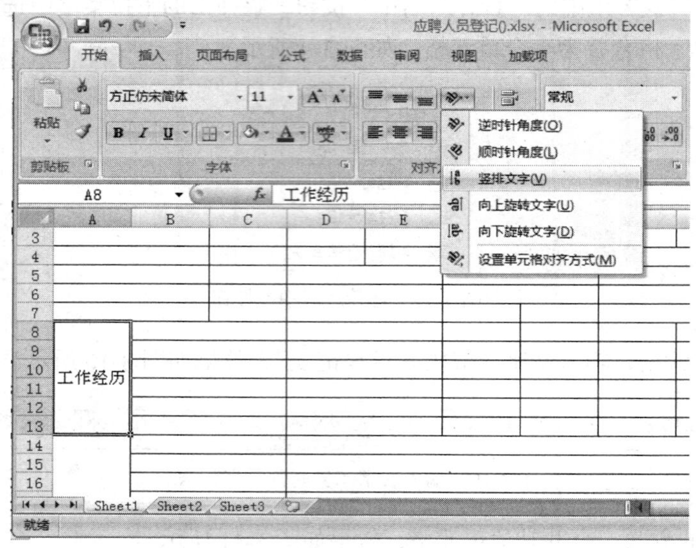

图 3-12 “竖排文字”命令

	A	B	C	D	E	F	G	H	I
1						应聘人员登记表			
2	申请职位（可多填）			1、		2、		3、	
3	姓　　名			性　　别		出生日期		婚姻状况	
4	民　　族			政治面貌		户　　籍			
5	学　　历		日　　期	学　　校		专　　业		学　　位	
6									
7									
8	工作经历	时　　间		单　　位		职　　务	离职原因	证明人	联系电话
9									
10									
11									
12									
13									
14	职业证书	获得时间		证书名称					
15									
16									
17									
18	主要成就：								
19									
20	性格特点：								
22	爱好与兴趣：								
23									
24	求职动机：								
26	本人需要说明的其他情况：								
27									
28	本人声明：以上所填写的内容均属实，如上述所填写的内容有不实之处，可作为招聘方解除劳动关系的理由。								
29									
30									
31									
32					签字：			日期：	

图 3-13 输入文字

工序 5：格式化工作表

将标题“应聘人员登记表”的字体设置为“华文彩云”，字号设置为 24，其他文字的字体设置为“方正仿宋简体”，字号设置为 11，将鼠标定位在行与行的交界处，当鼠标变成可调节样式时，按住鼠标左键不放进行拖动即可调整行高，按同样的方法调节列宽，效果如图 3-14 所示。

工序 6：页面设置

1．切换到“页面布局”选项卡，单击“页面设置”组中的“纸张大小”按钮，从下拉列表框中选择纸张类型“A4”，如图 3-15 所示。

应聘人员登记表

申请职位（可多填）		1、		2、		3、	
姓　名		性　别		出生日期		婚姻状况	
民　族		政治面貌		户　籍			
学　历	日　期	学　校		专　业		学　位	
工作经历	时　间	单　位		职　务	离职原因	证明人	联系电话
职业证书	获得时间	证书名称					
主要成就：							
性格特点：							
爱好与兴趣：							
求职动机：							
本人需要说明的其他情况：							
本人声明：以上所填写的内容均属实，如上述所填写的内容有不实之处，可作为招聘方解除劳动关系的理由。							
		签字：			日期：		

图 3-14　格式化工作表

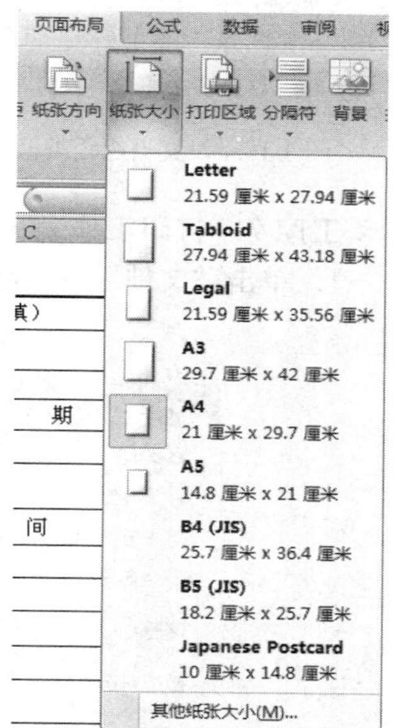

图 3-15　选择纸张类型

2．工作表中出现横、竖两条虚线示意打印区域。单击“页面设置”组的“页边距”按钮，从下拉列表框选择“窄”命令，如图 3-16 所示。

3．设置完纸张大小和页边距后，再调整行高、列宽，使其最大程度地占满页面空间，但不超出虚线的范围。

4．单击“页面设置”选项组的按钮，打开“页面设置”对话框，切换到“页边距”选项卡，在“居中方式”栏选中“水平”和“垂直”两个复选项，如图 3-17 所示。完成后单击“确定”按钮。

5．切换到“视图”选项卡，在“显示”下拉列表中取消 □ 网格线 的选中状态。

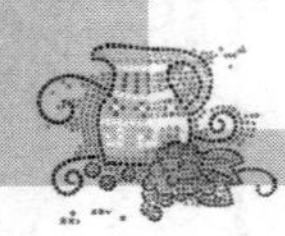

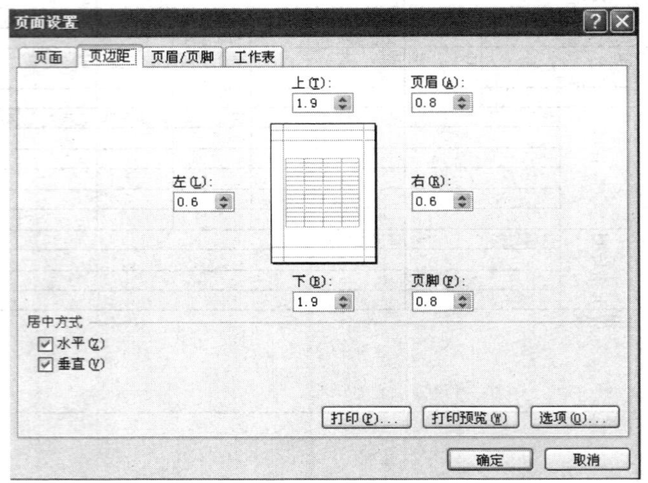

图 3-16　设置页边距类型

图 3-17　“页面设置”对话框

工序 7：打印工作表

1．单击“文件”菜单项，选择“打印”命令，如图 3-18 所示。

图 3-18　“打印”命令

2．打开“应聘人员登记表”的打印预览视图，如图 3-19 所示。如果预览没有发现问题，可直接单击“打印”按钮，如果还需对表格进行修改，可切换到“开始”标签返回工作表的普通视

图进行修改。

3．单击“打印”按钮后，将弹出“打印内容”对话框。在“名称”下拉列表框中选择已安装的打印机名称，在“打印范围”栏中单击选择“全部”单选项，其他选项如图 3-20 所示。最后单击“确定”按钮，即可开始打印。

应聘人员登记表

申请职位（可多填）		1、		2、		3、	
姓 名		性 别		出生日期		婚姻状况	
民 族		政治面貌		户 籍			
学 历	日 期	学 校		专 业		学 位	
工作经历	时 间	单 位	职 务	离职原因	证明人	联系电话	
职业证书	获得时间	证书名称					
主要成就：							
性格特点：							
爱好与兴趣：							
求职动机：							
本人需要说明的其他情况：							
本人声明：以上所填写的内容均属实，如上述所填写的内容有不实之处，可作为招聘方解除劳动关系的理由。							
	签字：			日期：			

图 3-19　打印预览视图

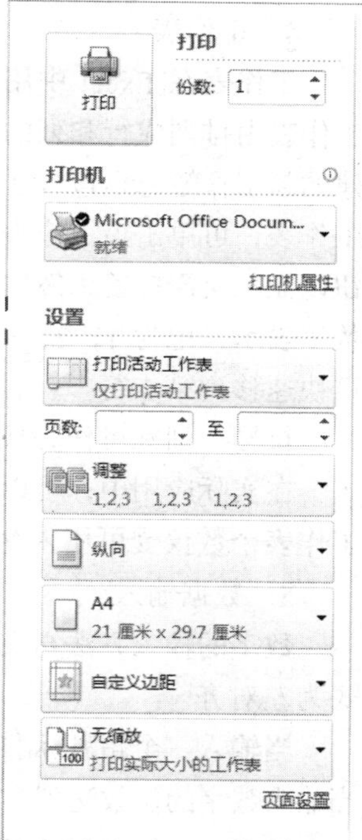

图 3-20　“打印内容”对话框

4．还可以在“份数”选项中设置打印文件的份数。在“设置”选项中选择打印活动的工作表。完成设置后，单击“确定”按钮，打印机打印输出登记表。

【知识链接】

链接 1：基本概念

1．单元格

单元格是指工作区中行和列交叉所形成的矩形区域。每个单元格所对应的列字母和行数字组

合起来构成一个地址标识，例如，第 1 行第 1 列的单元格表示为 A1。当一个单元格被选中时，该单元格的地址标识会显示在名称框中。单元格以粗线框显示时，表示该单元格为当前活动单元格，处于编辑状态。可将行号、列号作为按钮使用，可用来选择工作表的行或列，也可以用于改变行高、列宽。

2．单元格区域

单元格区域是由多个相邻的单元格组成的区域，可以用该单元格区域左上角和右下角的单元格地址表示，两地址之间用冒号（:）分隔，例如，A1:F6 表示 1 行 1 列到 6 行 6 列的单元格区域。

3．工作簿

在 Excel 中创建的文件称为工作簿，其文件扩展名为.xlsx。工作簿是工作表的容器，一个工作簿可以包含一个或多个工作表。当启动 Excel 2010 时，总会自动创建一个名为 Book1 的工作簿，它包含 3 个空白工作表，可以在这些工作表中填写数据。在 Excel 2010 中打开的工作簿个数仅受可用内存和系统资源的限制。

4．工作表

工作表在 Excel 中用于存储和处理各种数据，也称电子表格。工作表始终存储在工作簿中。工作表由排列成行和列的单元格组成，工作表的大小为 1 048 576 行 × 16 384 列。默认情况下，创建的新工作簿总是包含 3 个工作表，它们的标签分别为 Sheet1、Sheet2 和 Sheet3。若要处理某个工作表，可单击该工作表的标签，使之成为活动工作表。若看不到所需标签，可单击标签滚动按钮以显示所需标签，然后单击该标签。在工作表最左侧一列即灰色的部分，是每一行的行号，用数字表示，记为 1，2，3，…，直到 655 360。使用快捷键 Ctrl+↓可快速移到最后一行，Ctrl+↑可快速移到第 1 行。

行号、列标可作为按钮使用，可用来选择工作表的行或列，也可用于改变行高、列宽。

在实际应用中，可以对工作表重命名。根据需要还可以添加更多的工作表。一个工作簿中的工作表个数仅受可用内存的限制。

5．数据输入

数字的输入方法与文本的输入相同，但是数字的默认对齐方式为右对齐，文本的默认对齐方式为左对齐。

当输入一个超过标准单元格宽度的长数值时，Excel 通常会自动调整列宽来容纳所输入的内容，当输入数字的位数达到 12 位时，Excel 不再调整列宽，而以科学计数法表示数字，并四舍五入。

链接 2：手动输入数据

1．文本通常是指一些非数值的文字，例如姓名、性别、单位或部门的名称等。此外，许多不代表数量、不需要进行数值计算的数字也可以作为文本来处理，例如学号、QQ 号码、电话号码、身份证号码等。Excel 将不能理解为数值、日期时间和公式的数据都视为文本。文本不能用于数值计算，但可以比较大小。

2．如果输入两位数的年份，Excel 按如下方式解释年份。

- 00 至 29 解释为 2000 年至 2029 年。例如，如果输入日期 5/28/19，Excel 将认为日期是 2019 年 5 月 28 日。
- 30 至 99 解释为 1930 年至 1999 年。例如，如果输入日期 5/28/98，Excel 将认为日期是 1998 年 5 月 28 日。

3．若字符数超过了单元格的范围，将鼠标指针指向单元格右边的边界上，当鼠标指针变成双

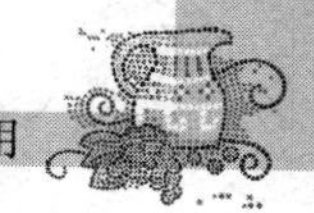

向箭头形状时，双击边界，单元格的宽度自动适应字符的长度。

4. 输入类似邮政编码的数据之前，先选中单元格区域后单击鼠标右键，选择“设置单元格格式”命令，打开“设置单元格格式”对话框，如图 3-21 所示。单击“数字”选项卡“分类”列表中的“文本”，使输入数字以文本格式处理。

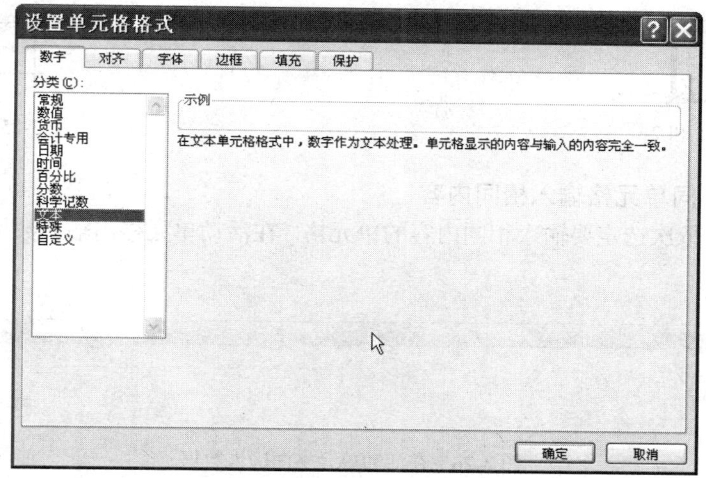

图 3-21　“设置单元格格式”对话框

链接 3：工作表操作

如果要在工作簿中添加新的工作表，在工作表标签栏中单击“插入工作表”按钮，如图 3-22 所示，可以在最后一个工作表后面插入一个新的工作表。如果要插入多张工作表，可以在完成一次插入工作表之后，按 F4 键（重复操作）来插入多张工作表。

还可以在工作表标签栏中选中要删除的工作表，单击鼠标右键，打开快捷菜单，选择“删除”命令，如图 3-23 所示。

图 3-22　“插入工作表”按钮

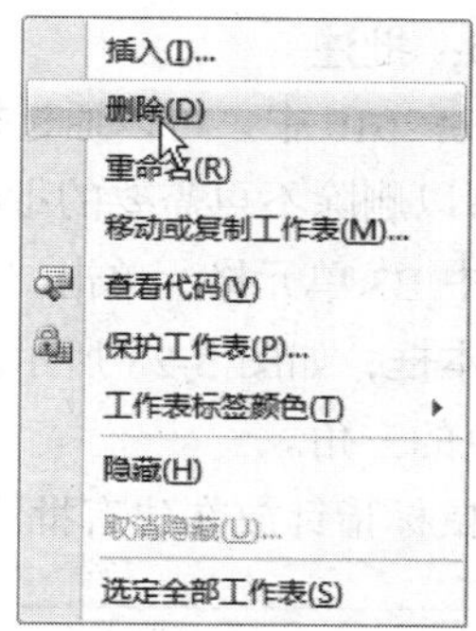

图 3-23　“删除”命令

链接 4：填充数据

假如要向工作表输入一组按一定规律排列的数据，例如一组时间、日期和数字序列，都可使用 Excel 的数据填充功能来完成，举例如下。

新建工作表，在 A3 单元格中输入 1，在 A4 单元格中输入 2。选中 A2:A3 单元格区域，将鼠标光标指向单元格填充柄，如图 3-24 所示，当鼠标光标变成黑实心“十”字形光标时，向下拖动

填充柄至 A9 单元格，自动填充数据，如图 3-25 所示。

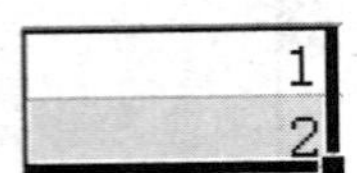

图 3-24　输入 1 和 2

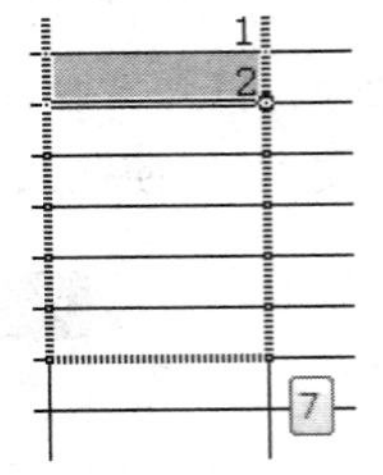

图 3-25　自动填充数据

链接 5：在不同单元格输入相同内容

按住 Ctrl 键，依次选定要输入相同内容的单元格。在活动单元格内输入数据，如图 3-26 所示（注意黄色标签）。

	A	B	C	D	E	F	G	H
1								
2								
3								物联网
4								

图 3-26　在活动单元格内输入数据

完成输入后，按 Ctrl+Enter 键，使选中的单元格出现相同的内容，如图 3-27 所示（注意黄色标签）。

H3　*fx*　物联网

	A	B	C	D	E	F	G	H
1								
2		物联网		物联网				
3		物联网		物联网		物联网		物联网

图 3-27　单元格出现相同的内容

链接 6：批注

在 Excel 2010 中，可以通过插入批注来对单元格添加注释。添加注释后，可以编辑批注中的文字，也可以删除不再需要的批注。

1．选中 B3 单元格，单击“审阅”选项卡“批注”任务组中的“新建批注”命令按钮，打开“批注”文本框，如图 3-28 所示。在文本框中输入批注的内容，关闭文本框后单元格的右上角出现一个红色的三角。

2．将鼠标指针放在建有批注的单元格上，即可显示批注的内容，效果如图 3-29 所示。

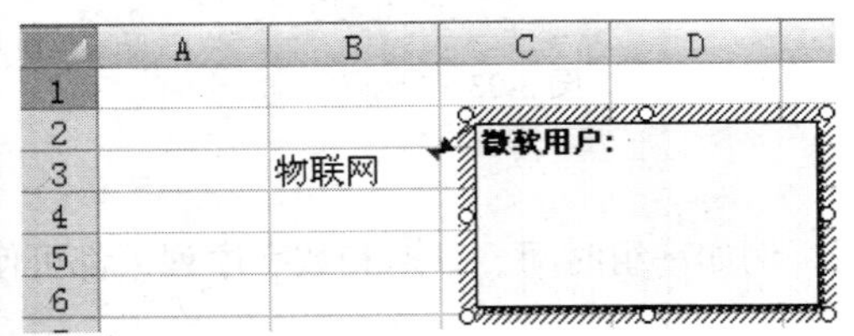

图 3-28　“批注”文本框

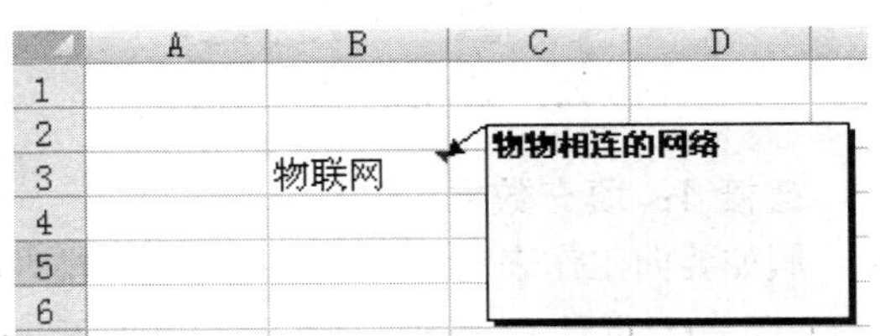

图 3-29　显示批注的内容

3．选中有批注的单元格，单击“审阅”选项卡“批注”任务组中的“编辑批注”命令按钮，可以在打开的批注文本输入框中编辑批注；单击“删除”命令按钮，可以删除批注，如图 3-30 所示。

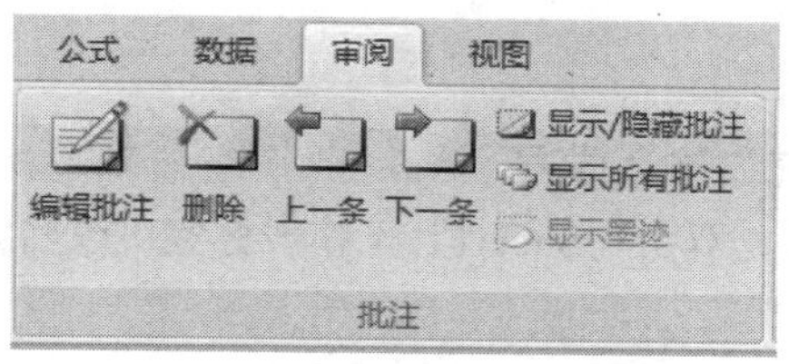

图 3-30　“删除”命令按钮

任务二　学生成绩表

【情景再现】

小乐看到老师每学期期末都需要对学生的考试成绩进行统计，有时需要计算单科平均分，有时需要计算总分，名目繁多。如果依靠人工计算，不但工作量非常大，也可能出现错误。小乐帮老师将学生成绩的一些数据输入 Excel 表格，然后利用公式计算功能统计成绩情况。小乐制作的学生成绩表样例如图 3-31 所示。

	A	B	C	D	E	F	G	H	I
1	经贸学院学生成绩表								
2	学期:	2011(下)		系别:	信息技术系		班级：10物联网		
3	学号	姓名	性别	传感器技术	C程序设计	单片机应用	上位机程序设计	平均成绩	名次
4	10904531	朱慧强	男	78	88	78	86	82.5	7
5	10904532	吴尚	女	98	87	87	90	90.5	2
6	10904533	高敏	男	52	65	93	78	72	25
7	10904534	刘会	男	45	67	65	66	60.75	30
8	10904535	滕丹	女	77	89	77	66	77.25	17
9	10904536	孙浩	男	76	82	67	77	75.5	21
10	10904537	闫纯德	男	75	56	89	89	77.25	18
11	10904538	黄继德	男	90	77	89	67	80.75	10
12	10904539	汤彧	男	87	87	65	43	70.5	26
13	10904540	毛毛	男	77	90	54	82	75.75	20
14	10904541	司平	男	65	98	68	97	82	8
15	10904542	董红粉	女	78	100	98	88	91	1
16	10904543	曹刚	男	92	44	78	67	70.25	27
17	10904544	梁敏	男	67	35	98	75	68.75	28
18	10904545	孙晨	女	68.5	87	98	56	77.375	16
19	10904546	杨亮	男	88	67	90	96	85.25	5
20	10904547	王娟	女	90	68	86	76	80	13
21	10904548	刘靖	女	76	69	43	75	65.75	29
22	10904549	宋文波	女	76	86	77	87	81.5	9
23	10904550	张立	男	73	67	78	88	76.5	19
24	10904551	武朝鹤	男	45	89	92	67	73.25	24
25	10904552	宋飞翔	男	78.5	94	87	78	84.375	6
26	10904553	顾鑫	男	87	78	85	65	78.75	15
27	10904554	郝晴晴	女	88	83	88	87	86.5	4
28	10904555	王福娜	女	90	78	76	79	80.75	11
29	10904556	刘银银	女	88	98	76	88	87.5	3
30	10904557	徐虎	男	66	92	78	87	80.75	12
31	10904558	陈颖	女	76	67	97	78	79.5	14
32	10904559	秦晨	女	79	65	64	86	73.5	23
33	10904560	蔡磊	男	65	75	89	67	74	22

图 3-31　学生成绩表样例

【任务实现】

工序 1：使用“自动填充”输入学号

1．新建工作簿“成绩表”，双击“Sheet1”工作表标签，改名为“2011 下学期”，如图 3-32 所示。

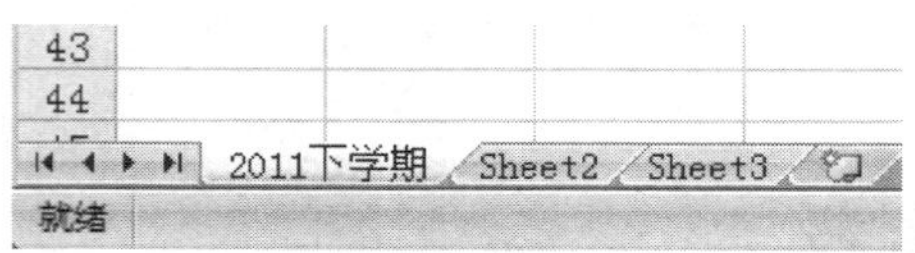

图 3-32　将工作表改名为“2011 下学期”

如图 3-33 所示，在单元格输入文字。

	A	B	C	D	E	F	G	H	I
1	经贸学院学生成绩表								
2	学期:	2011（下）		系别:	信息技术系		班级:		
3	学号	姓名	性别	传感器技术	C程序设计	单片机应用	上位机程序设计	平均成绩	名次

图 3-33　输入文字

2．双击 A4 单元格，输入“'10904531”，在“学号”前加“'”号，表示将该数据视为文本数据处理。将鼠标移至该单元格的右下方，待鼠标指针变成“十”字形，垂直往下拖动鼠标，直到 A33 单元格，便自动出现连续编号的数据，输入“姓名”及所有的学生姓名，如图 3-34 所示。

经贸学院学生成绩表	
学期:	2011（下）
学号	姓名
10904531	朱慧强
10904532	吴尚
10904533	高敏
10904534	刘会
10904535	滕丹
10904536	孙浩
10904537	闫纯德
10904538	黄继德
10904539	汤彧
10904540	毛毛
10904541	司平
10904542	董红粉
10904543	曹刚
10904544	梁敏
10904545	孙晨
10904546	杨亮
10904547	王娟
10904548	刘靖
10904549	宋文波
10904550	张立
10904551	武朝鹤
10904552	宋飞翔
10904553	顾鑫
10904554	郝晴晴
10904555	王福娜
10904556	刘银银
10904557	徐虎
10904558	陈颖
10904559	秦晨
10904560	蔡磊

图 3-34　输入学号和姓名

工序 2：“条件格式”使用

1．选定各科成绩记录区 D4:H33，单击“开始”选项卡“样式”组的“条件格式”按钮，从弹出的菜单中选择“突出显示单元格规则”的“小于”命令，如图 3-35 所示。

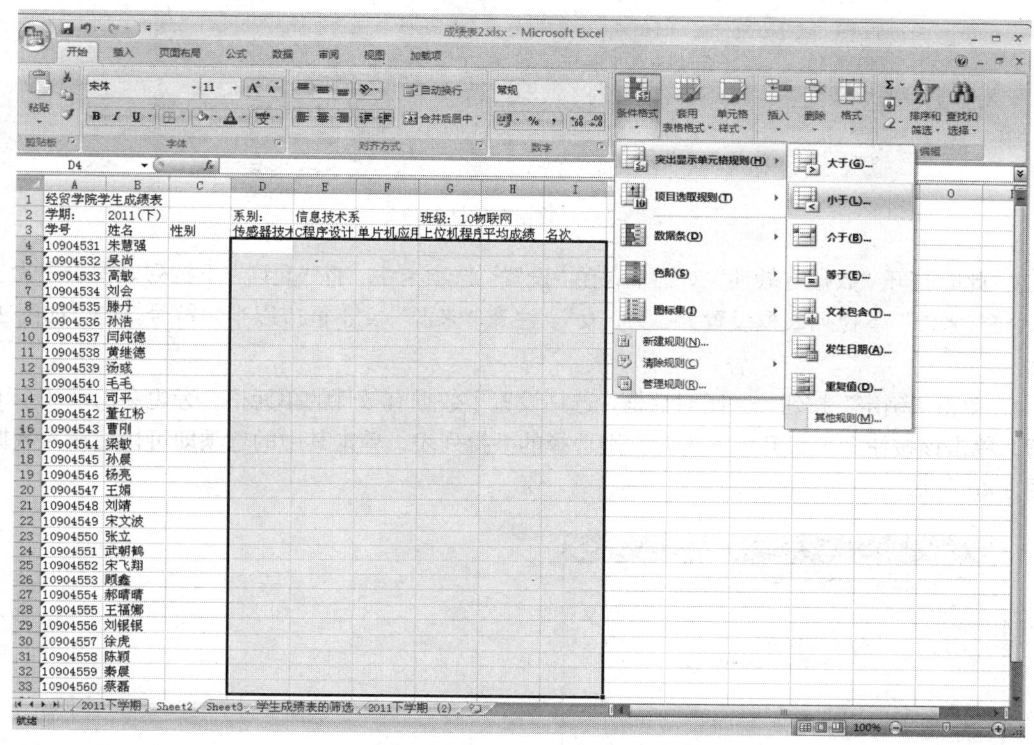

图 3-35　“突出显示单元格规则”菜单的“小于”命令

2．在出现的“小于”对话框中输入“60”，在“设置为”下拉列表中选择“红色文本”选项（这表示如果某个单元格中的数字小于 60 时，该单元格的数据将以红色文本显示），如图 3-36 所示。设置完成后单击“确定”按钮。在工作表中输入数据，如果某个学生的某科成绩不及格，将会以红色显示其成绩。

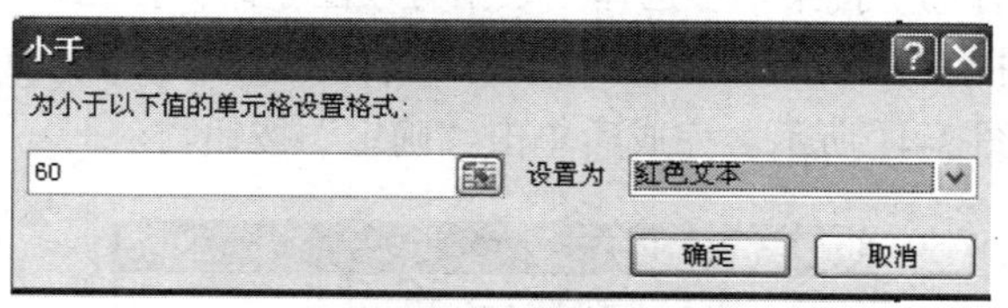

图 3-36　“小于”对话框

工序 3：“数据有效性”的使用

1．录入“性别”信息，在“名称框”输入 C4:C33 后按回车键，即可快速选中 C4:C33 区域，如图 3-37 所示。

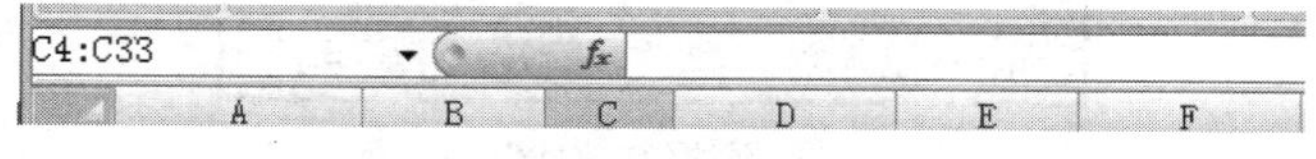

图 3-37　在“名称框”输入单元格范围

2. 切换到“数据”选项卡，单击“数据工具”组的“数据有效性”下拉按钮，在打开的下拉列表中选择“数据有效性”命令，如图 3-38 所示。

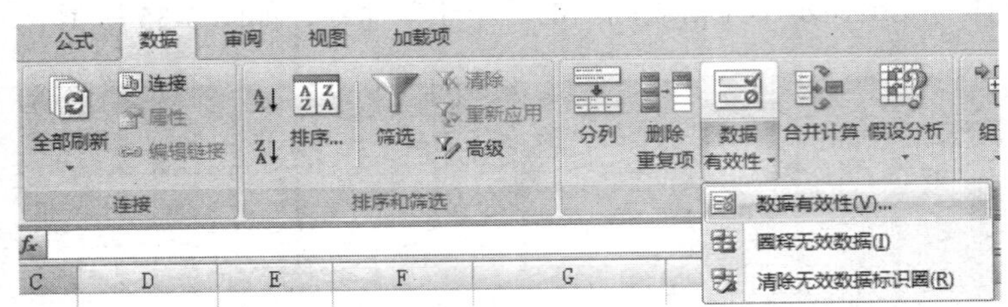

图 3-38 “数据有效性”命令

3. 此时打开“数据有效性”对话框，在“设置”选项卡中，将“允许”下拉列表框设置为“序列”，将“来源”下拉列表框设置为“男，女”，注意“来源”文本框应以半角符号分隔，如图 3-39 所示。

4. 单击“确定”按钮，关闭对话框。选择设置了数据有效性的单元格，旁边会出现一个下拉按钮，单击该按钮即可打开一个包含性别选择的下拉列表，单击其中的选项即可快速输入数据，如图 3-40 所示。

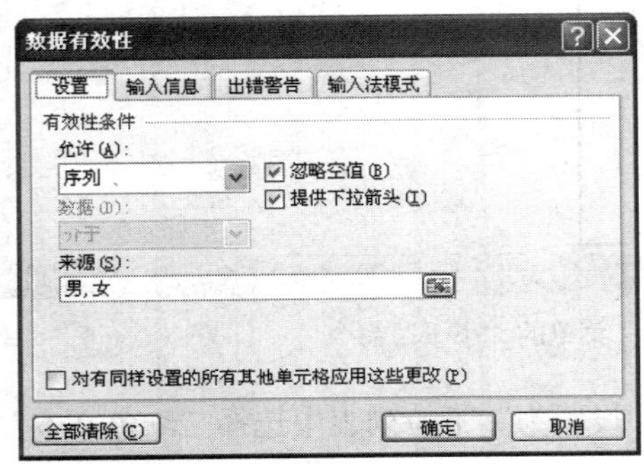

图 3-39 “数据有效性”对话框

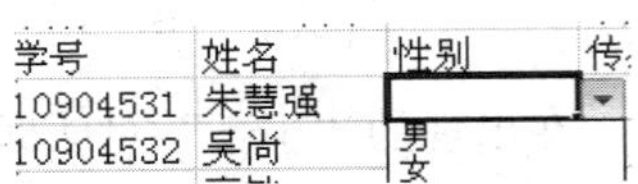

图 3-40 性别选择的下拉列表

5. 选择各科成绩记录区 D4:H33，切换到“数据”选项卡，单击“数据工具”组的“数据有效性”下拉按钮，在打开的下拉菜单中选择“数据有效性”命令，此时打开“数据有效性”对话框。在“设置”选项卡中，将“允许”下拉列表框设置为“小数”，将“最小值”设置为 0，将“最大值”设置为 100，如图 3-41 所示。完成后单击“确定”按钮。

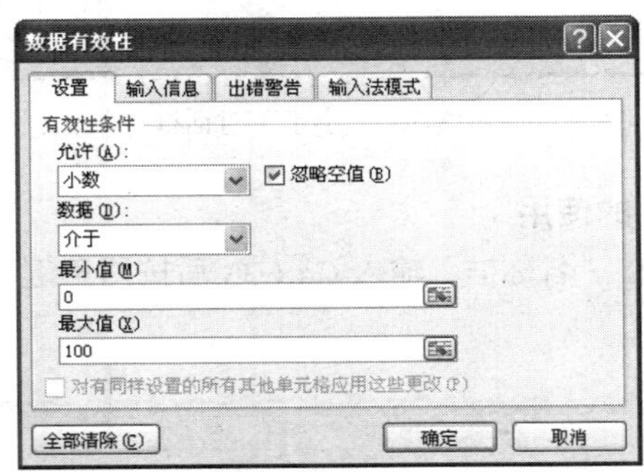

图 3-41 “数据有效性”对话框

6．如果在输入成绩数据时，不小心输入了不在 1～100 之间的数据，如误输入 101，确认后将出现如图 3-42 所示的警示框，提示输入有误，应单击“取消”按钮，然后重新输入成绩数据。

7．输入其他数据，效果如图 3-43 所示。

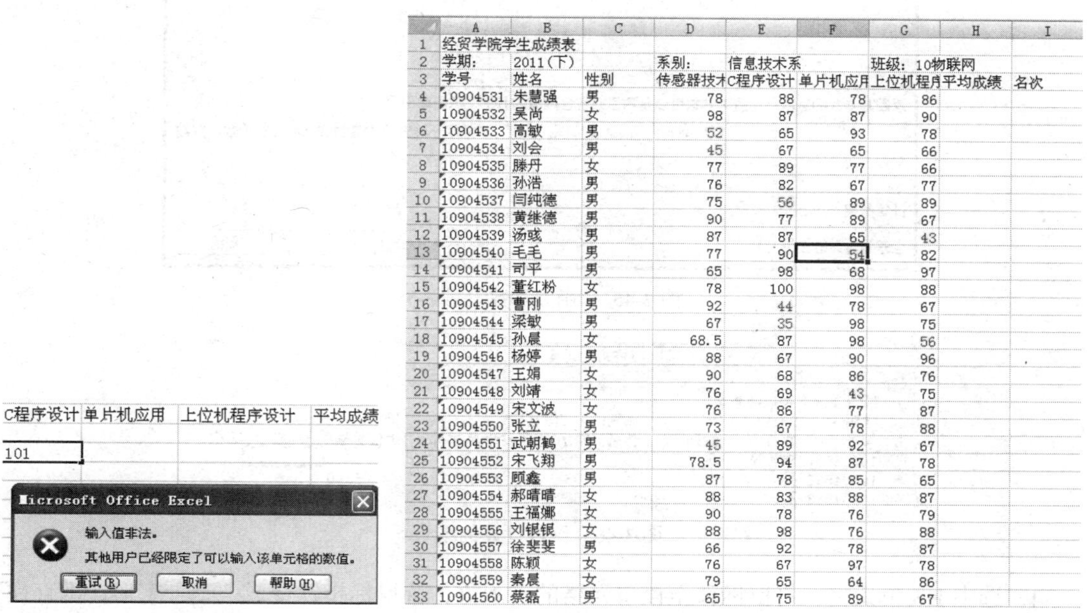

图 3-42　警示框

	A	B	C	D	E	F	G	H	I
1	经贸学院学生成绩表								
2	学期:	2011(下)		系别:	信息技术系		班级: 10物联网		
3	学号	姓名	性别	传感器技术	C程序设计	单片机应用	上位机程序	平均成绩	名次
4	10904531	朱慧强	男	78	88	78	86		
5	10904532	吴尚	女	98	87	87	90		
6	10904533	高敏	男	52	65	93	78		
7	10904534	刘会	男	45	67	65	66		
8	10904535	滕丹	女	77	89	77	66		
9	10904536	孙浩	男	76	82	67	77		
10	10904537	闫纯德	男	75	56	89	89		
11	10904538	黄继德	男	90	77	89	67		
12	10904539	汤彧	男	87	87	65	43		
13	10904540	毛毛	男	77	90	54	82		
14	10904541	司平	男	65	98	68	97		
15	10904542	董红粉	女	78	100	98	88		
16	10904543	曹刚	男	92	44	78	67		
17	10904544	梁敏	男	67	35	98	75		
18	10904545	孙晨	女	68.5	87	98	56		
19	10904546	杨婷	男	88	67	90	96		
20	10904547	王娟	女	90	68	86	76		
21	10904548	刘靖	女	76	69	43	75		
22	10904549	宋文波	女	76	86	77	87		
23	10904550	张立	男	73	67	78	88		
24	10904551	武朝鹤	男	45	89	92	67		
25	10904552	宋飞翔	男	78.5	94	87	78		
26	10904553	顾鑫	男	87	78	85	65		
27	10904554	郝晴晴	女	88	83	88	87		
28	10904555	王福娜	女	90	78	76	79		
29	10904556	刘银银	女	88	98	76	88		
30	10904557	徐斐斐	男	66	92	78	87		
31	10904558	陈颖	女	76	67	97	78		
32	10904559	秦晨	女	79	65	64	86		
33	10904560	蔡磊	男	65	75	89	67		

图 3-43　输入其他数据

工序 4：运用公式

1．单击 H3 单元格将其选中，再单击“编辑栏”上的“插入函数”按钮 f_x，出现“插入函数”对话框，从“选择函数”列表框中选择计算算术平均值的函数 AVERAGE，如图 3-44 所示。

图 3-44　“插入函数”对话框

2．单击“确定”按钮，出现“函数参数”对话框，由于自动确定的计算范围 D4:G4 与实际需求相符，可直接单击“确定”按钮，如图 3-45 所示。

3．函数计算的结果便出现在 H3 单元格中，如图 3-46 所示。

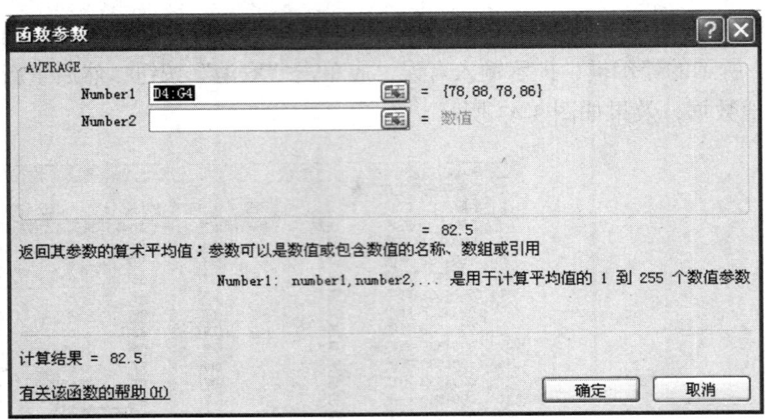

图 3-45 “函数参数”对话框

H4 =AVERAGE(D4:G4)

	A	B	C	D	E	F	G	H	I
1	经贸学院学生成绩表								
2	学期:	2011(下)		系别:	信息技术系		班级: 10物联网		
3	学号	姓名	性别	传感器技术	C程序设计	单片机应用	上位机程序	平均成绩	名次
4	10904531	朱慧强	男	78	88	78	86	82.5	
5	10904532	吴尚	女	98	87	87	90		
6	10904533	高敏	男	52	65	93	78		

图 3-46 函数计算的结果

4．选中 H3 单元格，将鼠标移至该单元格的右下方，待鼠标指针变成“十”字形，垂直往下拖动鼠标，到 H33 单元格，H 列值就会自动填好，计算也自动完成了，如图 3-47 所示。

	A	B	C	D	E	F	G	H	I
1	经贸学院学生成绩表								
2	学期:	2011(下)		系别:	信息技术系		班级: 10物联网		
3	学号	姓名	性别	传感器技术	C程序设计	单片机应用	上位机程序	平均成绩	名次
4	10904531	朱慧强	男	78	88	78	86	82.5	
5	10904532	吴尚	女	98	87	87	90	90.5	
6	10904533	高敏	男	52	65	93	78	72	
7	10904534	刘会	男	45	67	65	66	60.75	
8	10904535	滕丹	女	77	89	77	66	77.25	
9	10904536	孙浩	男	76	82	67	77	75.5	
10	10904537	闫纯德	男	75	56	89	89	77.25	
11	10904538	黄继德	男	90	77	89	67	80.75	
12	10904539	汤彧	男	87	87	65	43	70.5	
13	10904540	毛毛	男	77	90	54	82	75.75	
14	10904541	司平	男	65	98	68	97	82	
15	10904542	董红粉	女	78	100	98	88	91	
16	10904543	曹刚	男	92	44	78	67	70.25	
17	10904544	梁敏	男	67	35	98	75	68.75	
18	10904545	孙晨	女	68.5	87	98	56	77.375	
19	10904546	杨婷	男	88	67	90	96	85.25	
20	10904547	王娟	女	90	68	86	76	80	
21	10904548	刘靖	女	76	69	43	75	65.75	
22	10904549	宋文波	女	76	86	77	87	81.5	
23	10904550	张立	男	73	67	78	88	76.5	
24	10904551	武朝鹤	男	45	89	92	67	73.25	
25	10904552	宋飞翔	男	78.5	94	87	78	84.375	
26	10904553	顾鑫	男	87	78	85	65	78.75	
27	10904554	郝晴晴	女	88	83	88	87	86.5	
28	10904555	王福娜	女	90	78	76	79	80.75	
29	10904556	刘银银	女	88	98	76	88	87.5	
30	10904557	徐斐斐	男	66	92	78	87	80.75	
31	10904558	陈颖	女	76	67	97	78	79.5	
32	10904559	秦晨	女	79	65	64	86	73.5	
33	10904560	蔡磊	男	65	75	89	67	74	

图 3-47 自动填充

工序 5：排序

1．选定表中数据区的 A4:H33，切换到“数据”选项卡，单击“排序和筛选”组的“排序”

按钮，打开“排序”窗口，将“主要关键字”下拉列表框设置为“平均成绩”，将“排序依据”设置为“数值”，将“次序”设置为“降序”，如图 3-48 所示。

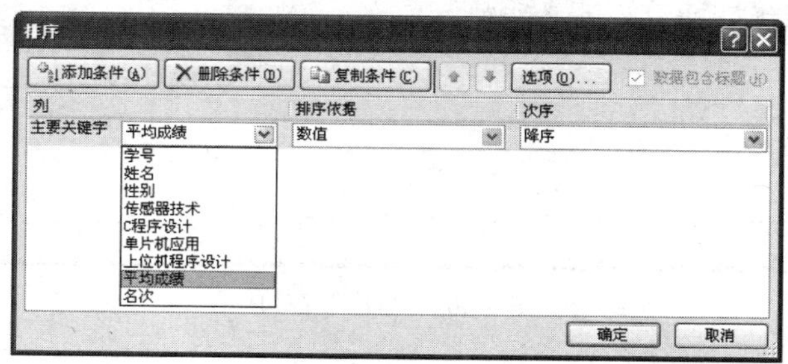

图 3-48　“排序”窗口

2．单击“确定”按钮，表中的记录便按平均分从高到低的顺序排列了，如图 3-49 所示。

	A	B	C	D	E	F	G	H	I
1	经贸学院学生成绩表								
2	学期:	2011（下）		系别:	信息技术系		班级：10物联网		
3	学号	姓名	性别	传感器技术	C程序设计	单片机应用	上位机程序	平均成绩	名次
4	10904542	董红粉	女	78	100	98	88	91	
5	10904532	吴尚	女	98	87	87	90	90.5	
6	10904556	刘银银	女	88	98	76	88	87.5	
7	10904554	郝晴晴	女	88	83	88	87	86.5	
8	10904546	杨婷	男	88	67	90	96	85.25	
9	10904552	宋飞翔	男	78.5	94	87	78	84.375	
10	10904531	朱慧强	男	78	88	78	86	82.5	
11	10904541	司平	男	65	98	68	97	82	
12	10904549	宋文波	女	76	86	77	87	81.5	
13	10904538	黄继德	男	90	77	89	67	80.75	
14	10904555	王福娜	女	90	78	76	79	80.75	
15	10904557	徐斐斐	男	66	92	78	87	80.75	
16	10904547	王娟	女	90	68	86	76	80	
17	10904558	陈颖	女	76	67	97	78	79.5	
18	10904553	顾鑫	男	87	78	85	65	78.75	
19	10904545	孙晨	女	68.5	87	98	56	77.375	
20	10904535	滕丹	女	77	89	77	66	77.25	
21	10904537	闫纯德	男	75	56	89	89	77.25	
22	10904550	张立	男	73	67	78	88	76.5	
23	10904540	毛毛	男	77	90	54	82	75.75	
24	10904536	孙浩	男	76	82	67	77	75.5	
25	10904560	蔡磊	男	65	75	89	67	74	
26	10904559	秦晨	女	79	65	64	86	73.5	
27	10904551	武朝鹤	男	45	89	92	67	73.25	
28	10904533	高敏	男	52	65	93	78	72	
29	10904539	汤彧	男	87	87	65	43	70.5	
30	10904543	曹刚	男	92	44	78	67	70.25	
31	10904544	梁敏	男	67	35	98	75	68.75	
32	10904548	刘靖	女	76	69	43	75	65.75	
33	10904534	刘会	男	45	67	65	66	60.75	

图 3-49　按平均分从高到低的顺序排列

3．选定 I3 单元格，输入数字 1，表示该学生平均分最高，即第 1 名。用填充单元格的方法将其填充至 H33，名次就填充好了。

4．选定表中数据区 A4:H33，切换到“数据”选项卡，单击“排序和筛选”组的“排序”按钮，打开“排序”窗口，将“主要关键字”下拉列表框设置为“学号”，将“排序依据”设置为“数值”，将“次序”设置为“升序”，如图 3-50 所示。

5．单击“确定”按钮，表中记录便按学号顺序排列好了，如图 3-51 所示。

工序 6：设置表格格式

1．切换到“开始”选项卡，单击“套用表格格式”按钮，从出现的套用格式列表中选择一种合适的格式，如图 3-52 所示。

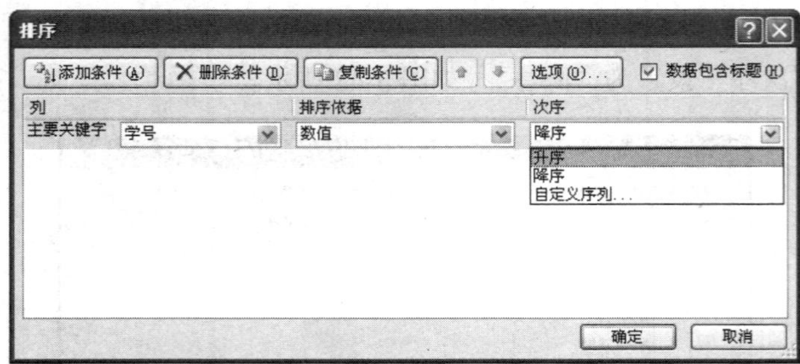

图 3-50 “排序”窗口

	A	B	C	D	E	F	G	H	I
1	经贸学院学生成绩表								
2	学期:	2011(下)		系别:	信息技术系		班级：10物联网		
3	学号	姓名	性别	传感器技术	C程序设计	单片机应用	上位机程序	平均成绩	名次
4	10904531	朱慧强	男	78	88	78	86	82.5	7
5	10904532	吴尚	女	98	87	87	90	90.5	2
6	10904533	高敏	男	52	65	93	78	72	25
7	10904534	刘会	男	45	67	65	66	60.75	30
8	10904535	滕丹	女	77	89	77	66	77.25	17
9	10904536	孙浩	男	76	82	67	77	75.5	21
10	10904537	闫纯德	男	75	56	89	89	77.25	18
11	10904538	黄继德	男	90	77	89	67	80.75	10
12	10904539	汤彧	男	87	87	65	43	70.5	26
13	10904540	毛毛	男	77	90	54	82	75.75	20
14	10904541	司平	男	65	98	68	97	82	8
15	10904542	董红粉	女	78	100	98	88	91	1
16	10904543	曹刚	男	92	44	78	67	70.25	27
17	10904544	梁敏	男	67	35	98	75	68.75	28
18	10904545	孙晨	女	68.5	87	98	56	77.375	16
19	10904546	杨婷	男	88	67	90	96	85.25	5
20	10904547	王娟	女	90	68	86	76	80	13
21	10904548	刘靖	女	76	69	43	75	65.75	29
22	10904549	宋文波	女	76	86	77	87	81.5	9
23	10904550	张立	男	73	67	78	88	76.5	19
24	10904551	武朝鹤	男	45	89	92	67	73.25	24
25	10904552	宋飞翔	男	78.5	94	87	78	84.375	6
26	10904553	顾鑫	男	87	78	85	65	78.75	15
27	10904554	郝晴晴	女	88	83	88	87	86.5	4
28	10904555	王福娜	女	90	78	76	79	80.75	11
29	10904556	刘银银	女	88	98	76	88	87.5	3
30	10904557	徐斐斐	男	66	92	78	87	80.75	12
31	10904558	陈颖	女	76	67	97	78	79.5	14
32	10904559	秦晨	女	79	65	64	86	73.5	23
33	10904560	蔡磊	男	65	75	89	67	74	22

图 3-51 按学号顺序排列

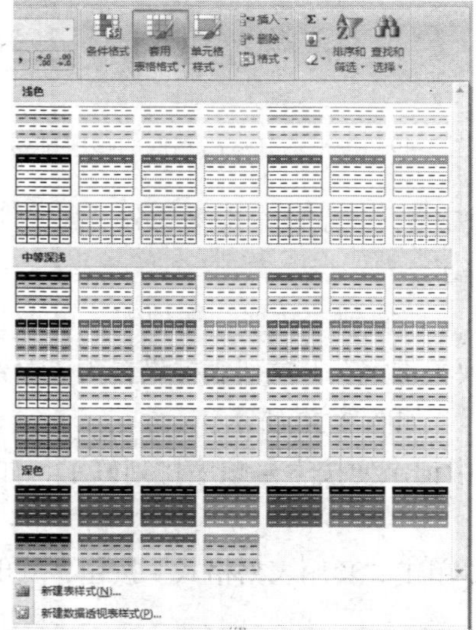

图 3-52 “套用格式列表”

2．选择“中等深浅 3”格式后，将出现如图 3-53 所示的“套用表格式”对话框，直接单击“确定”按钮，即可设置边框效果。

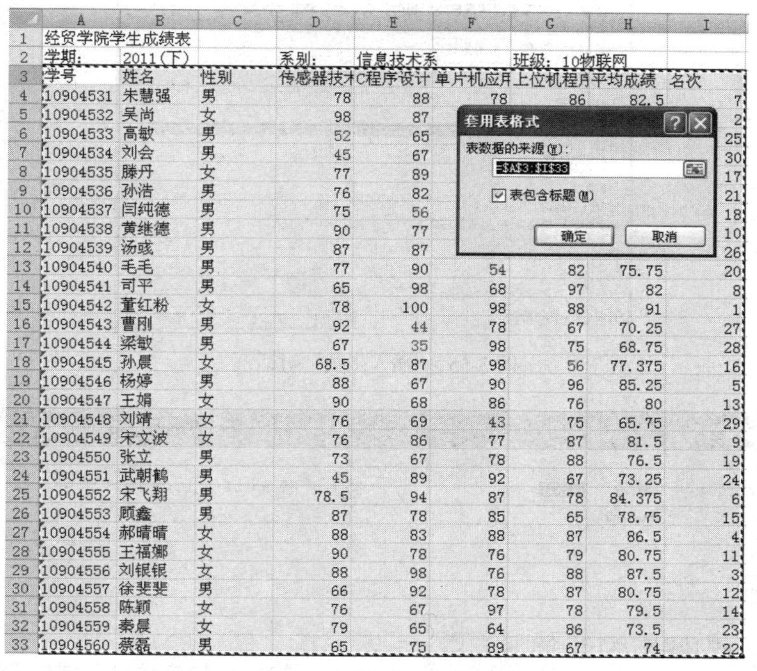

	A	B	C	D	E	F	G	H	I
1	经贸学院学生成绩表								
2	学期:	2011(下)		系别:	信息技术系		班级: 10物联网		
3	学号	姓名	性别	传感器技术	C程序设计	单片机应用	上位机程序	平均成绩	名次
4	10904531	朱慧强	男	78	88	78	86	82.5	7
5	10904532	吴尚	女	98	87				2
6	10904533	高敏	男	52	65				25
7	10904534	刘会	男	45	67				30
8	10904535	滕丹	女	77	89				17
9	10904536	孙浩	男	76	82				21
10	10904537	闫纯德	男	75	56				18
11	10904538	黄继德	男	90	77				10
12	10904539	汤彧	男	87	87				26
13	10904540	毛毛	男	77	90	54	82	75.75	20
14	10904541	司平	男	65	98	68	97	82	8
15	10904542	董红粉	女	78	100	98	88	91	1
16	10904543	曹刚	男	92	44	78	67	70.25	27
17	10904544	梁敏	男	67	35	98	75	68.75	28
18	10904545	孙晨	女	68.5	87	98	56	77.375	16
19	10904546	杨婷	男	88	67	90	96	85.25	5
20	10904547	王娟	女	90	68	86	76	80	13
21	10904548	刘靖	女	76	69	43	75	65.75	29
22	10904549	宋文波	女	76	86	77	87	81.5	9
23	10904550	张立	男	73	67	78	88	76.5	19
24	10904551	武朝鹤	男	45	89	92	67	73.25	24
25	10904552	宋飞翔	男	78.5	94	87	78	84.375	6
26	10904553	顾鑫	男	87	78	85	65	78.75	15
27	10904554	郝晴晴	女	88	83	88	87	86.5	4
28	10904555	王福娜	女	90	78	76	79	80.75	11
29	10904556	刘银银	女	88	98	76	88	87.5	3
30	10904557	徐斐斐	男	66	92	78	87	80.75	12
31	10904558	陈颖	女	76	67	97	78	79.5	14
32	10904559	秦晨	女	79	65	64	86	73.5	23
33	10904560	蔡磊	男	65	75	89	67	74	22

图 3-53　“套用表格式”对话框

3．套用表格格式后，将自动进入“自动筛选”状态，切换到“数据”选项卡，单击其中的“筛选”按钮，退出“自动筛选”状态即可，如图 3-54 所示。

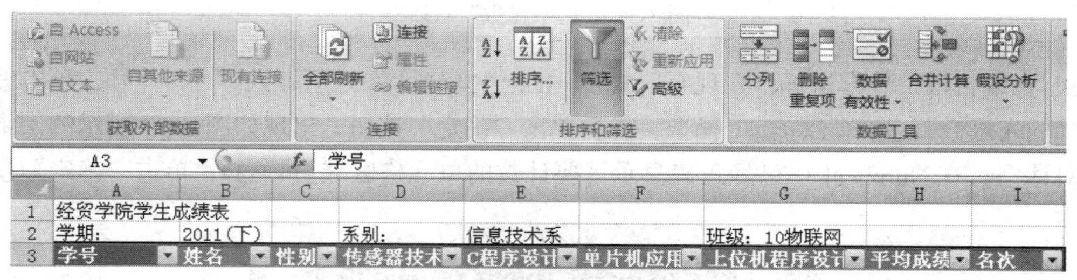

图 3-54　“自动筛选”状态

4．选择 A1:I1 区域，单击“合并居中”按钮，将“字体”设置为“方正姚体”、“字号”设置为 36，颜色为蓝色，将鼠标指针移动到 1 和 2 行之间，用拖动方法调整单元格的高度，相应地调整第 2 行和第 3 行的行间距。

工序 7：统计学生平均成绩

1．合并 F35:G35 单元格区域，输入“学生平均成绩:”，单击 H35，将其设置为活动单元格。单击“插入函数”按钮，在出现的“插入函数”对话框中选择函数“SUM（求和）”选项，如图 3-55 所示。单击“确定”按钮。

2．出现如图 3-56 所示的“函数参数”对话框，在 Number1 中已经正确显示了要求和的单元格区域 H4:H34，将自动求出选定单元格区域数值总和。

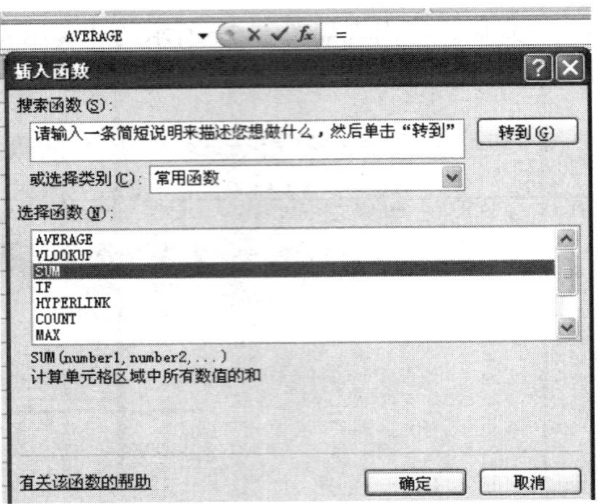

图 3-55 “插入函数”对话框

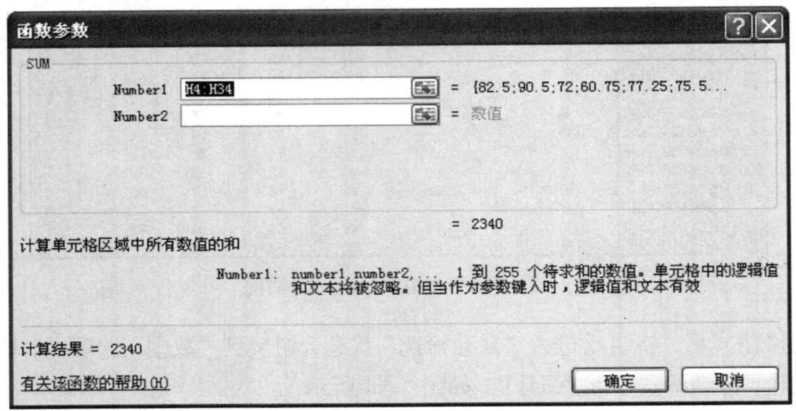

图 3-56 “函数参数”对话框

3．在编辑栏中单击鼠标，在现有公式“=SUM(H4:H34)”之后输入“ /”符号，单击编辑栏上的“插入函数”，选择 COUNT 函数，然后单击“确定”按钮，出现如图 3-57 所示的“函数参数”对话框，在 Number1 中已经正确显示了要计数的单元格区域 H4:H34，单击“确定”按钮。

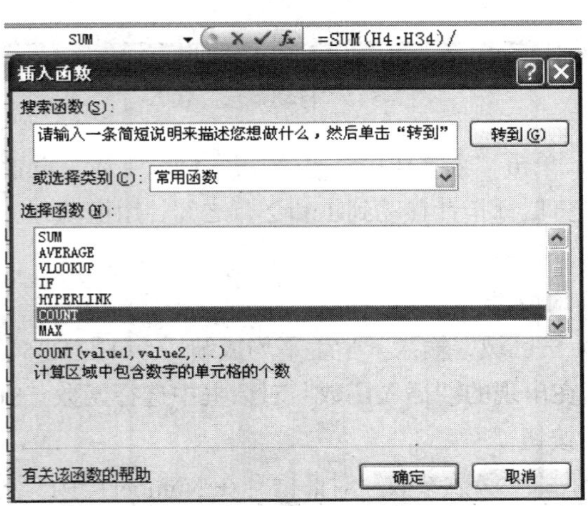

图 3-57 “函数参数”对话框

4．可以看到已计算出所有同学的平均成绩，同时在“编辑栏”中可以看到计算的公式和函数，如图 3-58 所示。

H35　=SUM(H4:H34)/COUNT(H4:H34)

	A	B	C	D	E	F	G	H	I
31	10904558	陈颖	女	76	67	97	78	79.5	14
32	10904559	秦晨	女	79	65	64	86	73.5	23
33	10904560	蔡磊	男	65	75	89	67	74	22
34									
35						学生平均成绩:		78	

图 3-58　“编辑栏”中的公式和函数

工序 8：各分数段的人数统计

1．如图 3-59 所示，双击 B36 单元格，并输入“各分数段人数统计”，在 A37 至 A41 单元格中分别输入图 3-59 所示的文字。

2．在“90 分以上”后面的单元格中输入公式“=COUNTIF($H$4:$H$33，">=90")”，如图 3-60 所示。该公式的作用是统计当前工作表中 H4:H33 单元格区域中数值数据大于或等于 90 的记录个数。

	A	B
35		
36		各分数段人数统计
37	90分以上	
38	80分至90分	
39	70分至80分	
40	60分至70分	
41	60分以下	

图 3-59　输入文字

	A	B
36		各分数段人数统计
37	90分以上	=COUNTIF($H$4:$H$33,">=90")
38	80分至90分	
39	70分至80分	
40	60分至70分	
41	60分以下	

图 3-60　输入公式

3．按回车键，即可得到统计结果，如图 3-61 所示。

4．在“80 分至 90 分”后面的单元格中输入公式“=COUNTIF($H$4:$H$33，">=80")−B37”，该公式的作用是先统计当前工作表中 H4:H33 单元格区域中数值数据大于或等于 80 的记录个数，再减去数值数据大于或等于 90 的记录个数，即 80 分至 90 分的记录个数。同理，在“70 分至 80 分”后面的单元格中输入公式“=COUNTIF($H$4:$H$33，">=70")−B37−B38”；在“60 分至 70 分”后面的单元格中输入公式“=COUNTIF($H$4:$H$33，">=60")−B37−B38−B39”；在“60 分以下”后面的单元格中输入公式“=COUNTIF($H$4:$H$33，"<60")”，结果如图 3-62 所示。

	A	B
36		各分数段人数统计
37	90分以上	2
38	80分至90分	
39	70分至80分	
40	60分至70分	
41	60分以下	

图 3-61　统计结果

	A	B
36		各分数段人数统计
37	90分以上	2
38	80分至90分	11
39	70分至80分	14
40	60分至70分	3
41	60分以下	0
42		

图 3-62　统计结果

工序 9：公式的隐藏和锁定

1．选中 B37:B41 单元格区域，单击鼠标右键打开快捷菜单，选择“设置单元格格式”命令，在“设置单元格格式”对话框的“保护”选项卡中勾选“锁定”和“隐藏”复选框，单击“确定”按钮，如图 3-63 所示。

2．单击“审阅”选项卡“更改”任务组中的“保护工作表”命令，打开“保护工作表”对话框，选中“保护工作表及锁定的单元格内容”复选框，在“取消工作表保护时使用的密码”文本

框中输入密码，单击“确定”，如图 3-64 所示。

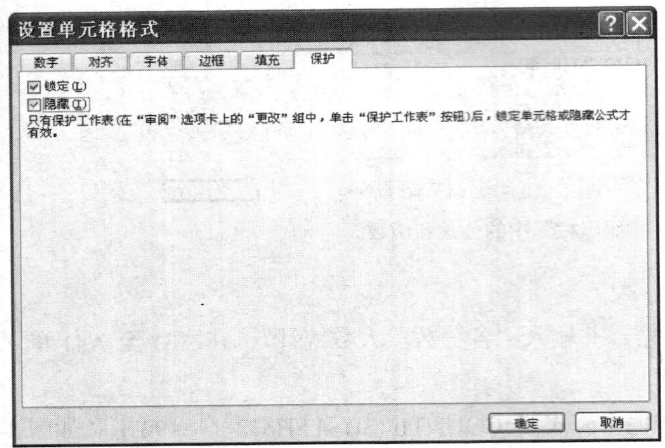

图 3-63 勾选“锁定”和“隐藏”复选框

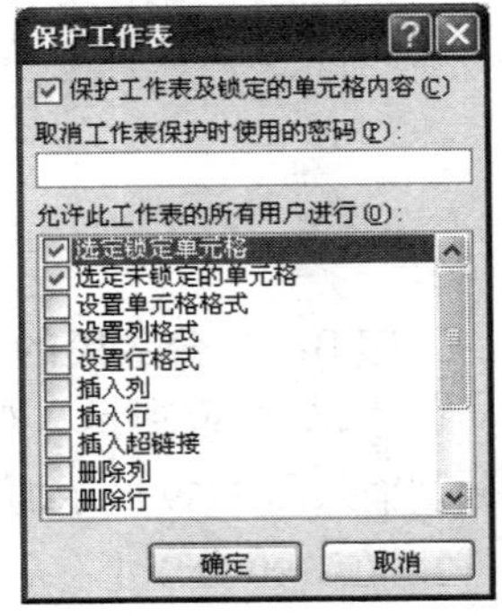

图 3-64 “保护工作表”对话框

3. 打开“确认密码”对话框，如图 3-65 所示，重新输入密码，进行密码确认。

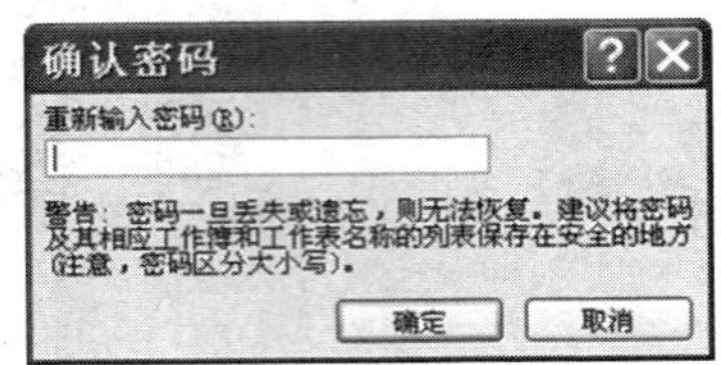

图 3-65 “确认密码”对话框

4. 这样就看不到 B37:B41 单元格区域的公式了，如图 3-66 所示。

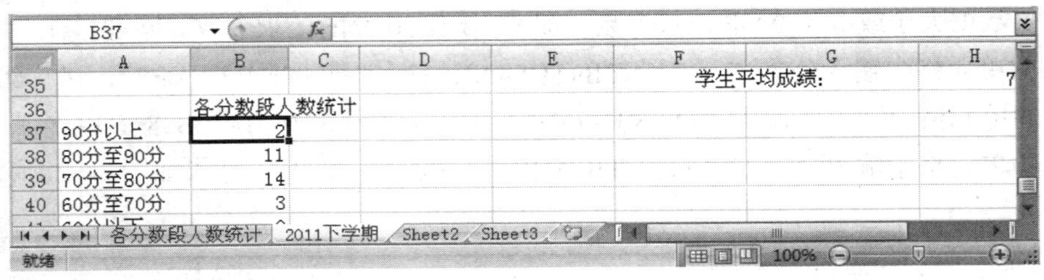

图 3-66 隐藏公式

5. 单击“审阅”选项卡 “更改”任务组中的“撤销保护工作表”命令，打开“撤销工作表保护”对话框，如图 3-67 所示，输入密码，单击“确定”，可以撤销工作表的保护。

图 3-67 “撤销工作表保护”对话框

工序 10：图表处理

1. 选择 A36:B41 单元格区域，将行和列的标题选入，以便生成用标题表示行、列坐标的图

表。切换到“插入”选项卡，单击“图表”组的“柱形图”按钮，打开“图表类型”列表选择“圆柱图”的“簇状圆柱图”选项，如图 3-68 所示。

2. 单击“设计”选项卡中的“移动图表”按钮，出现“移动图表”对话框，选择“新工作表”，在“新工作表”文本框输入“各分数段人员统计”，如图 3-69 所示。单击“确定”按钮退出。

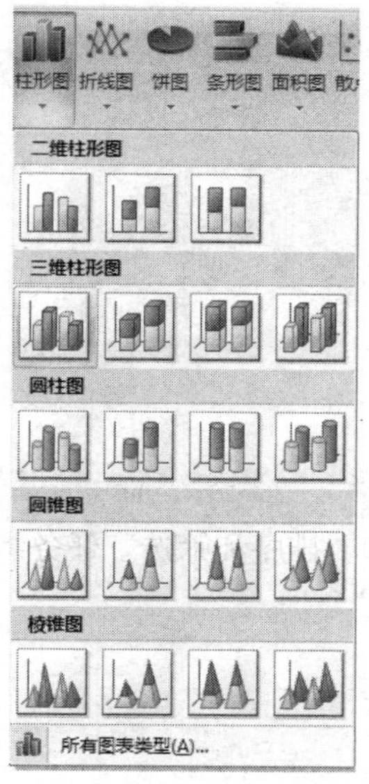

图 3-68 “图表类型”列表

图 3-69 “移动图表”对话框

3. 单击图表，在图表四周出现 8 个黑色句柄，用鼠标拖动句柄可调整图表的大小，选中图表用鼠标将其拖动到合适的位置，效果如图 3-70 所示。

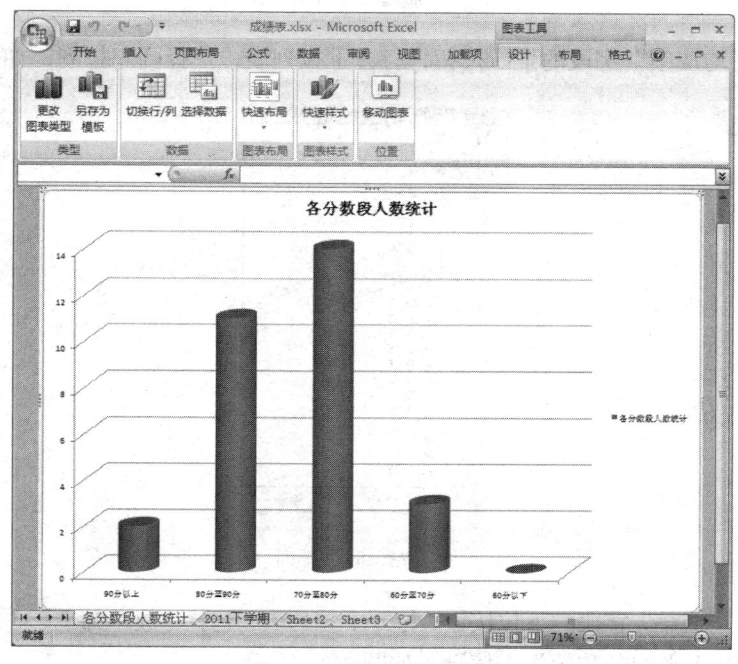

图 3-70 图表的最终效果

工序 11：学生成绩表的筛选

1．在“2011 下学期”工作表标签上单击鼠标右键，在弹出的快捷菜单选择“移动或复制工作表”命令，在弹出“移动或复制工作表”对话框中选择“移至最后”，勾选“建立副本”复选框，如图 3-71 所示。

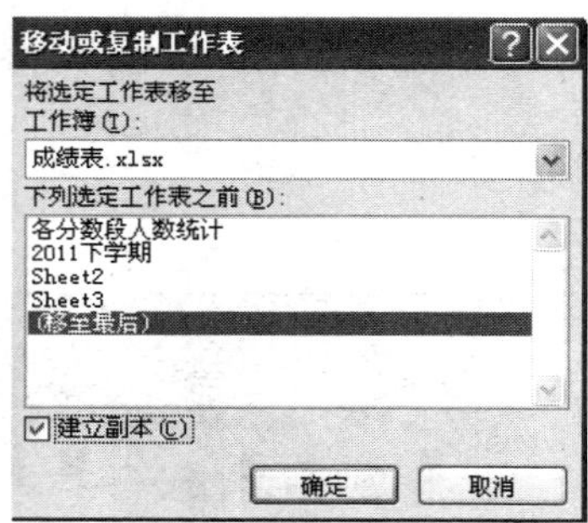

图 3-71 “移动或复制工作表”对话框

2．将工作表重命名为“学生成绩表的筛选”，单击“数据”选项卡“排序和筛选”任务组中的“筛选”命令，每列上都会显示下拉箭头按钮，如图 3-72 所示。

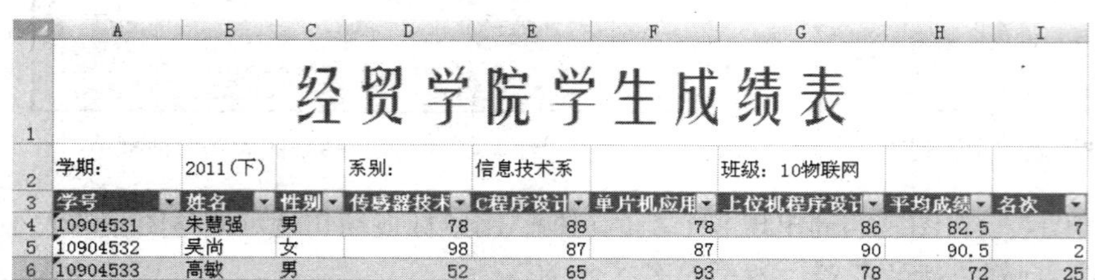

	A	B	C	D	E	F	G	H	I
1	经贸学院学生成绩表								
2	学期:	2011(下)		系别:	信息技术系		班级：10物联网		
3	学号	姓名	性别	传感器技术	C程序设计	单片机应用	上位机程序设计	平均成绩	名次
4	10904531	朱慧强	男	78	88	78	86	82.5	7
5	10904532	吴尚	女	98	87	87	90	90.5	2
6	10904533	高敏	男	52	65	93	78	72	25

图 3-72 筛选的下拉箭头按钮

3．单击“平均成绩”字段的下拉按钮，打开下拉列表，选择降序排列，如图 3-73 所示。

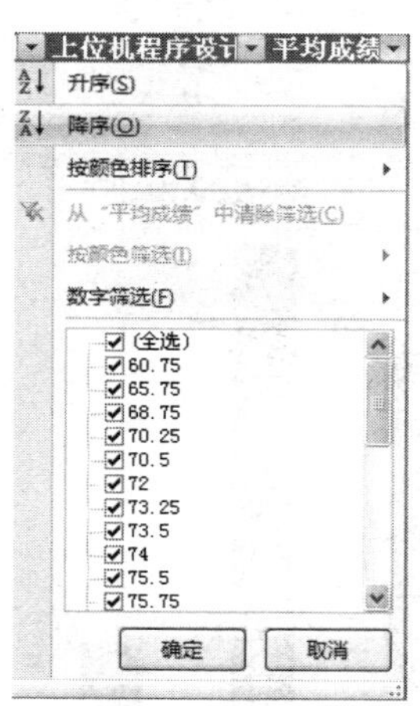

图 3-73 降序排列

4．单击“平均成绩”字段的下拉按钮，打开下拉列表，选择“数字筛选”中的“高于平均值”选项操作。显示高于平均分数的学生信息，如图 3-74 所示。

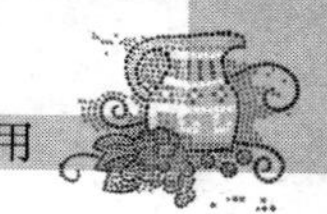

	A	B	C	D	E	F	G	H	I
1	经贸学院学生成绩表								
2	学期:	2011(下)		系别:	信息技术系		班级：10物联网		
3	学号	姓名	性别	传感器技术	C程序设计	单片机应用	上位机程序设计	平均成绩	名次
4	10904542	董红粉	女	78	100	98	88	91	1
5	10904532	吴尚	女	98	87	87	90	90.5	2
6	10904556	刘银银	女	88	98	76	88	87.5	3
7	10904554	郝晴晴	女	88	83	88	87	86.5	4
8	10904546	杨婷	男	88	67	90	96	85.25	5
9	10904552	宋飞翔	男	78.5	94	87	78	84.375	6
10	10904531	朱慧强	男	78	88	78	86	82.5	7
11	10904541	司平	男	65	98	68	97	82	8
12	10904549	宋文波	女	76	86	77	87	81.5	9
13	10904538	黄继德	男	90	77	89	67	80.75	10
14	10904555	王福娜	女	90	78	76	79	80.75	11
15	10904557	徐斐斐	男	66	92	78	87	80.75	12
16	10904547	王娟	女	90	68	86	76	80	13
17	10904558	陈颖	女	76	67	97	78	79.5	14
18	10904553	顾鑫	男	87	78	85	65	78.75	15
34									
35							学生平均成绩:	78	

图 3-74　显示高于平均分数的学生信息

5．在 E36:H37 单元格区域中，输入筛选条件：传感器技术大于 80、C 程序设计成绩大于 80、单片机应用成绩大于 80，上位机程序设计成绩大于 80，建立高级筛选条件区域，如图 3-75 所示。

	A	B	C	D	E	F	G	H
36		各分数段人数统计			传感器技术	C程序设计	单片机应用	上位机程序设计
37	90分以上	2			>80	>80	>80	>80
38	80分至90分	11						
39	70分至80分	14						
40	60分至70分	3						
41	60分以下	0						

图 3-75　输入筛选条件

6．单击“数据”选项卡“排序和筛选”任务组中的“高级”命令，打开“高级筛选”对话框，如图 3-76 所示，在方式选项中选择“将筛选结果复制到其他位置”单选按钮。

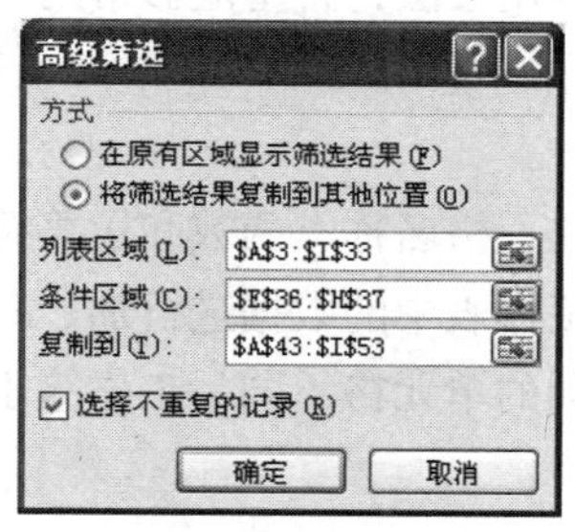

图 3-76　“高级筛选”对话框

7．在“列表区域”文本框中输入要筛选的数据区域，或者用鼠标选取数据区域。

8．在“条件区域”文本框中输入或选择筛选条件放置的区域。

9．在“复制到”文本框中输入或选择筛选结果的放置位置，可以随意选择区域。

10．如果结果中要排除相同的行，选中“选择不重复的纪录”复选框。

11．单击“确定”按钮，筛选结果如图 3-77 所示。

43	学号	姓名	性别	传感器技术	C程序设计	单片机应用	上位机程序设计	平均成绩	名次
44	10904532	吴尚	女	98	87	87	90	90.5	2
45	10904554	郝晴晴	女	88	83	88	87	86.5	4

图 3-77　筛选结果

工序 12：页面设置

切换到“页面布局”选项卡，单击“页面设置”组右下角的按钮，打开“页面设置”对话框，将“方向”设置为“横向”，如图 3-78 所示。

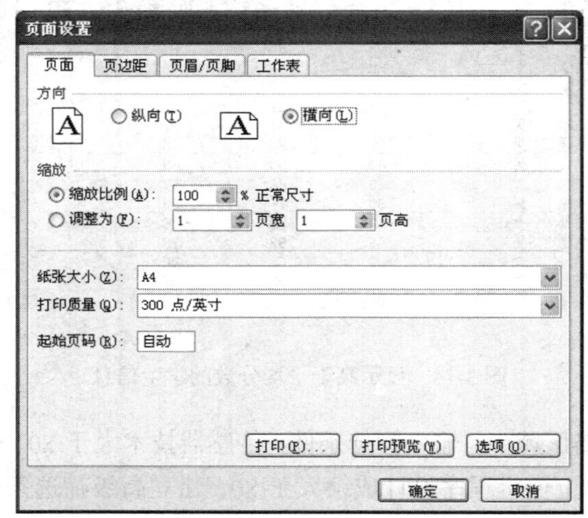

图 3-78 “页面设置”对话框

【知识链接】

链接 1：表格数据计算

Excel 2010 中的公式和函数是高效计算表格数据的有效工具，也是必须学习的重要内容。下面将详细介绍 Excel 公式和函数的使用方法，希望能够帮助用户提高利用函数和公式的能力，顺利解决实际工作中的难题。

1．公式

公式是由常量、单元格引用、单元格名称、函数和运算符组成的字符串，也是在工作表中对数据进行处理的算式。公式可以对工作表中的数据进行加、减、乘、除等运算。在使用公式运算过程中，可以引用同一工作表中不同的单元格、同一工作簿不同工作表中的单元格，也可以引用其他工作簿中的单元格。

（1）运算符

运算符是连接数据组成公式的符号，公式中的数据根据运算符的性质和级别进行运算。运算符可以分为 4 种类型，如表 3-1 所示。

（2）公式的组成

Excel 中所有的计算公式都是以“=”开始，除此之外，它与数学公式的构成基本相同，也是由参与计算的参数和运算符组成。参与计算的参数可以是常量、变量、单元格地址、单元格名称和函数，但不允许出现空格。

（3）公式的显示、锁定和隐藏

在默认情况下，Excel 只在单元格中显示公式的计算结果，而不是计算公式，为了在工作表中看到实际隐含的公式，可以单击含有公式的单元格，在编辑栏中显示公式，或者双击该单元格，

公式会直接显示在单元格中。

表 3-1　运算符的类型

运算符类型	运算符符号	运算符优先级
算术运算符	+（加）、–（减）、*（乘）、/（除）、%（百分号）、^（乘方）	先计算括号内运算、 先乘方后乘除、 先乘除后加减、 同级运算按从左到右的顺序进行
比较运算符	=（等于）、>（大于）、<（小于）、>=（大于等于）、<=（小于等于）、<>（不等于）、	
文本运算符	&	
引用运算符	:（区域运算符，对两个引用之间包括两个引用在内的所有单元格进行引用）； ，（联合运算符，将多个引用合并为一个引用）； 空格（交叉运算符，产生同时隶属于两个引用单元格区域的引用）；	

锁定公式就是将公式保护起来，别人不能修改。若不希望别人看到所使用的公式，可以将公式隐藏。需要注意的是在锁定或隐藏公式后，必须执行“保护工作表”的操作，这样才能使锁定或隐藏生效。

要“锁定”和“隐藏”公式，必须要“保护工作表”。“保护工作表”与“锁定”和“隐藏”公式的操作顺序不能颠倒，如果先“保护工作表”，就无法对公式进行“锁定”和“隐藏”。

2．单元格引用

使用“引用”可以为计算带来很多的方便，但同时也会出现一些问题，尤其是在用户进行公式复制的时候。当把计算公式从一个单元格复制到另一个单元格后，公式会发生改变，改变的原因就是在创建公式时使用了引用。

（1）相对引用

相对引用是指单元格引用会随公式所在单元格的位置变化而变化，公式中单元格的地址是指当前单元格的相对位置。当使用该公式的活动单元格地址发生改变时，公式中所引用的单元格地址也相应发生变化。

（2）绝对引用

绝对引用是指引用特定位置的单元格，公式中引用的单元格地址不随当前单元格的位置改变而改变。在使用时，单元格地址的列号和行号前增加一个字符“$”。

（3）混合引用

根据实际情况，在公式中同时使用相对引用和绝对引用称为混合引用。例如，$A1 和 A$1 都是混合引用，其中$A1 表示列地址不变，行地址变化，而 A$1 表示行地址不变，列地址变化。

例如，作为销售部门的统计员，小马每个月都要统计出产品销售的情况。小马制作销售报表时，需要计算销售额和利润。利用单元格的引用功能，小马每次都能很快地制作出报表。具体步骤如下。

（1）在工作表中输入基本数据，如图 3-79 所示。

（2）在“Excel 选项”对话框中，单击左侧列表中的“高级”选项，在“此工作表的显示选项”栏中，选中“在单元格中显示公式而非其计算结果”复选框，可以使单元格显示公式，而不是计算的结果，如图 3-80 所示。

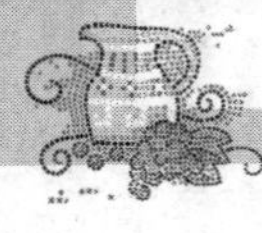

	A	B	C	D	E
1	利润率	0.2			
2	商品名称	单价(万元)	销售数量	销售额(万元)	利润额(万元)
3	轿车A	13	1000		
4	轿车B	14	800		
5	轿车C	15	1200		
6	轿车D	16	500		
7	轿车E	17	600		

图 3-79　输入基本数据

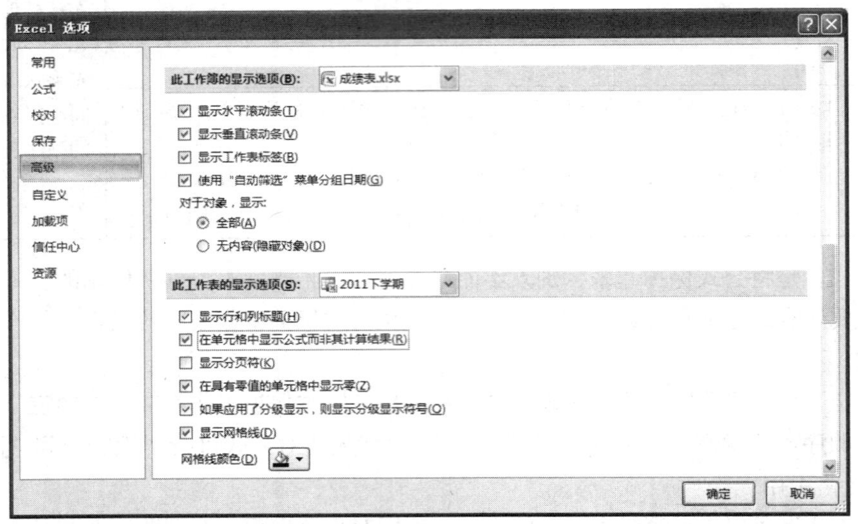

图 3-80　选中“在单元格中显示公式而非其计算结果”

（3）在 D3 单元格中输入公式“=B3*C3”，拖动 D3 单元格的填充柄至 D7 单元格，填充公式。公式中的单价单元格、销售数量单元格的地址随着销售额单元格位置的改变而改变。

（4）在 E3 单元格中输入公式“=D3*$B$1”，拖动 E3 单元格的填充柄至 E7 单元格，填充公式。公式中的销售额单元格的地址随着利润额单元格的位置改变而改变，而利润率单元格的地址不变，如图 3-81 所示。

	A	B	C	D	E
1	利润率	0.2			
2	商品名称	单价(万元)	销售数量	销售额(万元)	利润额(万元)
3	轿车A	13	1000	=B3*C3	=D3*$B$1
4	轿车B	14	800	=B4*C4	=D4*$B$1
5	轿车C	15	1200	=B5*C5	=D5*$B$1
6	轿车D	16	500	=B6*C6	=D6*$B$1
7	轿车E	17	600	=B7*C7	=D7*$B$1

图 3-81　小马制作的报表

3．函数

函数是一些已经定义好的公式。大多数函数是经常使用的公式的简写形式。函数由函数名和参数组成，函数的一般格式如下。

函数名（参数）

输入函数有两种方法。一种是在单元格中直接输入函数，这与在单元格中输入公式的方法一样，只需先输入一个“=”，然后输入函数本身即可。另一种是通过命令的方式插入函数。

例如，每到年终，单位要对每个员工的工作进行考核，评出各个员工的工作业绩情况。小王

把每位员工的工作情况信息输入表中，根据单位制定的评定标准，对每位员工进行测评，得到评价结果。如果采用传统的手工计算方式，任务十分繁琐，为了提高工作效率，小王利用 Excel 的 IF 函数汇总结果。

（1）启动 Excel 2010，建立一个新的工作簿。

（2）在工作表中输入基本数据，如图 3-82 所示。

	A	B	C	D
1	姓名	工作量	评价结果	
2	李朋	1900		优秀人数
3	王勇	2398		称职人数
4	李力	1500		不称职人数
5	张娜	1678		
6	宁小林	2588		
7	杨洋	2100		
8	王明	2600		

图 3-82　输入基本数据

（3）选中 C2 单元格，在单元格内输入公式“=IF(B2>=2400，"优"，IF(B2>=1600，"称职 "，IF(B2<1600，"不称职")))”，按回车键确认，在单元格显示出评价结果“称职”。

（4）选中 C2 单元格，拖动填充柄到 C8 单元格，所有人员的评价结果便在相应的单元格内显示。

（5）分别在 D2、D3、D4 单元格中输入文本“优秀人数”、“称职人数”、“不称职人数”。

（6）选中 E2 单元格，在单元格内输入公式“=COUNTIF(C2:C8，"优秀")”，在 E3 单元格中输入公式“=COUNTIF(C2:C8，"称职")”，在 E4 单元格中输入公式“=COUNTIF(C2:C8，"不称职")”，可以统计出各个层次人员的数量，结果如图 3-83 所示。

	A	B	C	D	E
1	姓名	工作量	评价结果		
2	李朋	1900	称职	优秀人数	2
3	王勇	2398	称职	称职人数	4
4	李力	1500	不称职	不称职人数	1
5	张娜	1678	称职		
6	宁小林	2588	优秀		
7	杨洋	2100	称职		
8	王明	2600	优秀		

图 3-83　小王制作的考核结果统计表

链接 2：数据管理

Excel 2010 具有强大的数据管理功能。在 Excel 2010 中可以对数据进行排序、筛选和分类汇总等操作，进行数据处理可以方便管理，同时也方便使用，因此数据管理是 Excel 2010 的重点知识。由于 Excel 中的各种数据管理操作都具有广泛的应用价值，所以只有全面了解和掌握数据管理方法才能有效提高数据管理水平。

1．排序

排序是根据一定的规则，将数据重新排列的过程。

排序可以对一列或多列中的数据按文本（升序或降序）、数字（升序或降序）、日期和时间（升序或降序）进行排序，也可以按自定义序列（如大、中和小）或格式（包括单元格颜色、字体颜色或图标集）进行排序。在 Excel 2010 中，最多可以包含 64 个数据排序条件，早期版本的 Excel 只支持 3 个排序条件。

主关键字是数据排序的依据，在主关键字相同时，按次要关键字进行排序，当第一次要关键字相同时，按第二次要关键字排序，以此类推。

2．筛选

筛选就是显示出符合设定条件的表格数据，隐藏不符合设定条件的数据。在 Excel 中提供有“自动筛选”和“高级筛选”命令。

为了能清楚地看到筛选结果，系统将不满足条件的数据暂时隐藏起来，当撤销筛选条件后，这些数据又重新出现。

设置完自动筛选后，再次单击筛选按钮，可以取消筛选，回到原始状态。

3．数据汇总

数据汇总表是办公中常用的报表形式，数据汇总也是对数据分析、统计得出概括性数据的过程。Excel 具有强大的数据汇总功能，能满足用户对数据进行汇总的各种要求。

在进行分类汇总前，需要对分类字段进行排序，使数据按类排列。

例如，小李是公司的统计员，每月底要向总公司上报月内的商品销售表。为了使管理层能够从报表中得到概括性的数据和结论，他利用表格的分类汇总功能，对每个商品的销售情况进行分类统计。具体操作步骤如下。

（1）启动 Excel 2010，建立一个新的工作表，以“商品销售表”命名保存。

（2）在工作表中输入数据，并对“商品名称”字段按升序排序，如图 3-84 所示。

（3）选定 D 列内的任意一单元格，单击“数据”选项卡“分级显示”任务组中的“分类汇总”命令，打开“分类汇总”对话框，如图 3-85 所示。

	A	B	C	D	E	F	G
1	月份	城市	销售经理	商品名称	单价	销售数量	销售额
2	一月	北京	王林	长虹彩电	2000	1000	2000000
3	一月	上海	李玉	长虹彩电	2100	1100	2310000
4	一月	广州	王林	长虹彩电	2000	1300	2600000
5	二月	北京	王林	长虹彩电	2200	900	1980000
6	二月	上海	李玉	长虹彩电	2300	1000	2300000
7	二月	广州	张一	长虹彩电	2100	1000	2100000
8	一月	北京	王林	格力空调	2500	850	2125000
9	一月	上海	张一	格力空调	2600	1000	2600000
10	一月	广州	李玉	格力空调	2400	900	2160000
11	二月	北京	李玉	格力空调	2550	900	2295000
12	二月	上海	张一	格力空调	2650	1100	2915000
13	二月	广州	张一	格力空调	2450	1000	2450000

图 3-84　升序排序

图 3-85　“分类汇总”对话框

（4）在“分类字段”下拉列表中选择“商品名称”，在“汇总方式”下拉列表中选择“求和”，在“选定汇总项”选项中选中“销售数量”和“销售额”，其他项为默认。单击“确定”，完成分类汇总，结果如图 3-86 所示。

（5）单击页面左侧的“减号”按钮可以将数据清单中的明细数据隐藏起来，如图 3-87 所示。单击“加号”按钮，可以显示数据清单中的明细数据。

提示：

在“分类汇总”对话框中，单击“全部删除”按钮，可以清除数据表中的分类汇总，将数据表恢复到原来的样式。

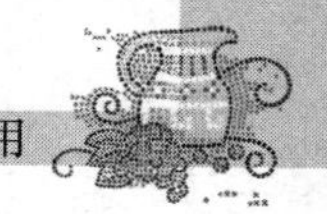

	A	B	C	D	E	F	G
1	月份	城市	销售经理	商品名称	单价	销售数量	销售额
2	一月	北京	王林	长虹彩电	2000	1000	2000000
3	一月	上海	李玉	长虹彩电	2100	1100	2310000
4	一月	广州	王林	长虹彩电	2000	1300	2600000
5	二月	北京	王林	长虹彩电	2200	900	1980000
6	二月	上海	李玉	长虹彩电	2300	1000	2300000
7	二月	广州	张一	长虹彩电	2100	1000	2100000
8				**长虹彩电 汇总**		6300	13290000
9	一月	北京	王林	格力空调	2500	850	2125000
10	一月	上海	张一	格力空调	2600	1000	2600000
11	一月	广州	李玉	格力空调	2400	900	2160000
12	二月	北京	李玉	格力空调	2550	900	2295000
13	二月	上海	张一	格力空调	2650	1100	2915000
14	二月	广州	张一	格力空调	2450	1000	2450000
15				**格力空调 汇总**		5750	14545000
16				**总计**		12050	27835000

图 3-86　分类汇总结果

	A	B	C	D	E	F	G
1	月份	城市	销售经理	商品名称	单价	销售数量	销售额
8				**长虹彩电 汇总**		6300	13290000
15				**格力空调 汇总**		5750	14545000
16				**总计**		12050	27835000

图 3-87　隐藏明细数据

4．数据透视表

数据透视表是一种对大量数据快速汇总和建立交叉列表的交互式表格，它提供了操纵数据的强大功能。数据透视表中的数据可以从外部数据库、多张 Excel 工作表或其他的数据透视表中获得。

例如，小李觉得对大量的数据进行分类汇总，可以方便地对一些字段的数据进行统计，但是使用数据透视表可以更加直观地分析并显示最终的结果。于是小李利用商品销售表建立了数据透视表。具体操作步骤如下。

（1）启动 Excel 2010，打开“链接 1”中的“商品销售表”。

（2）选中商品销售表的任意一单元格，单击“插入”选项卡“表格”任务组中的“数据透视表”命令按钮，打开“数据透视表”下拉菜单，如图 3-88 所示。

（3）单击“数据透视表”命令，打开“创建数据透视表”对话框，如图 3-89 所示。

图 3-88　“数据透视表”下拉菜单

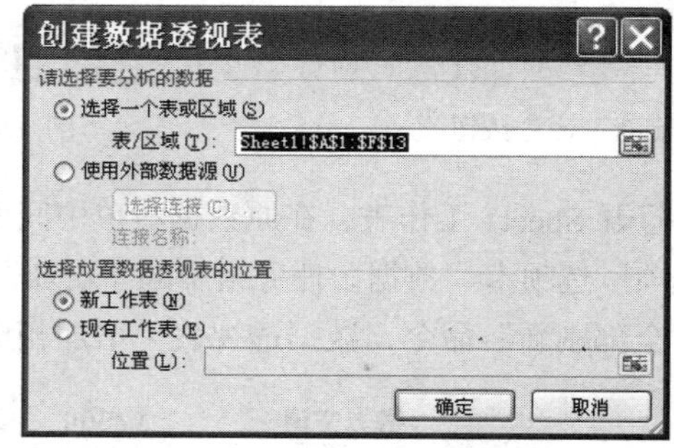

图 3-89　“创建数据透视表”对话框

（4）在“请选择要分析的数据”选项中，选中“选择一个表或区域”单选按钮，在“表 / 区域”文本框中输入或选择建立数据透视表的数据区域，在“选择放置数据透视表的位置”选项中选中“新工作表”单选按钮，单击“确定”按钮，打开“数据透视表字段列表”窗格，如图 3-90 所示。

（5）在“数据透视表字段列表”窗格中，选择要添加到数据透视表中的字段，这里选择“销售经理”、“商品名称”、“单价”、“销售数量”和“销售额”字段。创建完成的数据透视表显示在系统新增加的工作表中，如图 3-91 所示。

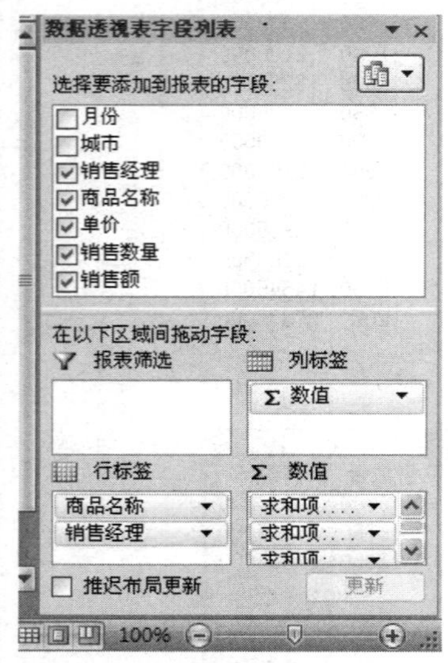

图 3-90 “数据透视表字段列表”窗格

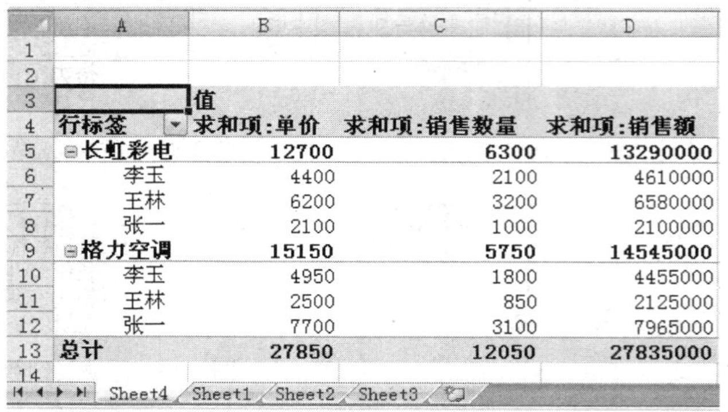

	A	B	C	D
1				
2				
3		值		
4	行标签	求和项:单价	求和项:销售数量	求和项:销售额
5	⊟长虹彩电	12700	6300	13290000
6	李玉	4400	2100	4610000
7	王林	6200	3200	6580000
8	张一	2100	1000	2100000
9	⊟格力空调	15150	5750	14545000
10	李玉	4950	1800	4455000
11	王林	2500	850	2125000
12	张一	7700	3100	7965000
13	总计	27850	12050	27835000
14				

Sheet4 Sheet1 Sheet2 Sheet3

图 3-91 创建完成的数据透视表

（6）打开 Sheet1 工作表中的原数据，把业务员“张一”的姓名改成“张二”。打开新建的数据透视表 Sheet4，单击“选项”选项卡“数据”任务组中的“刷新”命令按钮，打开“刷新”下拉列表，如图 3-92 所示。

（7）单击“刷新”或“全部刷新”命令，则数据透视表中的对应数据被改变，业务员“张一”的姓名会变成“张二”，如图 3-93 所示。

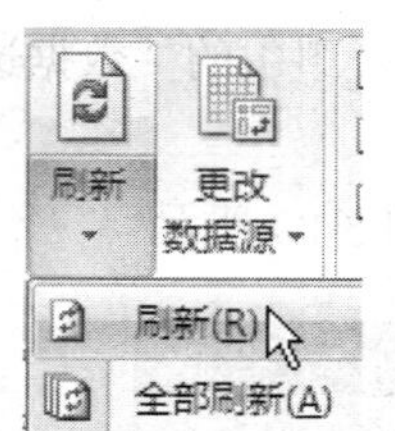

图 3-92 “刷新”命令按钮

5	⊟长虹彩电	12700	6300	13290000
6	李玉	4400	2100	4610000
7	王林	6200	3200	6580000
8	张二	2100	1000	2100000

图 3-93 数据透视表中对应的数据被改变

（8）打开 Sheet1 工作表，在原数据清单中间增加一行数据。打开新建的数据透视表 Sheet4，单击“选项”选项卡“数据”任务组中的“刷新”命令按钮，打开“刷新”下拉列表，单击“刷新”或“全部刷新”命令，数据透视表中增加相应的数据，如图 3-94 所示。

9	⊟格力空调	17500	6750	16895000
10	李玉	4950	1800	4455000
11	王林	2500	850	2125000
12	张二	7700	3100	7965000
13	李良	2350	1000	2350000

图 3-94 数据透视表中增加的相应的数据

（9）打开 Sheet1 工作表，在原数据清单最后一条记录后增加一行数据。打开新建的数据透视

表 Sheet4，单击“选项”选项卡“数据”任务组中的“更改数据源”命令按钮，打开“更改数据源”下拉列表，如图 3-95 所示。

（10）单击“更改数据源”命令，打开“创建数据透视表”对话框，在“表/区域”文本框中输入或选择新的工作表数据区域，单击“确定”按钮，在数据透视表后会增加一条新的记录，如图 3-96 所示。

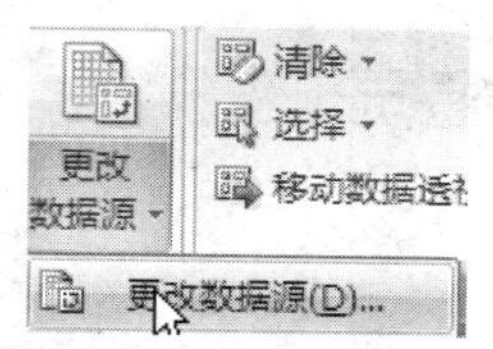

图 3-95　“更改数据源”命令按钮

		值		
4	行标签	求和项:单价	求和项:销售数量	求和项:销售额
5	⊟长虹彩电	14900	7700	16370000
6	李玉	4400	2100	4610000
7	王林	6200	3200	6580000
8	张二	2100	1000	2100000
9	李良	2200	1400	3080000

图 3-96　增加一条新的记录

（11）单击“选项”选项卡“操作”任务组中“清除”命令按钮，打开“清除”下拉菜单，单击“全部清除”命令，可把数据透视表全部删除。

链接 3：图表操作

图表是以图形表示工作表中数据的一种方式，将实际工作中呆板的数据转化成形象的图表，不仅具有较好的视觉效果，也能直观地表现出工作表包含数据的变化信息，为工作决策提供依据。

如果说用 Excel 电子表格只是将数据信息进行简单的罗列，那么在表格信息的基础之上建立图表，则是对数据进行一种形象化的再加工。图表是办公环境中经常使用的工具，它不但可以清晰显示数据本身的变化，也可以提供数据以外的信息，扩大数据信息含量。

在 Excel 中有两类图表，如果建立的图表和数据是放置在一起的，这样图和表结合就比较紧密、清晰、明确，也更便于对数据进行分析和预测，此种图表称为内嵌图表。如果建立的图表不和数据放在一起，而是单独占用一个工作表，则称为图表工作表，也叫独立图表。

用户可以创建独立图表和内嵌式图表。按 Alt+F1 或 F11 组合键可以快速建立图表。

单击“设计”选项卡中的“选择数据”选项，可以在图表中增加新的数据。用户在原有的工作表数据区域中删除和更新数据，图表中的数据会自动进行删除和更新。选中图表中任意序列，单击 Delete 键可以删除图表中的序列，但工作表中的数据并未被清除。

如果用户对创建的图表效果不满意，可以格式化标题、添加注释、调整、改变图表类型、添加趋势线。利用“标签”组件，可以给图表添加标题和坐标轴标题。在“背景”任务组中，选择“图表背景墙”下拉按钮，可以改变图表的背景样式。单击“设计”选项卡中的“更改图表类型”选项，可以更改图表类型。单击“布局”选项卡，在“分析”任务组中可以设置趋势线的格式和颜色。

知识评价

实训一　输入数据

【实训目的】

1．掌握 Excel 重命名数据表名称的方式。

2．掌握 Excel 输入内容的方式。

3．掌握 Excel 保存数据表的方法。

【实训内容】

1．打开 Excel，输入图 3-97 中所示的数据。

2．将“Sheet1”更名为“第一学期”。

3．将文件保存在 C:盘根目录下，文件名为“全体学生成绩表”，如图 3-97 所示。

全体学生成绩表.xls

	A	B	C	D	E	F	G	H
1	学号	姓名	英语	生理	解剖	病理	总分	
2	200501010001	王小萌	88	69	89	86		
3	200501010002	王英平	82	90	89	79		
4	200501010003	田丽丽	68	70	89	83		
5	200501010004	马力涛	90	89	78	81		
6	200501010005	张丽华	80	88	90	78		
7	200501010006	赵　炎	66	78	90	83		
8	200501010007	冯　红	98	90	88	79		
9	200501010008	郝志伟	90	78	90	85		
10	200501010009	岳　明	70	78	79	80		

第一学期 / Sheet2 / Sheet3

图 3-97　全体学生成绩表

【操作步骤】

1．单击选中单元格 A1，输入“学号”。

2．选中其他单元格，输入表格中其他内容。

3．鼠标指针指向左下角“Sheet1”，单击右键，选择“重命名”，将“Sheet1”改名为“考试成绩”。

4．单击 Office 按钮→“保存”命令，选择保存位置为 D 盘，并在“文件名”后面的文本框中输入“全体学生成绩表”，单击“保存”按钮。

5．关闭 Excel 窗口。

实训二　公式计算、函数计算及排版

【实训目的】

1．掌握 Excel 的排版方式。

2．掌握公式的应用。

3．掌握 SUM、AVERAGE 、CONTIF、IF 等函数的使用方法。

4．掌握公式和函数混用的方法。

【实训内容】

1．按图 3-98 所示输入数据并排版。

2．使用公式法计算英语折合分（英语占 60%，听力占 40%）所对应表格内容。

3．使用函数计算最高分、总人数和总分。

4．使用公式和函数混用计算不及格人数和总评（是否为优秀学生），如图 3-98 所示。

【操作步骤】

1．单击选中单元格 A1，输入“2005 年度第一学期成绩单”，选中单元格区域 A1:E1，单击鼠标右键，在弹出的菜单中选择“合并单元格”。

2．选中其他单元格，输入表格中其他内容。

	A	B	C	D	E	F	G	H	I	J	K
1	2005年度第一学期成绩表										
2	学号	班级	姓名	英语	听力	生理	解剖	病理	英语折合分	总分	总评
3	200501010001	1班	王小萌	88	78	69	89	86			
4	200501010002	1班	王英平	82	90	90	89	79			
5	200501010003	1班	胡　龙	75	81	85	82	90			
6	200501010004	2班	田丽丽	68	70	70	89	83			
7	200501010005	2班	马力涛	90	75	89	78	81			
8	200501010006	2班	张丽华	80	68	88	90	78			
9	200501010007	3班	赵　炎	66	50	78	90	83			
10	200501010008	3班	冯　红	98	79	90	88	79			
11	200501010009	3班	郝志伟	90	68	78	90	85			
12	200501010010	3班	岳　明	70	83	78	79	80			
13	最高分										
14	总人数										
15	不及格人数										

图 3-98　公式和函数混用计算示例

3．单击选中单元格 I3，在编辑栏中输入“=D3*60%+E3*40%”，单击回车键，

4．单击选中单元格 J3，单击“插入”选项卡选择“插入函数”，在弹出的“插入函数”对话框中选择 SUM 函数，在第一个文本框中输入所有人英语成绩所在的单元格区域“F3:I3”，单击“确定”按钮。

5．单击选中单元格 D13，单击“插入”选项卡，选择“插入函数”按钮，在弹出的“插入函数”对话框中选择 MAX 函数，在第一个文本框中输入所有人英语成绩所在的单元格区域“D3:D12”，单击“确定”按钮。

6．单击选中单元格 C14，单击“插入”选项卡，选择“插入函数”按钮，在弹出的“插入函数”对话框中选择 COUNT 函数，在第一个文本框中输入所有人英语成绩所在单元格区域“D3:D12”，单击“确定”按钮。

7．单击选中单元格 D15，单击“插入”选项卡，选择“插入函数”按钮，在弹出的“插入函数”对话框中选择 COUNTIF 函数，在 Range 中输入所有人总分成绩所在的单元格区域“D3:D12”，在 Criteria 中输入条件“<60”，单击“确定”按钮。使用填充柄填充 E15 至 I15 的内容。

8．选中单元格 K3，单击“插入”选项卡，选择“插入函数”按钮，在弹出的“插入函数”对话框中选择 IF 函数，在 Logical_test 中输入第一个学生的总分值（用单元格名称 J3 表示）应满足条件“J3>=425”，在 value_if_true 中输入条件成立时的结果“优秀”；在 value_if_false 中输入一个空格，单击“确定”按钮。使用填充柄填充 K4 至 K12 的内容。

实训三　数据管理及页面设置

【实训目的】

1．掌握数据列表的排序和筛选。

2．掌握数据的分类汇总。

3．掌握数据透视表的操作。

4．掌握页面设置。

【实训内容】

1．启动 Excel，建立一个如表 3-2 所示的数据列表，并以 E4.XLSX 为文件名保存在当前文件夹中。

表 3-2　学生成绩表一

姓　名	性　别	高等数学	大学英语	计算机基础	总　分
王大伟	男	78	80	90	248
李博	男	89	86	80	255
程小霞	女	79	75	86	240
马宏军	男	90	92	88	270
李梅	女	96	95	97	288
丁一平	男	69	74	79	222
张珊珊	女	60	68	75	203
柳亚萍	女	72	79	80	231

2．将数据列表复制到 Sheet2 中，然后进行下列操作。

（1）对 Sheet1 中的数据按性别排列。

（2）对 Sheet2 中的数据按性别排列，性别相同的按总分降序排列。

（3）在 Sheet2 中筛选出总分小于 240 及大于 270 的女生记录。

3．将 Sheet1 中的数据复制到 Sheet3 中，然后对 Sheet3 中的数据进行下列分类汇总操作。

（1）按性别分别求出男生和女生的各科平均成绩（不包括总分），平均成绩保留 1 位小数。

（2）在原有分类汇总的基础上，再汇总出男生和女生的人数（汇总结果放在性别数据下面）。

（3）按样表所示，分级显示并编辑汇总数据。

4．以 Sheet1 中的数据为基础，在 Sheet4 工作表中建立表 3-3 所示的数据透视表。

表 3-3　数据透视表

性　别	数　据	分类汇总
男	均值项：高等数学	81.5
	均值项：大学英语	83
女	均值项：高等数学	76.75
	均值项：大学英语	79.25
均值项：高等数学		79.125
均值项：大学英语		81.125

5．按样张所示编辑修改所建立的数据透视表。

6．对 Sheet3 工作表进行如下页面设置，并打印预览。

（1）纸张大小为 A4，文档打印时水平居中，上、下页边距为 3 厘米。

（2）设置页眉“分类汇总表”、居中、粗斜体，设置页脚为当前日期，靠右放置。

7．存盘退出 Excel 2010，并将 E4.XLSX 文档同名另存到 U 盘。

实训四 创建图表

【实训目的】

1. 掌握图表的创建。

2. 掌握图表的编辑。

3. 掌握图表的格式化。

【实训内容】

1. 启动 Excel2010，在空白工作表中输入表 3-4 中的数据，并以 E3.XLSX 为文件名保存在当前文件夹中。

表 3-4 学生成绩表二

姓　名	高等数学	大学英语	计算机基础
王大伟	78	80	90
李　博	89	86	80
程小霞	79	75	86
马宏军	90	92	88
李　梅	96	95	97

2. 对表格中的所有学生的数据，在当前工作表中嵌入条形圆柱图图表，图表标题为“学生成绩表”。

3. 取王大伟、 李梅的高等数学和大学英语的数据，创建独立的柱形图。

4. 对在 Sheet1 中创建的嵌入图表进行如下编辑操作。

（1）将该图表移动、放大到 A9:G23 区域，并将图表类型改为簇状柱形圆柱图。

（2）将图表中“高等数学”和“计算机基础”的数据系列删除，然后再将“计算机基础”的数据系列添加到图表中，并使“计算机基础”数据系列位于“大学英语”数据系列的前面。

（3）为图表中“计算机基础”的数据系列增加以值显示的数据标记。

（4）为图表添加分类轴标题“姓名”及数值轴标题“分数”。

5. 对在 Sheet1 中创建的嵌入图表进行如下格式化操作。

（1）将图表区的字体大小设置为 11 号，并选用最粗的圆角边框。

（2）将图表标题“学生成绩”设置为粗体、14 号、单下画线；将分类轴标题“姓名”设置为粗体、11 号；将数值轴标题“分数”设置为粗体、11 号、45 度方向。

（3）将图例的字体改为 9 号、边框改为带阴影边框，并将图例移到图表区的右下角。

（4）将数值轴的主要刻度间距改为 10、字体大小设置为 8 号；将分类轴的字体大小设置为 8 号。

（5）去掉背景墙区域的图案。

（6）将“计算机基础”数据标记的字号设置为 16 号、上标效果。

（7）按样张所示，调整绘图区的大小。

（8）按样张所示，在图表中加上指向最高分的箭头与文字框。文字框中的字体设置为 10 号，并添加 25%的灰色背景，如图 3-99 所示。

6．对“图表 1 ”中的独立图表，先将其改为“黑白柱形图”自定义类型，然后按图 3-100 所示调整图形的大小并进行必要的编辑与格式化。

7．存盘退出 Excel 2010，并将 E3.XLSX 文档同名另存到 U 盘。

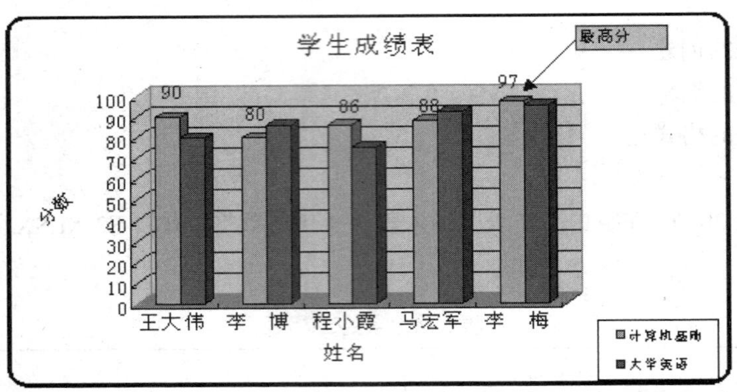

图 3-99　三维柱形图

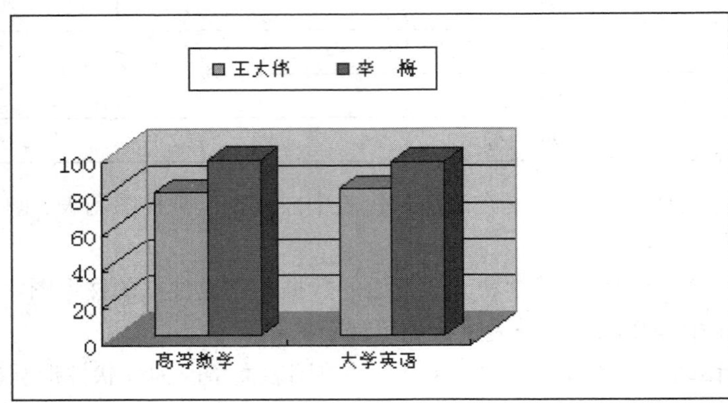

图 3-100　图表 1

学习单元四

中文版 Microsoft PowerPoint 2010 的应用

学习目标

【知识目标】

- 识记：PowerPoint 2010 的功能、运行环境、启动与退出。
- 领会：幻灯片版式、设计模板、配色方案、动画方案、自定义动画、幻灯片切换。

【技能目标】

- 能够创建、打开、输入和保存演示文稿以及幻灯片的基本操作。
- 能够使用演示文稿视图。
- 能够设计演示文稿（动画设计、放映方式、切换效果等）。
- 能够选用演示文稿主题与设置幻灯片背景。
- 能够对演示文稿打包和打印。

任务一　制作学院的风景相册

【情景再现】

小乐的数码相机里存满了校园漂亮的照片，为了珍藏校园的美好的记忆，她想制作一个漂亮的电子相册。有人告诉她利用 PowerPoint 2010 自带的模板就可以轻松实现这个愿望。效果如图 4-1 所示。

图 4-1　学院的风景相册

【任务实现】

工序 1：使用模板

1．打开 PowerPoint 2010。

2．单击“文件”菜单项，打开文件操作子菜单。

3．单击“新建”命令，打开“样本模板”。

4．单击“可用的模板和主题”列表中的“样本模板”，打开“已安装的模板”列表，如图 4-2 所示。

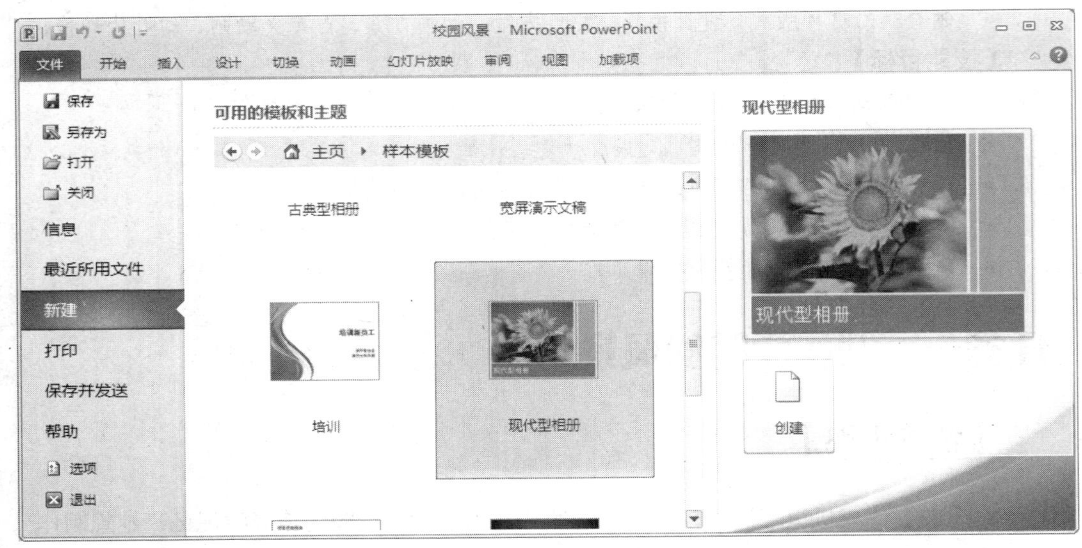

图 4-2　“已安装的模板”列表

5．选择“样本模板”列表中的“现代型相册”模板，单击“创建”按钮，打开现代型相册模板。

工序 2：修改页面

1．打开视图窗格中的“幻灯片”选项卡，单击第一张幻灯片缩略图，让第一张幻灯片在工作区中显示，如图 4-3 所示。

图 4-3　第一张幻灯片

2．单击左上角的占位符，按 Delete 键删除占位符中的图片，如图 4-4 所示。

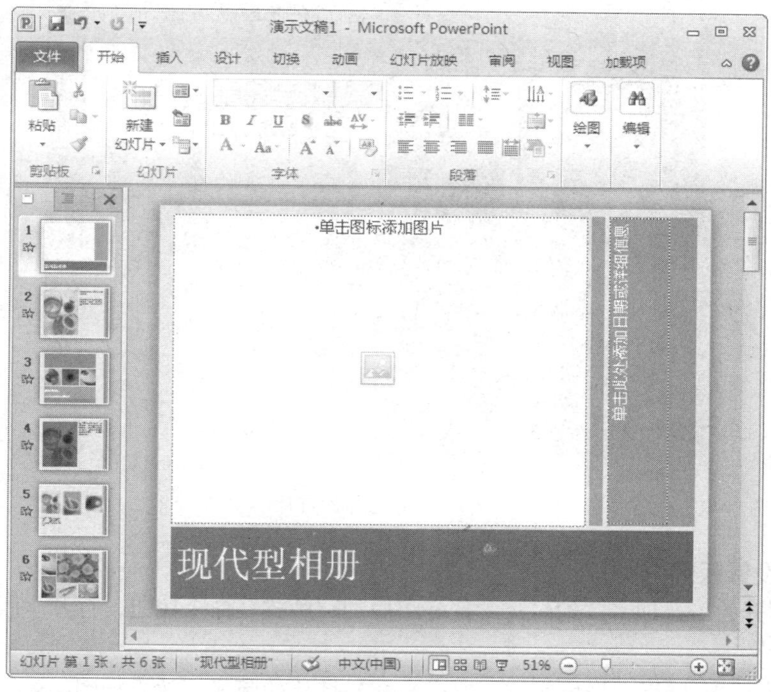

图 4-4　删除占位符中的图片

3．单击左上角占位符中的图片标志，打开“插入图片”对话框，插入图片 E:\校园 3.jpg，幻

灯片效果如图 4-5 所示。

图 4-5　插入图片

4．删除占位符中的文本“现代型相册”，输入“校园风貌”，将字体设置为“隶书”，字号设置为 60。

5．单击工作区窗口中垂直滚动条的下拉箭头，使第 2 张幻灯片成为当前幻灯片，如图 4-6 所示。

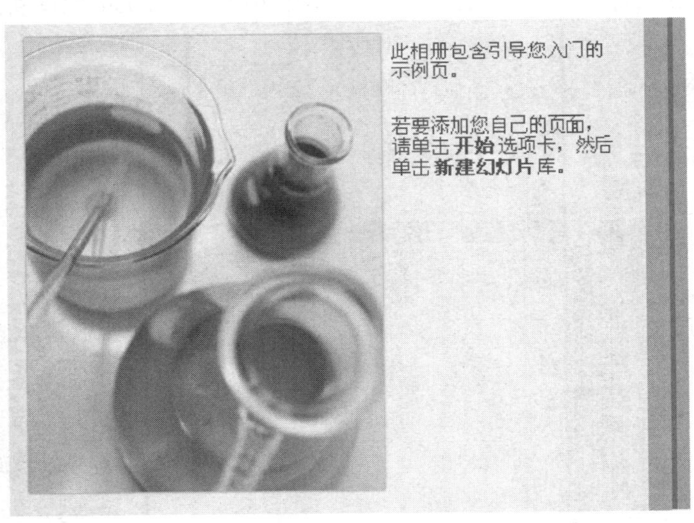

图 4-6　第 2 张幻灯片

工序 3：设置版式

1．单击“开始”选项卡“幻灯片”任务组中的“版式”命令按钮，打开“版式”下拉列表，如图 4-7 所示。

2．单击版式“2 横栏（带标题）”，改变当前幻灯片的版式，效果如图 4-8 所示。

3．单击左边占位符中的图片标志，打开“插入图片”对话框，插入图片 E:\校园 4.jpg。

4．删除标题占位符中的文本，输入图片的相关信息“办公楼前一景”。

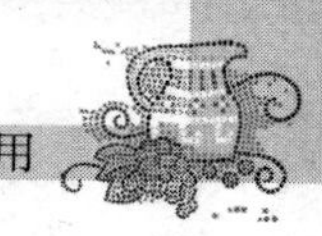

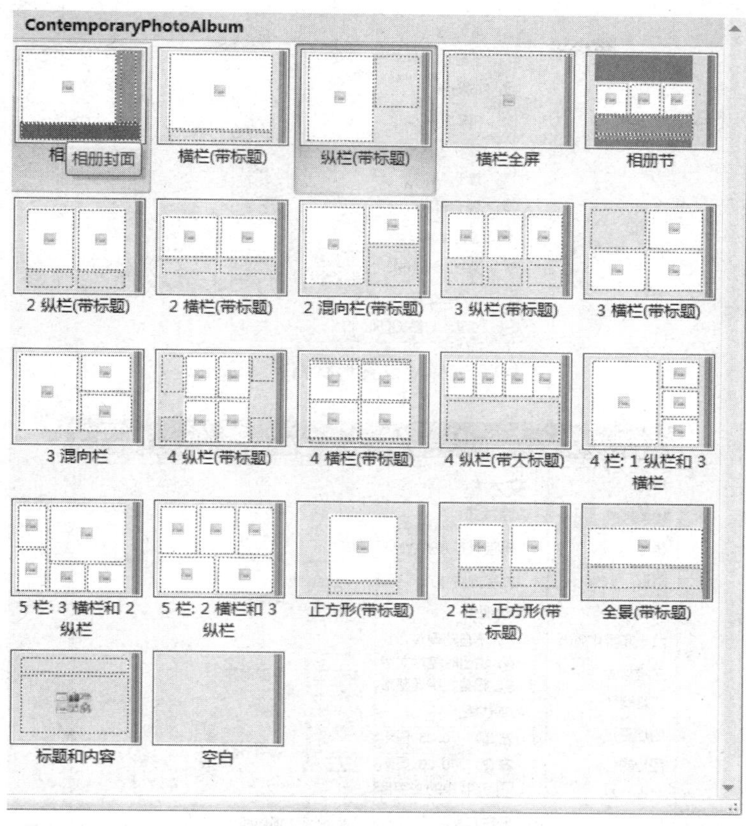

图 4-7 “版式”下拉列表

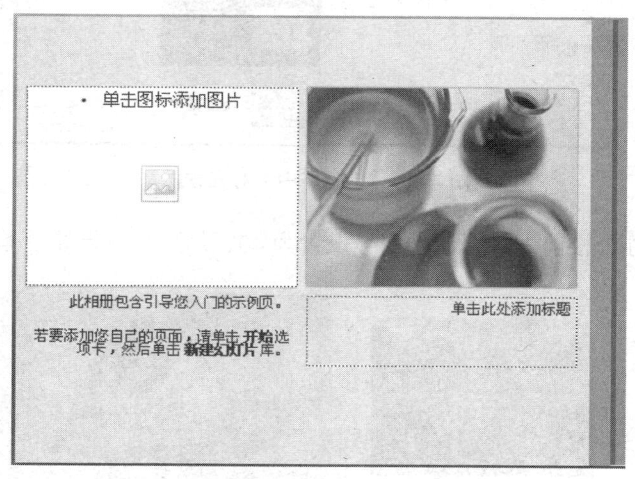

图 4-8 “2 横栏（带标题）”版式

工序 4：设置形状格式

1．右键单击占位符边框，打开快捷菜单，如图 4-9 所示，选择“设置形状格式”命令，打开“设置形状格式”对话框。

2．单击左边列表中的“文本框”，选中“文字版式”栏“垂直对齐方式”下拉列表中的“中部居中”对齐方式，如图 4-10 所示。

图 4-9　选择“设置形状格式”命令

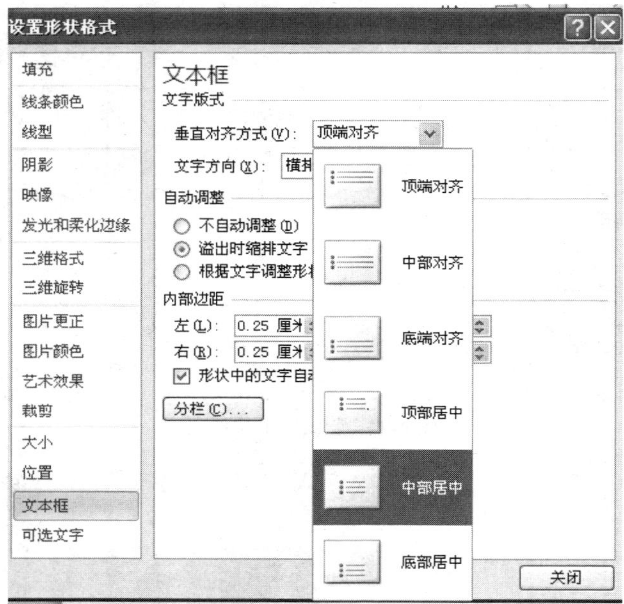

图 4-10　“中部居中”对齐方式

3. 选中文本“办公楼前一景 ”，将字号设置为 40，幻灯片效果如图 4-11 所示。

图 4-11　设置图片“中部居中”后的效果

4. 单击右边占位符中的图片，按 Delete 键，删除模板中预设的图片，幻灯片效果如图 4-12 所示。

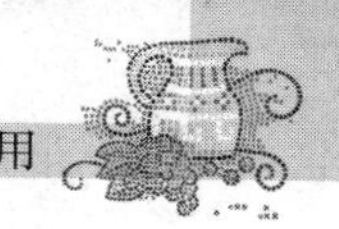

图 4-12　删除右边占位符中预设图片后的效果

5．参照前面的操作插入新图片，并在标题占位符中输入文本“大学生活动中心”，幻灯片效果如图 4-13 所示。

图 4-13　插入两张图片并输入标题之后的效果

6．打开“幻灯片”选项卡，单击选中第 3 张幻灯片，然后按住 Shift 键，单击当前演示文稿中最后一张幻灯片，按 Delete 键，将选中的幻灯片删除。

7．以“校园风景”为文件名保存该演示文稿。

8．按 F5 键，可放映当前演示文稿，观看效果。

【知识链接】

链接 1：认识 PowerPoint 2010 的工作界面

启动 PowerPoint 2010 后将进入其工作界面，熟悉其工作界面各组成部分是制作演示文稿的基础。PowerPoint 2010 工作界面是由标题栏、“文件”菜单、功能选项卡、快速访问工具栏、功能区、“幻灯片/大纲”窗格、幻灯片编辑区、备注窗格和状态栏等部分组成，如图 4-14 所示。

PowerPoint 2010 工作界面各部分的组成及作用介绍如下。

1．标题栏。位于 PowerPoint 工作界面的最上面，它用于显示演示文稿名称和程序名称，最右侧的 3 个按钮分别用于对窗口执行最小化、最大化和关闭等操作。

2．快速访问工具栏。该工具栏提供了最常用的“保存”按钮、“撤销”按钮和“恢复”按钮，单击对应的按钮可执行相应的操作。如需在快速访问工具栏中添加其他按钮，可单击其后的向下的箭头在弹出的菜单中选择所需的命令即可。

3．“文件”菜单。用于执行 PowerPoint 演示文稿的新建、打开、保存和退出等基本操作，该

菜单右侧列出了用户经常使用的演示文档名称。

图 4-14　PowerPoint 2010 工作界面

4．功能选项卡。相当于菜单命令，它将 PowerPoint 2010 的所有命令集中在几个功能选项卡中，选择某个功能选项卡可切换到相应的功能区。

5．功能区。在功能区中有许多自动适应窗口大小的工具栏，不同的工具栏中又放置了与此相关的命令按钮或列表框。

6．"幻灯片/大纲"窗格。用于显示演示文稿的幻灯片数量及位置，通过它可更加方便地掌握整个演示文稿的结构。在"幻灯片"窗格中，将显示整个演示文稿中幻灯片的编号及缩略图。在"大纲"窗格中列出了当前演示文稿中各张幻灯片中的文本内容。

7．幻灯片编辑区。是整个工作界面的核心区域，用于显示和编辑幻灯片，在其中可输入文字内容、插入图片和设置动画效果等，是使用 PowerPoint 制作演示文稿的操作平台。

8．备注窗格。位于幻灯片编辑区下方，可供幻灯片制作者或幻灯片演讲者查阅该幻灯片信息或在播放演示文稿时对需要的幻灯片添加说明和注释。

9．状态栏。位于工作界面最下方，用于显示演示文稿中所选的当前幻灯片以及幻灯片总张数、幻灯片采用的模板类型、视图切换按钮以及页面显示比例等。

链接 2：PowerPoint 的视图切换

为满足用户不同的需求，PowerPoint 2010 提供了多种视图模式以编辑查看幻灯片，在工作界面下方单击视图切换按钮中的任意一个按钮，即可切换到相应的视图模式下。下面对各视图进行介绍。

1．普通视图。PowerPoint 2010 默认显示普通视图，在该视图中可以同时显示幻灯片编辑区、"幻灯片/大纲"窗格以及备注窗格。它主要用于调整演示文稿的结构并编辑单张幻灯片中的内容，如图 4-15 所示。

2．幻灯片浏览视图。在幻灯片浏览视图模式下可浏览幻灯片在演示文稿中的整体结构和效果，如图 4-16 所示。此时在该模式下也可以改变幻灯片的版式和结构，如更换演示文稿的背景、移动或复制幻灯片等，但不能对单张幻灯片的具体内容进行编辑。

图 4-15　普通视图

图 4-16　浏览视图

3．阅读视图。该视图仅显示标题栏、阅读区和状态栏，主要用于浏览幻灯片的内容。在该模式下，演示文稿中的幻灯片将以窗口大小进行放映，如图 4-17 所示。

图 4-17　阅读视图

4．幻灯片放映视图。在该视图模式下，演示文稿中的幻灯片将全屏动态放映，如图 4-18 所示。该模式主要用于预览幻灯片在制作完成后的放映效果，以便及时对在放映过程中不满意的地方进行修改，测试插入的动画、更改声音等效果，还可以在放映过程中标注出重点，观察每张幻灯片的切换效果等。

图 4-18　放映视图

5．备注视图。备注视图与普通视图相似，只是没有“幻灯片/大纲”窗格，在此视图下幻灯片编辑区中完全显示当前幻灯片的备注信息。

链接 3：模板与主题的应用

在制作演示文稿的过程中，使用模板或应用主题，不仅可提高制作演示文稿的速度，还能为演示文稿设置统一的背景、外观，使整个演示文稿风格统一。下面就对模板和主题的应用进行讲解。

模板是一张幻灯片或一组幻灯片的图案或蓝图，其后缀名为.potx。模板可以包含版式、主题颜色、主题字体、主题效果和背景样式，甚至还可以包含内容。而主题是将设置好的颜色、字体和背景效果整合到一起，一个主题中包含这 3 个部分，如图 4-19 所示。

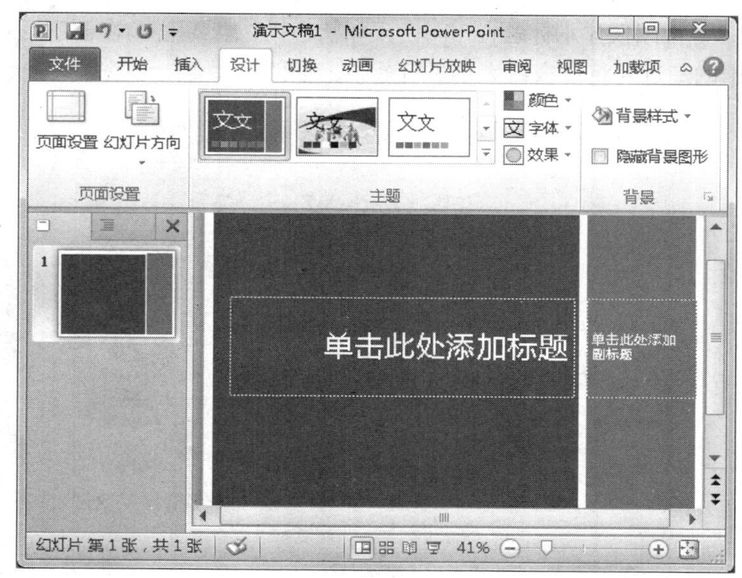

图 4-19　主题

PowerPoint 模板和主题的最大区别是：PowerPoint 模板中可包含多种元素，如图片、文字、图表、表格、动画等，而主题中则不包含这些元素。

为演示文稿设置好统一的风格和版式后，可将其保存为模板文件，这样方便以后制作演示文稿。下面将对模板的创建和使用进行讲解。

1．创建模板

创建模板就是将设置好的演示文稿另存为模板文件。其方法是：打开设置好的演示文稿，选择“文件”→“保存并发送”命令，在“文件类型”栏中选择“更改文件类型”选项，在“更改文件类型”栏中双击“模板”选项，如图 4-20 所示，打开“另存为”对话框，选择模板的保存位置，单击“保存”按钮。

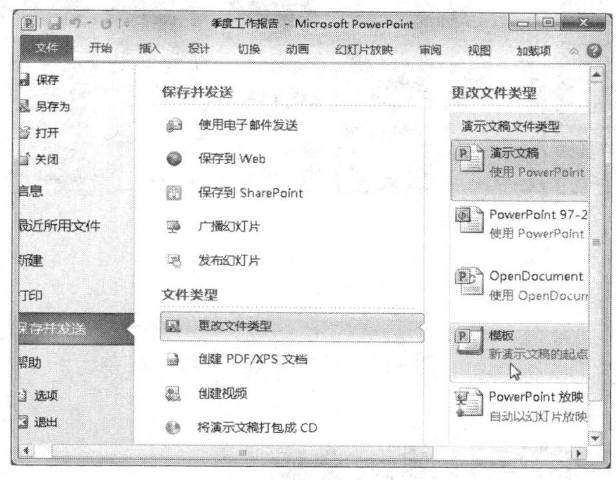

图 4-20　更改文件类型

2．使用自定义模板

在新建演示文稿时就可直接使用创建的模板，但在使用前，需将创建的模板复制到默认的“我的模板”文件夹中。使用自定义模板的方法是：选择“文件”→“新建”命令，在“可用的模板和主题”栏中单击“我的模板”按钮，打开“新建演示文稿”对话框，在“个人模板”选项卡中选择所需的模板，如图 4-21 所示，单击“确定”按钮，PowerPoint 将根据自定义模板创建演示文稿。

图 4-21　使用自定义模板

在 PowerPoint 2010 中预设了多种主题样式，用户可根据需要选择所需的主题样式，这样可快速为演示文稿设置统一的外观。其方法是：打开演示文稿，选择“设计”→“主题”组，在“主题选项”栏中选择所需的主题样式，如图 4-22 所示。选择“保存当前主题”选项，可将当前演示文稿保存为主题，保存后将新主题显示在“主题”下拉列表中。

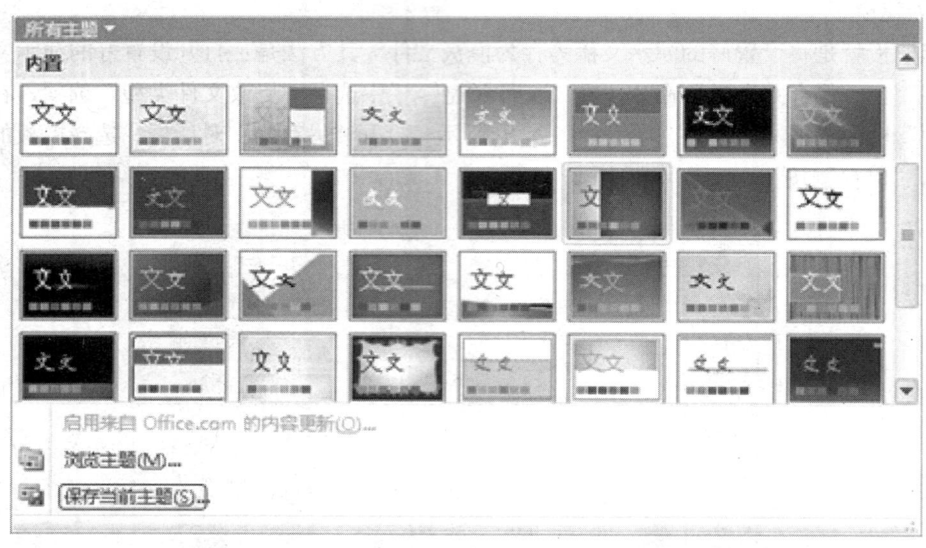

图 4-22　预设的主题样式

任务二　制作学院简介演示文稿

【情景再现】

为了营造欢迎新生入学的喜悦气氛，校办公室的李老师准备在办公楼一楼大厅的电子屏幕上显示利用 PowerPoint 2010 制作的幻灯片，内容是为新生介绍学院，李老师请小乐完成这个工作。由于小乐是第一次使用 PowerPoint 2010，所以只能制作比较简单的幻灯片，经过摸索，她制作出了如图 4-23 所示的幻灯片。

【任务实现】

工序 1：输入文本

1．启动 PowerPoint 2010，单击“文件”菜单选项，打开文件操作菜单。单击“新建”命令。

2．在打开的“可用模板和主题”选择“主题”，选择“聚合”主题后单击“创建”按钮，如图 4-24 所示。

3．选择第一张幻灯片，在“幻灯片编辑”窗口中单击“单击此处添加标题”文本框，此时文本插入点定位在文本框中，如图 4-25 所示。

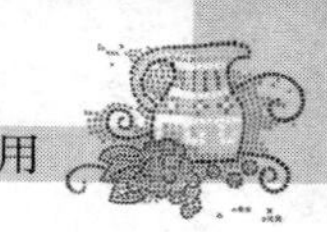

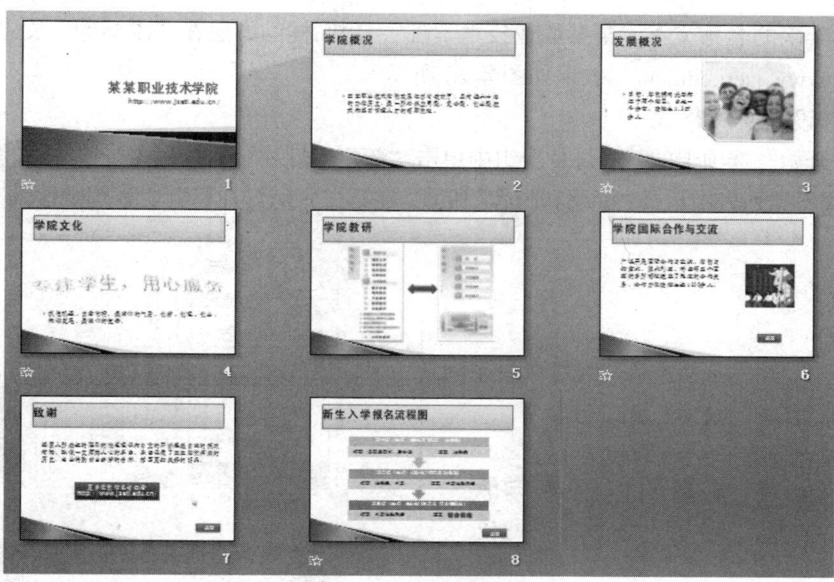

图 4-23　学院介绍

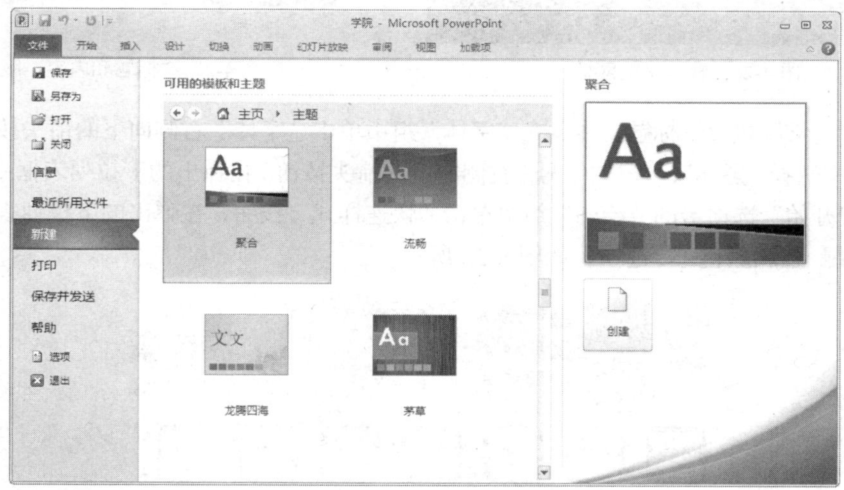

图 4-24　“聚合”主题

图 4-25　添加标题

4．输入学院的名称文本“某某职业技术学院”，用同样的方法在“副标题”文本框中输入学院网址 http://www.jseti.edu.cn/，效果如图 4-26 所示。

工序 2：设置文本格式

1．在“开始”选项卡的“幻灯片”组中单击“新建幻灯片”下拉列表按钮，如图 4-27 所示。在弹出的版式下拉列表中选择“标题和内容”版式，在第二张幻灯片标题文本框中输入“学院概况”。

图 4-26 输入学院网址

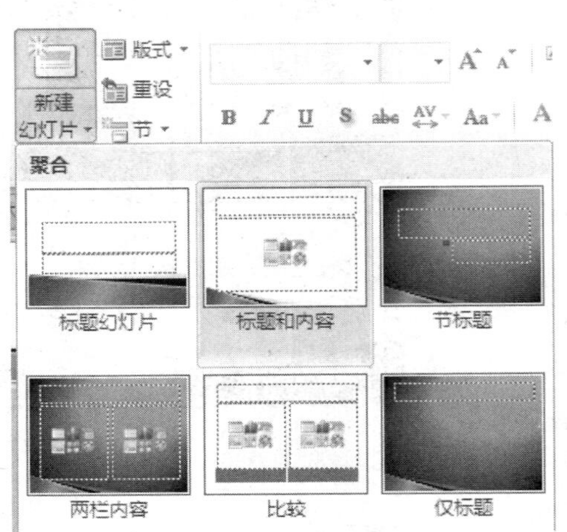

图 4-27 “标题和内容”版式

2．选择“学院概况”标题文本，在“字体”组中单击“字体”右侧向下的箭头按钮，在弹出的下拉列表中选择“黑体”；单击“字号”右侧向下的箭头按钮，在弹出的下拉列表框中选择“36”。

3．在“开始”选项卡的“绘图”组中单击“快速样式”按钮，在弹出的下拉列表中选择“细微效果—青绿 强调颜色 1”选项，如图 4-28 所示。

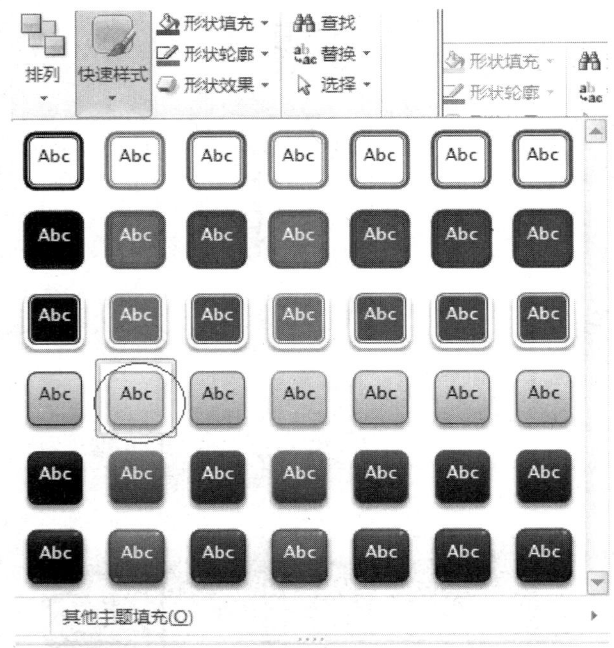

图 4-28 “细微效果—青绿 强调颜色 1”样式

4．将 Word 文档中“学院概况”余下的文本粘贴到第二张幻灯片的内容占位符中。选定该段文本，将该段文本字体设置为“仿宋”，字号设置为“24”，然后在“段落”组中单击“对齐文本”按钮右侧的下拉列表，在弹出的菜单中选择“中部对齐”选项，如图 4-29 所示。

5．选定标题文本框，在“开始”选项卡的“绘图”组中单击“快速样式”按钮，在弹出的下拉列表中选择“微细效果-强调颜色 1”选项，完成第二张幻灯片的制作，效果如图 4-30 所示。

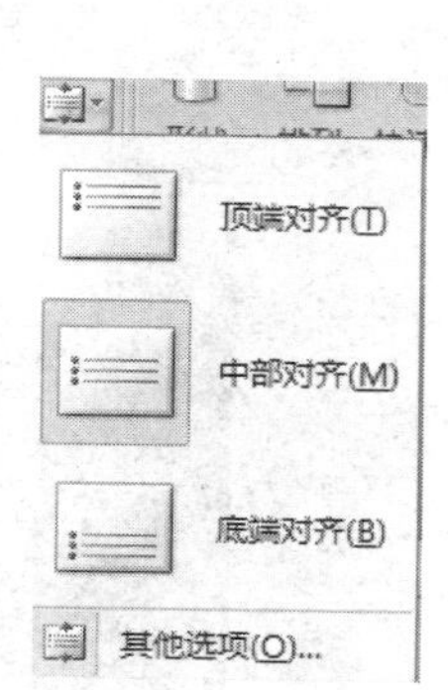

图 4-29　“中部对齐”选项

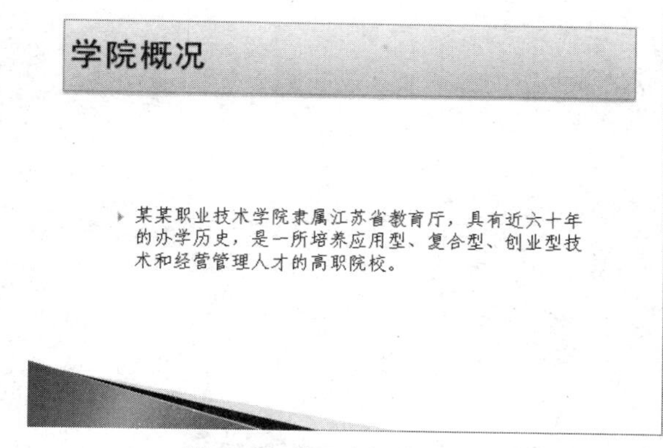

图 4-30　第二张幻灯片的效果

工序 3：插入图片

1．按 Ctrl+C 快捷键复制第二张幻灯片，按 Ctrl+V 快捷键粘贴幻灯片，生成第 3 张幻灯片。

2．在复制的幻灯片中修改标题文本为“发展状况”，再修改内容文本，调整文本框大小至适当的位置，然后单击“插入”选项卡中“插图”组的“图片”按钮，打开“插入图片”对话框，如图 4-31 所示。

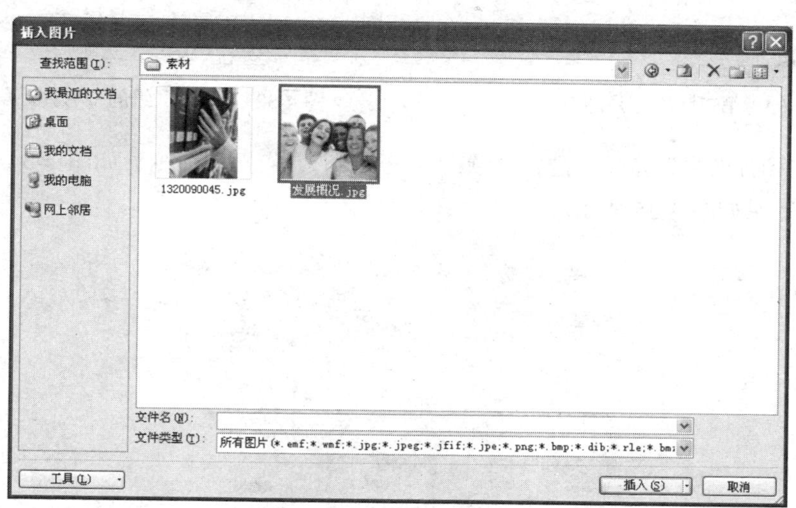

图 4-31　“插入图片”对话框

3．在该对话框中选择素材“发展状况.jpg”图片，单击“插入”按钮，插入图片并拖动调整图片位置。

4．选中插入的图片，将鼠标移动到图片左上角，当鼠标光标变为双向箭头形状时，往右下角方向拖动将图片缩小到适当大小后释放鼠标，如图 4-32 所示。

5. 在“格式”选项卡的“大小”组中单击“裁减”下拉按钮，单击“裁减为形状”列表，选择“矩形”组的“剪去对角的矩形”形状，如图 4-33 所示。

图 4-32 第三张幻灯片的效果

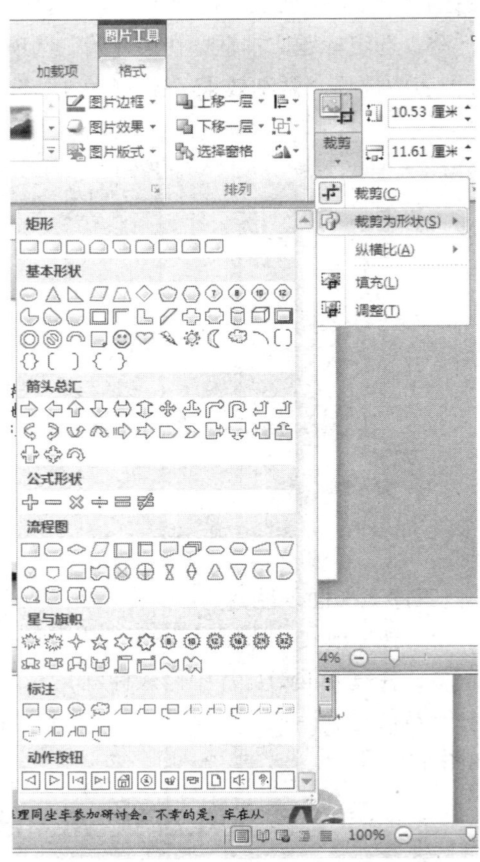

图 4-33 “矩形”组的“剪去对角的矩形”形状

6. 单击“图片效果”按钮，选择“预设”→“预设 1”菜单命令，如图 4-34 所示。第三张幻灯片的最终效果如图 4-35 所示。

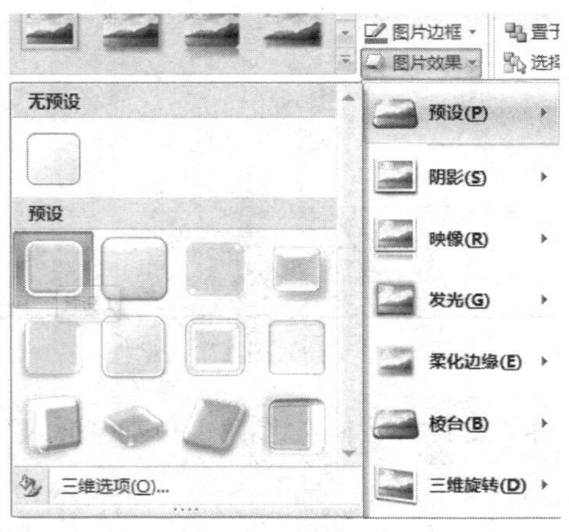

图 4-34 “预设 1”菜单命令

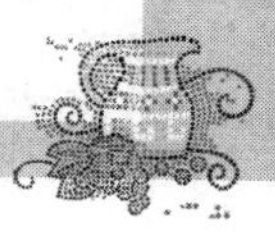

工序 4：使用艺术字和自选图形

1．复制并粘贴第三张幻灯片，生成第四张幻灯片，在复制的幻灯片中将标题修改为“学院文化”，再修改内容文本，并调整占位符位置，如图 4-36 所示。

图 4-35　第三张幻灯片最终效果

图 4-36　输入新标题后的效果

2．单击“插入”选项卡，在“文本”组中单击“艺术字”按钮，在弹出的下拉列表中选择如图 4-37 所示的艺术字样式，此时幻灯片文本框中显示应用该样式的文本“请在此键入您自己的内容”，如图 4-37 所示。

3．在“格式”选项卡的“艺术字样式”组中单击“文本效果”按钮，在弹出的下拉菜单中选择“转换”→“弯曲”→“正三角”菜单命令，如图 4-38 所示。

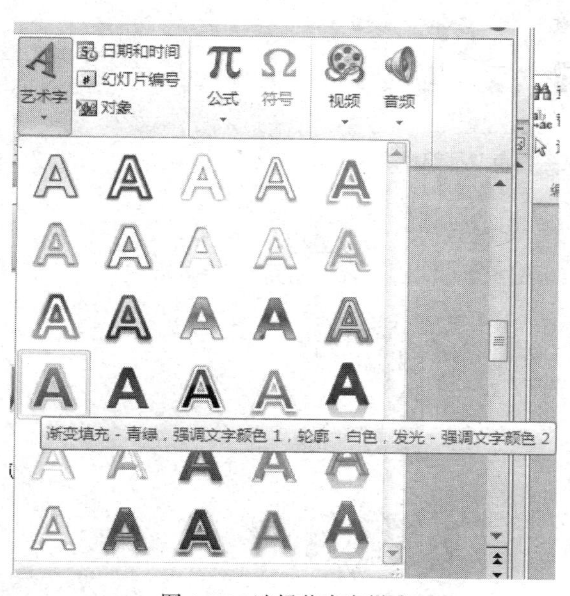

图 4-37　选择艺术字样式

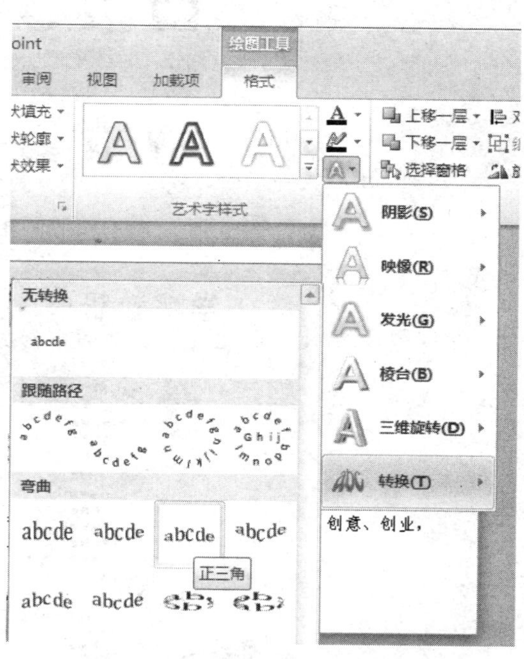

图 4-38　“文本效果”下拉菜单

4．在“格式”选项卡的“形状样式”组中单击“形状填充”按钮，在弹出的下拉菜单选择“标准色”→“蓝色”选项，如图 4-39 所示。

5．选定文本框中的文本后输入文字“专注学生，用心服务”，效果如图 4-40 所示。

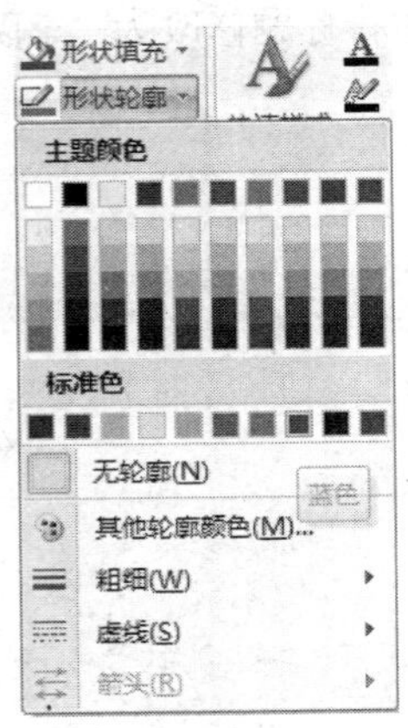

图 4-39 “形状填充”下拉菜单

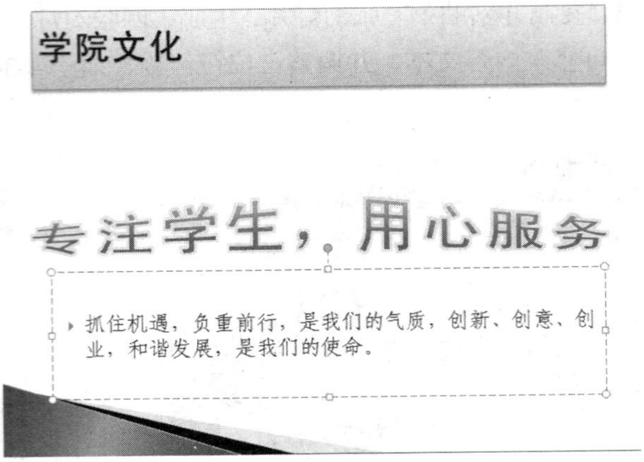

学院文化

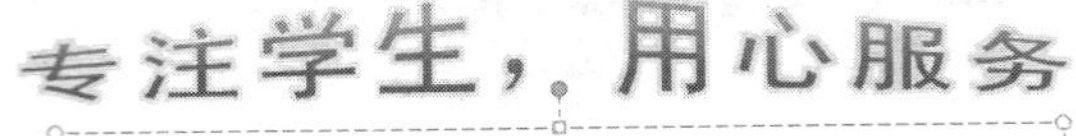

抓住机遇，负重前行，是我们的气质，创新、创意、创业，和谐发展，是我们的使命。

图 4-40 第四张幻灯片的效果

6．用前面同样的方法制作第五张“学院教研”幻灯片，修改第五张幻灯片标题文本，插入素材“教育教学.jpg”和“科学研究.jpg”，分别在“格式”选项卡的“图形样式”组中单击“快速样式”按钮右侧向下的箭头，在弹出的下拉列表中选择如图 4-41 所示“简单框架-白色”框架样式，效果如图 4-42 所示。

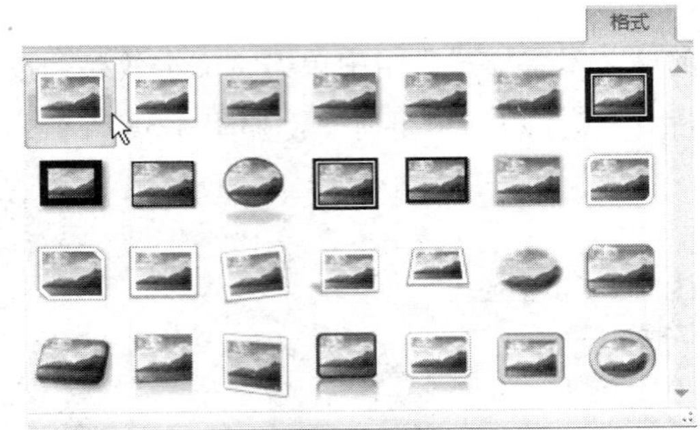

图 4-41 “简单框架—白色”框架样式

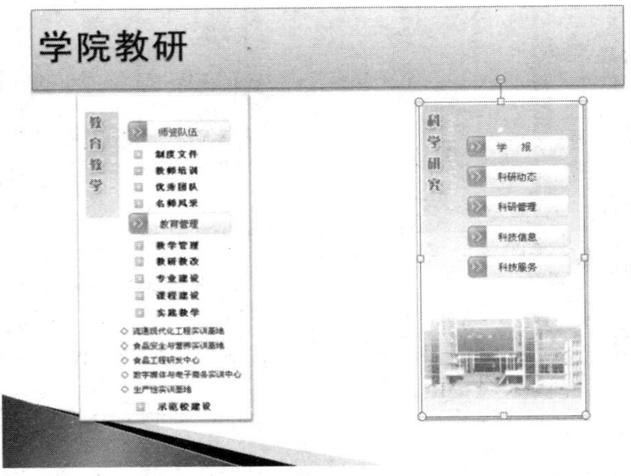

图 4-42 设置框架样式后的效果

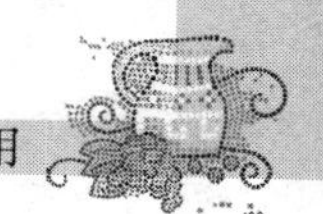

7. 单击“插入”选项卡的“插图”组中“形状”按钮，在弹出的下拉列表中选择“箭头总汇”→“左右箭头”选项，将鼠标移动到幻灯片中，当鼠标指针变为向右的箭头形状时，按住鼠标左键拖动，绘制“左右箭头”图形，如图 4-43 所示。

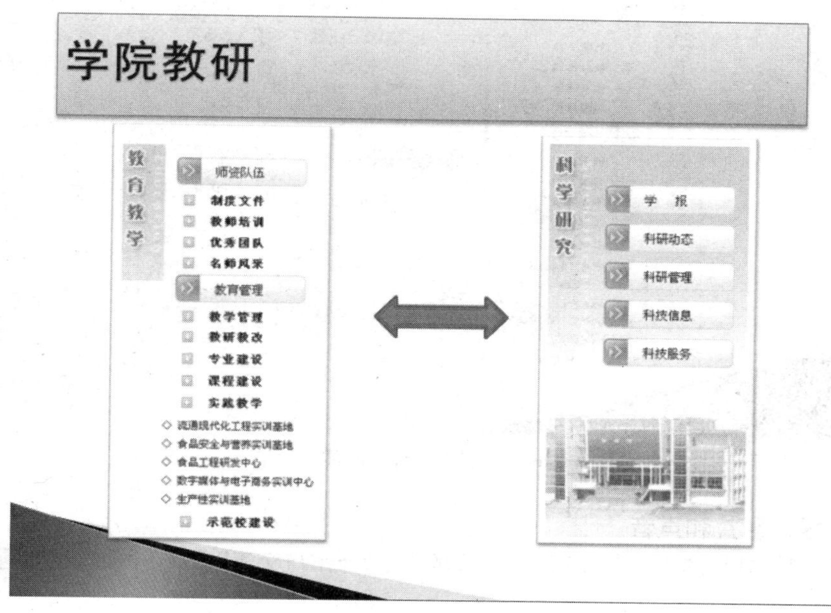

图 4-43　箭头效果

8. 在“形状样式”组中单击快速样式的“其他”按钮，选择如图 4-44 所示形状外观样式。

图 4-44　选择形状外观样式

9. 输入其余的文本内容，调整文本框位置，完成“学院教研”幻灯片的制作，效果如图 4-45 所示。

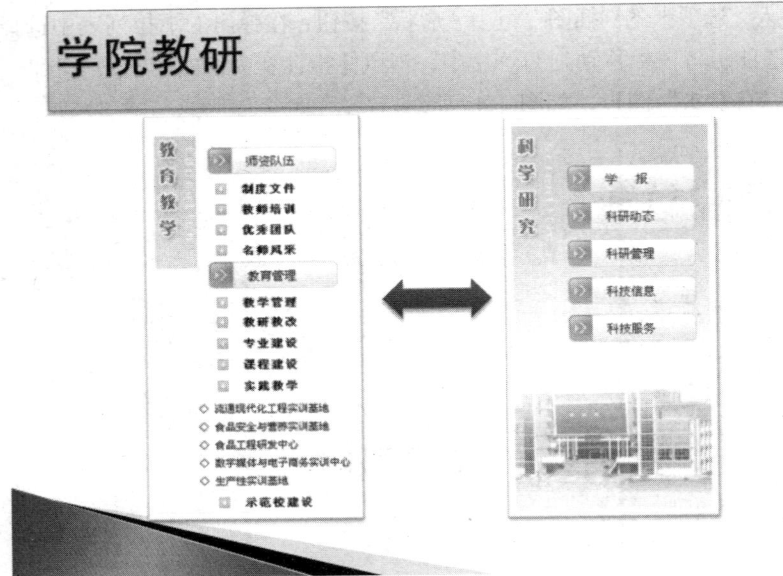

图 4-45　第五张幻灯片的最终效果

工序 5：插入影片和声音

1. 通过复制幻灯片的方法制作第六张“学院国际合作与交流”幻灯片，修改标题文本后输入内容文本。

2. 在“插入”选项卡的“媒体”组中选择“视频”→“剪贴画视频”命令，如图 4-46 所示。

3. 打开“剪贴画”任务窗格，在其下拉列表框中选择第二个影片文件，如图 4-47 所示。

图 4-46　“剪辑画视频”命令

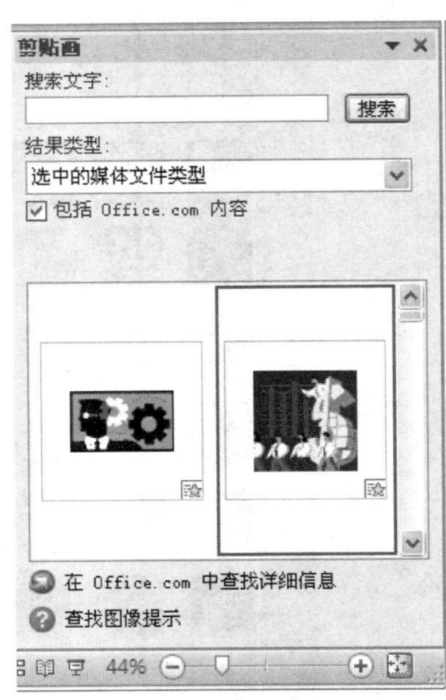

图 4-47　“剪贴画”任务窗格

4. 选中插入的影片图标，将鼠标移动到影片左上角，当鼠标光标变为双向箭头形状时往右上角方向拖动，将图片放大到一定程度后释放鼠标左键，如图 4-48 所示。

5．用复制幻灯片的方法制作第七张“致谢”幻灯片，修改标题文本后输入内容文本。

6．选定“更多学院信息请查看”文本框，在“开始”选项卡的“绘图”组中单击“快速样式”按钮，在弹出的下拉列表中选择“中等效果-蓝色 强调颜色 4”选项。

7．在“插入”选项卡的“媒体”组中单击“音频”按钮，在弹出的列表中选择“剪贴画音频”命令，打开“剪贴画”任务窗格，在下拉列表框中选择鼓掌欢迎声音文件，如图 4-49 所示。

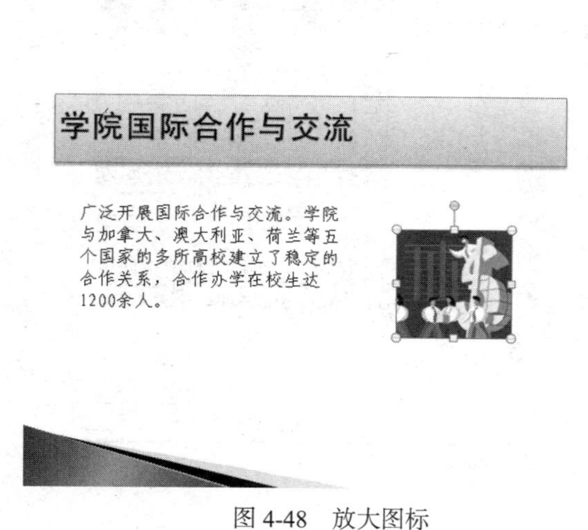

图 4-48　放大图标

图 4-49　“剪贴画”任务窗格

8．选择“播放”标签，在“开始”下拉列表框中选择“单击时”，如图 4-50 所示。此时幻灯片中显示“声音”图标，将其移动到右下角。

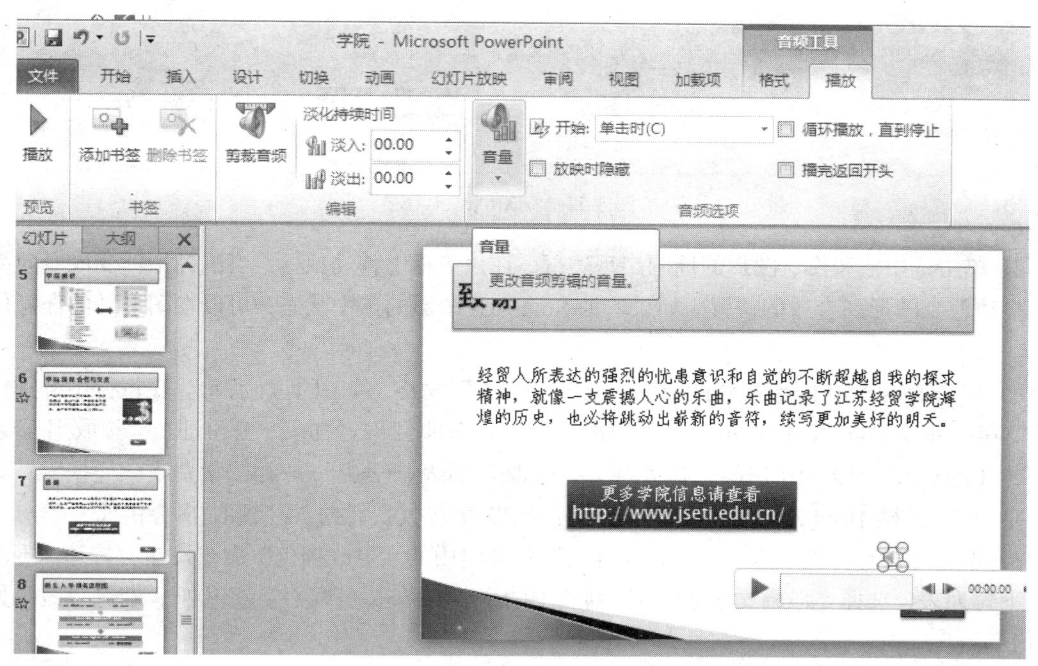

图 4-50　显示“声音”图标

工序 6：插入 SmartArt 图形

1. 通过复制幻灯片的方法制作第八张“新生入学报名流程图”幻灯片，修改标题文本后单击“插入”选项卡“插图”任务组中的“SmartArt”命令按钮，打开“选择 SmartArt 图形”对话框，如图 4-51 所示。

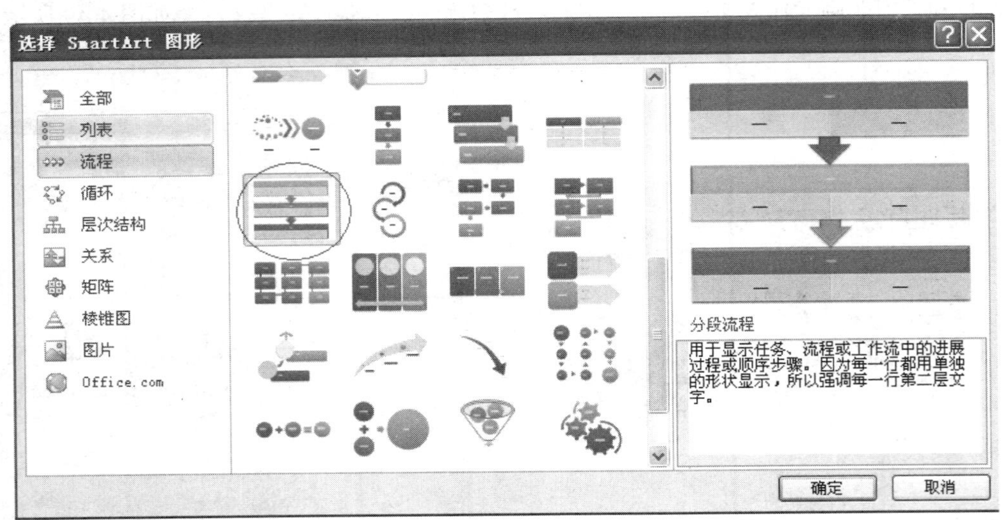

图 4-51 “选择 SmartArt 图形”对话框

2. 单击左边列表中的“列表”，选择“分段流程”，流程图出现在幻灯片中，同时，幻灯片的功能区发生变化，在“格式”选项卡的上方出现“SmartArt 工具”，“格式”选项卡的左边出现“设计”选项卡，如图 4-52 所示。

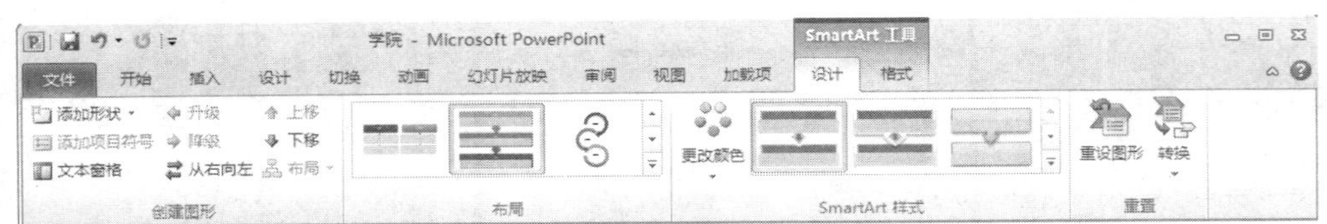

图 4-52 SmartArt 工具

3. 单击选中流程图，图形的周围出现边框，在该边框上移动鼠标，当鼠标指针变成双向箭头时，拖动整个图形到合适的位置。如果取消 SmartArt 图形的选中状态，可以在图形外的任意位置单击。

4. 单击 SmartArt 图形左侧的箭头，打开“文本”窗格，如图 4-53 所示。在每行中分别输入文本“第一步（地点:教 B 楼 206 房间　注册处）”、“携带:录取通知书、身份证”、“领取:注册表”、第二步（地点:综合楼 110 房间　财务科）、“携带:注册表、学费”、“领取:学费收款凭据”、“第三步（地点:教 A 楼 109 房间　宿舍管理处）”、“携带:学费收款凭据”、“领取:宿舍钥匙”。

5. 单击“设计”选项卡“SmartArt 样式”任务组中的“更改颜色”命令按钮，打开“更改颜色”下拉列表，选择“强调文字颜色 1”列表中的“渐变循环-强调文字颜色 1”，幻灯片效果如图 4-54 所示。

6. 选中最后一个形状中的文本“宿舍钥匙”，单击“格式”选项卡“艺术字样式”任务组中

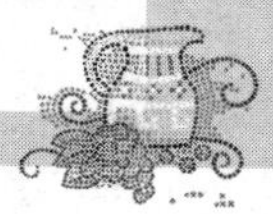

“艺术字样式”的“其他”箭头，打开“艺术字样式库”，选择“选择应用于所选文字”列表中的一种样式，效果如图 4-55 所示。

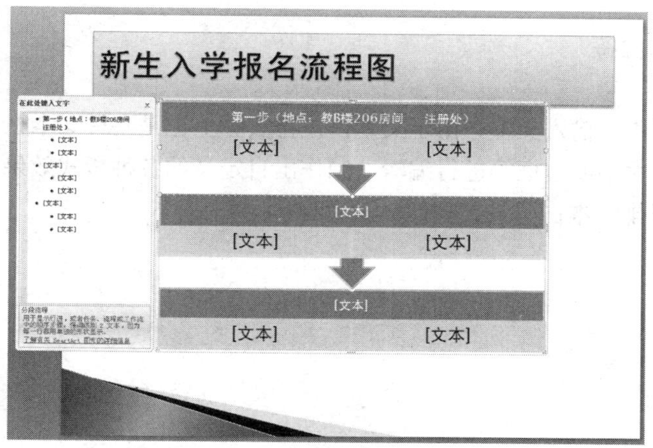

图 4-53　输入文本

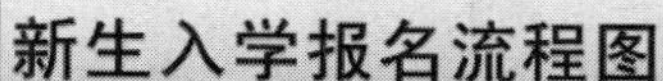

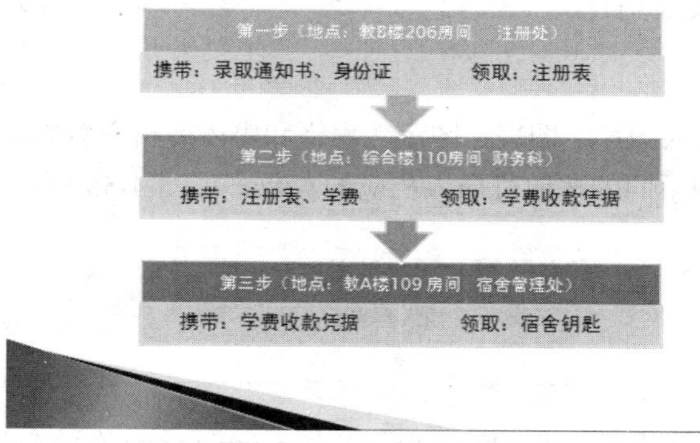

图 4-54　更改颜色

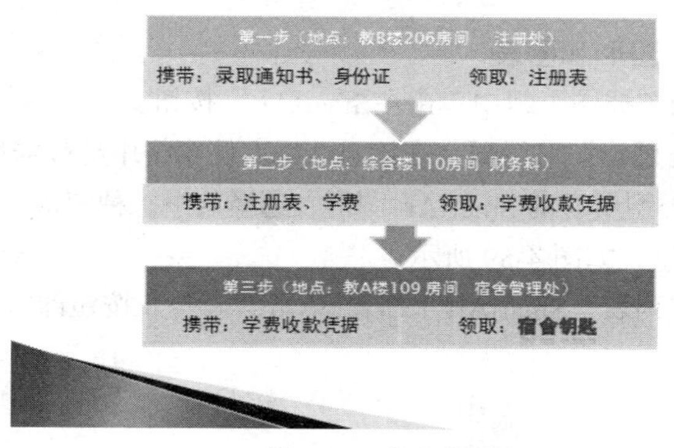

图 4-55　艺术字样式

【知识链接】

链接 1：认识占位符

1．文本占位符

文本占位符主要用于输入文本，由于文本占位符实际上也是一种文本框，因此对于文本占位符，也可对其位置、大小或边框等进行编辑，制作出自定义的各种版式效果。文本占位符可分为横排文本占位符和竖排文本占位符，如图 4-56 和图 4-57 所示。

单击此处添加标题

图 4-56　横排文本占位符

单击此处添加标题

图 4-57　竖排文本占位符

2．项目占位符

项目占位符主要用于插入图片、图表、图示、表格和媒体剪辑等对象。在项目占位符中央有一个快捷工具箱，单击其中不同的按钮可插入相应的对象，如图 4-58 所示。

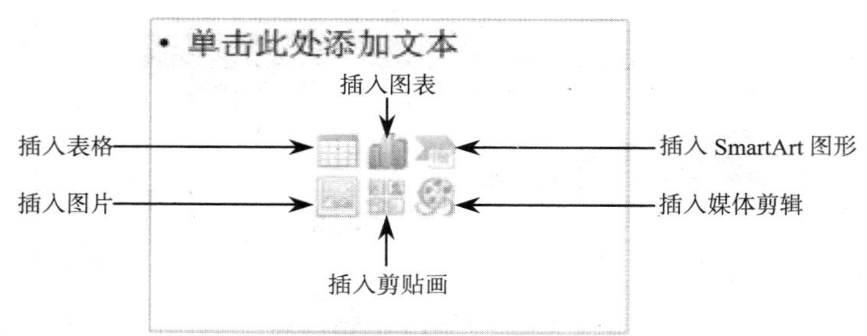

图 4-58　项目占位符

链接 2：插入 SmartArt 图形和图表

1．在“插入”选项卡的“插图”组中单击“SmartArt”按钮。

2．打开“选择 SmartArt 图形”对话框，在该对话框左侧窗格中选择需插入 SmartArt 图形的类型，中间列表中将列出该类型所有的 SmartArt 图形，选择其中一种图形，右侧窗格中将显示预览效果并介绍其基本图形信息，如图 4-59 所示。

3．如选择第一种“基本列表”SmartArt 图形，单击“确定”按钮即可插入基本列表，如图 4-60 所示。

链接 3：调整声音选项

“声音”选项组如图 4-61 所示。

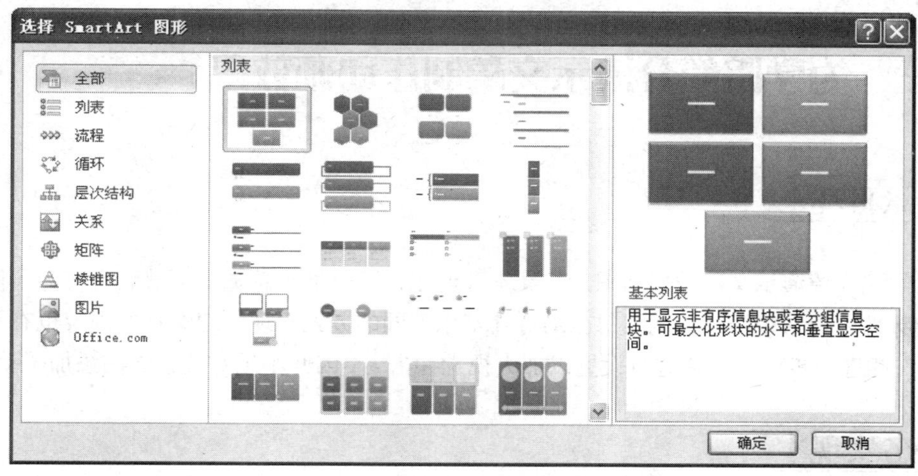

图 4-59　“选择 SmartArt 图形”对话框

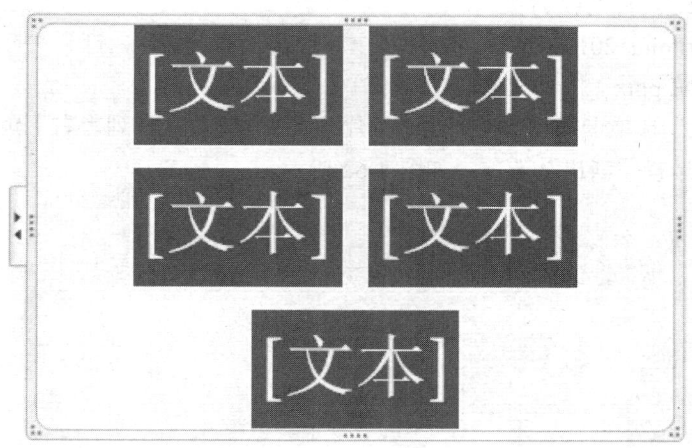

图 4-60　插入的基本列表

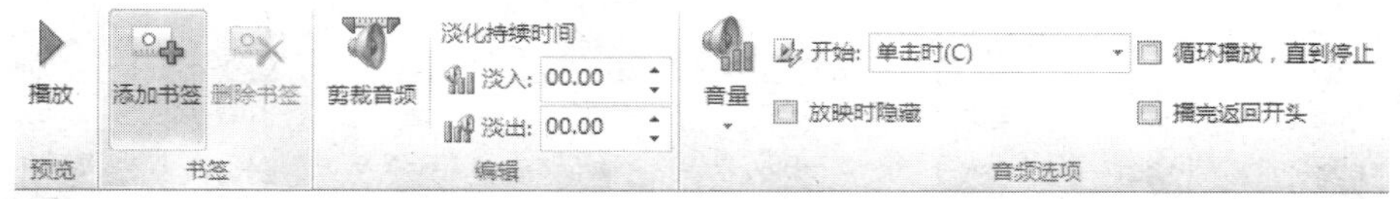

图 4-61　“声音”选项组

- “播放”按钮：单击“播放”按钮可以播放声音或影片。
- “调整音量”按钮：单击“音量”按钮可以设置声音在幻灯片放映时的音量大小，可将音量大小设置为高、中、低或静音。
- “放映时隐藏”复选框：选中“放映时隐藏”复选框，在幻灯片放映时将不显示声音图标，且该选项只有将声音设置为自动播放时才可用。
- “循环播放，直到停止”复选框：选中“循环播放，直到停止”复选框，在该张幻灯片放映期间，声音将循环播放，直到切换到下一张幻灯片时停止。
- “开始”按钮：单击“开始”按钮右侧的下拉列表，可选择播放方式为“自动”、“单击时”或“跨幻灯片播放”选项。

任务三　为学院简介演示文稿制作动画效果

【情景再现】

虽然学院介绍演示文稿中包括图片、文本和音乐，可李老师总觉得不够满意，为了使演示文稿更具趣味性，他希望演示文稿的每张幻灯片都以不同的方式出现，幻灯片的内容也有不同的变换效果，由此进一步对幻灯片进行设置以加大视觉冲击力，因此小乐对演示文稿添加了动画效果。

【任务实现】

工序 1：设置幻灯片切换方案

1. 启动 PowerPoint 2010，选择“文件”→“打开”菜单命令，打开“打开”对话框，在该对话框中选择“学院.pptx”演示文稿。

2. 单击“切换”选项卡的“切换到此幻灯片”组“快速样式”列表右下角的“其他”按钮 ，在弹出的列表框中选择“淡出”选项，如图 4-62 所示。

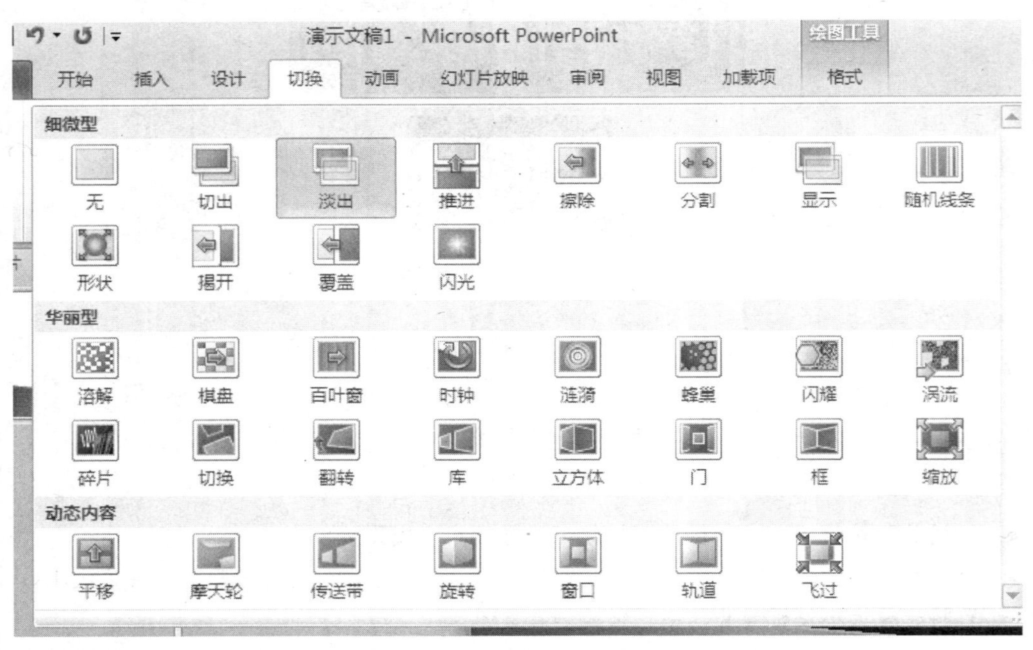

图 4-62　“淡出”选项

3. 在“切换”选项卡的“切换到此幻灯片”组中单击“切换声音”按钮右侧的下拉按钮 ，在弹出的下拉列表中选择“风铃”，如图 4-63 所示。

4. 在“切换”选项卡的“切换到此幻灯片”组中单击“效果选项”下面的下拉按钮 ，在弹出的下拉列表中选择“平滑”选项，如图 4-64 所示。

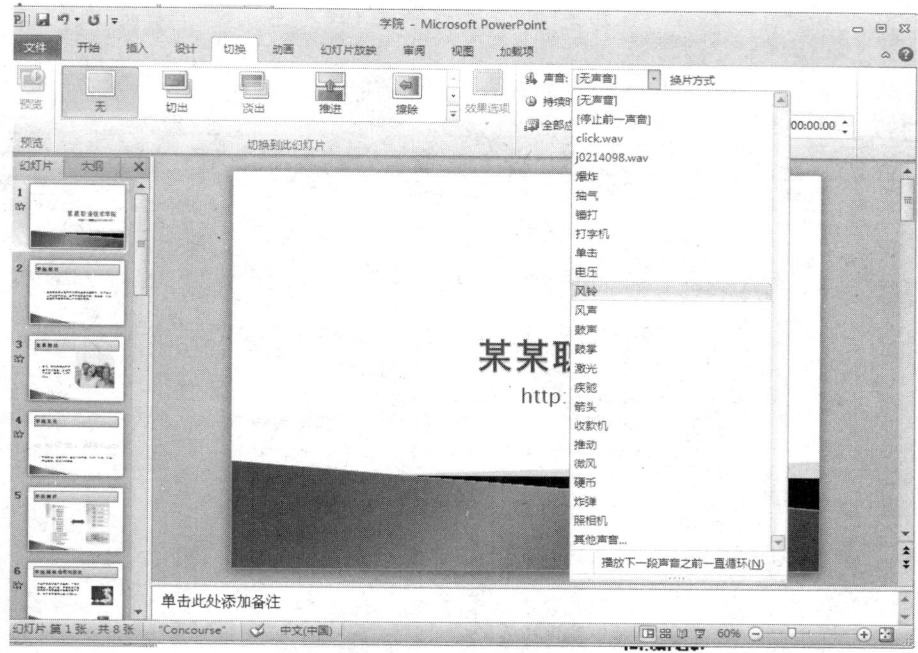

图 4-63 “风铃”声音

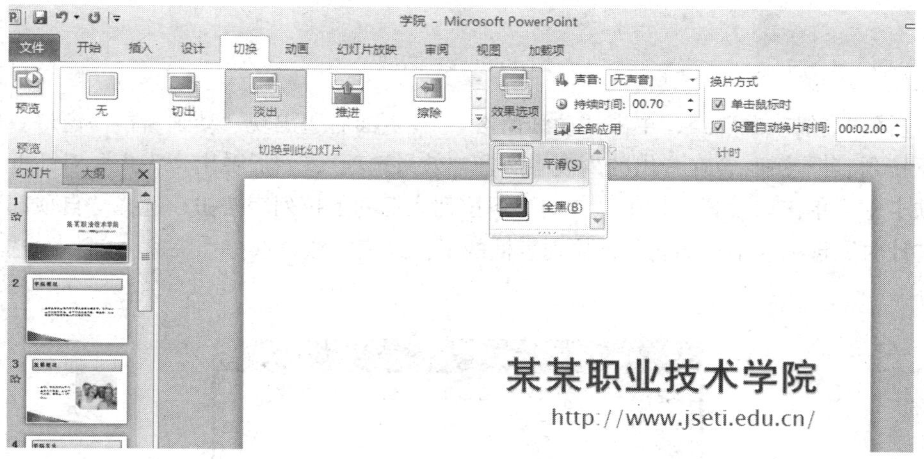

图 4-64 “平滑”选项

5. 在“切换”选项卡“计时”组中“换片方式”栏选中“单击鼠标时”复选框。

6. 设置完成后可单击“切换”选项卡的“预览”组中的“预览”按钮，此时幻灯片编辑区中将播放设置的切换效果。

7. 依次选择其他各张幻灯片，用前面的方法为每一张幻灯片设置不同的切换效果。

工序 2：设置幻灯片动画

1. 选择第一张幻灯片，选中“标题”文本框，在“动画”选项卡的“动画”组中单击“动画”右侧的下拉列表按钮，如图 4-65 所示。

2. 在“动画”选项卡中，单击“高级动画”组中的“添加动画”按钮，在弹出的菜单中选择“进入”→“飞入”菜单命令，如图 4-66 所示。此时为图形添加了动画效果，文本框左侧标注图

标 1 。

图 4-65 “动画”选项卡

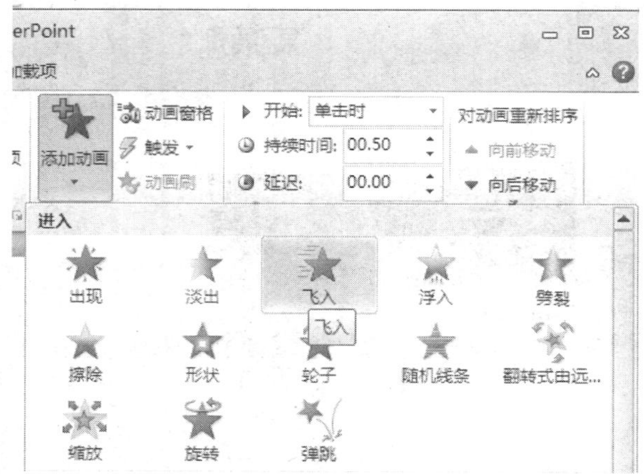

图 4-66 添加效果

3．选择“高级动画”组，单击“动画窗格”，在页面右边出现“动画窗格”窗口。单击“标题 1”下拉列表框按钮 ，在弹出的列表中选择“效果选项”，然后弹出“飞入”对话框。在“效果”选项卡中，单击“设置”栏中“方向”下拉列表框的下拉列表按钮，选择“自顶部”选项，再单击“计时”选项卡中“期间”下拉列表框的下拉列表按钮，选择“快速（1 秒）”选项，如图 4-67 所示。

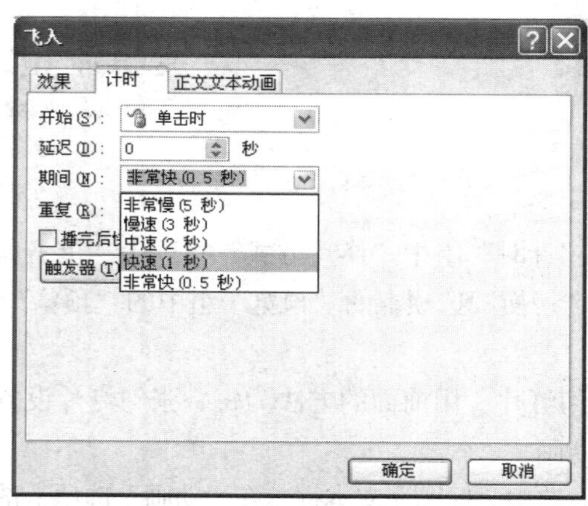

图 4-67 “飞入”对话框

4．选中“副标题”文本框，单击“添加动画”，在弹出的菜单中选择“进入”→“形状”菜单命令，左侧出现标注图标 2 。

5．选择第三张幻灯片，选中图形，单击“添加动画”“按钮，在弹出的菜单中选择“进入”→“旋转”命令，为全部图形同时添加动画效果，如图 4-68 所示。

图 4-68　添加动画效果

6．选择第四张幻灯片，选择“艺术字”，单击“添加效果”按钮，在弹出的菜单中选择“进入”→“飞入”命令，在“动画窗格”的“设置”栏中单击“方向”下拉列表框的下拉箭头，选择“自左侧”选项，再单击“计时”选项卡中“期间”下拉列表框的下拉箭头，选择“快速（1 秒）”选项，如图 4-69 所示。

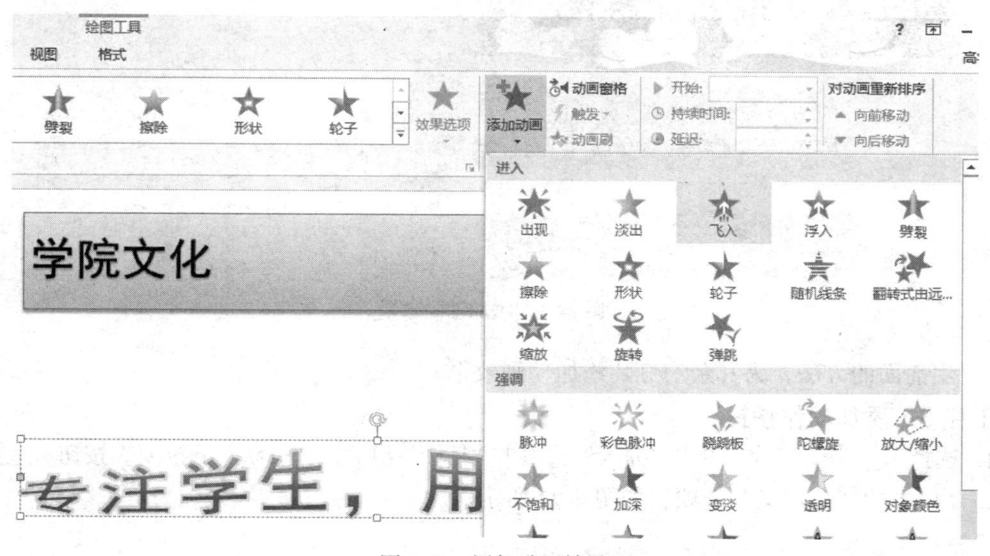

图 4-69　添加动画效果

7．选择第六张幻灯片，可以为文本添加动画效果，先选中“学院……”文本框，为其添加进入时“飞入”的动画效果，再选中文本框中的文本，为其添加进入时“随机线条”的动画效果，如图 4-70 所示。依次设置基他文本框中的动画效果。

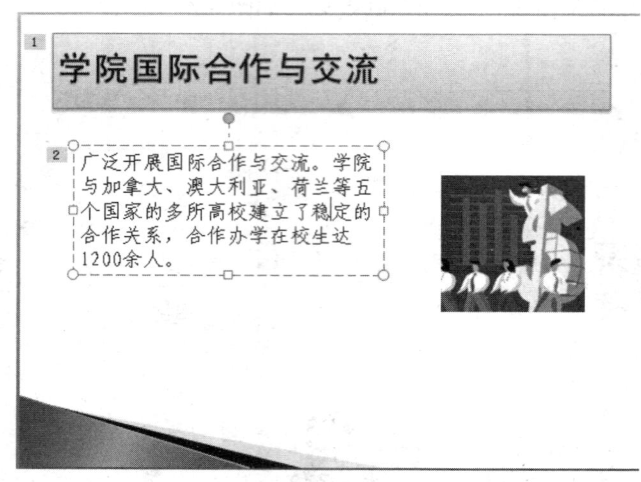

图 4-70　添加动画效果

8．选择第八张幻灯片，可以为 SmartArt 图形添加两种动画效果，先选择 SmartArt 图形，为其添加“进入”→“轮子”动画效果，再次选择 SmartArt 图形，为其添加“退出”→“淡出”动画效果，如图 4-71 所示。

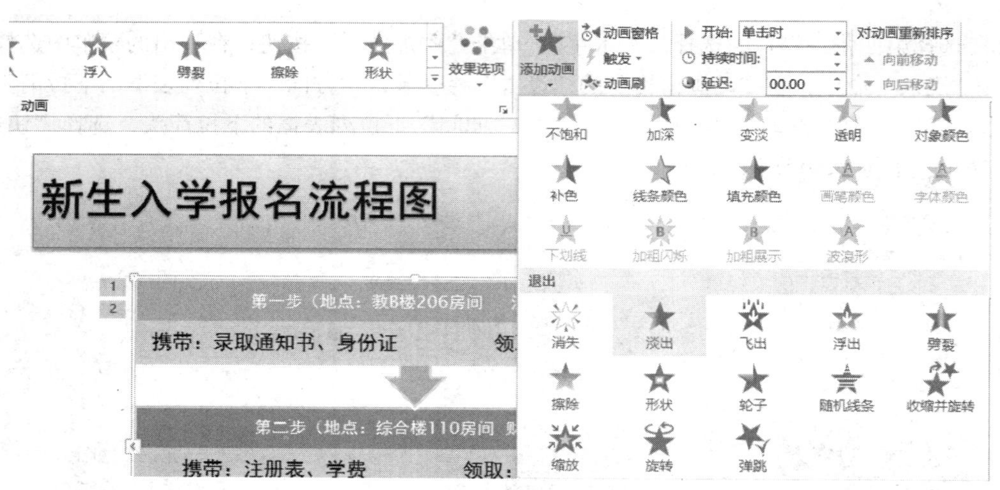

图 4-71　添加动画效果

9．用前面的方法，为其余幻灯片添加动画效果。

工序 3：添加动作按钮

1．选择第二张幻灯片，单击“插入”选项卡“插图”组中的“形状”下拉列表按钮，选择“动作按钮”栏中的“自定义”选项，如图 4-72 所示。

图 4-72　选择“动作按钮”栏中的“自定义”选项

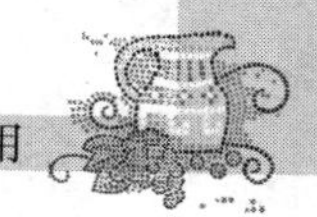

将鼠标移到幻灯片中，拖动鼠标左键绘制一个矩形图形，同时打开“动作设置”对话框，如图 4-73 所示。

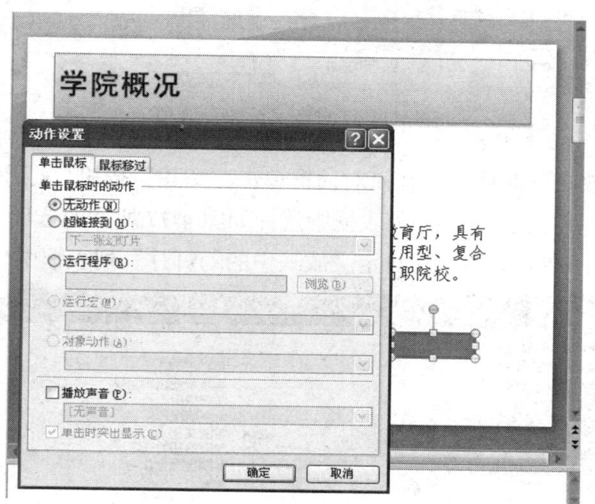

图 4-73　“动作设置”对话框

2．在其中“单击鼠标”选项卡的“单击鼠标时的动作”栏中选中“超链接到”单选按钮，并在其下面的下拉列表框中选择“幻灯片…”选项，如图 4-74 所示。在打开的“超链接到幻灯片”对话框中选择“1.某某职业技术学院”选项，如图 4-75 所示。完成后单击“确定”按钮。

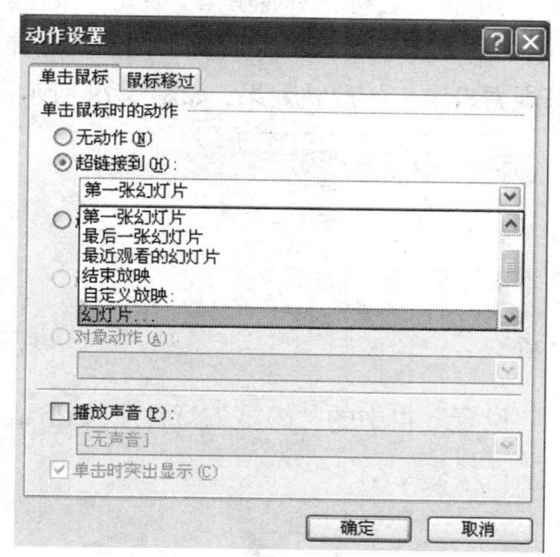

图 4-74　“动作设置”对话框

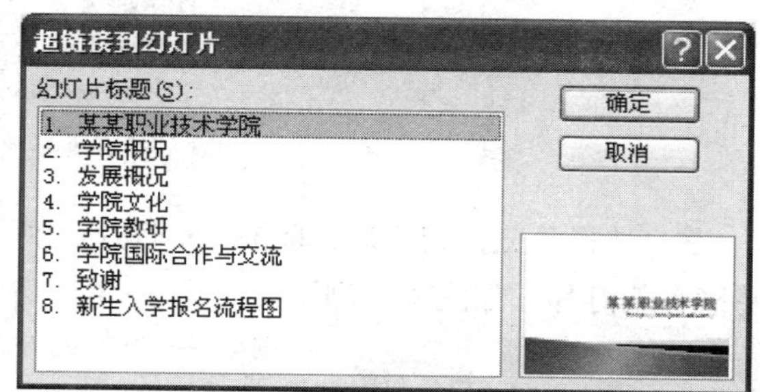

图 4-75　“超链接到幻灯片”对话框

3．选中“播放声音”复选框，并在其下面的下拉列表中选择“单击”选项，单击“确定”按钮，返回“动作设置”对话框，再次单击“确定”按钮，完成动作按钮声音的设置。

4．选中该按钮，在其中输入“返回”文本，选择“格式”选项卡“形状样式”组中的“强烈效果-青绿-强调颜色 1”选项。复制“返回”动作按钮，分别在第六张和第七张幻灯片中执行粘贴操作。

工序 4：放映幻灯片

1．单击“幻灯片放映”选项卡的“开始放映幻灯片”组中“自定义幻灯片放映”按钮，在弹

出的下拉列表中选择“自定义放映”选项，如图 4-76 所示。

图 4-76 “自定义放映”选项

2．打开“自定义放映”对话框，在该对话框单击“新建”按钮，打开“定义自定义放映”对话框，左侧的“在演示文稿中的幻灯片”列表框中选择如图 4-77 所示的选项作为需要放映的幻灯片，然后单击“添加”按钮，在右边的“在自定义放映中的幻灯片”列表框中将显示选择的幻灯片。

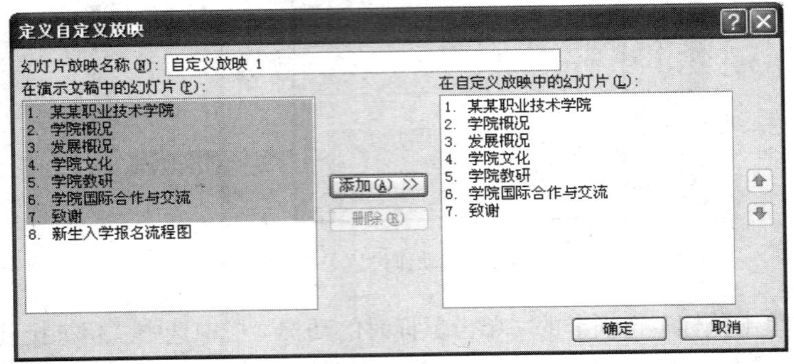

图 4-77 “定义自定义放映”对话框

3．在上方的“幻灯片放映名称”文本框中输入自定义“学院 1”名称，然后单击“确定”按钮。

4．单击“幻灯片放映”选项卡“开始放映幻灯片”组中的“自定义幻灯片放映”按钮，在弹出的下拉列表中将显示“学院 1”选项，选择该选项，即可观看自定义的放映效果，如图 4-78 所示。

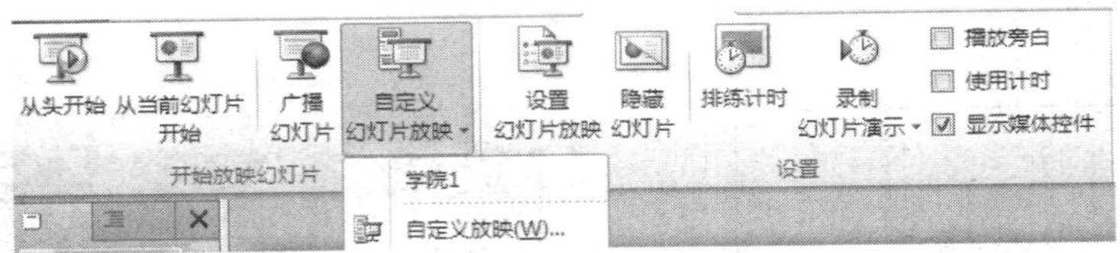

图 4-78 “学院 1”选项

5．选择第三张幻灯片，单击“幻灯片放映”选项卡“设置”组中的“隐藏幻灯片”按钮 ，将隐藏幻灯片，如图 4-79 所示。

图 4-79 隐藏幻灯片

6．单击“幻灯片放映”选项卡“设置”组中的“设置幻灯片放映”按钮，打开“设置放映方式”对话框。

7．在该对话框的“放映类型”栏中选中“演讲者放映”单选按钮，在“放映选项”栏内选中“放映时不加旁白”复选框，在“绘图笔颜色”下拉列表框中选择“黄色”选项，在“换片方式”栏中选中“手动”单选按钮，最后单击“确定”按钮，如图 4-80 所示。

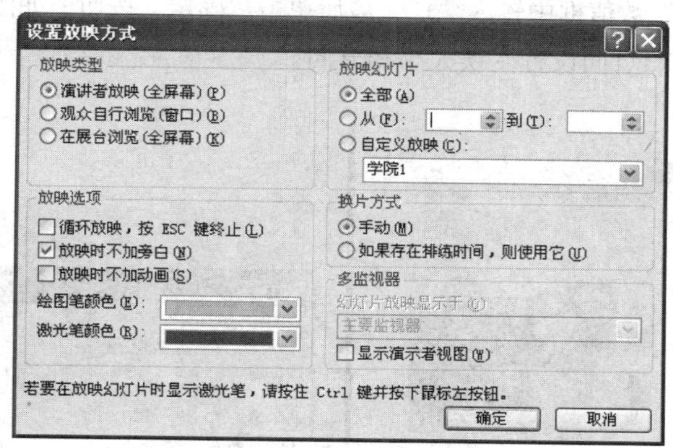

图 4-80　“设置放映方式”对话框

8．按 F5 键，开始放映幻灯片，单击鼠标左键，演示文稿将进行动画效果的切换。

9．在放映幻灯片的过程中，有时需要快速定位幻灯片，可单击鼠标右键，在弹出的快捷菜单中选择“定位至幻灯片”命令，在其子菜单中选择第四张幻灯片，即可快速定位到第四张幻灯片，如图 4-81 所示。

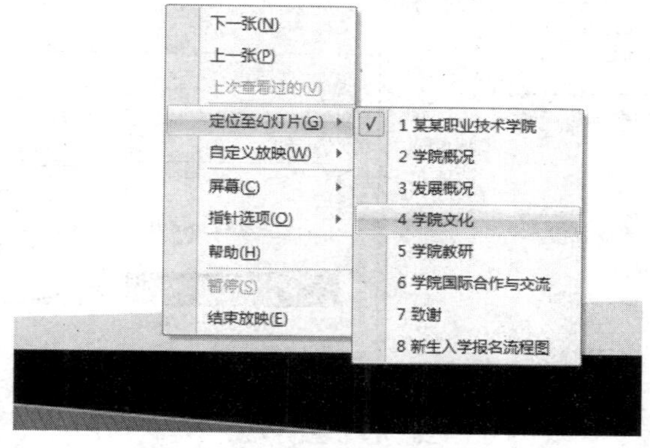

图 4-81　“定位至幻灯片”命令

10. 在放映的幻灯片中通过勾画重点或添加注释使幻灯片中的重点内容更加突出地展现出来，在放映幻灯片时单击鼠标右键，在弹出的快捷菜单中选择“指针选项”→“荧光笔”菜单命令，鼠标指针将转换为“荧光笔”形状。用荧光笔在幻灯片中按住鼠标左键拖动即可标注，如图 4-82 所示。

11．当演示文稿放映完后或按 Esc 键退出幻灯片放映时，将显示是否保存墨迹提示对话框，可选择“保留”或“放弃”。

工序 5：打印幻灯片

1．单击“设计”选项卡“页面设置”组中“页面设置”按钮 。

2．打开“页面设置”对话框，在该对话框的“幻灯片大小”下拉列表框中选择“A4 纸张”，在“幻灯片编号起始值”数值框中输入“1”，最后单击“确定”按钮，如图 4-83 所示，页面设置后幻灯片编辑窗口会按照页面设置变换大小和方向。

图 4-82　用“荧火笔”标注

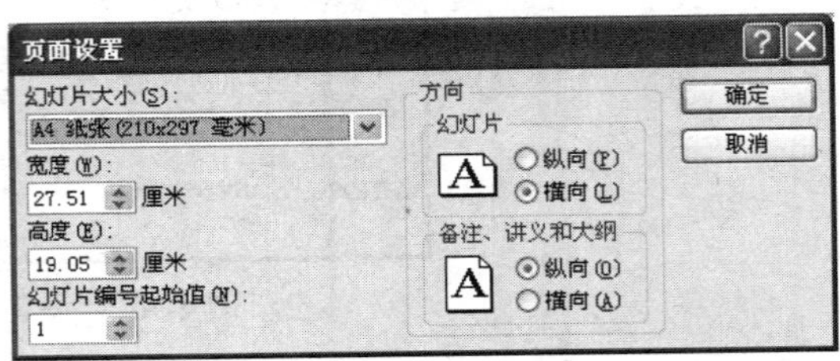

图 4-83　“页面设置”对话框

3．单击“文件”→“打印”命令，在右边出现打印预览视图模式，在“设置”组中单击“打印内容”下拉列表框选择“讲义（每页 2 张幻灯片）”选项，再选择“横向”选项，查看页面设置后的效果，如图 4-84 所示。

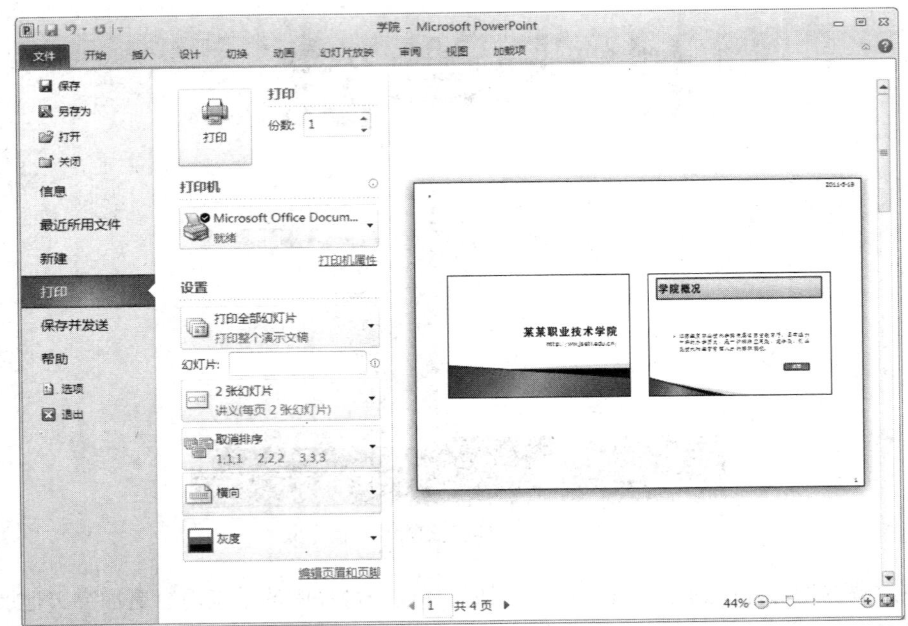

图 4-84　打印预览

4．在“打印机”栏的下拉列表中选择需要的打印机名称，在“设置”栏中选中“打印全部幻

灯片”选项，在“份数”栏数值框中输入“2”，如图 4-85 所示。

5．单击“确定”按钮，打印机将按照打印设置进行打印操作。

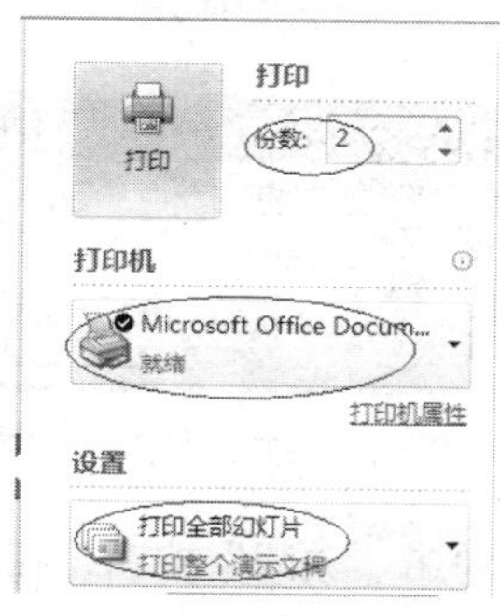

图 4-85　“打印”设置

工序 6：打包演示文稿

1．单击“文件”菜单，在弹出的菜单中选择“保存并发送”→“将演示文稿打包成 CD”菜单命令。

2．打开如图 4-86 所示的“打包成 CD”栏，单击“选项”按钮，打开“选项”对话框，在该对话框中选中“嵌入的 TrueType 字体”复选框，如图 4-87 所示。单击“确定”按钮返回到“打包成 CD”对话框中。

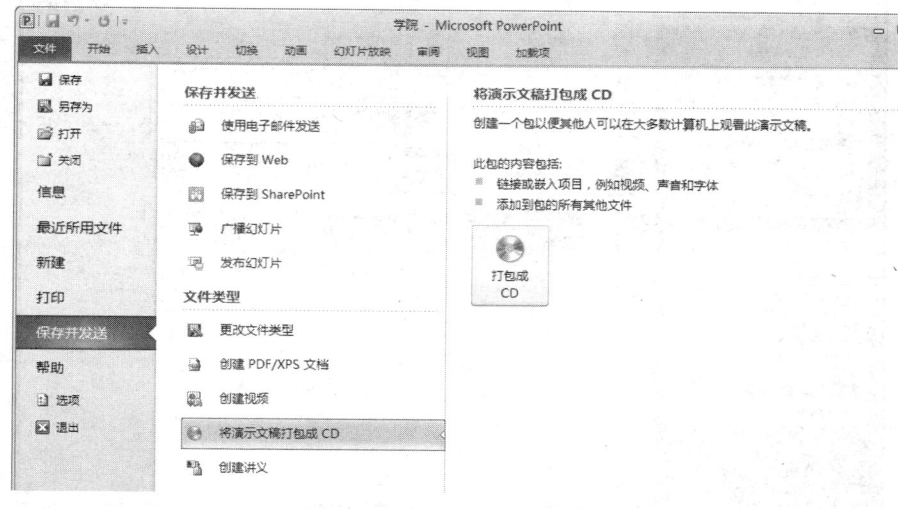

图 4-86　“打包成 CD”对话框

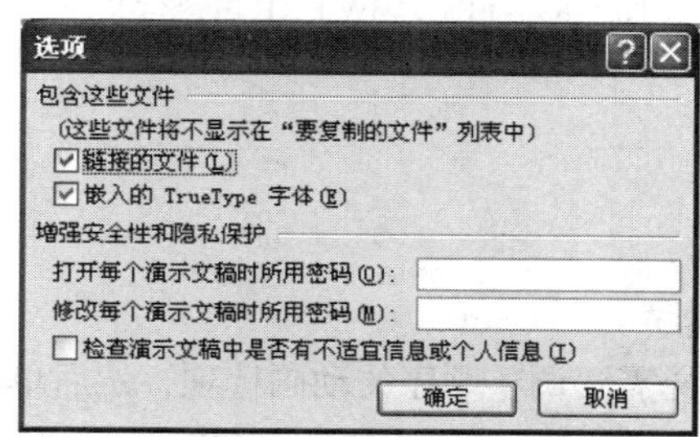

图 4-87　“选项”对话框

3．单击“复制到文件夹”按钮，打开“复制到文件夹”对话框，在“名称”文本框中输入“礼仪培训”文本，然后在“位置”文本框中输入“C:\学院\”保存路径，如图 4-88 所示，单击“确定”按钮，打包后的演示文稿存放到指定文件夹中 z。

图 4-88 “复制到文件夹”对话框

4．返回到“打包成 CD”界面，单击“关闭”按钮，在此过程中将弹出“正在将文件复制到文件夹”提示框，稍后将完成幻灯片打包。

5．打开保存位置，查看打包后的“学院”文件夹，如图 4-89 所示。

6．在该文件夹中，双击名称为“PPTVIEW.EXE”的可执行文件，在第一次打开时将打开“同意协议”页面，在该页面中单击“接受”按钮，打开 Microsoft Office PowerPoint Viewer 对话框，在列表框中选择“学院”演示文稿，单击“打开”按钮即可放映该幻灯片。

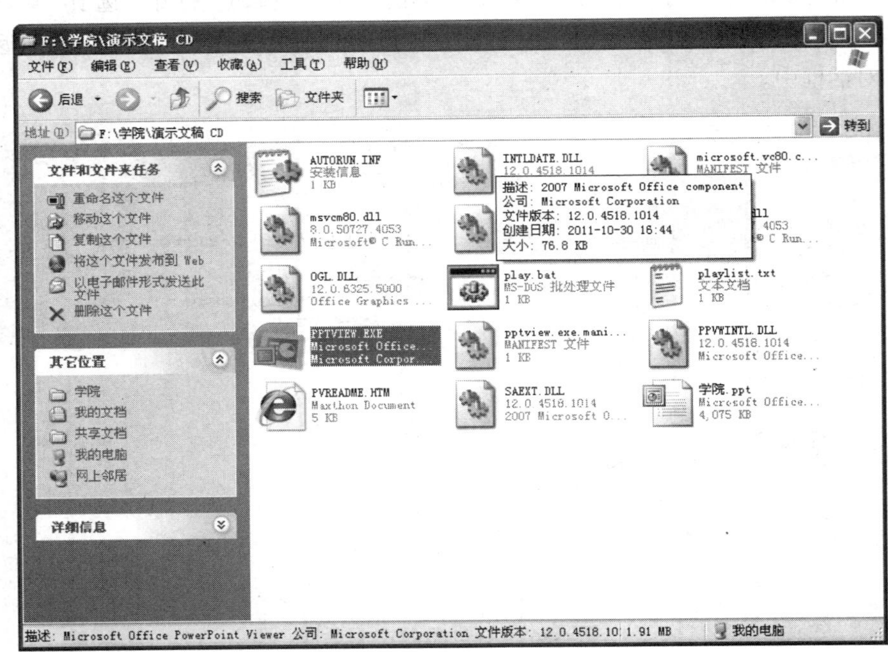

图 4-89 PPTVIEW.EXE 可执行文件

【知识链接】

链接 1：设置动画播放顺序

在“动画效果”列表中选择需要调整顺序的动画选项，然后单击“重新排序”左侧的按钮可将当前选项上移一位，单击按钮可将当前选项下移一位。

在“动画效果”列表中选择需要调整的动画选项，按住鼠标左键拖动可调整其播放顺序。

链接 2：设置动作路径动画效果

1．选择动作路径

选择需要设置动画效果的对象后，在“动画”选项卡选择“高级动画”组，单击“添加动画”下拉列表按钮，选择“动作路径”→“其他动作路径”菜单命令，打开“添加动作路径”对话框，在其中选择需要的动作路径，如图 4-90 所示。

按 Shift+F5 键放映当前幻灯片，单击图形将按“心形”路径移动。

2．绘制动作路径

除了可以选择系统提供的路径，还可以手动绘制路径，选择需要设置的对象，在“自定义动画”窗格中单击“添加动画”按钮，选择“动作路径”→“自定义动作路径”命令，如图 4-91 所示。

图 4-90　虚线动作路径　　　　图 4-91　选择曲线动作路径

将鼠标光标移动到幻灯片中，当指针变为“+”字形或笔形时，拖动鼠标绘制所需的路径。

【知识评价】

实训一　PowerPoint 2010 的基本操作

【实训目的】

1．了解 PowerPoint 2010 演示文稿及幻灯片的基本操作。

2．练习在 PowerPoint 2010 中输入并编辑幻灯片的内容，以及应用设计模板和配色方案。

3．练习幻灯片放映及打包演示文稿。

【实训内容】

为了在中秋时节展示中华美食月饼，要求制作月饼相册。要求展示提供的图片素材，并为图片配简单的说明。

1．创建幻灯片文件“糕点节.PPTX”。

2．使用“创建相册”功能，插入文件夹中的图片“snoopy 月饼”、“叮当猫月饼”、“米豆果月饼”、“奶薄荷月饼”、“南瓜月饼”、“双黄月饼”。每页显示两张图片，带标题，图片相框的形状

为“椭圆形”。

3．定义文件母版的格式。标题字号为 44，字体为隶书，颜色为蓝色，各级标题字体为华文新魏，字号使用默认值，颜色为蓝色。在母版上添加图片“加菲猫月饼”，适当缩小，放置在页面左上角。

4．第一页标题为“糕点节”，幅标题为“中秋特辑”。第二至第四页标题分别为“明星月饼”、“风味月饼”、“营养月饼”。为所有的图片添加注释，注释文本为图片中月饼的名称，注释的形状为自选图形中的“云形标注”。

5．制作导航器。选择自选图形中的“横卷形”，添加文本“明星月饼”、“风味月饼”、“营养月饼”，并将它们分别链接到相应的页面；字体为华文彩云，字号为 18，颜色为蓝色；为导航器设置动画，进入方式为单击时快速“渐变缩放”。把导航器放置到所有页面。

制作完成后幻灯片的效果如图 4-92 所示。

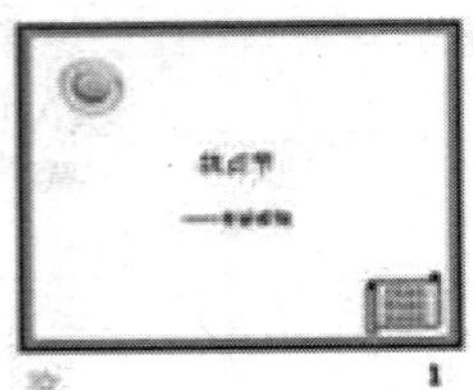
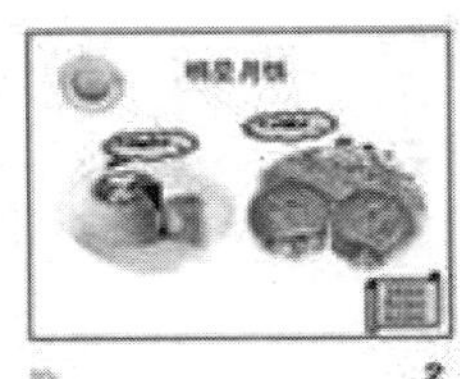
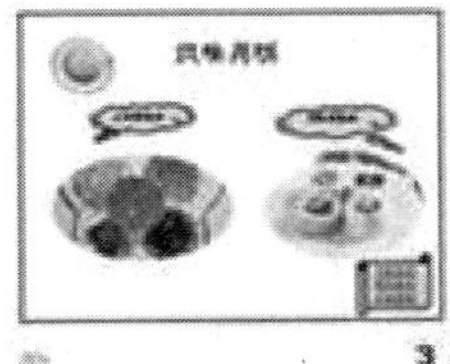
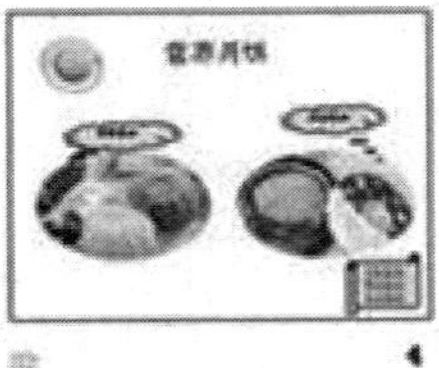

图 4-92 “糕点节”幻灯片示例

实训二 制作学校的宣传片

【实训目的】

1．掌握在演示文稿中添加、删除幻灯片的方法。
2．掌握演示文稿中插入图片及其他多媒体对象的方法。
3．掌握演示文稿动画设置方式。
4．掌握超链接的制作方法。

【实训内容】

1．制作一个关于学校的演示文稿，至少 6 张以上幻灯片。
2．演示文稿中应包含图片声音 flash 动画等多媒体对象。
3．演示文稿中要有自定义动画的设置以及页面切换效果设置。
4．演示文稿中每页要包含超链接。

学习单元五

计算机基础应用

学习目标

【知识目标】

- 识记：计算机的发展；计算机的类型；计算机病毒的概念、特征、分类与防治；计算机网络信息安全的概念和防控。
- 领会：计算机的应用领域；计算机中数据的表示、存储与处理。

【技能目标】

- 能够配置计算机并会验机。
- 能够组装台式计算机。
- 能够使用杀毒软件和防火墙软件。
- 能够理解数制的特点并在不同数制之间的数值转换。

任务一　配置一台个人电脑

【情景再现】

小乐经过前面学习，对计算机操作使用已经有了基本的了解，所以现在她想拥有一台自己的计算机。她决定去市场转转，了解计算机的基本配置及参数，配置一台属于自己的计算机。

【任务实现】

如今家用电脑的用途越来越广泛，看电影、网上冲浪及游戏等娱乐项目成为了家用电脑的主要用途。其中，网络游戏最为热门，许多上班族喜欢用网游打发自己的闲暇时间。但游戏对于机器配置要求越来越高，性能不错的独立显卡和大容量内存已是必不可少的配置。怎样才能选到适合自己的电脑呢？对于没有购买经验的小乐来说，市场上复杂的品牌和机型让她眼花缭乱，但还是可以从中找到不少超值机型。首先看两台计算机配置，如图 5-1 和图 5-2 所示。

操作系统	正版 Windows® 7 家庭高级版 64位
处理器	英特尔® 酷睿™ i7 处理器740QM
规格	1.73GHz主频(可睿频加速至 2.93GHz)，6MB缓存
显卡	HD5650 128bit高性能独立显卡
显存	独立显存1GB，最大共享显存2783MB
内存	4G DDR3
硬盘	2TB7200转高速SATAII防震硬盘
光驱	Slot-in Blue-ray Combo蓝光刻录光驱
显示器	23寸＋多点触摸＋16:9全高清＋LED屏＋可壁挂＋内置数字模拟双模电视卡
摄像头	动感高清晰摄像头
音响	内置高保真多媒体音箱
麦克风	内置麦克
键盘鼠标	蓝牙超薄无线键盘，三合一空中鼠标(互动游戏＋空中鼠标＋桌面鼠标)
智能感应	魔幻追踪摄像/智能测光测距
蓝牙	内置蓝牙模块，支持最新蓝牙2.1＋EDR标准
无线传输	内置无线网卡，支持802.11n无线传输
数据传输	1394接口 /集成麦克 /5合一读卡器 /HDMI-OUT高清视频输出接口 /SPDIF-OUT数字音频输出接口 /ESATA接口 /AV-IN音视频输入接口

图 5-1　联想一体机 IdeaCentre A700 至尊型规格参数

处理器	英特尔® 酷睿™2 双核处理器 T6670(2.2GHz)
操作系统	正版 Windows® 7 家庭普通版 推荐升级至正版 Windows® 7 专业版
前端总线/二级缓存	800MHz/2MB
有限保修期限及类型	1年部件和人工,客户送修
屏幕类型	15.6" HD LED背光显示屏
分辨率	1366x768
外部显示支持	是
内存	2GB/8GB (标准/最大)
速度	1066MHz
类型	PC3-8500 DDR3内存
插槽总数(可用)	2个(1个)
硬盘	250GB
硬盘类型	SATA
硬盘转速	5400转
迅盘	--

图 5-2　联想笔记本 ThinkPad SL510 28475ZC 规格参数

显卡	ATI Mobility Radeon HD 4570
显存	256MB DDR3
光驱	Rambo
光驱接口类型	SATA
可拆卸	否
音频特性	耳机/麦克风插孔
集成摄像头	有
声卡芯片	Realtek高保真
集成扬声器数量	2
无线局域网卡	ThinkPad BGN
内置3G网卡	无
3G USIM 卡	无
天线	UltraConnect
网卡	Realtek千兆网卡
蓝牙	–
调制解调器速度	–
国际范围 A/C兼容性	是

图 5-2　联想笔记本 ThinkPad SL510 28475ZC 规格参数（续）

工序 1：选购电脑的准备工作

在挑选电脑时往往非常迷茫，不知道究竟哪一款才是真正适合自己。比如说英特尔和 AMD 的选择，独立显卡和集成显卡的选择，轻薄小巧的小本和配置强劲的大本，价格的选择等。而现在的电脑品牌很多，每个品牌都有能够满足用户要求的机型。所以选购电脑建议从以下几个步骤进行。

1．购买定位

购买电脑首先应该考虑用途。确定了用途就可以根据自己的需要选择适合自己的电脑。如果经常使用大型软件，就可以选择高速 CPU 大内存的机型。如果多用于游戏，可选择高性能的显卡。考虑便携性能或者作为台式机使用，可以对应选择小尺寸或者大尺寸的笔记本。

2．网上调研

现在的电脑配置已经非常透明化，如果同样的配置，不同的品牌，那么价格区别主要在于牌子的价格、售后的价格、模具的不同等。如果有时间，上网搜索一下就能找到想要的答案。

3．实地考察

有的时候网上的资料消息可能会滞后，所以在决定购买之前，有必要亲自跑一趟，去市场做个调研，收集信息，实地比较。

工序 2：选购电脑

1．CPU。笔记本电脑的处理器，目前主流的为 Intel 酷睿 i3、i5、i7，数字越大，性能就越好，速度就越快。

2．显示屏幕。液晶显示器是笔记本电脑中最为昂贵的一个部件。屏幕的大小主流为 14.1 英寸，也有 15 英寸的，如果用户经常出差的话，建议选择一些超薄、超轻型笔记本，屏幕在 12～13 寸，如果用户是在办公室使用，不妨选择大一点的，这样看起来比较舒适。不过笔记本电脑的大小与价格是成反比的，越小越贵。

3．内存。虽然目前 2GB 已是很够用了，但是如果加装到 4GB，使用 Win7 就比较顺了，目前内存均以 DDR 为主流。

4．硬盘容量。目前笔记本的容量基本都高于 320GB。但如果有很多多媒体文件要储存，就要选择尽量大容量的硬盘。

5．光驱。目前流行搭配 DVD 光驱，甚至配置 CD-RW（可刻录）光驱，要注意光驱读盘的稳定性、读盘声音、读盘时的纠错能力、光驱速度等。

6．电池和电源适配器。尽可能选购锂电池，而对于电源适配器，在选购时要应该注意在长时间工作以后电池的温度，如果温度太高就不正常。

7．网络功能。现在笔记本电脑，把网络功能列为标配了，一般都会配置一到两张有线网卡和无线网卡。

8．扩充性。应充分考虑产品的扩充性能和可升级性。例如，使用最频繁的 USB 接口，肯定是较多点好，可以很轻易地接上数字相机、扫描仪、鼠标等各种外设。

9．是否预装操作系统。没有预装操作系统，就是所说的“裸机”。这样对系统的稳定性有一定影响。

10．品牌。买笔记本电脑最好不要只求便宜或规格高。品牌保证在购买笔记本电脑时是很重要的，因为一般品牌形象好的公司，通常会在技术及维修服务上有较大的投资，并反映在产品的价格上。此外，在软件以及整体应用的搭配、说明文件、配件等方面也会较为用心。在询问价格的同时，还应关注保修及日后升级服务的内容。尤其是保修服务方面，有些公司提供一年，有些公司则是三年的保修服务。有些公司设有快速维修中心，有些则没有。而保修期间的维修、更换零件是否收费各品牌也不尽相同。

工序 3：验机

根据以上原则配置一台笔记本电脑，就可以让店家拿出所需要型号的笔记本电脑准备验机了。

1．检测外观

一台全新的行货电脑都应该是完整密封的，拿到的时候要仔细检查封条完好后再拆机查看内部，水货机器大多是拆过的。拆机后看机器外观，是否有磨损，细微缝隙处是否有污垢、灰尘，电池接点等是否有磨痕。

2．检查电池

检查电池是否有灰尘或使用痕迹，原包装电池应该剩余一定电量，待售状态下电量会自然减少，100%电量反而不一定正常。有些商家拿旧电池当新电池卖，换掉原装电池。

3．检查键盘

各按键是否正常，Fn 各功能键是否有效。查看了一下键盘灯是否正常，键盘键帽是否有磨损的痕迹，如果使用过一段时间，必然会在表面留下油亮的痕迹。

4．检查接口

检查 COM 口、串口、USB 接口等都是否可用，还有接口附近的外观。还可以利用 AIDA 软件，这款软件可以详细地显示出 PC 每一个方面的信息，支持上千种主板，上百种显卡，可以对

并口/串口/USB 等 PNP 设备进行检测，支持对各式各样处理器的侦测，并可以进行性能测试。

5．开机检验

打开机器电源，按 F1 进入 BIOS，确认机器的 sn 序列号是否能够核对上，查看核心硬件配置情况。每一款机器都应该在机身上有一个唯一的序列号，这个序列号同时会被标示在包装箱和保用证书上面（有些厂商的保用证书的序列号栏是要你自己填写的）。看是否一致，否则就说明机器被人调过包。

6．检验屏幕

DisplayX.exe 是经典的屏幕检测软件，提供了不同形式的屏幕检测，使用这个软件可以检查出显示屏是否有坏点。首先选择主界面菜单上的“常规完全测试”，在常规检测的过程中，软件将附加多个不同颜色的纯色画面，在纯色画面下可以很容易地找出总是不变的亮点、暗点等坏点，而要测试延迟时间可以在主界面上选择“延迟时间测试”，软件将弹出一个小窗口，在小窗口中有 4 个快速移动的小方块，每一个小方块旁有一个响应时间，指出其中响应速度最快并且能够支持显示、轨迹正常并且无拖尾的小方块，其对应的响应时间也就是该液晶显示器的最高响应时间。

也可手动检测屏幕，在桌面上击鼠标右键，选择“属性”命令。先把背景图片设成无，然后在外观中改变桌面颜色。依次改变成黑、白、红、蓝、绿，在每种颜色下仔细观察屏幕是否有异色点（注意去除表面灰尘），如果有发现有问题就要求调换产品，未发现异常则说明屏幕完好无坏点。

7．检测 CPU

在购买笔记本电脑时，面临的主要问题是检验笔记本电脑是否使用了专用的移动型 CPU，移动型 CPU 比台式机 CPU 具有更小的发热量，利于系统稳定性。用 Intel Processor Frequency ID Utility 测试软件可以检查处理器中的内部数据，并将此数据与检测到的操作频率进行比较，最终会将系统总体状态作为比较结果通知用户。它包括 Frequency Test 和 CPU ID 两个功能相互独立的标签。

Frequency ID 标签所报告的信息包括处理器品牌名称、期望的微处理器操作频率、当前的微处理器操作频率、期望的系统总线操作频率、当前的系统总线操作频率、已测试的处理器（仅限于 Windows NT 4 和 Windows 2000 中使用的双处理器/多处理器）。

CPU ID 标签会提供处理器品牌名称、处理器类型、处理器系列、处理器型号、处理器步进、高速缓存信息、包装信息、系统配置、处理器特性等信息，以帮助识别英特尔微处理器。

8．检测硬盘和内存

对于新的笔记本电脑来讲，硬盘和内存不会有太大的问题，主要注意的应是其存在的一些隐患，如损坏扇区、兼容性等问题。对于二手笔记本，由于使用寿命的限制，这两个问题就更加突出了。如果哪个簇区用时过长或者出现硬盘转速改变频繁、出现异常声音，说明该硬盘一定有问题。HDTune、CPU-Z、诺顿磁盘医生都是用于硬盘检测的。可以测试出内存的大小、速度、数量、老化情况等。还可以检测内存情况，比如买的是 2GB 内存机型，那么该软件可以检测出是由单条 2GB，还是双条 1GB 内存组成，新版的 CPU-Z 可以支持 GPU（显卡芯片）检测。

9．检测光驱

通过 Nero InfoTool 这款软件可以了解到光驱的生产厂商和具体型号，还能看到光驱的读写速度、Firmware（固件）版本、缓存大小、支持的盘片种类以及一些 DVD 特性（如果光驱支持 DVD）等参数。虽然该软件不大，但功能较多，设计较为贴心。

10．检测其他设备

EVEREST（原名 AIDA32）一个经典的硬件全盘检测工具，它可以详细地显示出 PC 每一个方面的信息。支持上千种（3400 种以上）主板，支持上百种（360 种以上）显卡，支持对并口/串口/USB 等 PNP 设备的检测，支持对各式各样处理器的侦测。

11．查看系统信息

打开"开始"菜单，进入"控制面板"，在大图标状态下打开"系统"链接，就可以看到这台计算机的基本系统配置，包括安装的操作系统、内存大小、CPU 的型号等，如图 5-3 所示。

12．检查音响

检查音响可具体参照部分"链接 9"中列出的基本参数。

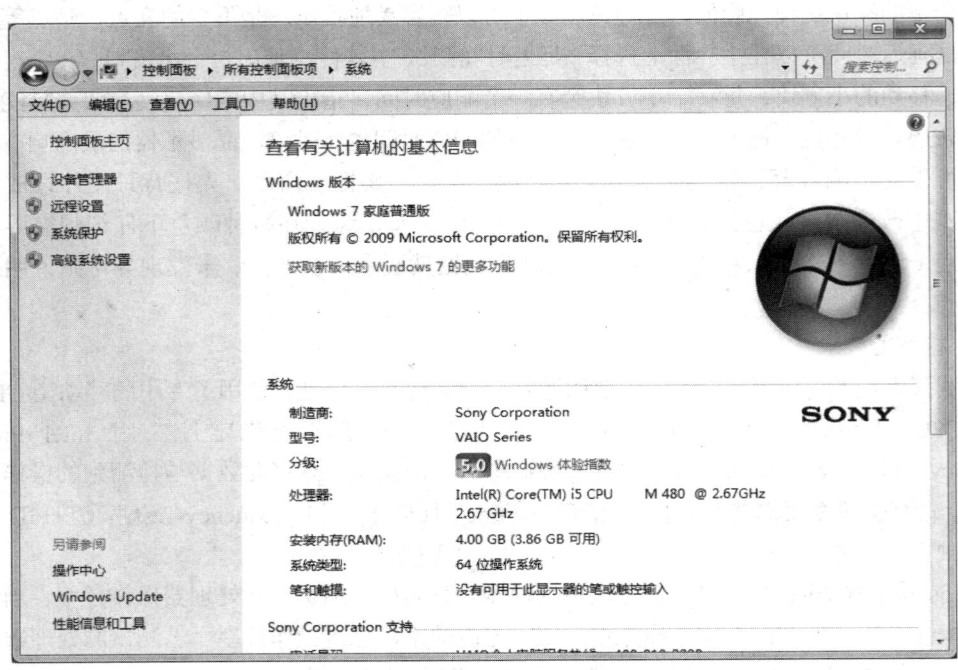

图 5-3　计算机系统信息

经过上面的步骤，检查无误后就可以付款提货了。这里还有个烤机的过程，就是电脑运行 24～72 小时不关机，每个功能都要用，看是否有问题发生。如果这个阶段不出问题，说明电脑稳定性基本过关，如果出现问题，立刻找商家解决，调换配件。

【知识链接】

链接 1：CPU

判断一台计算机性能的好坏，首先要看 CPU，它是一台计算机的运算核心和控制核心。其功能主要是解释计算机指令以及处理计算机软件中的数据。CPU 从存储器或高速缓冲存储器中取出指令，放入指令寄存器，并对指令译码。它把指令分解成一系列的微操作，然后发出各种控制命令，执行微操作系列，从而完成一条指令的执行，如图 5-4 所示。在选择 CPU 的过程中需要考虑如下性能指标。

1．主频

图 5-4　CPU

也叫时钟频率，单位是兆赫（MHz）或千兆赫（GHz），用来表示 CPU 运算和处理数据的速度。早期 CPU 的主频是 4.77MHz，现在 CPU 的主频已经超过了 3GHz。

2．外频

外频是 CPU 的基准频率，单位是 MHz。它决定着整块主板的运行速度。

3．倍频

倍频是指 CPU 主频与外频之间的相对比例关系。在相同的外频下，倍频越高 CPU 的频率也越高。一般工程样板的 CPU 都会锁了倍频，只有少量的 CPU（如 Intel 酷睿 2）是不锁倍频的，用户可以自由调节倍频，调节倍频的超频方式比调节外频稳定得多。

4．核数

核数是指 CPU 内部运算内核的数目。2005 年 Intel 公司推出了第一款双核 CPU，现如今四核 CPU 已成为主流。

5．字长

CPU 在单位时间内（同一时间）能一次处理的二进制数的位数。能处理字长为 8 位数据的 CPU 通常就叫 8 位的 CPU。同理，32 位的 CPU 就能在单位时间内处理字长为 32 位的二进制数据。早期的 CPU 字长为 8 位，16 位和 32 位。现如今市面上的 CPU 字长都为 64 位。

6．缓存

缓存大小也是 CPU 的重要指标之一，而且缓存的结构和大小对 CPU 速度的影响非常大，CPU 内缓存的运行频率极高，一般是和处理器同频运行。缓存容量越大，CPU 处理速度越快。

链接 2：主板

主板的性能决定整台计算机的性能。主板安装在机箱内，是计算机最基本的部件。是安装所有计算机配件的平台，是微处理器与其他部件连接的桥梁，如图 5-5 所示。现在市面有大几百种主板，如何选一款合适的主板，首先要考虑以下原则。

图 5-5　主板

1．工作稳定，兼容性好。

2．功能完善，扩充力强。

3．使用方便，可以在 BIOS 中对尽量多的参数进行调整。

4．厂商有更新及时、内容丰富的网站，维修方便快捷。

此外，还要看主板中下面的组件。

1．芯片组

一个主板上最重要的部分可以说就是主板的芯片组了，主板的芯片组一般由北桥芯片和南桥芯片组成。北桥芯片主要负责实现与 CPU、内存、AGP 接口之间的数据传输，同时还通过特定的数据通道和南桥芯片相连接。南桥芯片主要负责和 IDE 设备、PCI 设备、声音设备、网络设备以及其他的 I/O 设备的沟通。

2．总线扩展槽

总线扩展槽用来插接外部设备，如显卡，声卡等。它包括 ISA、PCI、AGP 等。目前市面上主要是 PCI 和 AGP 两种，ISA 已经逐渐退出历史的舞台。

3．内存插槽

内存插槽一般位于 CPU 插座下方，专门用来固定内存条。一个主板有多个内存插槽，可以根据需要扩大内存容量。

4．接口

（1）硬盘接口。用来连接硬盘和光盘驱动器，分为 IDE 接口和 SATA 接口。

（2）COM 接口（串口）。目前大多数主板都提供了两个 COM 接口，分别为 COM1 和 COM2，作用是连接串行鼠标和外置 Modem 等设备。

（3）USB 接口。是现在最为流行的接口，最大可以支持 127 个外设，并且可以独立供电，其应用非常广泛。USB 接口可以从主板上获得 500mA 的电流，支持热拔插，真正做到了即插即用。

（4）LPT 接口（并口）。一般用来连接打印机或扫描仪。

链接 3：内存

衡量计算机性能的第三个重量的部件是内存，图 5-6 所示为三星 DDR 4 内存。内存是用来存储运行的程序和数据，CPU 可方便地直接访问，是与 CPU 沟通的桥梁，计算机中所有程序的运行都是在内存中进行的，因此内存的性能对计算机的影响非常大。其作用是用于暂时存放 CPU 中的运算数据以及与硬盘等外部存储器交换的数据。只要计算机在运行中，CPU 就会把需要运算的数据调到内存中进行运算，当运算完成后 CPU 再将结果传送出来，内存的运行也决定了计算机的稳定运行。内存包括随机存储器（RAM）、只读存储器（ROM）、以及高速缓存（CACHE）。

图 5-6　三星 DDR 4 内存条

内存条是由内存芯片、电路板、金手指等部分组成的。目前市面上有 3 种型号的内存条，分别是 SDRAM、DDR 和 RDRAM。SDRAM 最便宜，性能也最差，已经逐渐淡出市场；RDRAM 最贵，性能也最好，通常用于高端计算机；DDR 价格、性能都在中间，是性价比最高的一款。现在随着 CPU 性能不断提高，已经出现了 DDR 3、DDR 4，不久也会出现 DDR 5、DDR 6。

选购内存要考虑以下两个方面。

1. 存储容量。存储容量反映了内存存储空间的大小。现在市面上比较常见的有 512MB、1GB、2GB 等多种规格。一台计算机可以同时插多根内存条。

2. 存取速度。指存取一次数据所要花的时间，以 ns 为单位。数值越小，存取速度越快。

链接 4：硬盘

硬盘（HDD）是一台个人电脑非常重要的外存储器，它由一个盘片组和硬盘驱动器组成，被固定密封在一个盒内，如图 5-7 所示。在选购硬盘时，要考虑如下参数。

图 5-7 硬盘

1. 容量

容量指硬盘能存储的信息量的多少，以兆字节（MB）或吉字节（GB）为单位，1GB=1024MB。但硬盘厂商在标称硬盘容量时通常取 1G=1000MB。目前市面上的硬盘容量类型一般是 320GB、500GB、800GB、1TGB 等。

2. 转数

转数指硬盘内主轴的转动速度。也就是硬盘盘片在一分钟内所能完成的最大转数。转速的快慢是标示硬盘档次的重要参数之一，它是决定硬盘内部传输率的关键因素之一，硬盘的转速越快，硬盘寻找文件的速度也就越快，相对的硬盘的传输速度也就得到了提高。硬盘转速以每分钟多少转来表示，单位为 RPM（转/分），转数值越大，内部传输率就越快，访问时间就越短，硬盘的整体性能也就越好。家用的普通硬盘转速一般有 5 400RPM、7 200RPM 几种。服务器用户对硬盘性能要求最高，服务器中使用的 SCSI 硬盘转速基本都采用 10 000RPM，甚至还有 15 000RPM 的。

3. 缓存

缓存是硬盘控制器上的一块内存芯片，具有极快的存取速度，它是硬盘内部存储和外界接口之间的缓冲器。当硬盘存取零碎数据时需要不断地在硬盘与内存之间交换数据，如果有大缓存，

则可以将那些零碎数据暂存在缓存中，减小外部系统的负荷，也提高了数据的传输速度。

4．传输速率

传输速率指硬盘读写数据的速度，单位为兆字节每秒（MB/s）。目前 Fast ATA 接口硬盘的最大外部传输率为 16.6MB/s，而 Ultra ATA 接口的硬盘则达到 33.3MB/s。

5．平均访问时间

平均访问时间是指磁头从起始位置到达目标磁道位置，并且从目标磁道上找到要读写的数据扇区所需的时间。

链接 5：光驱

如果需要通过读取光盘来进行一些操作，比如说安装操作系统，安装应用软件，刻录音频、软件、图片等，就需要购买光驱。光驱是电脑用来读写光盘内容的设备，如图 5-8 所示。光驱可分为 CD-ROM 驱动器、DVD 光驱（DVD-ROM）、康宝（COMBO）和刻录机等。如何选购一个性能高的光驱，还要看下面几个指标。

图 5-8　光驱

1．速度。指光盘驱动器的标称速度，也就是平时所说的光驱的速度是多少倍速（I），如 40X、50X 等。普通的 CD-ROM 有一个标称速度，而 DVD-ROM 有两个，一个是读取 DVD 光盘的速度，现在一般都是 16X，另一个是读取 CD 光盘的速度，等同于普通光驱的读盘速度。对于刻录机来说，其标称速度有三个，分别为“写/复写/读”，如 40X/10X/48X 表示此刻录机刻录 CD-R 的速度为 40X，复写 CD-RW 的速度为 10X，读取普通 CD 光盘的速度为 48X。近日流行的 COMBO 驱动器相比刻录机又增加了一个标称速度，如三星 SM-348B 的标称速度为 48X CD-ROM/16X DVD/48X CD-R/24X CD-RW。

2．数据传输率。此指标和标称速度密切相关。标称速度由数据传输率换算而来，CD-ROM 标称速度与数据传输率的换算为 1X=150KB/s。不过随着光驱速度的提高，单纯的数据传输率已经不能衡量光驱的整体性能。

3．寻道时间。寻道时间是光驱中激光头从开始寻找到所需数据花费的时间。在下面用 Nero CD Speed 和 Nero DVD Speed 的测试中，共测试了三种寻道时间，即随机寻道时间、行程寻道时间以及全盘寻道时间。在测试中，寻道时间的值越小越好。

4．CPU 占用率。维持一定的转速和数据传输速率时所占用的 CPU 时间。CPU 占用率越小越好。

5．缓存容量。对于光盘驱动器来说，缓存越大，连续读取数据的性能越好，在播放视频影响

时的效果越明显，也能够保证成功地刻录。目前，一般 CD-ROM 的缓存为 128KB，DVD-ROM 的缓存为 512KB，刻录机的缓存普遍为 2～4MB，有些为 8MB。

6．数据传输模式。主要有 PIOM 和 UDMA 模式，早期大多采用的是 PIOM 模式，CPU 资源占用率较大，现在的产品基本上都是 UDMA 模式，可以通过 Windows 中的设备管理器将 DMA 打开，以提高性能。

链接 6：U 盘和移动硬盘

虽然 U 盘和移动硬盘在配置个人计算机时不是必备的，但是随着现在对数据存储容量和要求不断提高，基本上每个人都会配备一个 U 盘或者一个移动硬盘，所以在这里也做一些介绍。

U 盘全称“USB 闪存盘”，英文名“USB Flash Disk”，如图 5-9 所示。它是一个 USB 接口的无须物理驱动器的微型高容量移动存储产品，可以通过 USB 接口与电脑连接，实现即插即用。由于 U 盘存储容量大（目前市场主流的 U 盘容量大多在 4GB 到 16GB 不等）、体积小、存取速度快、携带方便等特点，是目前市面上最理想的移动产品。

移动硬盘是计算机之间交换大容量数据，具有便携性的存储产品，如图 5-10 所示。市场上绝大多数的移动硬盘都是以标准硬盘为基础的。移动硬盘在数据的读写模式与标准 IDE 硬盘是相同的，它有如下特点。

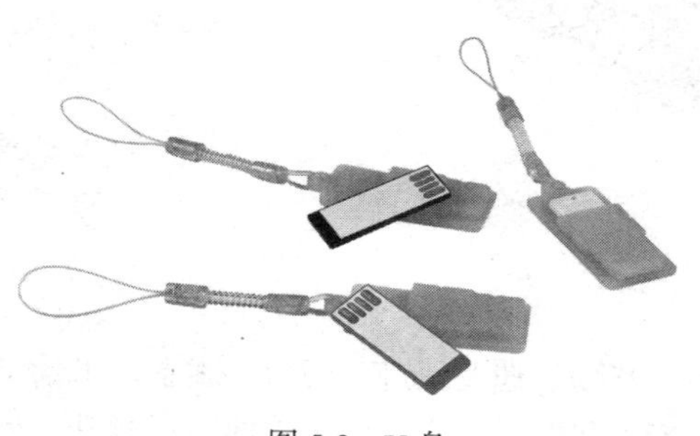

图 5-9　U 盘

图 5-10　移动硬盘

1．容量大

移动硬盘可以提供相当大的存储容量，是一种性价比较高的移动存储产品。在大容量“闪盘”价格还无法被用户所接受的情况下，移动硬盘能在用户可以接受的价格范围内，提供给用户较大的存储容量和不错的便携性。市场中的移动硬盘能提供 80GB、120GB、160GB、320GB、640GB 等大小的容量，最高可达 5TB 的容量，可以说是 U 盘。磁盘等闪存产品的升级版。

2．体积小

移动硬盘的尺寸分为 1.8 英寸、2.5 英寸和 3.5 英寸三种。

3．传输速度快

能提供较高的数据传输速度，但也和接口有关。主流 2.5 英寸品牌移动硬盘的读取速度约为 15～25MB/s，写入速度约为 8～15MB/s。如果以 10MB/s 的写入速度复制一部 4GB 的 DVD 电影到移动硬盘，需耗费的时间约为 6 分 40 秒；如果以 20MB/s 的读取速度从移动硬盘中复制一部 4GB 的 DVD 电影到电脑主机硬盘，需要时间约为 3 分 20 秒。

4．使用方便

现在主流移动硬盘都是 USB 接口，即插即用。

5．可靠性高

移动硬盘还具有防震功能，在剧烈震动时盘片自动停转并将磁头复位到安全区，防止盘片损坏。

链接 7：显卡

显卡即显示接口卡（Video card）或图形接口卡（Graphics card），又称为显示适配器（Video Adapter），如图 5-11。显卡的用途是将计算机系统所需要的显示信息进行转换并驱动显示器，并且向显示器提供行扫描信号，控制显示器的正确显示。显卡作为电脑主机里的一个重要组成部分，承担输出显示图形的任务，对于喜欢玩游戏和从事专业图形设计的人来说显卡非常重要。

图 5-11　显卡

显卡品牌繁多，一些常见的品牌包括蓝宝石、华硕、迪兰恒进、丽台、索泰、讯景、技嘉、映众、微星、艾尔莎、富士康、捷波、磐正、映泰、耕升、旌宇、影驰、铭瑄、翔升、盈通、祺祥、七彩虹、斯巴达克、双敏、精雷、昂达 JCG、金辰光。

每个厂商都有自己的品牌特色，像华硕的“为游戏而生”，七彩虹的“游戏显卡专家”都是大家耳熟能详的。拥有自主研发的厂商在做工方面和特色技术上会更出色一些，而通路显卡的价格则要便宜一些（注：七彩虹、双敏、盈通、铭瑄和昂达都由同一个厂家代工，所以差别只在显卡贴纸和包装而已，大家选购时需要注意）。计算机显示内容的过程为：第一步是从 CPU（运算器和控制器一起组成了计算机的核心，称为微处理器或中央处理器，即 CPU）进入到显示卡，第二步是从显示卡直接将资料送到显示屏上。

购买显卡时需要考虑如下性能指标。

1．显示芯片

显示芯片又称图型处理器 GPU。常见的生产显示芯片的厂商有 Intel、AMD、nVidia、VIA（S3）、SIS、Matrox、3D Labs。

2．核心频率

核心频率指显示核心的工作频率，其在一定程度上可以反映出显示核心的性能，但显卡的性能是由核心频率、流处理器单元、显存频率、显存位宽等多方面的情况所决定的。因此在显示核心不同的情况下，核心频率高并不代表此显卡性能强劲。比如 GTS250 的核心频率达到了 750MHz，

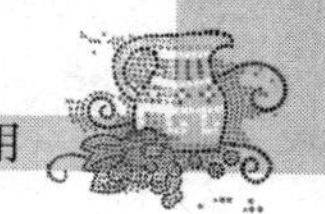

要比 GTX260+的 576MHz 高，但在性能上 GTX260+绝对要强于 GTS250。

3．显存

显存是由一块块的显存芯片构成的。显卡上采用的显存类型主要有 SDR、DDR SDRAM、DDR SGRAM、DDR 2、GDDR 2、DDR 3、GDDR 3、GDDR 4、GDDR 5 等。

4．带宽

显存带宽是显存在一个时钟周期内所能传送数据的位数。位数越多，则相同频率下所能传输的数据量越大。目前市场上的显卡显存带宽主要有 128 位、192 位、256 位几种。在显存频率相当的情况下，显存位宽将决定显存带宽的大小。

5．容量

其他参数相同的情况下，容量越大越好。目前市面显卡显存容量从 512MB ~ 4GB 不等。

6．封装类型

2004 年前的主流显卡基本上是用 TSOP 和 MBGA 封装，TSOP 封装居多。但是由于 nVidia 的 gf3.4 系的出现，MBGA 成为主流，mbga 封装可以达到更快的显存速度，远超 TSOP 的极限 400MHZ（TSOP 即薄型小尺寸封装；MBGA 即微型球闸阵列封装；QFP 即小型方块平面封装）。

7．速度

显存速度一般以 ns（纳秒）为单位。常见的显存速度有 1.2ns、1.0ns、0.8ns 等，越小表示速度越快、性能越好。

8．频率

显存频率在一定程度上反映该显存的速度，以 MHz（兆赫兹）为单位。显存频率的高低和显存类型有非常大的关系。DDR SDRAM 显存则能提供较高的显存频率，所以目前显卡基本都采用 DDR SDRAM，其所能提供的显存频率也差异很大。目前已经发展到 GDDR 5，默认等效工作频率最高已经达到 4 800MHz，而且提高的潜力还非常大。

链接 8：液晶显示器

液晶显示器，简称 LCD（Liquid Crystal Display），如图 5-12 所示。液晶显示器为平面超薄的显示设备，它由一定数量的彩色或黑白像素组成，放置于光源或者反射面前方。液晶显示器功耗很低，因此备受工程师青睐，适用于使用电池的电子设备。它的主要原理是以电流刺激液晶分子产生点、线、面配合背部灯管构成画面。LED 液晶显示器，无疑是今年显示器市场上的热门词汇。无论是显示器还是电视，都有大量的产品上市。当然，由于这类产品往往价格较高，很多用户将其视作高端机型。

图 5-12　液晶显示器

液晶显示器具有以下优点。

1．机身薄，节省空间。与比较笨重的 CRT 显示器相比，液晶显示器只要前者三分之一的空间。

2．省电，并且不产生高温。它属于低耗电产品，可以做到完全不发热（主要耗电和发热部分存在于背光灯管或 LED），而 CRT 显示器，因显像技术不可避免产生高温。

3．低辐射，益健康。液晶显示器的辐射远低于 CRT 显示器（仅仅是低，并不是完全没有辐射，电子产品或多或少都有辐射），这对于整天在电脑前工作的人来说是一个福音。

4．画面柔和不伤眼。不同于 CRT 技术，液晶显示器画面不会闪烁，可以减少显示器对眼睛的伤害，眼睛不容易疲劳。

下面是购买液晶显示器时可供参考的技术指标。

1．分辨率

选择显示器时第一考虑因素就是分辨率。确定计算机屏幕上显示多少信息时，以水平和垂直像素来确定。屏幕分辨率低时（例如，640 × 480），说明在屏幕上显示的项目少，但尺寸比较大。屏幕分辨率高时（例如，1600 × 1200），在屏幕上显示的项目多，但尺寸比较小。

2．可视面积

液晶显示器所标示的尺寸和实际可以使用的屏幕范围一致。

3．点距

我们常问到液晶显示器的点距是多大，但是多数人并不知道这个数值是如何得到的，现在来了解一下它究竟是如何得到的。举例来说，一般 14 英寸 LCD 的可视面积为 285.7mm × 214.3mm，它的最大分辨率为 1024 × 768，那么点距就等于可视宽度/水平像素（或者可视高度/垂直像素），即 285.7mm/1024=0.279mm（或者是 214.3mm/768=0.279mm）。

4．色彩度

LCD 重要的当然是的色彩表现度。我们知道自然界的任何一种色彩都是由红、绿、蓝三种基本色组成的。LCD 面板上是由 1024 × 768 个像素点组成显像的，每个独立的像素色彩是由红、绿、蓝（R、G、B）三种基本色来控制的。对于大部分厂商生产出来的液晶显示器来说，每个基本色（R、G、B）达到 6 位，即 64 种表现度，那么每个独立的像素就有 64 × 64 × 64=262 144 种色彩。也有不少厂商使用了所谓的 FRC（Frame Rate Control）技术，以仿真的方式来表现出全彩的画面，也就是每个基本色（R、G、B）能达到 8 位，即 256 种表现度，那么每个独立的像素就有高达 256 × 256 × 256=16 777 216 种色彩了。

5．对比度

对比值是定义最大亮度值（全白）除以最小亮度值（全黑）的比值。LCD 制造时选用的控制 IC、滤光片和定向膜等配件，与面板的对比度有关。对一般用户而言，对比度能够达到 350:1 就足够了，但在专业领域这样的对比度还不能满足用户的需求。不过随着近些年技术的不断发展，如华硕、三星、LG 等一线品牌的对比度普遍都在 800:1 以上，部分高端产品则能够达到 1000:1，甚至更高。不过由于对比度很难通过仪器准确测量，所以挑的时候还是要自己亲自去看才行。

6．亮度

液晶显示器的最大亮度通常由冷阴极射线管（背光源）来决定，亮度值一般都为 200 ~ 250 cd/m^2。技术上可以达到高亮度，但是这并不代表亮度值越高越好，因为太高亮度的显示器有可能使观看者眼睛受伤。

7．信号响应时间

响应时间指的是液晶显示器对于输入信号的反应速度，也就是液晶由暗转亮或由亮转暗的反应时间，通常是以毫秒（ms）为单位。此值当然是越小越好。如果响应时间太长了，就有可能使液晶显示器在显示动态图像时，有尾影拖曳的感觉。一般的液晶显示器的响应时间在 2 ~ 5ms 之间。

8．可视角度

液晶显示器的可视角度左右对称，而上下则不一定对称。举个例子，当背光源的入射光通过偏光板、液晶及取向膜后，输出光便具备了特定的方向特性。也就是说，大多数从屏幕射出的光具备了垂直方向。假如从一个非常斜的角度观看全白的画面，可能会看到黑色或是色彩失真。一般来说，上下角度要小于或等于左右角度。如果可视角度为左右 80 度，表示在始于屏幕法线 80 度的位置时可以清晰地看见屏幕图像。但是，由于人的视力范围不同，如果没有站在最佳的可视角度内，所看到的颜色和亮度将会有误差。现在有些厂商就开发出各种广视角技术，试图改善液晶显示器的视角特性，如 IPS（In Plane Switching）、MVA（Multidomain Vertical Alignment）、TN+FILM。这些技术都能把液晶显示器的可视角度增加到 160 度，甚至更多。

链接 9：音箱

音箱是整个音响系统的终端，其作用是把音频电能转换成相应的声能，并把它辐射到空间去，如图 5-13 所示。音箱的性能高低对一个音响系统的放音质量起着关键作用。如何选购音箱，要看如下性能指标。

1．频率范围（单位：Hz）。是指最低有效放声频率至最高有效放声频率之间的范围。音箱的重放频率范围最理想的是均匀重放人耳的可听频率范围，即 20 ~ 20 000Hz。但要以大声压级重放，频带越低，就必须考虑经受大振幅的结构和降低失真，一般还需增大音箱的容积。所以目标不宜太高，50Hz ~ 16KHz 就足够了，当然，40Hz ~ 20KHz 更好。

图 5-13　音箱

2．频率响应（单位：dB）。是指将一个恒定电压输出的音频信号与音箱系统相连接，当改变音频信号的频率时，音箱产生的声压随频率的变化而增高或衰减并出现相位滞后随频率而变的现象，这种声压和相位与频率的相应变化关系称为频率响应。这项指标是考核音箱品质优劣的一个重要指标，该分贝值越小，说明音箱的频率响应曲线越平坦，失真越小。

3．指向频率特性。在若干规定的声波辐射方向，如音箱中心轴水平面 0 度、30 度和 60 度方向所测得的音箱频响曲线簇。打个比方，指向性良好的音箱就像日光灯，光线能够均匀散布到室内每一个角落。反之，则像手电筒一样。

4．最大输出声压级。表示音箱在输入最大功率时所能给出的最大声级指标。

5．失真（用百分数来表示）。分为谐波失真、互调失真、瞬态失真。

6．标注功率（单位：W）。音箱上所标注的功率。

7．标称阻抗（单位：Ω）。是指扬声器输入的信号电压 U 与信号电流的比值（R=U/I）。

8．灵敏度（单位：dB）。音箱的灵敏度是指当给音箱系统中的扬声器输入电功率为 1W 时，在音箱正面各扬声器单元的几何中心 1m 距离处，所测得的声压级（声压与声波的振幅及频率成正比，声压级是表示声压相对大小的指标）。在这里需要特别指出的是：灵敏度虽然是音箱的一个指标，但是与音质、音色无关，它只影响音箱的响度，可用增加输入功率来提高音箱的响度。

9. 效率（用百分数来表示）。音箱输出的声功率与输入的电功率之比（即声电转换的百分比）。

链接 10：其他外部设备

1．机箱

机箱一般包括外壳、支架、面板上的各种开关、指示灯等，如图 5-14 所示。外壳用钢板和塑料结合制成，硬度高，主要起保护机箱内部元件的作用；支架主要用于固定主板、电源和各种驱动器。在选购的过程中，除了选择自己喜欢的外观以外，还要注意下面四个方面。

（1）散热性。

散热性能主要表现在三个方面，一是风扇的数量和位置，二是散热通道的合理性，三是机箱的选材。一般来说，品牌机箱都会采用大口径的风扇直接针对 CPU、内存及磁盘进行散热，形成从前方吸风到后方排风（塔式为下进上出，前进后出）的良好散热通道，形成良好的热循环系统，及时带走机箱内的大量热量，保证机器的稳定运行。

（2）冗余性。

一是散热系统的冗余性，此类机箱一般必须配备专门的冗余风扇，当个别风扇因为故障停转的时候，冗余风扇会立刻接替工作；二是电源的冗余性，当主电源因为故障失效或者电压不稳时，冗余电源可以接替工作继续为系统供电；三是存储介质的冗余性，要求机箱有较多的热插拔硬盘位，可以方便地对机器进行热维护。

（3）设计精良，易维护。

设计精良的机箱会提供方便的 LED 显示灯，以供维护者及时了解机器的情况，前置 USB 口之类的小设计也会极大地方便使用者。同时，更有机箱提供了前置冗余电源的设计，使得电源维护也更为便利。

（4）用料。用料永远是衡量大厂与小厂产品的最直观的表现方式，因为机箱的好坏直接牵涉到系统的稳定性。

图 5-14　机箱

2．电源

电源是提供电能的装置，如图 5-15 所示。因为它可以将其他形式的能转换成电能，所以将这种提供电能的装置叫做电源。优质的电源一般具有 FCC、美国 UL 和中国长城等多国认证标志。这些认证是认证机构根据行业内技术规范对电源制定的专业标准，包括生产流程、电磁干扰、安全保护等。凡是符合一定指标的产品在申报认证通过后，才能在包装和产品表面使用认证标志，具有一定的权威性。选购的时候注意这些就可以了。

图 5-15　电源

3．鼠标

鼠标是一台计算机必不可少的输入设备，分有线和无线两种，如图 5-16 所示。有线鼠标，按其工作原理及其内部结构的不同可以分为机械式，光电式和光学式。机械式鼠标已经逐渐退出市场，现在市场上的鼠标一般是光学式鼠标。无线鼠标是时下比较流行的鼠标，就是没有电线连接，而是鼠标本身装有二节七号电池无线遥控，在计算机的 USB 接口上插上一个小型接收器，接收范围在 3 米左右。

（a）有线鼠标

（b）无线鼠标

图 5-16　鼠标

4．键盘

键盘用于将操作设备运行的指令和数据输入装置，如图 5-17 所示。键盘是个人计算机最基本的配置之一。早期的键盘大都是 89 个键，后来发展到 101 个，现在在原有的基础上增加了 3 个 Windows 功能键。选购时要考虑键盘的触感、外观、做工、键位的布局、噪声、键位冲突问题等因素。

图 5-17　键盘

5. 打印机

打印机是计算机的输出设备之一，用于将计算机处理结果打印在相关介质上，如图 5-18 所示。衡量打印机好坏的指标有三项，即打印分辨率，打印速度和噪声。打印机大致分为喷墨打印机、激光打印机、针式打印机。目前激光打印机因性价比最高，现已广泛应用于各个办公领域。市面上比较常见的打印机品牌有 HP（惠普）、EPSON（爱普生）、CANON（佳能）、LENOVO（联想）、FOUNDER（方正）等。

图 5-18　打印机

6. 扫描仪

扫描仪是通过捕获图像并将之转换成计算机可以显示、编辑、存储和输出的数字化输入设备，如图 5-19 所示。扫描仪可分为滚筒式扫描仪和平面扫描仪。近几年还出现了笔式扫描仪、便携式扫描仪、胶片扫描仪、底片扫描仪、名片扫描仪。密度范围对扫描仪来说是非常重要的性能参数，密度范围又称像素深度，它代表扫描仪所能分辨的亮光和暗调的范围。通常，滚筒扫描仪的密度范围大于 3.5，而平面扫描仪的密度范围一般在 2.4 ~ 3.5 范围之间。

图 5-19　扫描仪

链接 11：计算机系统的发展

自从世界上第一台通用电子数字计算机 ENIAC（The Electronic Numerical Integrator and Computer，即“电子数值积分计算机”）1946 年 2 月在美国研制成功，电子计算机在短短的 60 年

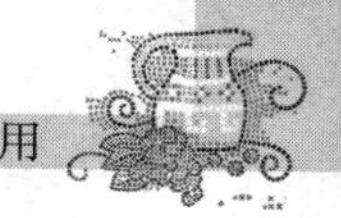

的时间里，以惊人的速度发展到了第五代。

ENIAC（埃尼阿克）由美国宾夕法尼亚大学摩尔学院电气工程系为美国陆军军械部阿伯丁弹道研究实验室研制，用于炮弹弹道轨迹的计算。这台计算机的主要元件是电子管，它有 18 000 个电子管和 86 000 个其他电子元件，占地面积为 167m^2，总重量达 30 吨，耗电总量超过 174 千瓦时，俨然是一个庞然大物。运算速度却只有每秒 300 次各种运算或 5000 次加法，其功能还不如在掌上使用的每台售价仅几十美元的可编程序计算器。但是，在当时的历史条件下它确实是一件了不起的大事。ENIAC 堪称人类伟大的发明之一，它开创了人类社会的信息时代。如图 5-20 所示，这就是人们通常所说的世界上第一台电子计算机 ENIAC。

图 5-20　ENIAC

计算机在 60 年的发展历程中，经历了五代变更，下面就为大家介绍每一代的特点及标志。

第一代（1946—1957）是电子管计算机，始于 ENIAC 及 EDVAC 的设计方案。第一代计算机的主要特点是用电子管作为逻辑元件，体积大，耗电量大，寿命短，可靠性差，成本高。由于一部计算机需要几千个电子管，每个电子管都会散发大量的热量，因此电子管的寿命最长只有 3000 小时。受当时电子技术限制，速度在千次/秒至万次/秒之间，没有系统软件，只有机器语言和汇编语言，主要用于科学研究和工程计算。

第二代（1958—1964）是晶体管计算机。这一代计算机的主要特点是采用晶体管代替电子管，晶体管比电子管小得多，处理速度更快、更可靠，速度在万次/秒至十万次/秒之间；普遍采用磁芯作为存储器，采用磁盘/磁带作为外存储器。开始有了系统软件，提出了操作系统的概念，出现了高级语言。程序语言从机器语言发展到汇编语言。主要用于科学计算、数据处理和事物处理。这一代计算机主要用于商业、大学教学和政府机关。

第三代（1965—1970）是中小规模集成电路计算机。这一代计算机的主要特点是用中、小规模集成电路代替了分立元件晶体管，是做在晶片上一个完整的电子电路。这个晶片比手指甲还小，却包含了几千个晶体管元件，从而使计算机体积更小，重量更轻，耗电更少，寿命更长，成本更低，运算更快，速度在几百万次/秒至几千万次/秒之间。采用半导体存储器作为主存，取代了原来的磁芯存储器，使存储器容量的存取速度有了大幅度的提高，增加了系统的处理能力。系统软件有了很大发展，出现了分时操作系统，会话式语言和各种高级语言，用户可以共享计算机软硬件资源。在程序设计方面采用了结构化程序设计，为研制更加复杂的软件提供了技术上的保证。主要用于科学计算、数据处理、事物处理和工业控制等方面。这一代计算机的代表是 IBM 公司花了 50 亿美元开发的 IBM 360 系列。

第四代（1971—1986）是大规模集成电路计算机。这一代计算机的物理器件采用超大规模集成电路。计算机体积减小、成本大幅度降低，稳定性提高，出现了微型机，运算速度达每秒上百亿次，外存储器除广泛使用软硬磁盘外，还引进了光盘。操作系统、编译程序等系统软件更趋完善，各种使用方便的输入输出设备相继出现。这一阶段，计算机图像识别、语音处理和多媒体技术有了很大发展。这一代计算机在各种性能上都得到了大幅度提高，并随着计算机网络的出现，其应用已经涉及国民经济的各个领域。其代表作是 1975 年，美国 IBM 公司推出了个人计算机 PC。从此，计算机再也不是望尘莫及的了。

新一代（1987 年至今）从 20 世纪 80 年代开始，计算机的运算速度已经提高到每秒几亿次甚至上百亿次，由一片巨大规模集成电路实现的单片机开始出现。日本、美国、欧洲等都宣布开始新一代计算机的研究。普遍认为新一代计算机应该是智能型的，它能模拟人的智能行为，理解人类自然语言，并继续向着微型化、网络化发展。

在 2001 年 3 月 26 日，苹果公司发布 Mac OS X 操作系统，这是苹果操作系统自 1984 年诞生以来首个重大的修正版本；2005 年 Intel 推出了双核 CPU；2006 年 Intel 继续推出了四核 CPU；2007 年 Intel IDF 大会推出了 2 万亿次 80 核 CPU；2009 年 Microsoft 发布了 Windows 7；2010 年 3 月，Intel 推出了酷睿智能芯片。

新一代计算机正处在开发阶段，主要着眼于智能化，以知识处理为基础，具有智能接口，能进行逻辑推理、完成判断和决策任务，它可以模拟或部分替代人的智能活动，并具有自然的人机通信能力。未来计算机的主体将是神经网络计算机，线路结构模拟人脑的神经元联系，用光材料和生物材料制造具有模糊化和并行化的处理器，可以在知识库的基础上处理不完整的信息。例如，它能像孩子一样认出母亲的不同表情。

预计会在 2015 年，云计算（Cloud Computing）将会在万众瞩目下出现，它由谷歌、IBM 两大专业网络公司来搭建计算机存储、运算中心，用户通过一根网线借助浏览器就可以很方便地访问，把“云”作为资料存储以及应用服务的中心。在远程的数据中心里，成千上万电脑和服务器连接成一片电脑云。用户可以通过电脑、笔记本、手机等方式接入数据中心。云计算机具有每秒超过十万亿次的运算能力，它将改变现在电脑“机箱+显示器”的模式。它是网格计算（Grid Computing）、分布式计算（DistributedComputing）、并行计算（Parallel Computing）、效用计算（Utility Computing）、网络存储（Network Storage Technologies）、虚拟化（Virtualization）、负载均衡（Load Balance）等传统计算机和网络技术发展融合的产物。它的原理是通过使计算机分布在大量的分布式计算机上，而非本地计算机或远程服务器中，企业数据中心的运行将更与互联网相似。这使得企业能够将资源切换到需要的应用上，根据需求访问计算机和存储系统。

链接 12：冯· 诺依曼体系结构

20 世纪 30 年代中期，德国科学家冯 · 诺依曼大胆地提出，抛弃十进制，采用二进制作为数字计算机的数制基础。他还说预先编制计算程序，然后由计算机来按照人们事前制定的计算顺序来执行数值计算工作，也就是计算机应该按照程序顺序执行。这就是著名的冯 · 诺依曼理论。从 ENIAC 到当前最先进的计算机都采用的是冯 · 诺依曼体系结构。所以冯 · 诺依曼是当之无愧的数

字计算机之父。EDVAC 确立了现代计算机硬件的基本结构，即冯·诺依曼体系结构，如图 5-21 所示，它提出了现代计算机最基本的工作原理。

1．计算机硬件系统由输入数据和程序的输入设备、记忆程序和数据的存储器、完成数据加工处理的运算器、控制程序执行的控制器、输出处理结果的输出设备组成计算机五大基本元件。

2．存储器采用二进制形式存储指令和数据。

3．将需要执行的程序和数据预先存入存储器中，使计算机能自动高速地按顺序取出存储器中的指令加以执行，能够按照要求将处理结果输出给用户。

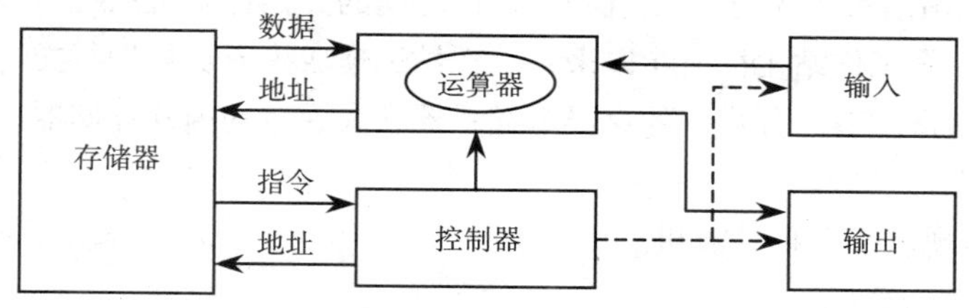

图 5-21　冯·诺依曼体系结构

链接 13：计算机的分类

计算机按照不同的分类依据有多种分类方法，现在就介绍几种。

1．计算机按照其用途可分为通用计算机和专用计算机。

（1）通用计算机。用于科学计算、数据处理、过程控制、解决各类问题。

（2）专用计算机。是最有效、最经济和最快速的计算机。是针对某一任务设计的计算机，具有针对性强、特定服务、专门设计等特点。

2．按照 1989 年由 IEEE 科学巨型机委员会提出的运算速度分类法，计算机可分为巨型机、大型机、小型机和微型机。

（1）巨型机，又称超级计算机。采用大规模并行处理的体系结构，具有极强的运算能力，大多使用在军事、科研、气象、石油勘探等领域。我国自行研制的“银河”系列计算机就是巨型机的典型代表。

（2）大型机，又称主机。具有通用性极强的综合处理能力和极大的性能覆盖面。在一台大型机中可以使用几十台微机或微机芯片，用以完成特定的操作。主要应用于科研、金融、公司、政府部门等。

（3）小型机，又称桌上型超级计算机。机器规模小、结构简单、设计周期短，便于及时采用先进工艺技术，软件开发成本低，易于操作维护。主要应用于商业或科研机构。

（4）微型机，又称个人计算机，包括台式机和便携机两种类型。微型计算机具有体积小、功耗低、结构简单、集成度高、使用方便灵活、价格便宜、对环境要求低、对电源要求低等特点。近 10 年来微型机发展迅猛，平均每 2 ~ 3 个月就有新产品出现，1 ~ 2 年产品就会更新换代一次。主要应用于办公自动化、数据库管理、多媒体技术等领域。

3．按照所处理的数据类型来分，计算机可分为模拟计算机、数字计算机和混合型计算机等。

（1）模拟计算机，参与运算的数值用模拟量作为运算量，速度快、精度差，应用范围较窄，目前已很少生产。

（2）数字计算机，参与运算的数据用不连续的数字量表示，具有速度快、精度高、自动化、通用性强的特点。

（3）混合型计算机，集中前两者的优点，正处于发展阶段。

4．按照工作模式来分，计算机可分为服务器和工作站。

（1）服务器。服务器指管理资源并为用户提供服务的计算机软件，通常有文件服务器、数据库服务器和应用程序服务器等，运行以上软件的计算机或计算机系统也被称为服务器。服务器是网络环境中的高性能计算机，它侦听网络上的其他计算机（客户机）提交的服务请求，并提供相应的服务。为此，服务器必须具有承担服务并且保障服务的能力。

（2）工作站。工作站是一种介于微型机和小型机之间的高档计算机系统，自 1980 年美国 Appolo 公司推出世界上第一个工作站 DN-100 以来，工作站迅速成为专长处理某类特殊事务的独立的计算机类型。工作站通常配有高分辨率的大屏幕显示器和大容量的内外存储器，具有较强的数据处理能力与高性能的图形功能。

5．未来还会出现以下几种计算机。

（1）仿生的生物计算机

生物计算机的主要原材料是生物工程技术产生的蛋白质分子，并以此作为生物芯片，利用有机化合物存储数据。在这种芯片中，信息以波的形式传播，当波沿着蛋白质分子链传播时，会引起蛋白质分子链中单键、双键结构顺序的变化。运算速度要比当今最新一代计算机快 10 万倍，它具有很强的抗电磁干扰能力，并能彻底消除电路间的干扰。能量消耗仅相当于普通计算机的十亿分之一，且具有巨大的存储能力。由于蛋白质分子能够自我组合，再生新的微型电路，使得生物计算机具有生物体的一些特点，如能发挥生物本身的调节机能，自动修复芯片上发生的故障，还能模仿人脑的机制等。生物电路如图 5-22 所示。

图 5-22　生物电路

（2）量子计算机

二进制的非线性量子计算机是利用原子所具有的量子特性进行信息处理的一种全新概念的计算机。量子理论认为，非相互作用下，原子在任一时刻都处于两种状态，称之为量子超态。原子会旋转，即同时沿上、下两个方向自旋，这正好与电子计算机中计数的二进制 0 与 1 完全吻合。如果把一群原子聚在一起，它们不会像电子计算机那样进行线性运算，而是同时进行所有可能的运算，例如量子计算机处理数据时不是分步进行而是同时完成。只要 40 个原子一起计算，就相当于今天一台超级计算机的性能。它的处理速度就像一枚信息火箭，在一瞬间搜寻整个互联网，可以轻易破解任何安全密码，黑客任务轻而易举，难怪美国中央情报局对它特别感兴趣。

（3）光子计算机

继 1990 年初，美国贝尔实验室制成世界上第一台光子计算机后，许多国家都投入巨资进行光子计算机的研究。随着现代光学与计算机技术、微电子技术相结合，在不久的将来，光子计算机将成为人类普遍的工具，光子计算机如图 5-23 所示。光子计算机是一种由光信号进行数字运算、逻辑操作、信息存储和处理的新型计算机。光子计算机的基本组成部件是集成光路，要有激光器、透镜和核镜。由于光子比电子速度快，光子计算机的运行速度可高达一万亿次。它的存储量是现代计算机的几万倍，还可以对语言、图形和手势进行识别与合成。

（4）混合型计算机

混合计算机是可以进行数字信息和模拟物理量处理的计算机系统。混合计算机通过数模转换器和模数转换器将数字计算机和模拟计算机连接在一起，构成完整的混合计算机系统。混合计算机一般由数字计算机、模拟计算机和混合接口 3 部分组成，其中模拟计算机部分承担快速计算的工作，而数字计算机部分则承担高精度运算和数据处理。混合计算机同时具有数字计算机和模拟计算机的特点：运算速度快、计算精度高、逻辑和存储能力强、存储容量大和仿真能力强。随着电子技术的不断发展，混合计算机主要应用于航空航天、导弹系统等实时性的复杂大系统中。

（5）智能型计算机

从广义上解释，所谓智能计算机就是指具有感知、识别、推理、学习等能力，能处理定性的、不完全不确定的知识，能与人类用自然语言、文字及图形图像进行通信并在实际环境中有适应能力的计算机。智能计算机技术还很不成熟，现主要应用于模式识别、知识处理及开发智能应用等方面。专家系统已在管理调度、辅助决策、故障诊断、产品设计、教育咨询等方面广泛应用。文字、语音、图形图像的识别与理解以及机器翻译等领域也取得了重大进展，这方面的初级产品已经问市。计算机产品的智能化和智能机系统的研究开发将对国防、经济、教育、文化等各方面产生深远影响。智能计算机的应用将放大人的智力，减少对自然资源的利用。它只需要极少的能量和材料，其价值主要在于知识。另一方面，研制智能计算机可以帮助人们更深入地理解人类自己的智能，最终揭示智能的本质与奥秘。图 5-24 所示为装配了智能计算机的玩具。

图 5-23　光子计算机

图 5-24　装配了智能计算机的玩具

链接 14：计算机的应用领域

计算机应用已经涉及人类生活的各个领域，在科学计算机、信息处理、过程控制、计算机辅助工程、人工智能、多媒体应用、网络通信领域都有着举足轻重的作用。

1. 科学计算。在科学研究和工程技术中存在大量的各类数值计算问题，其特点是数据计算量大，计算工作复杂，人工计算已无法解决这些复杂的计算问题，如导弹试验、卫星发射、天气预

报、大型建筑和工程技术理论问题的求解等。现在已采用计算机很好地解决了这些问题。例如，建筑设计中为了确定构件尺寸，通过弹性力学导出一系列复杂方程，长期以来由于传统的计算方法跟不上而一直无法求解。而计算机不但能求解这类方程，并且引起弹性理论上的一次突破，出现了有限单元法。

2. 信息处理。信息处理又称数据处理，指在计算机上加工、管理和操纵各种形式的数据资料。在现实社会生活中，信息处理就是对大量的数据进行收集、分类、合并、排序、存储、计算、传输、制表等操作，例如人事管理、库存管理、财务管理、情报检索等。据统计，全世界计算机用于数据处理的工作量占全部计算机应用的 80%以上，大大提高了工作效率，提高了管理水平。

信息处理从简单到复杂已经历了 3 个发展阶段。

（1）电子数据处理（Electronic Data Processing，简称 EDP）。它以文件系统为手段，实现一个部门内的单项管理。

（2）管理信息系统（Management Information System，简称 MIS）。它以数据库技术为工具，实现一个部门的全面管理，以提高工作效率。

（3）决策支持系统（Decision Support System，简称 DSS）。它以数据库、模型库和方法库为基础，帮助管理决策者提高决策水平，改善运营策略的正确性与有效性。

3. 过程控制。也称实时控制，通过专用的、预置了程序的计算机自动采集各种数据，实时监控相应设备工作状态的一种控制方式。在钢铁工业、石油化工业、医药工业等生产中，过程控制还在国防和航空航天领域中起着决定性作用。例如，在汽车工业方面，利用计算机控制机床、控制整个装配流水线，不仅可以实现精度要求高、形状复杂的零件加工自动化，而且可以使整个车间或工厂实现自动化。

4. 计算机辅助工程。

计算机辅助设计 CAD（Computer Aided Design），就是用计算机帮助设计人员进行设计，可以利用 CAD 技术进行力学计算、结构计算、绘制建筑图纸等，这样不但提高了设计速度，而且可以大大提高设计效率，提高产品质量。

计算机辅助制造 CAM（Computer Aided Manufacturing），指用计算机对生产设备进行管理、控制和操作的过程。使用 CAM 技术可以提高产品质量，降低成本，缩短生产周期，提高生产率和改善劳动条件。

计算机辅助教学（Computer Aided Instruction，简称 CAI），是利用计算机系统使用课件来进行教学。课件可以用制作工具或高级语言来开发制作，它能引导学生循环渐进地学习，使学生轻松自如地从课件中学到所需要的知识。

计算机集成制造系统 CIMS（Computer Integrated Manufacture System），指将以计算机为中心的现代化信息技术应用于企业管理与产品开发制造的新一代制造系统，它将企业生产的各个环节视为一个整体，以充分地共享信息，促进制造系统和企业组织的优化运行。

5. 人工智能。利用计算机模拟人类的一些自然行为。主要应用在视觉识别、指纹识别、人脸识别、视网膜识别、掌纹识别、专家系统、智能搜索、自动程序设计，还有航天应用等方面。

6. 多媒体应用。自进入九十年代以来，多媒体应用技术已遍及国民经济与社会生活的各个角落，因为多媒体本身具有图、文、声并茂的特点，使计算机具有数字化全动态、全视频的播放、编辑和创作多媒体信息功能，具有控制和传输多媒体电子邮件、电视会议等视频传输功能。

7. 网络通信。通过计算机实现资源共享、信息交换。加速信息传播的速度，人们很容易就可

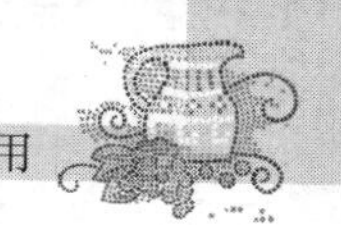

以实现地区间、国际间的通信和数据传输。

8．电子商务。电子商务是利用计算机技术、网络技术和远程通信技术，实现整个商务（买卖）过程中的电子化、数字化和网络化。电子商务包括 B2B、B2C、C2C、O2O（即 Online To Offline）、B2M、M2C（即 BMC）、B2A（即 B2G）、C2A（即 C2G）、SNS-EC（社交电子商务）、ABC 模式 10 类电子商务模式。电子商务主要营销方式包括网络媒体（门户网站广告、客户端软件广告）、SEM（竞价排名、联盟广告）、EDM 邮件营销（内部邮件群发）、社区营销（BBS 推广）、CPS/代销（销售分成）、积分营销（积分兑换、积分打折、积分购买）、DM 目录（麦考林、凡客）、传统媒体（电视电台/报刊杂志）。

任务二　组装台式计算机

【情景再现】

经过精挑细选小乐已经购买了一台台式机的各个部件，小乐想自己组装电脑。但对电脑刚入门的小乐而言，亲自动手装台电脑并不容易。现在就和小乐一起来掌握 DIY 装机的方法与要领。

【任务实现】

工序 1：安装 CPU 处理器

操作步骤如图 5-25 至图 5-30 所示。

图 5-25 是主板上的 LGA 775 处理器的插座，可以看到，与针管设计的插座区别相当的大。在安装 CPU 之前，要先打开插座，方法是：用适当的力轻微地向下微压固定 CPU 的压杆，同时用力往外推压杆，使其脱离固定卡扣。

图 5-25　步骤 1：压杆脱离固定卡扣

图 5-26　步骤 2：将压杆拉起

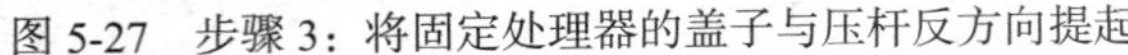

图 5-27　步骤 3：将固定处理器的盖子与压杆反方向提起

图 5-28　插座展现出来

在安装时，处理器上印有三角标识的角要与主板上印有三角标识的那个角对齐，然后慢慢地将处理器轻压到位。这适用于目前所有的处理器，特别是对于采用针脚设计的处理器而言，如果方向不对则无法将 CPU 安装到位，安装时要特别注意。

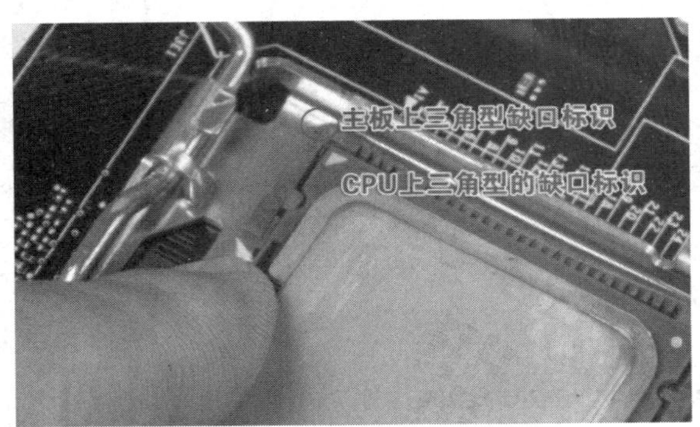

图 5-29　步骤 4：根据三角形的标识放好 CPU

将 CPU 安放到位以后，压好卡扣，并反方向微用力扣下处理器的压杆。至此 CPU 便被稳稳地安装到主板上了，安装过程结束，如图 5-30 所示。

图 5-30　步骤 5：安装完成

工序 2：安装散热器

1．安装时，将散热器的四角对准主板相应的位置，然后用力压下四角扣即可，如图 5-31 所示。

图 5-31　散热器的四角对准主板

2．固定好散热器后，还要将散热风扇接到主板的供电接口上，如图 5-32 所示。找到主板上安装风扇的接口（主板上的标识字符为 CPU_FAN），将风扇插头插放好即可（注意：目前有四针与三针等几种不同的风扇接口）。由于主板的风扇电源插头都采用了防呆式的设计，反方向无法插入，因此安装起来相当的方便。

图 5-32　风扇的电插头

工序 3：安装内存条

在内存成为影响系统整体性能的最大瓶颈时，双通道的内存设计在很大程序上解决了这一问题。提供英特尔 64 位处理器支持的主板目前均提供双通道功能，因此建议大家在选购内存时尽量选择两根同规格的内存来搭建双通道。

主板上的内存插槽一般都采用两种不同的颜色来区分双通道与单通道。如图 5-33 所示，将两条规格相同的内存条插入到相同颜色的插槽中，即打开了双通道功能。

图 5-33　内存插槽

安装内存条的操作步骤如下。

安装内存时，先用手将内存插槽两端的扣具打开，然后将内存平行放入内存插槽中（内存插槽也使用了防呆式设计，反方向无法插入），用两拇指按住内存两端轻微向下压，听到"啪"的一声响后，即说明内存安装到位，如图 5-34 所示。

图 5-34　安装内存

在相同颜色的内存插槽中插入两条规格相同的内存，打开双通道功能，提高系统性能。到此为止，CPU、内存的安装过程就完成了，如图 5-35 所示。

图 5-35　内存安装过程完成

工序 4：将主板固定到机箱中

目前，大部分主板板型为 ATX 或 MATX 结构，因此机箱的设计一般都符合这种标准。在安装主板之前，先将机箱提供的主板垫脚螺母安放到机箱主板托架的对应位置（有些机箱购买时就已经安装）。

主板安装的操作步骤如图 5-36 至如图 5-40 所示。

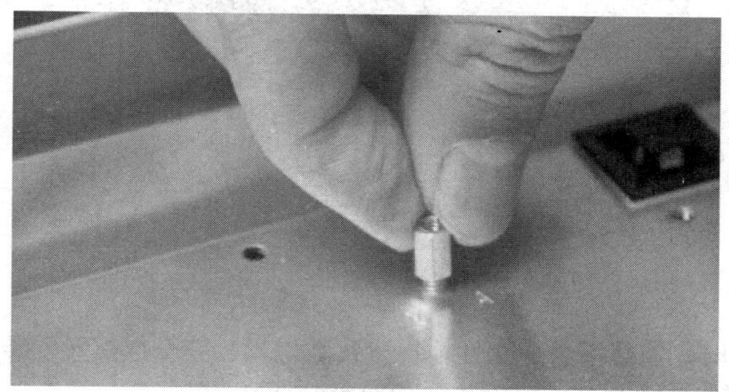

图 5-36　步骤 1：安放主板垫脚螺母

图 5-37　步骤 2：双手平行托住主板，将主板放入机箱中

图 5-38　步骤 3：确定机箱安放到位

可以通过机箱背部的主板挡板来确定机箱是否安放到位。

图 5-39　步骤 4：拧紧螺丝，固定好主板

提示：在装螺丝时，注意不要一次性地拧紧每粒螺丝，等全部螺丝安装到位后，再将每粒螺丝拧紧，这样做的好处是随时可以对主板的位置进行调整。

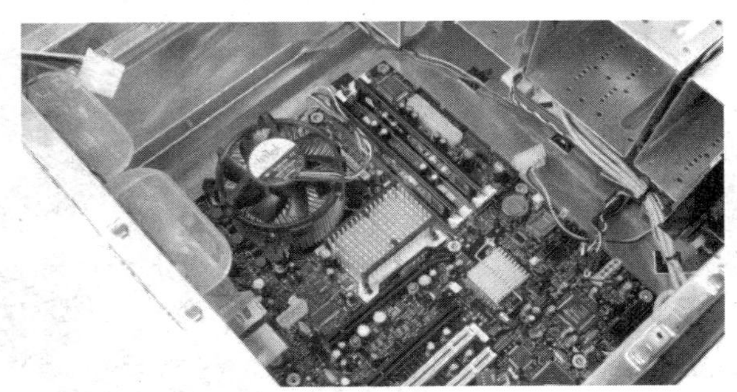

图 5-40　步骤 5：安装过程结束

工序 5：安装硬盘

在安装好 CPU、内存之后，需要将硬盘固定在机箱的 3.5 英寸硬盘托架上。对于普通的机箱，只需要将硬盘放入机箱的硬盘托架上，拧紧螺丝使其固定即可。很多用户使用了可拆卸的 3.5 英寸机箱托架，这样安装硬盘就更加简单。

安装硬盘的操作步骤如图 5-41 至如图 5-43 所示。

图 5-41　步骤 1：取下 3.5 英寸硬盘托架

机箱中有固定 3.5 英寸托架的扳手，拉动此扳手即可固定或取下 3.5 英寸硬盘托架，取出后的硬盘托架如图 5-42 所示。

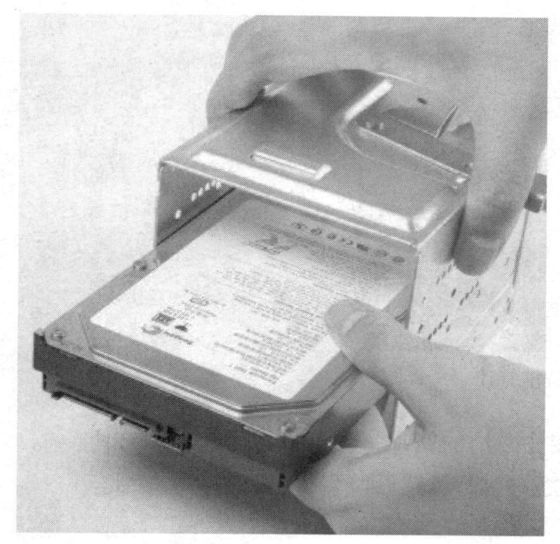

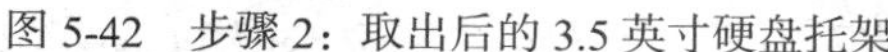

图 5-42　步骤 2：取出后的 3.5 英寸硬盘托架

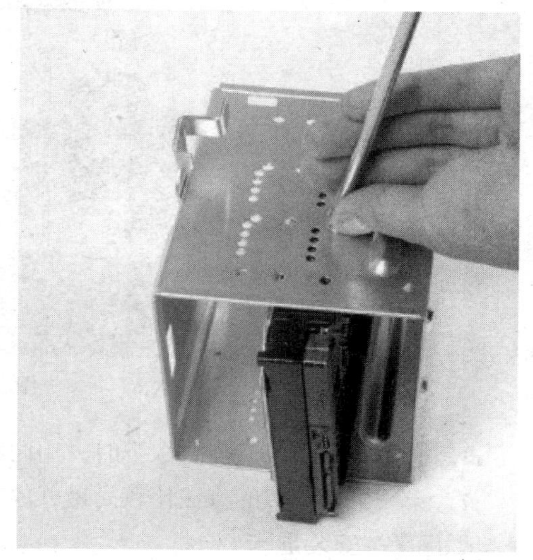

图 5-43　步骤 3：将硬盘装入托架中，并拧紧螺丝

将托架重新装入机箱，并将固定扳手拉回原位固定好硬盘托架。简单的几步便将硬盘稳稳地装入机箱中，还有几种其他固定硬盘的方式，根据机箱的不同固定方式可能不同，可以参考说明，方法也比较简单，在此不一一介绍。

工序 6：安装光驱和电源

安装光驱的方法与安装硬盘的方法大致相同，对于普通的机箱，只需要将机箱 4.25 英寸托架前的面板拆除，并将光驱放入对应的位置，拧紧螺丝即可。但还有一种抽拉式设计的光驱托架，简单介绍安装方法。

安装光驱和电源的操作步骤如下。

1．这种光驱设计比较方便，在安装前，先要将类似于抽屉设计的托架安装到光驱上。像推拉抽屉一样，将光驱推入机箱托架中，如图 5-44 所示。

图 5-44　将光驱推入机箱托架中

2．拉出簧片，如图 5-45 所示。

图 5-45　拉出簧片

3．机箱安装到位，需要取下时，用两只手按住两边的簧片，即可以拉出，简单方便。

4．安装机箱电源的方法比较简单，放入到位后，拧紧螺丝即可，不做过多的介绍。

工序 7：安装显卡

目前，PCI-E 显卡已经市场主力军，AGP 基本上见不到了，因此在选择显卡时 PCI-E 绝对是必选产品。主板上的 PCI-E 显卡插槽如图 5-46 所示。

图 5-46　主板上的 PCI-E 显卡插槽

用手轻握显卡两端，垂直对准主板上的显卡插槽，向下轻压到位后，再用螺丝固定，即完成了显卡的安装过程，如图 5-47 所示。

图 5-47　显卡的安装过程

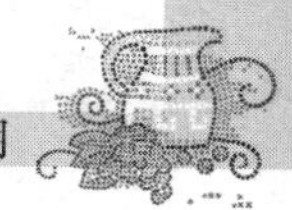

工序 8：接好各种线缆

安装好显卡之后，剩下的工作就是安装所有的线缆接口了，下面进行简单介绍。

1．安装硬盘电源与数据线接口。以 SATA 硬盘为例，右边红色的为数据线，黑黄红交叉的是电源线，安装时将其按入即可。接口全部采用防呆式设计，反方向无法插入，如图 5-48 所示。

2．安装光驱数据线。光驱数据线均采用防呆式设计，安装数据线时可以看到 IDE 数据线的一侧有一条蓝或红色的线，这条线位于电源接口一侧，如图 5-49 所示。

图 5-48　硬盘电源与数据线接口

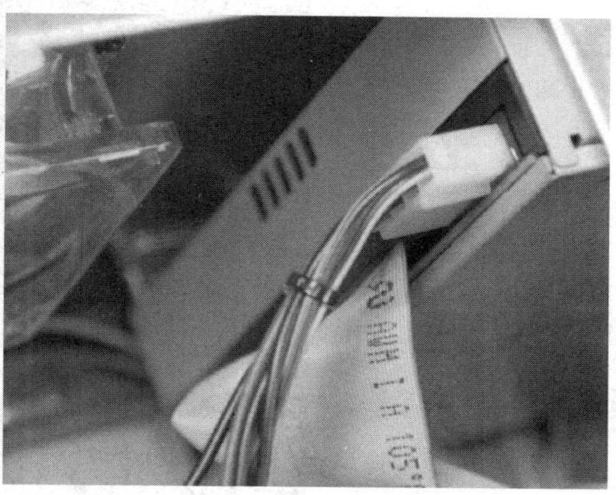

图 5-49　安装光驱数据线

3．安装主板上的 IDE 数据线，如图 5-50 所示。

4．安装主板供电电源接口，目前大部分主板采用了 24 针的供电电源设计，如图 5-51 所示。

图 5-50　安装主板上的 IDE 数据线

图 5-51　安装主板供电电源接口

5．安装 CPU 供电接口，部分采用 4 针的加强供电接口设计，高端的使用了 8 针设计，以提供 CPU 稳定的电压供应，如图 5-52 所示。

安装主板上 SATA 硬盘、USB 及机箱开关、重启、硬盘工作指示灯接口，安装方法可以参见主板说明书，如图 5-53 所示。

特别要说明的是，在 SLI 或交火的主板上，也就是支持双卡互联技术的主板上，一般提供额外的显卡供电接口。在使用双显卡时，注意要插好此接口，以为显卡提供充足的供电，如图 5-54

所示。

图 5-52　安装 CPU 供电接口

图 5-53　安装其他部分

图 5-54　额外的显卡供电接口

6. 对机箱内的各种线缆进行简单的整理，以提供良好的散热空间，这一点大家一定要注意，如图 5-55 所示。

图 5-55　整理好的各种线缆

终于组装完成了，看到自己努力的结果，是不是很有满足感呢？

【知识链接】

图 5-56 是一篇计算机系统类的文章，就从这里开始对计算机系统进行初步了解吧。

我国首台过千万亿次超级计算机系统在深圳调试完毕

http://www.sina.com.cn 2011年11月12日18:14 中国广播网

中广网深圳11月12日消息(记者郑柱子)我国首台过千万亿次的超级计算机系统已经在国家超级计算深圳中心(深圳云计算中心，下称深圳超算中心)安装调试完毕，将于高交会开幕当天的11月16日正式开通运行。

深圳超算中心是国家863计划，广东省和深圳市的重大项目，也是深圳建市以来最大的科研基础设施，运营后能够大大缓解华南乃至东南亚地区高性能计算能力紧张的局面，在新能源开发、新材料研制、自然灾害预警分析、气象预报、工业仿真模拟等众多领域发挥重要作用。

深圳超算中心的超级计算机主机系统为“曙光6000”，采用了拥有中国自主知识产权的“龙芯”服务器。“曙光6000”由中国科学院计算技术研究所研制、曙光信息产业有限公司制造，其系统峰值为每秒3000万亿次，实测性能达到每秒1271万亿次，存储能力达到20PB，是中国第一台实测双精度浮点计算超过千万亿次的超级计算机。

在深圳超算中心开始立项建设的2010年5月，曙光6000在全球超级计算机500强排名中名列第二位，目前则名列第四。据介绍，以系统峰值每秒1271万亿次计算，超级计算机每运行一天则相当于目前流行配置的普通电脑运行174年，20PB的存储能力则相当于80个国家图书馆的藏书量。

据介绍，超算中心正式运营之前，等候合作的企业和单位已经排成长龙，目前已经与中兴通讯、比亚迪、光启理工研究院、华大基因研究院、市人民医院、气象局等45家单位合作，今后将作为云计算公共服务平台，为有需要的企业和机构提供服务。庞大的计算资源也将使每个深圳市民都享受到实惠。其中，深圳云计算中心将打造14朵“云”，分为“专业

图 5-56　计算机系统文章

链接 1：计算机系统的组成

计算机系统由硬件系统和软件系统两大部分组成，如图 5-57 所示。硬件系统是指一台计算机的物理设备。软件系统是指在硬件设备上运行的各种程序及其文档。它们之间相互配合，协同工作。图 5-58 所示为软件系统、硬件系统和用户的关系。

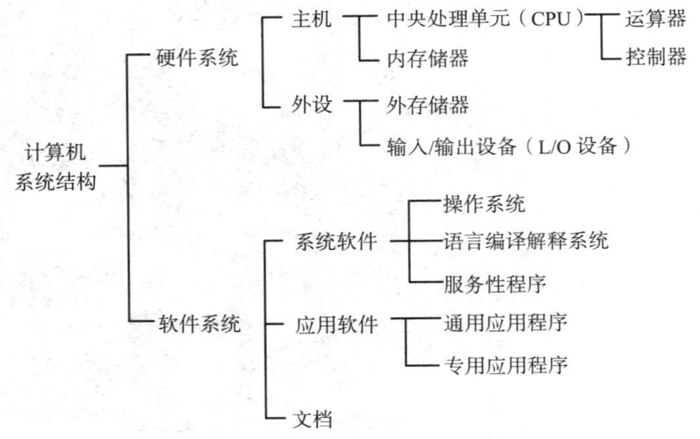

图 5-57　计算机系统的组成

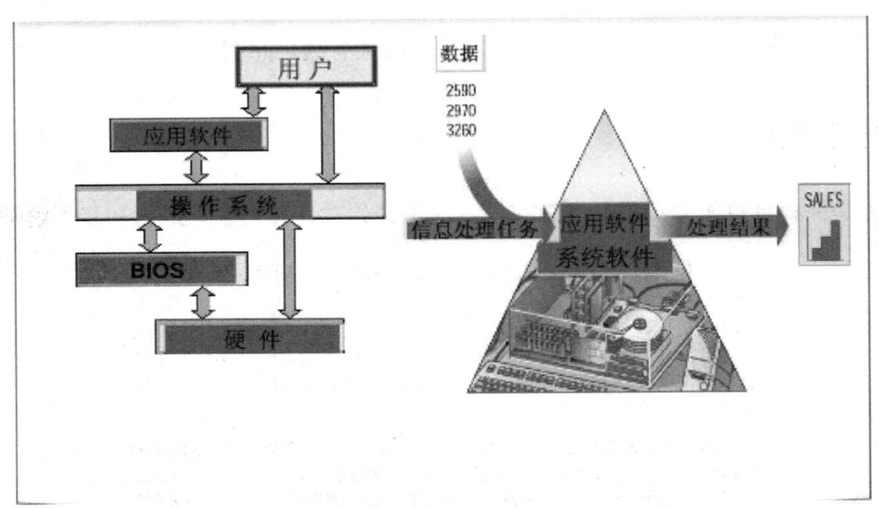

图 5-58　软件、硬件和用户的关系

链接 2：计算机硬件系统

计算机的硬件系统由以下 5 个部分组成。

1．运算器

运算器又称算术逻辑单元，负责数据的算术运算和逻辑运算，即数据的加工处理。运算器在计算机中是相当于算盘功能的部件，其结构示意图如图 5-59 所示。

2．存储器

存储器是保存或“记忆”原始数据和程序，是实现记忆功能的部件，负责存储程序和数据。在存储器中保存一个数的 16 个触发器，称为一个存储单元。每个存储单元的编号称为地址。存储

器所有存储单元的总数称为存储容量，通常用 KB、MB、GB、TB 表示。存储容量越大，表示计算机储存的信息就越多。

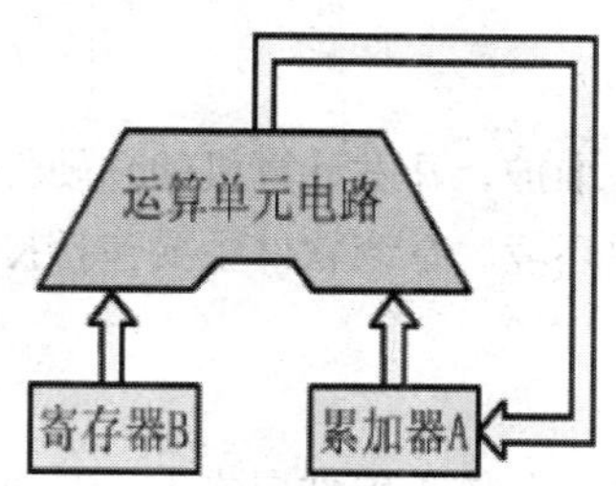

图 5-59　运算器的结构示意图

3．控制器

控制器是整个计算机的控制指挥中心，是发号施令的部件，就是负责任务从内存中取出指令进行分析、控制并协调输入、输出操作或内存访问。

4．输入设备

输入设备负责把用户的程序和数据输入到计算机的存储器中，如文字、图形、图像、声音等，先将其转变为二进制信息，然后按顺序把它们送入存储器中。计算机中常用的输入设备有键盘和鼠标，还包括扫描仪、手写输入设备、触摸屏、条形码阅读器等。

5．输出设备

输出设备负责从计算机中取出程序执行结果或其他信息，供用户查看，也就是说把计算机存储器中的二进制信息转换为人们习惯接受的形式。常用的输出设备有显示器、打印机、绘图仪等。

计算机的工作原理为：首先编写该任务的执行程序；通过输入设备将程序和原始数据输入存储器；运行时，CPU 根据内部程序从存储器中取出指令，同时改变程序计数器，使其成为下一条指令地址；然后送到控制器中进行分析、识别；控制器根据指令的含义发出相应的命令，CPU 根据指令分析结果，执行命令；通过输入设备输出结果，如图 5-60 所示。

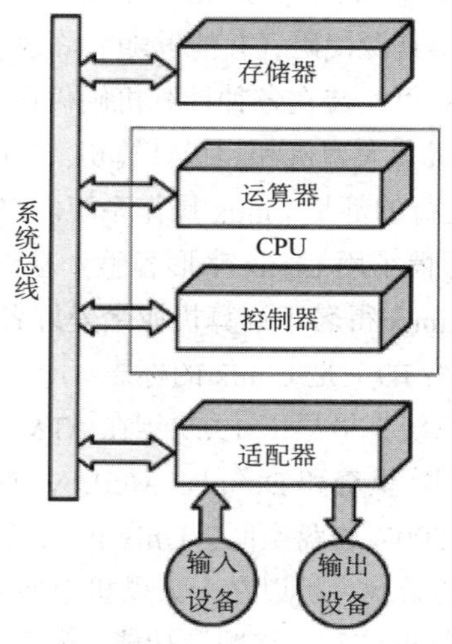

图 5-60　计算机的工作原理

链接 3：计算机软件系统

计算机软件系统是为运行、维护、管理、应用计算机所编制的所有程序和支持文档的总和，包括系统软件和应用软件。

1．系统软件

系统软件是负责管理、控制、维护、开发计算机的软硬件资源，提供给用户一个便利的操作界面，也提供编制应用软件的资源环境。系统软件主要包括操作系统、语言处理程序、数据库管理程序、实用程序与工具软件等。

（1）操作系统

操作系统 OS（Operating System）位于硬件层之上，是管理计算机软硬件资源、控制程序运行、改善人机界面和为应用软件提供支持的系统软件。其功能包括负责对计算机的各类资源进行统一控制、管理、调度和监督，合理地组织计算机的工作流程，其目的是提高各类资源利用率，并能方便地为用户所用。

在操作系统的发展历程中，具有代表性的有 5 种操作系统 DOS、OS/2、Windows、Linux 和 UNIX。

DOS 系统已经淡出历史舞台，现在只能在 Windows 操作系统中“命令提示符”应用程序中看到一点它的影子。OS/2 是在 DOS 的基础上由 IBM 和 Microsoft 共同研制和推出的 GUI 图形化界面的新一代操作系统。最初它主要是由 Microsoft 开发的，由于在很多方面的差别，微软最终放弃了 OS/2 而转向开发 Windows 系统。也就是现在使用的 Windows 操作系统，如 Windows 2000、Windows XP、Windows 7 等。因现在 Windows 7 为人们提供了更加高效易行的工作环境，已经在慢慢取代 Windows XP 对个人电脑长达将近 10 年的统治。2009 年 10 月 22 日于美国、2009 年 10 月 23 日于中国正式发布 Windows 7 ，2011 年 2 月 22 日发布 Windows 7 SP1，同时也发布了服务器版本——Windows Server 2008 R2。同 2008 年 1 月发布的 Windows Server 2008 相比，Windows Server 2008 R2 继续提升了虚拟化、系统管理弹性、网络存取方式以及信息安全等领域的应用，其中有不少功能需搭配 Windows 7。Windows 7 可供家庭及商业工作环境、笔记本电脑、平板电脑、多媒体中心等使用。

Linux 是由芬兰赫尔辛基大学的一个大学生 Linus B.Torvolds 在 1991 年首次编写的，是一个免费的操作系统，用户可以免费获得其源代码，并能够随意修改。目前存在着许多不同的 Linux，但它们都使用了 Linux 内核。Linux 可安装在各种计算机硬件设备中，从手机、平板电脑、路由器和视频游戏控制台，到台式计算机、大型机和超级计算机。Linux 是一个领先的操作系统，世界上运算最快的 10 台超级计算机运行的都是 Linux 操作系统。严格来讲，Linux 这个词本身只表示 Linux 内核，但实际上人们已经习惯了用 Linux 来形容整个基于 Linux 内核，并且使用 GNU 工程各种工具和数据库的操作系统。Linux 得名于计算机业余爱好者 Linus Torvalds。Tux（一只企鹅，全称为 tuxedo，Joeing Youthy 的网络 ID）是 Linux 的标志。

UNIX 是多用户多任务的操作系统，最早于 1969 年在 AT&T 的贝尔实验室开发。于 1971 年由美国 AT&T 公司肯·汤普逊、丹尼斯·里奇和 Douglas McIlroy 在一台 PDP-11/24 的机器上完成。这台电脑只有 24KB 的物理内存和 500K 磁盘空间。Unix 占用了 12KB 的内存，剩下的一半内存可以支持两用户进行 Space Travel 的游戏。可以在个人微机上使用 Unix，也可以在小型机上使用 Unix。同时，因具有功能强大的网络通信和网络服务功能，所以它具有多用户、多任务的特点，支持多种处理器架构，是很多分布式系统中服务器上广泛使用的一种网络操作系统。

（2）语言处理程序

语言处理程序是供程序员编制软件，实现数据处理的特殊语言，它对程序进行编译、解释、连接，主要包括机器语言、汇编语言和高级语言。

- 机器语言。采用二进制代码形式，是计算机唯一可以直接识别、直接运行的语言。它由“1”和“0”组成一组代码指令，例如：10001010。机器语言依赖于计算机的指令系统，因此不同型号的计算机，其机器语言是不同的。而且机器语言不易记忆和理解，编写程序也难以修改和维护，所以基本上不能用来编写程序。
- 汇编语言。由一组与机器语言指令一一对应的符号指令和简单语法组成。可以用来代替机器语言的操作数、操作码，比如 ADD A，表示加上 A 的意思。因为汇编语言也是在机器语言的基础上存在的，所以也是一种比较难理解的低级语言。
- 高级语言。为了提高效率，人们发明了高级语言，这种语言具有与自然语言接近，规则明确、通用易懂，对机器的依赖性低的特点，因此已经取代了机器语言和汇编语言。表 5-1 中列举几种常见的高级语言。

表 5-1　高级语言的种类及特点

名　称	特　点
C 语言	C 语言是很多语言的基础，它可以作为工作系统设计语言，编写系统应用程序，也可以作为应用程序设计语言，编写不依赖计算机硬件的应用程序
Basic 语言	BASIC 语言简单、易学，它的多功能符号指令码特别适合初学者来使用
Java 语言	Java 是一种简单的、跨平台的、面向对象的、分布式的、解释执行的、健壮的安全的、结构的中立的、可移植的、性能很优异的多线程的动态语言
Fortran 语言	Fortran 语言是世界上第一个被正式推广使用的高级语言，它是一种适用于工程设计的计算机语言

（3）数据库管理系统

把具有相关性的数据以一定的组织方式集合起来，用数据库管理系统对它进行管理、维护和使用。目前比较流行的数据管理软件包括 Oracle、SQL Server、Access 等。

2．应用软件

应用软件是用户为了解决各种实际问题而编制的程序。应用软件包括办公软件（Office）、图像处理软件（Adobe）、多媒体播放软件（Media Player）、图像编辑软件（PhotoShop）、通信软件（QQ）、杀毒软件（卡巴斯基）等。

链接 4：计算机主要技术指标

计算机主要包括以下技术指标。

1．字长。指一次能并行处理的二进制位数。字长总是 8 的倍数，如 16、32、64 位等。

2．主频。指计算机中 CPU 的时钟周期，单位是兆赫兹（MHz）。

3．运算速度。指计算机每秒所能执行加法指令的数目。运算速度的单位是百万次/秒（MIPS）。

4．存储容量。存储容量包括主存容量和辅存容量，主要指内存储器所能存储信息的字节数。

5．存储周期。指存储器进行一次完整的存取操作所需的时间。

链接 5：数值与编码

一、数制

一般来说一个量用多少表示出来，叫做数。例如，2 米高，数为 2；500 克，数为 500。在计算机里面，数是以数值来表示的，在日常生活中使用的数，叫做十进制数。而在计算机系统中采用二进制来进行计算，主要原因是其运算简单、工作可靠、逻辑性强。计算机系统中除了前面说的两种数制外，还包括八进制数和十六进制数。

1．数制特点

（1）逢 N 进一

N 是指进位计数制表示一位所需要的符号数目，称为基数。例如十进制由 0、1、2、3、4、5、6、7、8、9 十个数字符号组成，这个 10 就是数字字符的总个数，也是基数，表示逢十进一。二进制数由 0、1 两个数字符号组成，表示有 2 个字符，基数为 2，逢二进一。

（2）采用位权表示法

位权表示一个数字在某个固定位置上所代表的值。位权与基数的关系是，各进位制中位权的值恰好是基数的若干次幂，因此，任何一种数制表示的数都可以写成按位权展开的多项式之和。例如，在十进制数中，$(3\,058.72)_{10}$ 可表示为 $3\times10^3+0\times10^2+5\times10^1+8\times10^0+7\times10^{-1}+2\times10^{-2}$。

同样的道理，可以按以下方式表示一个 R 进制数 N。

$(N)_R=a_n\times R^n+a_{n-1}\times R^{n-1}+\cdots+a_1\times R^1+a_0\times R^0+a_{n-1}\times R^{n-1}+\cdots+a_{-m}\times R^{-m}$

2．常用数制及其表示法

（1）十进制。由 0 ~ 9 组成，权为 10^{i-1}，计数时按逢十进一的规则进行，用 D（Decimal）表示十进制数。例如，$(345.59)_{10}$ 或 54.11D。

（2）二进制。由 0、1 组成，权为 2^{i-1}，计数时按逢二进一的规则进行，用 B（Binary）表示二进制数。例如，$(10110.11)_2$ 或 10110.11B。

（3）十六进制。由 0 ~ 9、A、B、C、D、E、F 组成，权为 16^{i-1}，计数时按逢十六进一的规则进行，用 H(Hexadecimal)表示十六进制数。例如，$(1A3F.CF)_{16}$ 或 1A3F.16H。

（4）八进制。由 0、1、2、3、4、5、6、7 组成，权为 8^{i-1}，计数时按逢八进一的规则进行，用 O（Octal）表示八进制数。例如，$(34.76)_8$ 或 34.76O

常用的几种进位计数制表示如表 5-2 所示。

表 5-2　数制表示

十 进 制	二 进 制	八 进 制	十六进制
0	0	0	0
1	1	1	1
2	10	2	2
3	11	3	3
4	100	4	4
5	101	5	5
6	110	6	6
7	111	7	7
8	1000	10	8
9	1001	11	9
10	1010	12	A

续表

十 进 制	二 进 制	八 进 制	十六进制
11	1011	13	B
12	1100	14	C
13	1101	15	D
14	1110	16	E
15	1111	17	F
16	10000	20	10

3．常用数制转换

（1）二进制数转换为十进制数

二进制数转换为十进制数时，可以使用位权相加法，各位二进制数码乘以与其对应的权之和，即为与该二进制数相对应的十进制数。

【例 5-1】 求$(100101.101)_2$对应的十进制数。

解： $(100101.101)_2=1\times 2^5+0\times 2^4+0\times 2^3+1\times 2^2+0\times 2^1+1\times 2^0+1\times 2^{-1}+0\times 2^{-2}+1\times 2^{-3}$

$=32+0+0+4+0+1+0.5+0.125=(37.625)_{10}$

即　$(100101.101)_2=(37.625)_{10}$

（2）十进制数转换为二进制数

十进制数转换成二进制数时，整数和小数的转换方法是不一样的。所以，对于一个十进制数，若既有整数部分又有小数部分，则要分别进行转换，然后再把两部分拼起来。

整数的转换可采用除 2 取余法，即把要转换的十进制数的整数部分不断除以 2，并记下每次相除所得的余数，直到商为 0 为止，将所得余数，从最后一次除得余数开始从后往前写下来，就是这个十进制整数所对应的二进制整数。小数部分的转换采用乘 2 取整法，将十进制的小数部分每次乘 2，直到积为零或转换位数达到要求为止，所得乘积的整数部分就为对应的十进制数，将所得小数从第一次乘得整数写起，就是这个十进制小数所对应的二进制小数。

【例 5-2】 求$(66.625)_{10}$对应的二进制数。

解： 先求$(66)_{10}$对应的二进制数。

```
2 | 66    0   ↑
2 | 33    1
2 | 16    0
2 | 8     0
2 | 4     0
2 | 2     0
2 | 1     1
    0
```

即　$(66)_{10}=(1000010)_2$

再求 $(0.625)_{10}$对应的二进制数

```
0.625 × 2=1.250    1   ↓
0.250 × 2=0.500    0
0.500 × 2=1.000    1
```

即　$(0.625)_{10}=(0.101)_2$

所以，$(66.625)_{10}=(1000010.101)_2$

这里要说明的是，十进制小数不一定都能转换成完全等值的二进制小数，所以有时要取近似值。

（3）二进制数与八进制数、十六进制数间的相互转换

在编写计算机的程序时，通常将二进制写成八进制或十六进制数。由表 5-2 可知，3 位二制进数恰好是一位八进制数，4 位二进制数恰好是 1 位十六进制数。因此，把二进制数转换成为八进制时，只需将整数部分自右向左和小数部分自左向右分别按每 3 位一组进行分组，不够 3 位用 0 补齐。再使用表 5-2 中对应的八进制数写出，即为其对应的八进制数。反之，将八进制数转换为二进数时，只要把每位八进数制用对应的 3 位二进制数表示即可。

二进制数与十六进制数的转换同二进制与八进制转换相仿，只是按 4 位进行分组。

【例 5-3】将$(741.566)_8$转换成为二进制数。

解：$(741.566)_8=(111\ 100\ 001.101\ 110\ 110)_2$

【例 5-4】将$(1011010.10111)_2$转换为十六进制数。

解：$(1011010.10111)_2=(0101\ 1010.1011\ 1000)_2=(5A.B8)_{16}$

即　$(1011010.10111)_2=(5A.B8)_{16}$

【例 5-5】将十六进制数$(3AF.C8)_{16}$和$(78)_{16}$转换成对应的二进制数。

解：$(3AF.C8)_{16}=0011\ 1010\ 1111.1100\ 1000=(1110101111.11001)_2$

$(78)_{16}=0111\ 1000=(1111000)_2$

4．数据在计算机中的存储单位

我们已经了解了计算机系统中数值的转换，可是这些数值是在没有单位的前提下进行转换的，在计算机系统中有一些数据单位我们也需要知道。

（1）位、字节和字

- 位（bit）。计算机中最小的数据单位，通常就用“b”来表示位。
- 字节（byte）。它是存储空间的基本计算机单位。一个汉字用 2 字节表示。
- 字。由若干个字节组成，字的位数叫作字长。

（2）存储器容量单位

存储器的容量单位一般是用 KB、MB、GB、TB 来表示的。1KB=1024B；1MB=1024KB；1GB=1024MB；1TB=1024GB。

5．机器数的 3 种表示法

在计算机中对带符号数的表示方法有原码、补码和反码 3 种形式。

原码表示法规定符号位用数码 0 表示正号，用数码 1 表示负号，数值部分按一般二进制形式表示。

【例 5-6】N1=＋1000100，N2=–1000100；

解：$[N1]_{原}=01000100$，$[N2]_{原}=11000100$。

反码表示法规定正数的反码和原码相同，负数的反码是对该数的原码除符号位外各位求反。

【例 5-7】N1=＋1000100，N2=–1000100；

解：$[N1]_{反}=01000100$，$[N2]_{反}=10111011$。

补码表示方法规定正数的补码和原码相同，负数的补码则先对该数的原码除符号位外各位取

反，然后末位加 1。

【例 5-8】N1=＋1000100，N2=–1000100；

解：$[N1]_{补}$=01000100，$[N2]_{原}$=11000100，$[N2]_{反}$=10111011，$[N2]_{补}$=10111100。

二、编码

现在我们已经知道在计算机系统中，数据都是以二进制形式表示的，那么其他一些不能用二进制编码表示的数据怎么办呢？接下来，再介绍 3 种类型的编码，即数字编码，字符编码和汉字编码。

1．数字编码

数字编码最常见的就是 BCD 编码，它向计算机输入数或从输出设备看到的数，通常是人们习惯的十进制数。不过，这样的十进制在计算机中要用二进制编码来表示。由于一位十进制数所用的符号只有 0 ~ 9 十位数字，可以从具有 16 种不同组合的 4 位二进制数编码中取 1 种表示一位十进制，称之为二进制编码的十进制数。常用的编码是 BCD（Binary Coded Decimal Notation）码。

【例 5-9】$(0100\ 1001\ 0001.0110\ 0010)_{BCD}$

解：它所对应的十进制数是：491.62

表 5-3 中列出 BCD 编码表。

表 5-3　BCD 编码表

十进制数	BCD 码	十进制数	BCD 码
0	0000	8	1000
1	0001	9	1001
2	0010	10	0001 0000
3	0011	11	0001 0001
4	0100	12	0001 0010
5	0101	13	0001 0011
6	0110	14	0001 0100
7	0111	15	0001 0101

2．字符编码

计算机中用二进制表示字母、数字、符号及控制符号，目前主要用 ASCII 码（American Standard Code for Information Interchange），即美国标准信息交换代码。ASCII 码已被国际标准化组织（ISO）定为国际标准，所以又称为国际 5 号代码。

ASCII 码有 7 位 ASCII 码和 8 位 ASCII 码两种。

7 位 ASCII 码被称为基本 ASCII 码，是国际通用的。即 7 位二进制字符编码，可表示 128 种字符。其中包括 34 种控制字符、52 个英文大小写字母、10 个阿拉伯数字，32 个字符和运算符。基本 ASCII 码表如表 5-4 所示。用一个字节（8 位二进制）表示 7 位 ASCII 码时，最高为 0，它的范围为 00000000B ~ 01111111B。

8 位 ASCII 码被称为扩充 ASCII 码，是 8 位二进制字符编码。基本 ASCII 码见表 5-4。

3．汉字编码

汉字的输入、处理和输出的过程，实际上是汉字的各种代码之间转换的过程。汉字编码主要分为输入码、国标码、机内码、地址码和字形码。图 5-61 所示为这些汉字编码在汉字信息处理系统中的位置以及它们之间的关系。汉字处理系统对每种汉字输入方法都规定了汉字输入计算机的

代码，即汉字输入码，由键盘输入汉字时输入的是汉字的外码。计算机识别汉字时，要把汉字的外码转换成汉字的内码（汉字的机内码），以便进行处理和存储。为了将汉字以点阵的形式输出，计算机还要将汉字的机内码转换成汉字的字形码，确定汉字的点阵。在计算机和其他系统或设备需要信息、数据交换时还必须采用交换码。

表 5-4　基本 ASCII 码表

654 位 / 3210 位	000	001	010	011	100	101	110	111
0000	NUL	DLE	空格	0	@	P		p
0001	SOH	DC1	!	1.	A	Q	a	q
0010	STX	DC2	“	2	B	R	b	r
0011	ETX	DC3	#	3	C	S	c	s
0100	EOT	DC4	$	4	D	T	d	t
0101	ENQ	NAK	%	5	E	U	e	u
0110	ACK	SYN	&	6	F	V	f	v
0111	BEL	ETB	‘	7	G	W	g	w
1000	BS	CAN	(	8	H	X	h	x
1001	HT	EM	)	9	I	Y	i	y
1010	LF	SUB	*	:	J	Z	j	z
1011	VT	ESC	+	;	K	[	k	{
1100	FF	FS	,	<	L	\	l	|
1101	CR	GS	-	=	M	]	m	}
1110	SO	RS	.	>	N	^	n	~
1111	SI	US	/	?	O	_	o	DEL

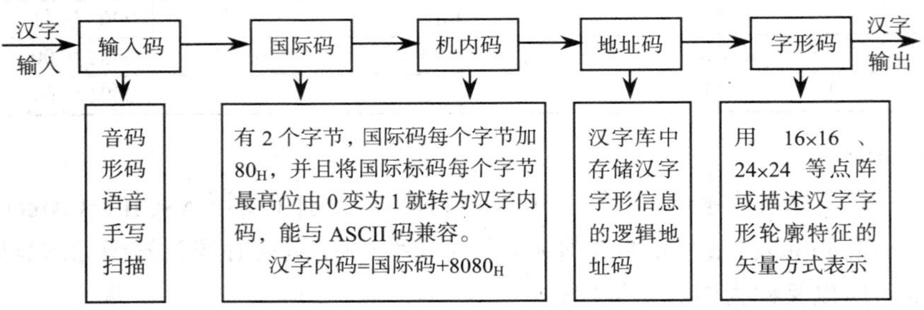

图 5-61　汉字编码

（1）输入码。输入码也叫外码，是用来将汉字输入到计算机中的一组键盘符号。英文字母只有 26 个，可以把所有的字符都放到键盘上，而使用这种办法把所有的汉字都放到键盘上，是不可能的。所以汉字系统需要有自己的输入码体系，使汉字与键盘能建立对应关系。目前常用的输入码有拼音码、五笔字型码、自然码、表形码、认知码、区位码和电报码等。一种好的编码应有编码规则简单、易学好记、操作方便、重码率低、输入速度快等优点，每个人可根据自己的需要进行选择。

（2）机内码。根据国标码的规定，每一个汉字都有了确定的二进制代码，但是这个代码在计算机内部处理时会与 ASCII 码发生冲突，为解决这个问题，把国标码的每一个字节的首位上加 1。

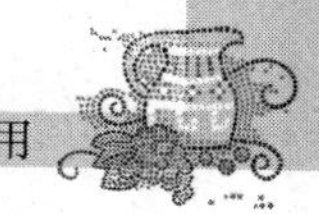

由于 ASCII 码只用 7 位，所以这个首位上的“1”就可以作为识别汉字代码的标志。计算机在处理到首位是“1”的代码时把它理解为是汉字的信息，在处理到首位是“0”的代码时把它理解为是 ASCII 码。经过这样处理后的国标码就是机内码。

汉字的机内码、国际码和区位码之间的关系如下。

$(\text{汉字机内码前两位})_{16}=(\text{国标码前两位})_{16}+80H=(\text{区码})_{16}+A0H$

$(\text{汉字机内码后两位})_{16}=(\text{国标码后两位})_{16}+80H=(\text{区码})_{16}+A0H$

把用十六进制表示的机内码的前两位和机内码的后两位连起来，就得到完整的用十六进制表示的机内码。在微机内部汉字代码都用机内码，在磁盘上记录汉字代码也使用机内码。

（3）交换码。计算机内部处理的信息都是用二进制代码表示的，汉字也不例外。而二进制代码使用起来是不方便的，于是需要采用信息交换码。我国标准总局 1981 年制定了中华人民共和国国家标准 GB2312--80《信息交换用汉字编码字符集——基本集》，即国标码。国标码字符集中收集了常用汉字和图形符号 7 445 个，其中图形符号 682 个，汉字 6 763 个，按照汉字的使用频度分为两级，第一级为常用汉字 3 755 个，第二级为次常用汉字 3 008 个。为了避开 ASCII 字符中的不可打印字符 0100001 ~ 1111110（十六进制为 21 ~ 7E），国标码表示汉字的范围为 2121 ~ 7E7E（十六进制）。

（4）区位码是国标码的另一种表现形式，把国标 GB2312—80 中的汉字、图形符号组成一个 94×94 的方阵，分为 94 个“区”，每区包含 94 个“位”，其中“区”的序号由 01 至 94，“位”的序号也是从 01 至 94。94 个区中位置总数＝94×94＝8 836 个，其中 7 445 个汉字和图形字符中的每一个占一个位置后，还剩下 1 391 个空位，这 1 391 个位置空下来保留备用。所以给定“区”值和“位”值，用四位数字就可以确定一个汉字或图形符号，其中前两位是“区”号。后两位是“位”号，如“普”字的区位码是“3853”，“通”字的区位码是“4508”。区位码编码的最大优点是没有重码，但由于编码缺少规律，很难记忆。使用区位码的主要目的是为了输入一些中文符号或无法用其他输入法输入的汉字、制表符以及日语字母、俄语字母、希腊字母等。94 个区可以分为五组。

- 01 ~ 15 区：是各种图形符号、制表符和一些主要国家的语言字母，其中 01 ~ 09 区为标准符号区，共有 682 个常用符号。
- 10 ~ 15 区：为自定义符号区，可留作用户自己定义。
- 16 ~ 55 区：是一级汉字区，共有 3 755 个常用汉字，以拼音为序排列。
- 56 ~ 87 区：是二级汉字区，共有 3 008 个次常用汉字，以部首为序排列。
- 88 ~ 94 区：自定义汉字区，可留作用户自己定义。

（5）字形码是汉字的输出码。输出汉字时都采用图形方式，无论汉字的笔画多少，每个汉字都可以写在同样大小的方块中。为了能准确地表达汉字的字形，对于每一个汉字都有相应的字形码，目前大多数汉字系统中都是以点阵的方式来存储和输出汉字的字形。所谓点阵就是将字符（包括汉字图形）看成一个矩形框内一些横竖排列的点的集合，有笔画的位置用黑点表示，没笔画的位置用白点表示。在计算机中用一组二进制数表示点阵，用 0 表示白点，用 1 表示黑点。一般的汉字系统中汉字字形点阵有 16×16、24×24、48×48 几种，点阵越大对每个汉字的修饰作用就越强，打印质量也就越高。通常用 16×16 点阵来显示汉字，每一行上的 16 个点需用两个字节表示，一个 16×16 点阵的汉字字形码需要 2×16＝32 个字节表示，这 32 个字节中的信息是汉字的数字化信息，即汉字字模。以“口”为例看看 16×16 点阵字形是怎样存放的，如图 5-62 所示。

如果把这个“口”字图形的“.”处用“0”代替，就可以很形象地得到“口”的字形码：0000H

0004H 3FFAH 2004H 2004H 2004H 2004H 2004H 2004H 2004H 2004H 2004H 3FFAH 2004H 0000H 0000H。计算机要输出“口”时，先找到显示字库的首址，根据“口”的机内码经过计算，再去找到“口”的字形码，然后根据字形码（要用二进制）通过字符发生器的控制在屏幕上进行依次扫描，其中二进制代码中是“0”的地方不显示，是“1”的地方显示亮点，于是就可以得到“口”的字符图形。

字模按构成字模的字体和点阵可分为宋体字模、楷体字模等，这些是基本字模。基本字模经过放大、缩小、反向、旋转等交换可以得到美术字体，如长体、扁体、粗体、细体等。汉字还可以分为简体和繁体两种，ASCII 字符也可分为半角字符和全角字符。汉字字模按国标码的顺序排列，以二进制文件形式存放在存储器中，构成汉字字模字库，亦称为汉字字形库，简称汉字库。

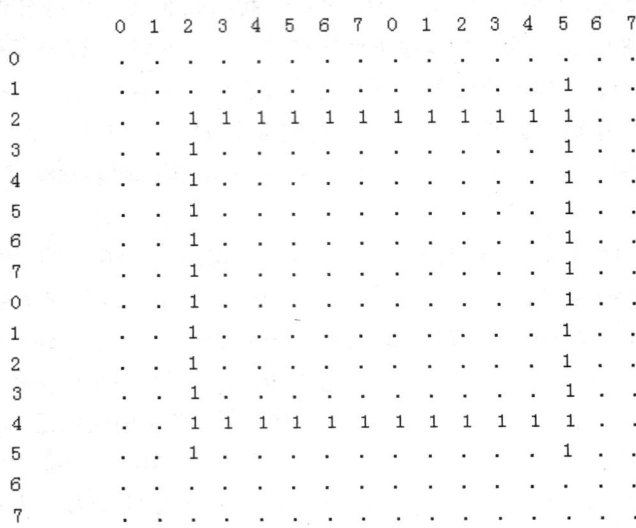

图 5-62 “口”字的 16×16 点阵字形图

任务三 网络安全设置

【情景再现】

小乐终于通过自己的努力把这台电脑装好了，于是小乐想立即连接网络，感受一下网上冲浪，可是她听说网络上很多的病毒，比如 Backdoor.RmtBomb.12 、Trojan.Win32.SendIP.15 等，这时小乐疑惑了，那怎么办呢？现在帮小乐一起来安装防火墙和杀毒软件吧。

【任务实现】

工序 1：设置系统自带的防火墙

1. 设置防火墙

（1）执行“开始”→“控制面板”命令，打开“控制面板”窗口，显示大图标状态，如图 5-63

所示。

图 5-63　控制面板大图标状态

（2）在大图标状态下，单击“Windows 防火墙”图标，即可打开如图 5-64 所示的“Windows 防火墙”窗口。

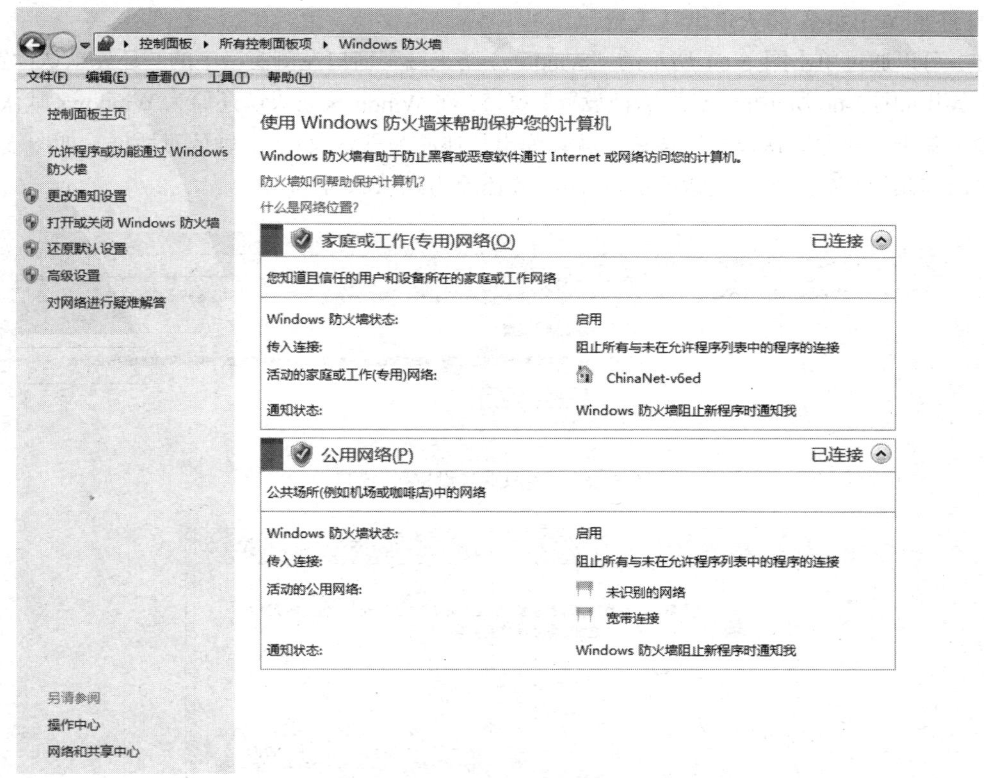

图 5-64　“Windows 防火墙”窗口

（3）在左侧窗格中，单击“更改通知设置”或“打开或关闭 Windows 防火墙”选项，均可打开“自定义设置”窗口，这里有两个设置区域“家庭或工作（专用）网络位置设置”和“公用网

络位置设置”，用户可以根据需要选中任一个区域的复选框，如图 5-65 所示。

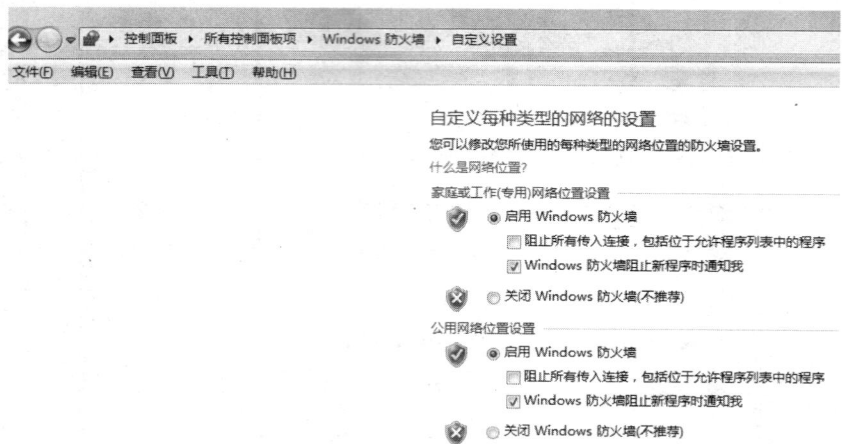

图 5-65　定义网络设置

（4）如果用户安装了第三方防火墙，或者想暂时禁用 Windows 防火墙，就可以选中“关闭 Windows 防火墙（不推荐）”选项框，单击“确定”按钮即可。

2．还原 Windows 防火墙默认设置

（1）可以通过单击图 5-64 所示的“Windows 防火墙”窗口左侧窗格中的“还原默认设置”选项，会弹出如图 5-66 所示的“还原默认设置”窗口，将 Windows 防火墙还原为 Windows 默认设置。

（2）单击“还原默认设置”按钮，就会弹出“还原为默认设置” 确认对话框，如图 5-67 所示。单击“是”按钮，即可将 Windows 防火墙还原为默认状态。

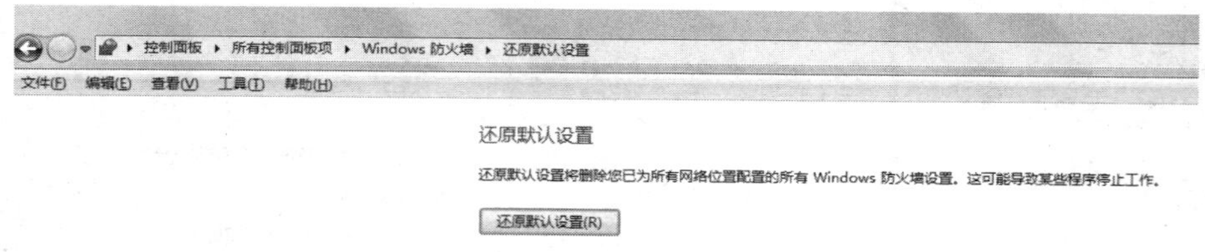

图 5-66 “还原默认设置” 窗口

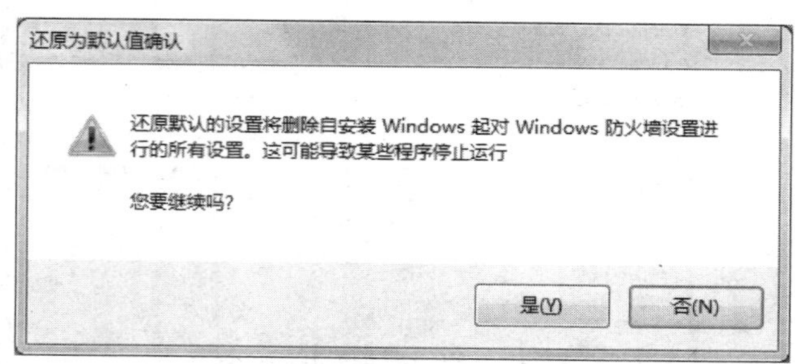

图 5-67 “还原为默认设置”确认对话框

工序 2：使用杀毒软件

目前杀毒软件有很多，有 360 杀毒、瑞星、卡巴斯基、诺顿、金山等，每个软件都有自己的

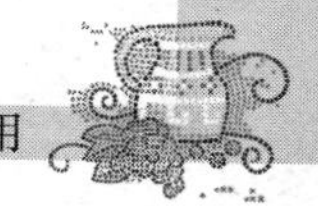

优缺点。下面以“360 杀毒”软件为例介绍如何使用杀毒软件。

首先根据提示要求一步步地完成“360 杀毒”软件的安装，安装好了后，会在桌面出现 360 杀毒软件的图标，双击打开，会弹出如图 5-68 所示的“360 杀毒”主界面。

图 5-68　“360 杀毒”软件主界面

1．病毒查杀

在使用“360 杀毒”软件前，第一步要先扫描系统，看看有没有已存在的病毒。在“360 杀毒”软件中，“病毒查杀”选项卡中有 3 种扫描的方式：快速扫描、全盘扫描、指定位置扫描。一般来说，会选择“快速扫描”来扫描系统中的文件，如图 5-69 所示。如果没有发现病毒，在查杀结束后，会弹出如图 5-70 所示的对话框。如果发现病毒或木马，则会在窗口显示出来，在扫描全部结束后单击“开始处理”按钮，即可删除扫描出的病毒。

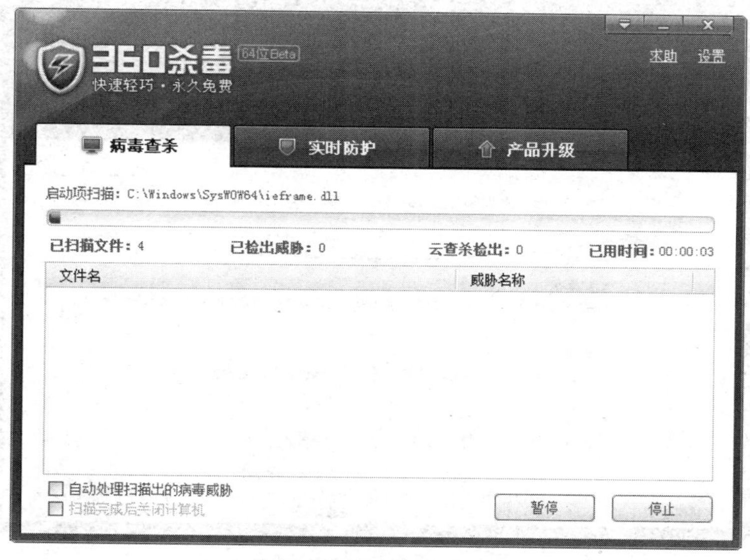

图 5-69　快速扫描文件

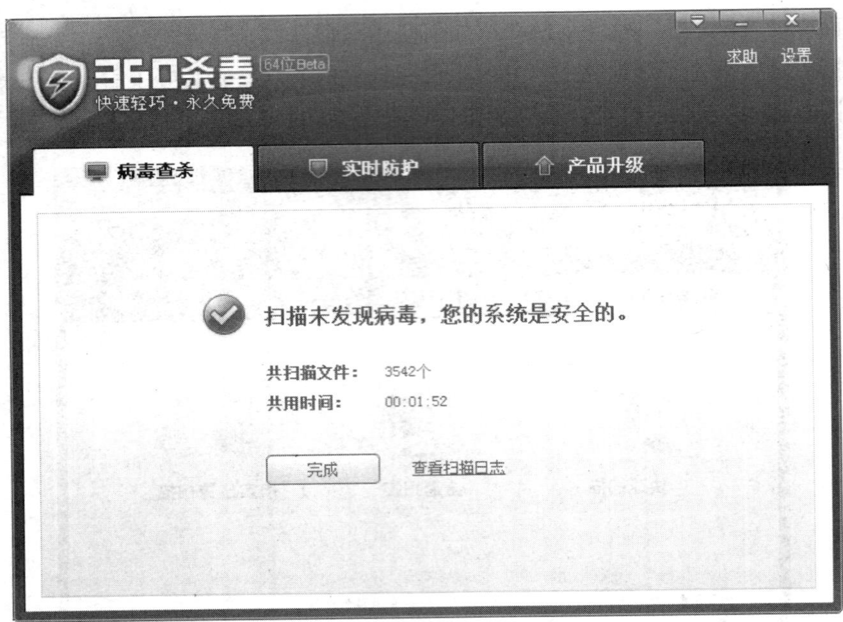

图 5-70　扫描完成对话框

2．实时防护

用户对电脑的任何操作都可能带来或引起病毒，所以要对电脑进行实时监控，以防万一。打开“360 杀毒”软件主界面，选择“实时防护”选项卡。如图 5-71 所示，“实时防护”已禁用，这时需要进行病毒库的升级。选择“产品升级”选项卡，进行产品病毒库的升级，如图 5-72 所示。病毒库升级结束，实时防护就会开启，如图 5-73 所示。选择“实时防护”选项设置，在“监控文件类型”、“发现病毒时的处理方式”、“其他防护选项”三个区域中根据自己的需要选中选项即可，如图 5-74 所示。

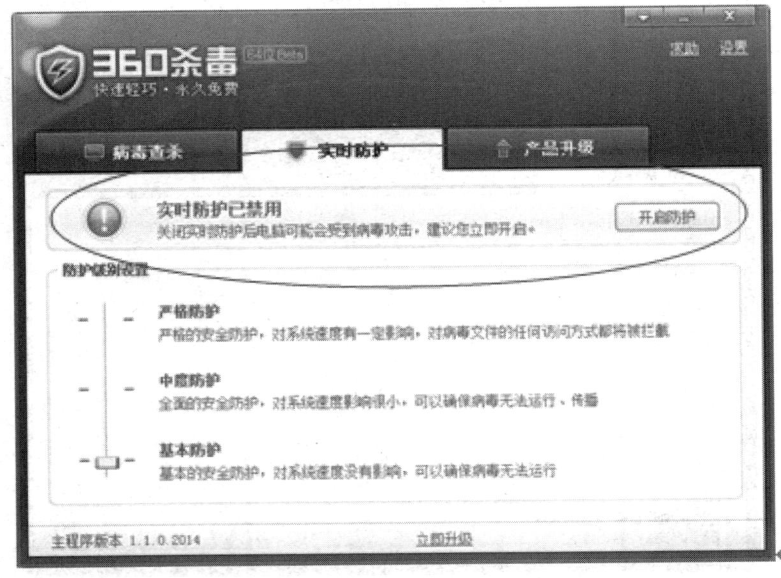

图 5-71　“实时防护”选项卡

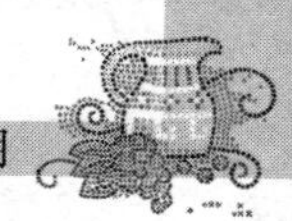

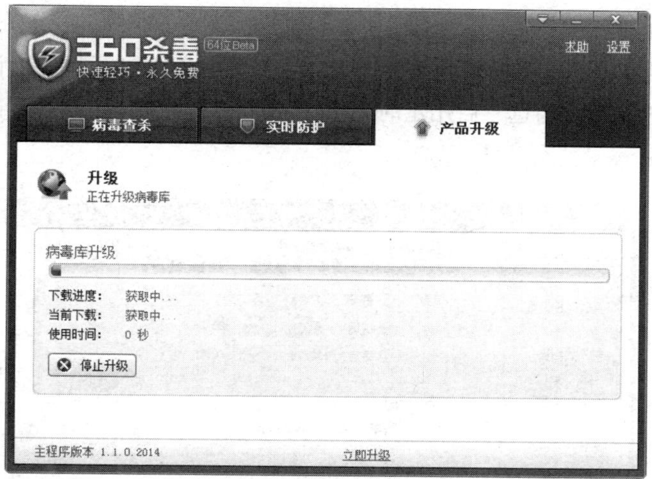

图 5-72　升级病毒库

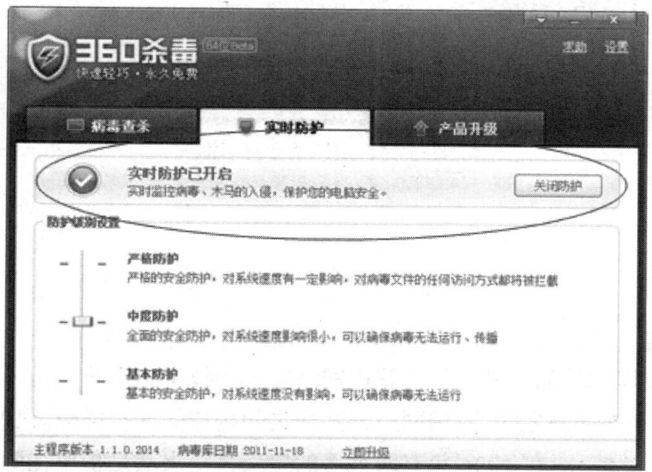

图 5-73　开启实时防护

图 5-74　“实时防护”设置

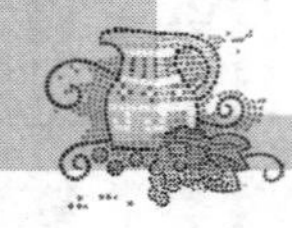

3．设置定期杀毒

单击“360 杀毒”软件主界面右上角的“设置”按钮，打开“设置”对话框。选择“其它设置”按钮，如图 5-75 所示。勾选“启用定时查毒”复选框，并选择定期杀毒的周期，设置好后单击“确定”按即可。

图 5-75　定期杀毒对话框

【知识链接】

链接 1：防火墙

防火墙是近期发展起来的一种保护计算机网络安全的技术性措施，是一个由软件和硬件设备组合而成，在内部网和外部网之间、专用网与公共网之间构造的保护屏障。根据 AT&T 公司 William Cheswick 和 Steven Bellovin 在 1994 年对防火墙的定义，防火墙是指放在两个网之间的一个组件和系统的聚集体，它有如下属性。

1．所有从内到外或从外到内的通信量，都必须通过它。

2．仅仅被本地安全策略定义的且被授权的通信量允许通过。

3．系统对穿透力有高抵抗力。

防火墙的工作原理为：在内网和外网之间建立一条隔离墙，检查进入内部网络的信息是否允许通过、外出的信息是否允许出去或是否允许响应用户的服务请求，从而阻止对内部网络的非法访问和非授权用户的出入。防火墙也可以禁止特定的协议通过相应的网络。

现在防火墙软件有很多，有系统自带的，也是其他的防火墙软件，用户在选择防火墙时可根据自己对网络安全的不同要求来选择不同的防火墙产品。Windows 7 自带的防火墙对 Windows XP 版本做了进一步的调整，更改了高级设置的访问方式，增加了更多的网络选项，支持多种防火墙策略，让防火墙更加便于使用。

但是防火墙无法防止电子邮件病毒和网络钓鱼软件。电子邮件病毒随附于电子邮件。防火墙无法确定电子邮件的内容，因此它无法保护计算机免受这类病毒的侵害。应该在打开电子邮件之前，使用防病毒程序扫描并删除电子邮件中的可疑附件。即使安装了防病毒程序，也不应该在无

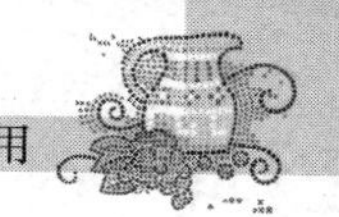

法确定电子邮件附件是否安全的情况下将其打开。网络钓鱼是一种技术，用于欺骗计算机用户泄漏个人或财务信息（例如，银行账户密码）。常见联机网络钓鱼骗局从看似来自受信任源的电子邮件开始，但实际上使收件人向欺骗性网站提供信息。防火墙无法确定电子邮件的内容，因此它们无法保护计算机免受这类攻击的侵害。所以电子计算机除了安装了防火墙外还要安装杀毒软件。

链接 2：计算机病毒

《中华人民共和国计算机信息系统安全保护条例》中明确定义了计算机病毒（Computer Virus），病毒是指“编制者在计算机程序中插入的破坏计算机功能或者破坏数据，影响计算机使用并且能够自我复制的一组计算机指令或程序代码”。狭义的解释是指利用计算机软件与硬件的缺陷或操作系统漏洞，由被感染机内部发出的破坏计算机数据并影响计算机正常工作的一组指令集或程序代码。目前计算机病毒大致分为两类，即普通病毒和特洛伊木马。图 5-76 所示的熊猫烧香病毒在 2007 年 1 月初肆虐网络，是一种经过多次变种的蠕虫病毒，它主要通过下载的文件传染，对计算机程序、系统造成破坏。被感染的用户系统中所有.exe 可执行文件全部被改成熊猫举着三根香的模样，是一次比较严重的病毒感染事件。

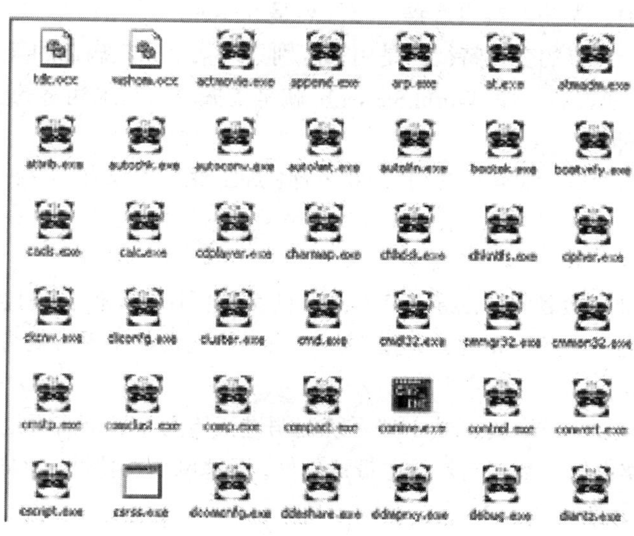

图 5-76　熊猫烧香病毒

链接 3：计算机病毒的特点

计算机病毒具有寄生性、传染性、破坏性、隐蔽性、潜伏性和可触发性等特点。

1．寄生性。计算机病毒寄生在一些程序中，当程序执行时，病毒会就会破坏文件。

2．传染性。平常所说的生物病毒在适当的条件下病源会大量繁殖，感染其他生物。计算机病毒也具有此特性，一段病毒代码一旦进入计算机并得以执行，它就会搜寻其他符合其传染条件的程序或存储介质，确定目标后再将自身代码插入其中，达到自我繁殖的目的。

3．破坏性。计算机一旦中毒，轻则导致程序无法正常执行，重则计算机内的其他文件甚至整台计算机都会瘫痪。

4．隐蔽性。病毒具有很好的隐蔽性，有的可以通过杀毒软件查出来，有的根本查不出来。有时就算查出来了，用一般的杀毒软件也杀不掉。

5．潜伏性。有些病毒潜伏进计算机后，不一定当时就发作。它可能会在电脑里待上几天，甚

至几年，等时机一成熟，它就会一下子炸开。这些时间都是早就预计好的。比如著名的黑色星期五病毒，不到预定时间一点都觉察不出来，等到条件具备的时候一下子就爆炸开来，对系统进行破坏。

6．可触发性。病毒在植入电脑时，都会有一个触发机制，一旦启动，它就会进行感染或者攻击。

链接 4：一些病毒的命名规则

有的时候会看到一些例如 Backdoor.RmtBomb.12 、Trojan.Win32.SendIP.15 等一串英文还带数字的病毒名，这些病毒名既难记，又不容易理解。其实只要掌握一些病毒的命名规则，就能通过杀毒软件的报告中出现的病毒名来判断该病毒的一些共有的特性了。病毒名的一般格式为<病毒前缀>.<病毒名>.<病毒后缀>。

病毒前缀是指一个病毒的种类，它是用来区别病毒的种族分类的。比如常见的木马病毒的前缀 Trojan，蠕虫病毒的前缀是 Worm 等。

病毒名是指一个病毒的家族特征，是用来区别和标识病毒家族的，如以前著名的 CIH 病毒的家族名都是统一的 CIH，振荡波蠕虫病毒的家族名是 Sasser。

病毒后缀是指一个病毒的变种特征，是用来区别具体某个家族病毒的某个变种的。一般都采用英文中的 26 个字母来表示，如 Worm.Sasser.b 就是指振荡波蠕虫病毒的变种 B。

链接 5：病毒的种类

计算机病毒的种类繁多，最流行的约有 80 多种，加上变种大致有几百种，现介绍几种比较常见的病毒种类。

1．系统病毒

系统病毒可以感染后缀名为“.exe”和“.dll”的系统可执行文件，并且通过这些文件进行传播。如果前缀以 Win32、PE、Win95、W32、W95 命名的病毒都是系统病毒。

2．蠕虫病毒

蠕虫病毒就是小虫子一样，专门找一些系统漏洞进行传播，如果前缀是 Worm 的病毒都是蠕虫病毒。很大部分的蠕虫病毒都有向外发送带毒邮件，阻塞网络的特性。比如冲击波（阻塞网络），小邮差（发带毒邮件）等。

3．木马病毒和黑客病毒

木马病毒通过网络或者系统漏洞进入用户的系统并且潜伏起来。当触发器启动时，向外界泄露系统的信息。黑客病毒由黑客控制，有一个可视的界面，能对用户的电脑进行远程控制。如果前缀名是 Trojan 则是木马病毒，如果前缀名是 Hack 是黑客病毒。

4．脚本病毒

脚本病毒就是使用脚本语言编写，通过网页进行的传播的病毒，如红色代码（Script.Redlof）。脚本病毒的前缀名为 Script。

5．后门病毒

后门病毒通过网络传播，给系统开后门，给用户带来安全隐患。后门病毒的前缀是 Backdoor。

6．病毒种植程序病毒

这类病毒就像播种机一样，运行时会自己产生出一个或几个新的病毒，由释放出来的种子病毒给用户来带危害。它的前缀名为 Dropper，如冰河播种者（Dropper.BingHe2.2C）、MSN 射手（Dropper.Worm.Smibag）等。

7．破坏性程序病毒

这类病毒利用本身具有好看的图标来诱惑用户点击，当用户点击这类病毒时，病毒便会直接对用户计算机产生破坏。破坏性程序病毒的前缀是 Harm，如格式化 C 盘（Harm.formatC.f）、杀手命令（Harm.Command.Killer）等。

8．玩笑病毒

这类病毒也是利用本身具有好看的图标来诱惑用户点击，当用户点击这类病毒时，病毒会做出各种吓唬用户的操作，其实本身没有太大的伤害性。玩笑病毒的前缀是 Joke，如女鬼（Joke.Girl ghost）病毒。

9．捆绑机病毒

病毒作者会编写一些特定的捆绑程序将病毒与一些应用程序捆绑起来，用户表面上看是一个正常的文件，当运行带这类病毒的程序时，这些病毒就会跳出来。捆绑机病毒的前缀是 Binder，如捆绑 QQ（Binder.QQPass.QQBin）、系统杀手（Binder.killsys）等。

链接 6：计算机木马

对计算机构成威胁的除了计算机病毒外，还有一种更具杀伤力的计算机恶意程序——特洛伊木马。它是一种具有隐藏性的、自发性的、可被用来进行恶意行为的程序，是一种基于远程控制的黑客工具，具有很强的隐蔽性和危害性。与一般的病毒不同，它不会自我繁殖，也并不“刻意”地去感染其他文件，它通过将自身伪装吸引用户下载执行，向施种木马者提供打开被种者电脑的门户，使施种者可以任意毁坏、窃取被种者的文件，甚至远程操控被种者的电脑，是目前比较流行的病毒文件。特洛伊木马与计算机网络中常常要用到的远程控制软件有些相似，但由于远程控制软件是“善意”的控制，因此通常不具有隐蔽性。木马则完全相反，木马要达到的是“偷窃”性的远程控制，如果没有很强的隐蔽性，那就是“毫无价值”的。远程控制的木马病毒有冰河，灰鸽子，上兴，PCshare，网络神偷，FLUX 等。

完整的木马程序一般由两个部分组成，一个是服务端（被控制端），一个是客户端（控制端）。“中了木马”就是指安装了木马的服务端程序，若电脑被安装了服务端程序，则拥有相应客户端的人就可以通过网络控制你的电脑，为所欲为，这时电脑上的各种文件、程序以及在电脑上使用的账号、密码就无安全可言了。

链接 7：计算机木马的种类

自木马诞生至今，已经出现了多种木马，下面介绍几种常见的木马类型。

1．破坏型。破坏并且删除文件，可以自动地删除电脑上的 DLL、INI、EXE 等文件。

2．密码发送型。这种木马可以找到隐藏密码并将它们根据要求发送到指定目的地。

3．远程访问型。只要有人运行了服务端程序，如果用户知道了服务端的 IP 地址，就可以实现远程控制。可以实现观察“受害者”正在干什么，当然这个程序完全可以用在正道上的，比如监视学生机的操作。

4．键盘记录木马。就是记录受害者的键盘敲击并且在 LOG 文件里查找密码。这种特洛伊木马随着 Windows 的启动而启动。它们有在线和离线记录选项。也就是说，它们可以分别记录在线和离线状态下敲击键盘时的按键情况，从这些按键中黑客很容易就会得到密码等有用信息。

5．DoS 攻击木马。随着 DoS 攻击越来越广泛地应用，被用作 DoS 攻击的木马也越来越流行起来。当黑客入侵了一台机器，给他种上 DoS 攻击木马，那么日后这台计算机就成为他的 DoS 攻击最得力助手了。所以，这种木马的危害不是体现在被感染计算机上，而是体现在攻击者可以利用它来攻击一台又一台计算机，给网络造成很大的伤害并带来损失。

6. 代理木马。黑客在入侵的同时掩盖自己的足迹，谨防别人发现自己的身份是非常重要的。通过代理木马，攻击者可以在匿名的情况下使用 Telnet，ICQ，IRC 等程序，从而隐蔽自己的踪迹。

7. FTP 木马。这种木马可能是最简单和古老的木马了，它的惟一功能就是打开 21 端口，等待用户连接。现在新 FTP 木马还加上了密码功能。这样，只有攻击者本人才知道正确的密码，从而进人对方计算机。

8. 程序杀手木马。程序杀手木马的功能就是关闭对方机器上运行的木马程序，让其他的木马更好地发挥作用。

9. 反弹端口型木马。防火墙对于连入的链接往往会进行非常严格的过滤，但是对于连出的链接却疏于防范。于是，与一般的木马相反，反弹端口型木马的服务端（被控制端）使用主动端口，客户端（控制端）使用被动端口。木马定时监测控制端的存在，发现控制端上线立即弹出端口主动连接控制端打开的主动端口。为了隐蔽，控制端的被动端口一般开在 80，即使用户使用扫描软件检查自己的端口，稍微疏忽一点，就会以为是自己在浏览网页。

链接 8：计算机木马的伪装方法

特洛伊木马为了能在计算机中隐藏得深，需要一些伪装来掩饰自己的真面目，下面介绍几种木马的伪装方法。

1. 修改图标。木马经常故意伪装成 XT.html 等一些认为对系统没有多少危害的文件图标，这样很容易诱惑用户打开。

2. 捆绑文件。将木马捆绑到一个安装程序上，当安装程序运行时，木马在用户毫无察觉的情况下，偷偷地进入了系统。被捆绑的文件一般是可执行文件（即，EXE、COM 等文件）。

3. 出错显示。有一定木马知识的人都知道，如果打开一个文件，没有任何反应，这很可能就是个木马程序。木马的设计者也意识到了这个缺陷，所以已经有木马提供了一个叫做出错显示的功能。当服务器端用户打开木马程序时，会弹出一个错误提示框（这当然是假的），错误内容可自由定义，大多会定制成一些诸如 “文件已破坏，无法打开!”之类的信息，当服务器端用户信以为真时，木马却悄悄侵入了系统。

4. 自我销毁。这项功能是为了弥补木马的一个缺陷，是指安装完木马后，原木马文件自动销毁，这样服务器端用户就很难找到木马的来源，在没有查杀木马的工具帮助下，很难删除木马。

5. 木马更名。木马如果不改名，很容易就会被发现这是一个木马程序，所以木马的命名千奇百怪，大多是和系统文件名差不多的名字。例如有的木马把名字改为 window.exe，还有的就是更改一些后缀名，比如把 dll 改为 dl 等，用户如果不仔细看是不会发现的。

链接 9：病毒的主要传播途径

计算机病毒之所以称之为病毒，是因为其具有传染性的本质。计算机病毒的传播渠道通常有以下几种。

1. 通过移动存储设备传播，比如光盘、U 盘、移动硬盘等。通过使用外界被感染的移动设备，比如来历不明的游戏盘、渠道不明的系统盘、已经感染了病毒的 U 盘等都是最普通的传染途径。

2. 网络传播。这是感染最快的一种传播途径，能在很短的时间内传遍所有接触到的机器。网络传播包括两种传播途径：一种是文件下载，另二种就是电子邮件。

链接 10：感染病毒时的征兆

当计算机有如下现象时，就很有可能是感染了病毒。

1. 计算机系统运行速度减慢，经常无故死机。

2. 计算机系统中的文件打不开或已更改图标，文件长度发生变化，文件丢失或损坏，文件无法正确读取、复制或打开，文件的日期、时间、属性等发生变化。

3. 计算机存储的容量异常减少，WORD 或 EXCEL 提示执行“宏”。

4. 系统引导速度减慢，屏幕上出现异常显示，磁盘卷标发生变化，提示硬盘空间不足。

5. 系统不识别硬盘，对存储系统异常访问，系统异常重新启动，异常要求用户输入密码。

6. 计算机系统的蜂鸣器出现异常声响，键盘输入异常，一些外部设备工作异常。

链接 11：病毒的预防

随着病毒技术的发展，病毒和木马程序对用户的威胁越来越大，尤其是一些木马程序采用了极其狡猾的手段来隐蔽自己，使普通用户很难在中毒后发觉。预防病毒的措施主要包括以下几种。

1. 认识病毒的危害性，不要随便复制和使用盗版软件。

2. 开启杀毒软件监控，现在只要安装好了操作系统，在准备使用前一定要安装防火墙软件并开启实时监控功能，并且设置好防火墙的安全等级，防止未知程序向外传送数据。

3. 设置定期杀毒，每周至少更新一次病毒定义码或病毒引擎（引擎的更新速度比病毒定义码要慢得多），因为最新的防病毒软件才是最有效的。

4. 对数据文件进行备份，对于一些重要的资料应及时备份，并养成这样的习惯。

5. 及时修补系统漏洞。漏洞是在硬件、软件、协议的具体实现或系统安全策略上存在的缺陷，它使得攻击者可以趁虚而入。及时打漏洞补丁，这样可以防止恶意软件、木马、病毒的攻击。

6. 使用安全性比较好的浏览器和电子邮件客户端工具。

知识评价

实训一　数值转换

【实训目的】

掌握数值的计算与转换

【实训内容】

1. 将下列二进制数转换为十进制数。

A. 1011　　B. 11101.10　　C. 100101　　D. 1.1111

2. 将下列十进制数转换成二进制数（小数部分最多保留 6 位）。

A. 15　　B. 129.1　　C. 0.203　　D. 17.25

3. 写出下列数制之间的转换结果。

A. 1010.001B=(　　)D = (　　) O = (　　)H

B. 29.625 = (　　)B = (　　) O = (　　)H

C. 17.5O = (　　) B = (　　) H= (　　)D

D. 3FD.E3H= (　　)B = (　　) O = (　　)D

4. 某机器用八位表示一个数，请写出下列二进制数的原码、反码和补码。

A. 110110　　B. –1011011　　C. 1011101　　D. –1010

5．把下列二进制换成八进制、十六进制和十进制数。

A．00011110B　　B．–0101010B　　C．0010.0101B　　D．11101.111B

6．求出 10 位无符号二进制整数表示的十进制数的范围。

实训二　配置个人计算机

【实训目的】

1．了解一台计算机的配置参数。

2．熟悉台式机的各个部件及其功能。

【实训内容】

1．配置一台完整的个人笔记本电脑，并列出配置内容及参数。

2．独立完成一台个人台式机的组装。

实训三　设置网络安全

【实训目的】

1．掌握防火墙的使用技巧。

2．掌握杀毒软件的正确使用。

【实训内容】

1．安装“金山网镖”防火墙，并对其进行设置。

2．安装“瑞星”杀毒软件，并对其进行设置与管理。

学习单元六

计算机网络与 Internet 的应用

学习目标

【知识目标】

- 识记：计算机网络的概念；Internet 的基本知识；OSI 参考模型和数据通信的基本概念；TCP/IP 的工作原理；IP 地址、域名、DNS 服务器的概念；软、硬件的基本系统工具。
- 领会：计算机网络的功能、分类和网络硬件；搜索引擎；电子邮件（E-mail）；常用的网络应用软件、网络通信软件。

【技能目标】

- 能够对简单局域网进行组建与管理。
- 能够对 IE 8.0 等浏览器熟练操作。
- 能够使用搜索引擎进行信息搜索。
- 能够申请和使用电子邮件（E-mail）。
- 能够操作一些常用的网络应用软件。

任务一　接入 Internet

【情景再现】

小乐已经把计算机配置好，并安装了操作系统，防火墙和杀毒软件，现在可以安心上网了，可是如何才能进入到丰富多彩的网络世界呢？

【任务实现】

1．执行“开始”→“控制面板”命令，打开“控制面板”窗口，在类别视图下选择“网络和Internet”选项，打开“网络和 Internet”窗口，如图 6-1 所示。

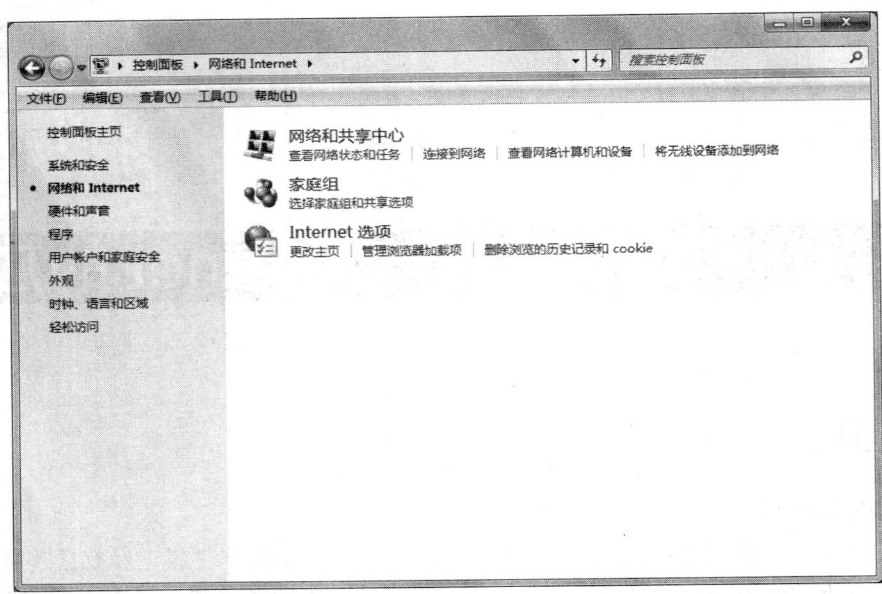

图 6-1 “网络和 Internet”窗口

2．进入“网络和 Internet”窗口后，单击“网络和共享中心”选项，进入“网络和共享中心”窗口，用户可以查看本机系统的基本网络信息，如图 6-2 所示。

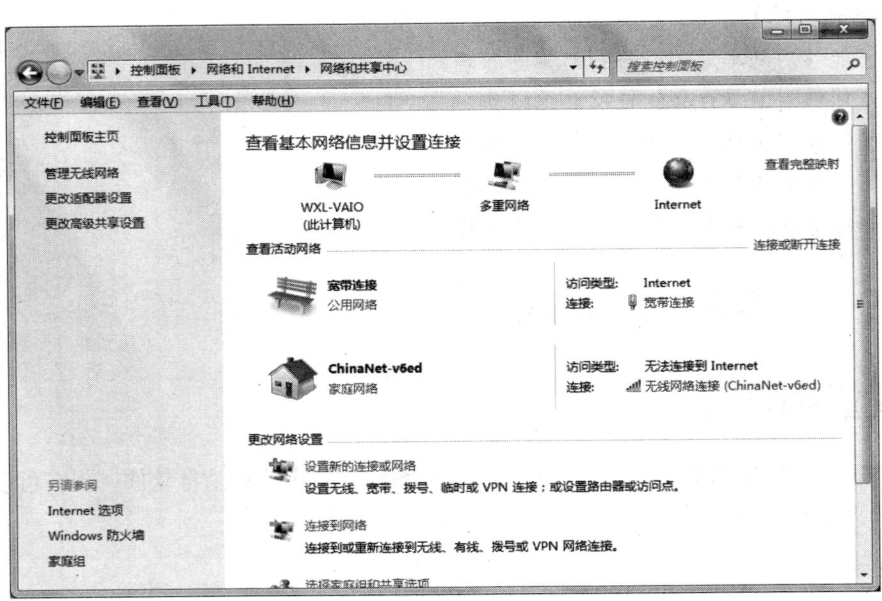

图 6-2 “网络和共享中心”窗口

3. 在“网络和共享中心”窗口的左侧单击“更改适配器设置”选项，即可打开“网络连接”窗口，如图 6-3 所示。

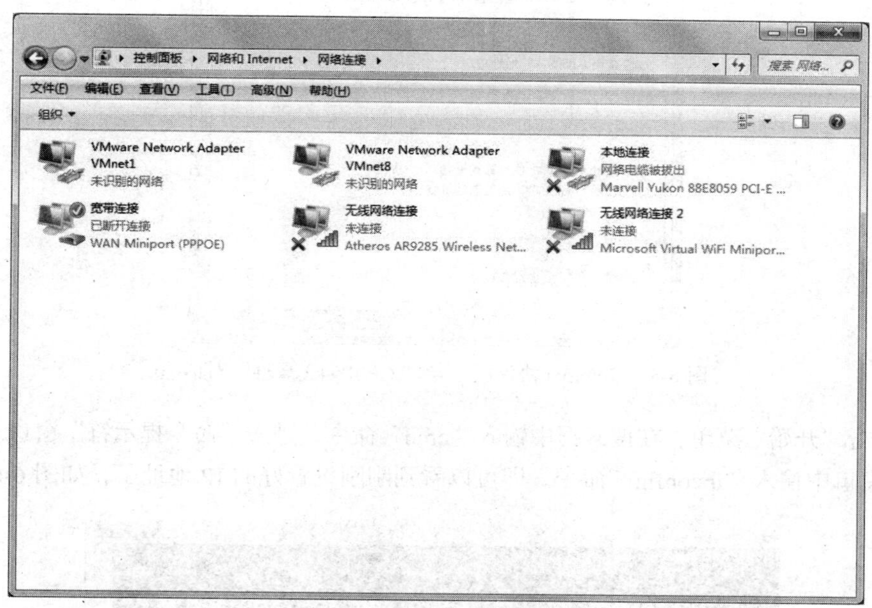

图 6-3 “网络连接”窗口

4. 双击“本地连接”图标，弹出“本地连接属性”对话框，如图 6-4 所示。

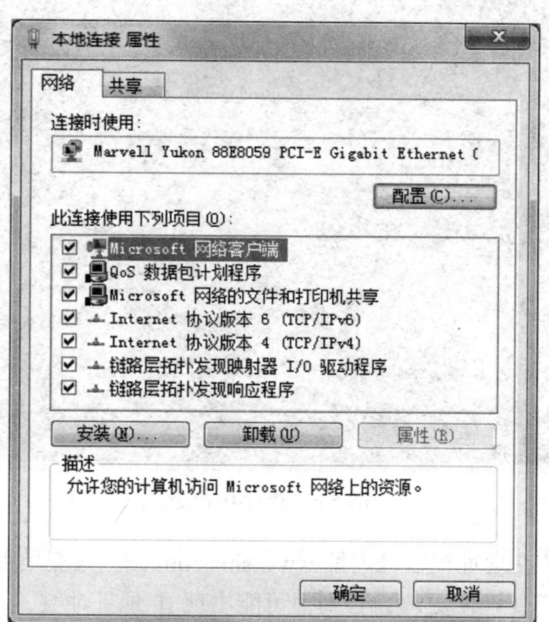

图 6-4 “本地连接属性”对话框

5. 在“本地连接属性”对话框的“网络”选项卡中选择“Internet 协议版本 4（TCP/IPv4）”选项，然后单击“属性”按钮，进入“Internet 协议版本 4（TCP/IPv4）属性”对话框后，对 IP 地址、子网掩码、网关、DNS 服务器地址进行设置，单击“确定”按钮即可，如图 6-5 所示。

图 6-5 “Internet 协议版本 4（TCP/IPv4）属性”对话框

6．单击“开始”菜单，在搜索框中输入“cmd”命令，进入“命令提示符”窗口。在“命令提示符”窗口中输入“ipconfig”命令，即可以看到刚刚设置好的 IP 地址了，如图 6-6 所示。

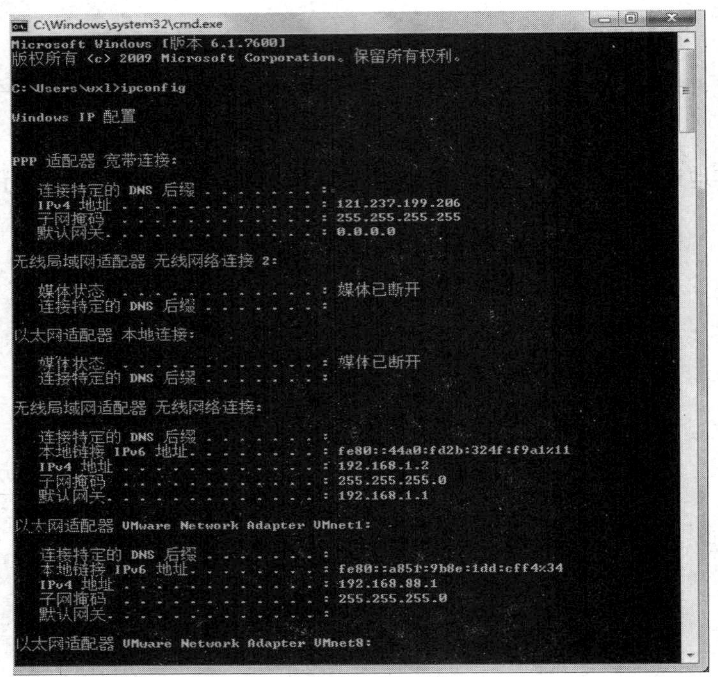

图 6-6 查看 IP 配置

7．打开 IE 浏览器，在地址栏输入网址 www.sina.com.cn，检查是否能正常打开。（IP 地址由网络管理员统一分配，不要随便更改，否则很可能出现 IP 地址冲突，导致联网失败）。

【知识链接】

目前，计算机网络已成为全球信息产业的基石，计算机网络在信息的采集、存储、处理、传输

和分发中扮演了极其重要的角色，它突破了单台计算机系统应用的局限，使多台计算机交换信息、共享资源和协同工作成为可能。计算机网络的广泛使用，改变了传统意义上的时间和空间的概念，对社会的各个领域，包括人们的生活方式产生了变革性的影响，促进了社会信息化发展进程。

链接 1：计算机网络

可以从不同的角度来定义网络，目前网络定义通常采用资源共享的观点。将地理位置不同的具有独立功能的计算机或由计算机控制的外部设备，通过通信设备和线路连接起来，按照约定的通信协议进行信息交换，实现资源共享的系统称为计算机网络。

从这个定义可以看出，计算机网络主要涉及以下 4 个方面。

1. 通信主体。一个计算机网络可以包含多台具有独立功能的计算机。被连接的计算机有自己的 CPU、主存储器、终端，甚至辅助存储器，还有完善的系统软件，能单独进行信息处理加工。因此，通常将这些计算机称为“主机”，在网络中又叫做节点或站点。一般在网络中的共享资源（即硬件、软件和数据）均分布在这些计算机中。

2. 通信设备和线路。构成计算机网络时需要使用通信的手段，把有关的计算机连接起来。连接要靠通信设备和通信线路，通信线路分有线（如，同轴电缆、双绞线、光纤等）和无线（如，微波、卫星通信等）。

3. 通信协议。相当于法律一样，用户还须遵循所规定的约定和规则。

4. 建立计算机网络的主要目的是为了实现通信的交互、信息资源的交流、计算机分布资源的共享或者协同工作。

链接 2：计算机网络的功能

计算机网络的主要功能包括资源共享和数据通信。

1. 资源共享。网络的核心问题是资源共享，其目的是无论资源的物理位置在哪里，网络上的用户都能使用网络中的程序、设备，尤其是数据。这样可以使用户解脱“地理位置的束缚”，同时带来经济上的好处。资源共享包括硬件资源共享（如网络打印机等各种设备共享）、信息共享（如各种数据库、数字图书馆等共享）、软件资源共享（如各种软件共享）。

2. 数据通信。指计算机之间或计算机用户之间的相互通信与交往、计算机之间或计算机用户之间的协同工作。计算机网络可以为分布在世界各地的人员提供强大的通信手段，例如交换信息和报文、E-mail、协同工作等。

链接 3：计算机网络的基本组成

计算机网络主要由网络硬件系统、网络软件系统、网络信息和网络协议组成。

1. 网络硬件系统

网络硬件系统由计算机（网络服务器或网络工作站）、通信设备、连接设备及辅助设备组成。

（1）网络服务器（Server）。它负责对网络中的资源进行管理，并协调网络用户对这些资源的访问。网络服务器有很多种类型，包括文件服务器、应用程序服务器、邮件服务器、数据库服务器等。

（2）网络工作站。网络工作站是一种高档的微型计算机，通常配有高分辨率的大屏幕显示器及容量很大的内部存储器和外部存储器，并且具有较强的信息处理能力和高性能的图形、图像处理能力以及联网能力。

（3）通信设备。包括集线器（HUB）、交换机（Switch）、路由器（Router）、调制解调器（Modem）、网关（Gateway）等。

（4）通信线路。有线线路包括双绞线、同轴电缆、光纤。无线线路包括卫星、微波、红外、蓝牙等。

（5）辅助设备。包括打印机、扫描仪等。

2. 网络软件系统

在网络中，每个用户都可享用系统中的各种资源。所以需要通过网络软件系统对各个资源进行合理的调配和管理，以防止资源的丢失和破坏。网络软件系统主要包括网络协议软件（TCP/IP）、网络通信软件（飞信）、网络操作系统（Windows 2000 server）、网络管理软件（苏亚星）和网络应用软件（IE）等。

3. 网络信息

在计算机网络上存储、传送的信息称为网络信息。网络信息主要是网络使用者通过各种输入设备将大量的资料、数据、图书等各类信息上传到计算机网络上，并且实时地补充、更新、修复。

4. 网络协议

网络协议是网络设备之间进行互相通信的语言和规范。以下是常用的网络协议。

（1）TCP/IP 协议。TCP（Transmission Control Protocol，传输控制协议）和 IP（Internet Protocol，网际协议）是当今最通用的协议之一。

（2）WWW 协议。将万维网（Web）页面传送给浏览器的协议是 HTTP 协议（Hypertext Transport Protocol，超级文本传送协议）。

（3）ARP 和 RARP 协议。ARP（地址解析协议）和 RARP（逆向地址解析协议）。

（4）UDP 协议。用户数据报协议。

链接 4：计算机网络拓扑结构

局域网的拓扑结构通常是指局域网的通信链路（即传输介质）和工作节点（即连到网络上的任何设备，例如服务器、工作站以及其他外围设备）在物理上连接在一起的布线结构，即指它的物理拓扑结构。

局域网拓扑结构的选择往往和传输介质以及介质访问控制方法紧密相关。选择拓扑结构时，应该考虑的主要因素有费用、灵活性和可靠性。

最普通的几种拓扑结构有总线型、星形、环形和树形。

1. 总线型拓扑结构

总线型拓扑结构是网络拓扑结构中最简单形式，实现起来也最便宜。这种拓扑结构只用一条电缆把网络中的所有计算机连接起来，它不用任何有源电子设备来放大或改变信号，如图 6-7 所示。

总线型拓扑结构是一种无源拓扑，因为每台计算机只监控总线上的信号，信号不通过计算机中的 NIC（网络接口控制）传送。当增加这些信号之间的距离时，信号电平就降低，这称为衰减。提高总线型拓扑中信号传输距离的一种方法是增加中继器。中继器是一种有源设备，它能再生输入的信号，当信号传过中继器时，这些信号被加强了。

2. 星形拓扑结构

星形拓扑结构是由中央节点和通过点到点链路接到中央节点的各站点组成，如图 6-8 所示。双绞线将各节点（计算机或其他网络设备）连接到中央设备上，中央设备通常是集线器或交换机。

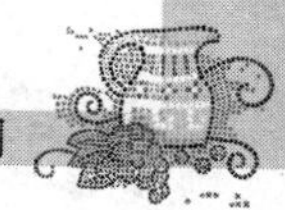

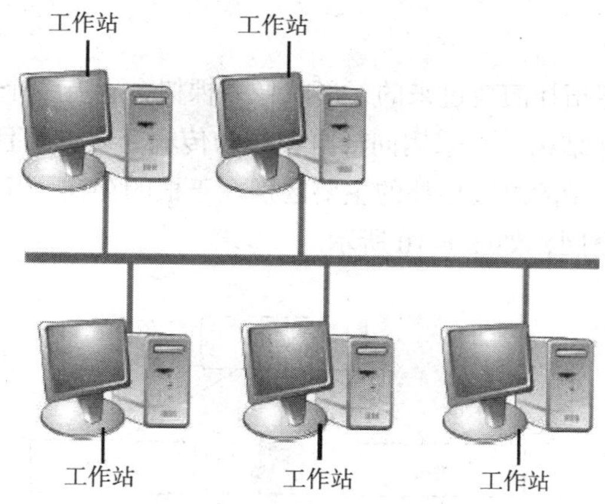

图 6-7　总线型拓扑结构

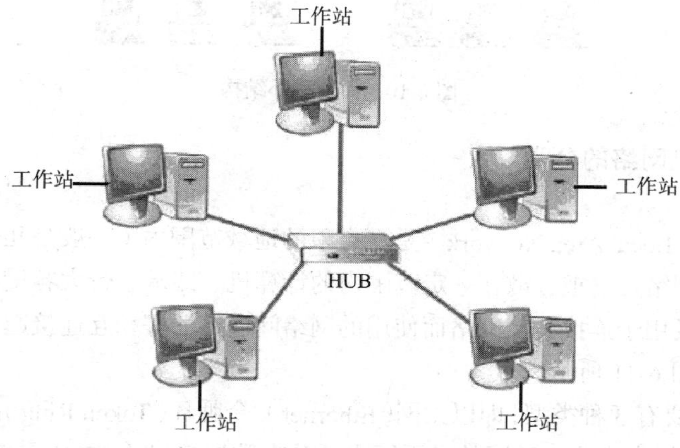

图 6-8　星形拓扑结构

3．环形拓扑结构

环形拓扑由链路和许多中继器或适配器组成，每个中继器通过链路分别连接至两边的两个中继器，形成单一的闭合环。信号从一个节点顺序传到下一节点，直至传遍所有节点，最后又回到起始节点。每个节点都接收上一站点的数据，并以同样的方式将信息传往下一站点，如图 6-9 所示。

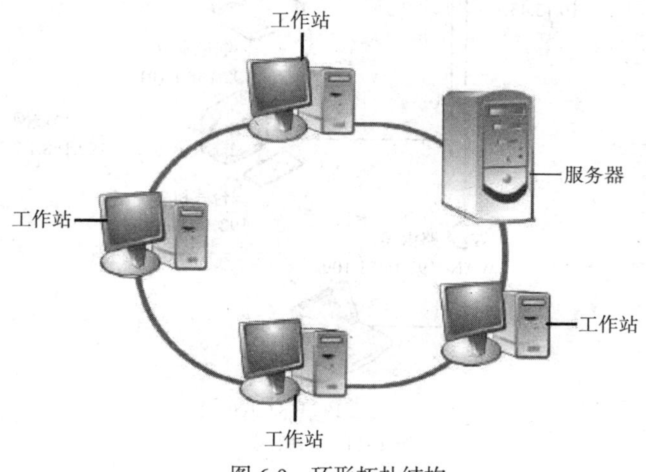

图 6-9　环形拓扑结构

4．树形拓扑结构

树形结构是从总线型拓扑演变过来的，形状像一棵树，它有一个带分支的根，每个分支还可延伸出子分支。树形拓扑结构通常采用同轴电缆作为传输介质，并且使用宽带传输技术。

这种拓扑和带有几个段的总线拓扑的主要区别在于根的存在。当节点发送时，根接收该信号，然后再重新广播发送到全网，如图 6-10 所示。

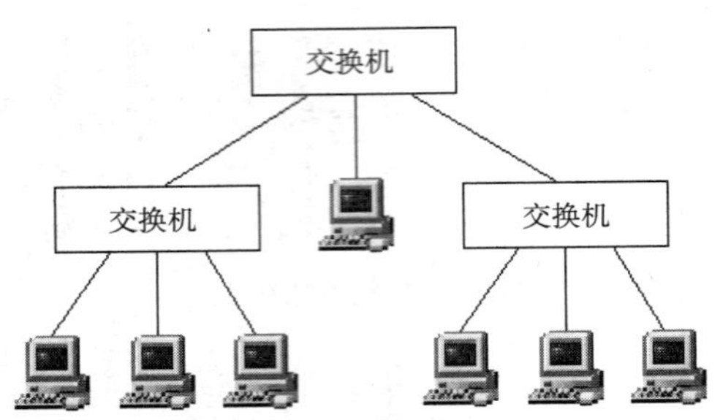

图 6-10　树形拓扑结构

链接 5：计算机网络的分类

1．局域网

局域网（LAN，Local Area Network）是在有限的地域范围内（一般是几公里到十几公里的范围）构成的计算机网络，它把分散在一定范围内的计算机、终端、带大容量存储器的外围设备、控制器、显示器以及用于连接其他网络而使用的网络间连接器等相互连接起来，进行高速数据通信的一种网络，如图 6-11 所示。

LAN 的结构主要有 3 种类型，即以太网（Ethernet）、令牌环（Token Ring）网和令牌总线（Token Bus）网。此外还包括作为这 3 种网的骨干网光纤分布数据接口（FDDI）。

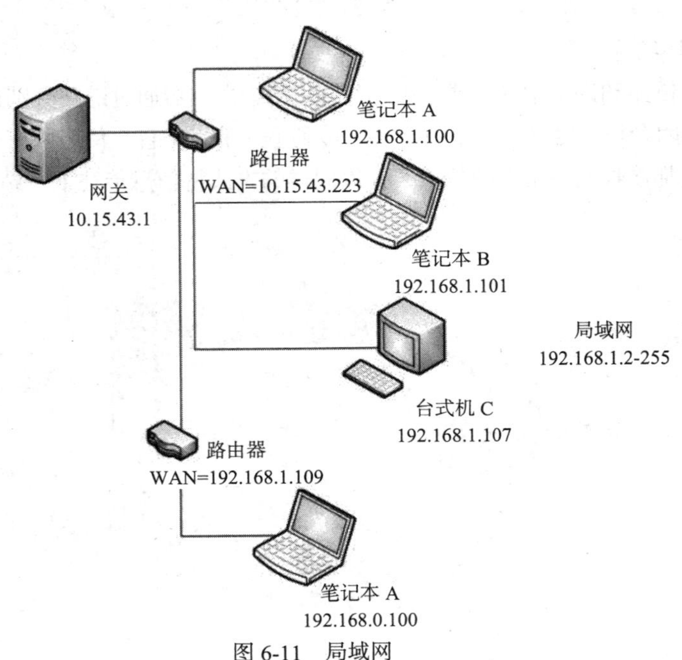

图 6-11　局域网

2．广域网

广域网（WAN，Wide Area Network）又称远程网，如图 6-12 所示。广域网在地理上可以跨越很大的距离，网络上计算机之间的距离一般在几万米以上，往往跨越一个地区、一个国家或洲，可将一个集团公司、团体、或一个行业的各个部门和子公司连接起来。广域网一般容纳多个网络、并能和电信部门的公用网络互联，实现了局域资源共享与广域资源共享相结合，形成了地域广大的远程处理和局域处理相结合的网际网系统。

世界上第一个广域网是 ARPANET 网，它利用电话交换网互联分布在美国各地的不同型号的计算机和网络。Internet 是当今世界上最大的广域计算机网络。

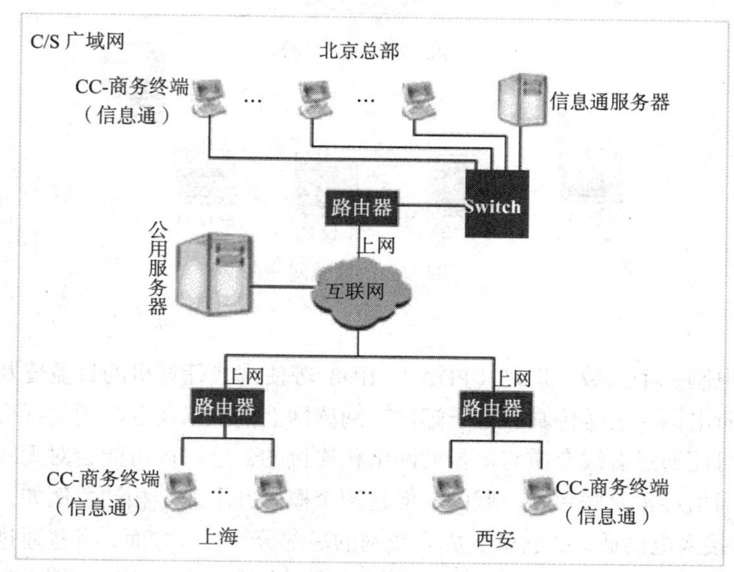

图 6-12　广域网

3．城域网

城域网（Metropolitan Area Network，MAN）是在一个城市范围内所建立的计算机通信网，如图 6-13 所示。城域网属宽带局域网，有时又称城市网、区域网、都市网。城域网的作用范围介于局域网与广域网之间，其运行方式与 LAN 相似。由于采用具有有源交换元件的局域网技术，网中传输时延较小，它的传输媒介主要采用光缆，传输速率在 100 兆比特/秒以上。MAN 的一个重要用途是用作骨干网，具有传输速率高，用户投入少，接入简单，技术先进、安全等特点，通过它将位于同一城市内不同地点的主机、数据库以及 LAN 等互相联接起来，这与 WAN 的作用有相似之处，但两者在实现方法与性能上有很大差别。

4．互联网

互联网又因其英文单词 Internet 的谐音被称为因特网。在互联网应用如此广泛的今天，它已是我们每天都要打交道的一种网络，无论从地理范围，还是从网络规模来讲它都是最大的一种网络。从地理范围来说，它可以是全球计算机的互联，这种网络的最大的特点就是不定性，整个网络的计算机每时每刻随着人们网络的接入在不断变化。当用户连在互联网上的时候，用户的计算机可以算是互联网的一部分，但一旦当用户断开互联网的连接时，用户的计算机就不属于互联网了。但它的优点也是非常明显的，就是信息量大，传播广。无论身处何地，只要连上互联网就可

以对任何联网用户发出信函和广告。因为这种网络非常复杂，所以这种网络实现的技术也是非常复杂的。

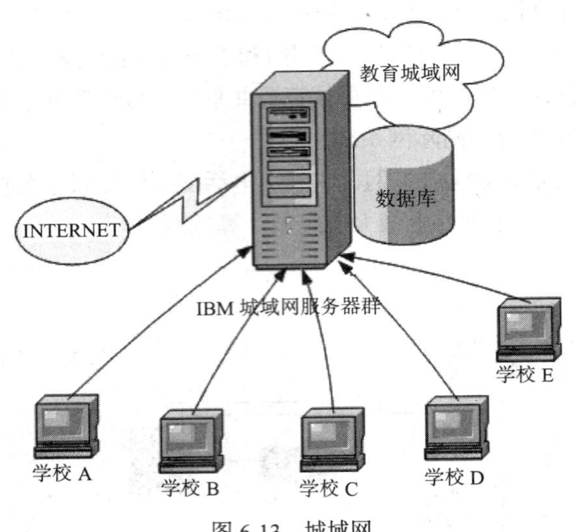

图 6-13　城域网

5．无线网

随着笔记本电脑、个人数字助理（PDA）、IPad 等便携式计算机的日益普及和发展，人们经常要在路途中接听电话、发送传真和电子邮件、阅读网上信息以及登陆到远程机器等。然而在汽车或飞机上是不可能通过有线介质与单位的网络相连接的，这时候可能会对无线网感兴趣了。虽然无线网与移动通信经常是联系在一起的，但这两个概念并不完全相同。例如，当便携式计算机通过 PCMCIA 卡接入电话插口，它就变成有线网的一部分。另一方面，有些通过无线网连接起来的计算机的位置可能又是固定不变的，如在不便于通过有线电缆连接的大楼之间就可以通过无线网将两栋大楼内的计算机连接在一起。

无线网（特别是无线局域网）有很多优点，如易于安装和使用。但无线局域网也有许多不足之处，如它的数据传输率一般比较低，远低于有线局域网。另外，无线局域网的误码率也比较高，而且站点之间相互干扰比较严重。无线网示意图如图 6-14 所示。

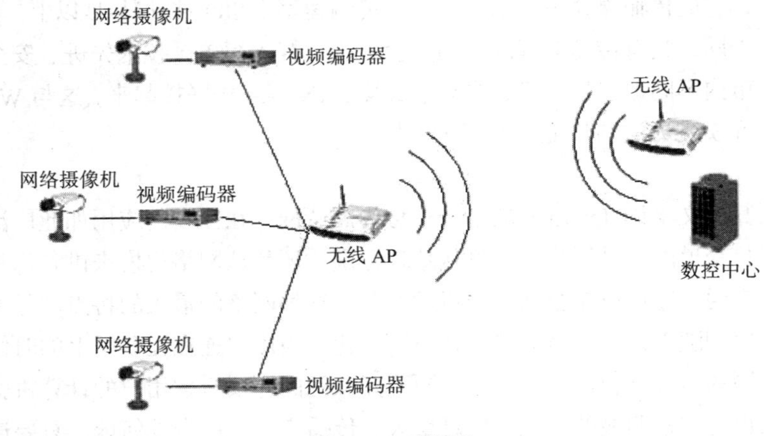

图 6-14　无线网

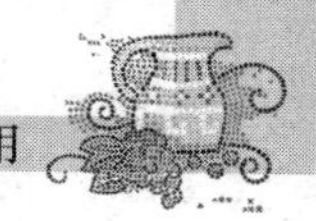

链接6：网络体系结构

将计算机网络要实现的整体功能结构化和模块化，即将整体功能划分为几个相对独立的子功能层次，各功能层次间有机连接在一起，下层支持上层，上层调用下层，从而组成了网络整体的分层体系结构。

1．OSI七层参考模型

OSI开放系统互连基本参考模型是由国际标准化组织（ISO）在1979年开发制定的一个参考模型，它定义了一套用于异构网互联的标准框架。因为网络的发展过程中，建立的网络体系结构很不一致，而OSI采用了分层的结构化技术，将功能从逻辑上划分开来，可将不同类型的、不同操作系统的计算机互联起来形成一个计算机网络，使整个结构具有较高的灵活性，保证了每一层协议与实现方式的独立性。

OSI模型是分层描述的，它将整个网络的通信功能划分为七层，如图6-15所示。每一层完成各自的功能。

（1）物理层

物理层用于建立、维护和拆除物理链路的机械、电气和功能的特征，把实体连接起来，在物理介质上传输比特流。

（2）数据链路层

数据链路层加强物理层的传输功能，建立一条无差错的传输线路；将物理层传输的比特组合成帧，确定帧边界及速率；差错纠正。数据链路层分为MAC（介质访问控制）子层和LLC（逻辑链路控制）子层。MAC主要组织帧、封装帧和解析帧，并对网上多个节点实现介质访问控制。LLC在顶端提供多个服务访问点LSAP，为多个用户进程提供多条数据链路。

（3）网络层

网络层确定把数据包传送到其目的地的路径。网络层把逻辑网络地址转换为物理地址。如果数据包太大不能通过路径中的一条链路送到目的地，网络层的任务是把这些包分成较小的包。用于解决如何将源端发出的分组经过各种途径送到目的端，包括寻址、路径交换、路由的搜索和选择。

（4）传输层

传输层的目的是在源端与目的端之间建立可靠的端到端服务。隔离网络的上下层协议，使得网络应用与下层无关。在网络中负责相当于链路层的错误控制、流量控制及顺序问题。

（5）会话层

为会话用户提供一个建立连接及在上按顺序传送数据的方法；负责每一站究竟什么时间可以传送与接收数据。会话连接与传输层有差别，前者需双方同意才可中断连接，后者可单方中断，与电话类似。

（6）表示层

表示层将用户信息转换成易于发送的比特流，在目的端再转换回去的方式。表示层的功能包括数据压缩、数据转换、数据加密。

（7）应用层

应用层为软件提供硬件接口，从而使得应用程序能够使用网络服务。

综观整个OSI模型的设计，OSI模型的优点可以归纳出以下几点。

① 分工合作，责任明确。

性质相似的工作划分在同一层，性质相异的工作则划分到不同层。如此一来，每一层所负责的工作范围都区分得很清楚，彼此不会重叠。万一出了问题，很容易判断是哪一层没做好，可改善该层的工作，不至于无从下手。

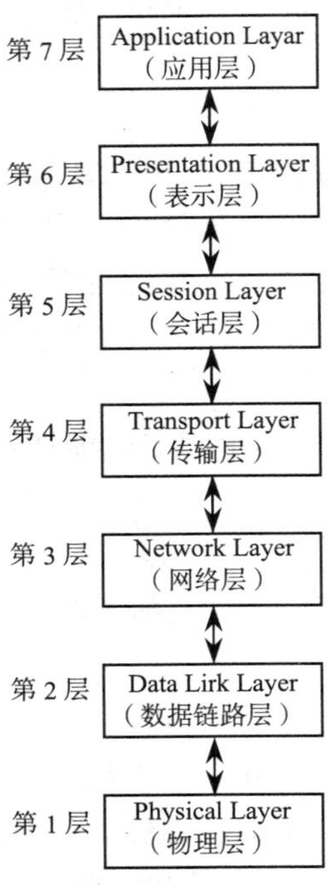

图 6-15　OSI 网络模型

② 对等交谈。

所谓“对等”是指所处的层级相同，“对等交谈”的意思是与对方相同的层对话。例如，第 3 层与对方第 3 层对话、第 4 层与对方第 4 层对话，依此类推。所以第 N 层只要考虑对方第 N 层是否收到、解读自己所送出的信息就行了，完全不必操心对方的第 N–1 层或第 N+1 层会怎么做，因为自己的第 N–1 层与第 N+1 层会处理。

③ 逐层处理，层层负责。

既然层次分得很清楚，处理事情时当然应该按部就班，逐层处理，决不允许越过上一层，直接面向最高层；或是越过下一层，直接调度指挥。因此，第 N 层收到数据后，一定先把该办的事办得妥妥当当，才会将数据向上送给第 N+1 层；倘若它收到第 N+1 层传下来的数据，也是先处理后再向下传给第 N–1 层。任何一层收到数据时，都可以相信上一层或下一层已经做完它们该做的事，不需自己操心。

2．DoD 模型简介

OSI 模型虽然广受支持，但是部分网络系统并未参考它，如目前流行的互联网就是典型的例子。因为互联网采用 TCP/IP 模型，而 TCP/IP 模型的诞生早于 OSI 模型，所以自然无法参考 OSI 模型。因此，还要介绍 TCP/IP 独特的网络模型——DoD 模型（Department of Defense Model）。

DoD 模型的分工不像 OSI 模型那么精细，只是简单地分为如图 6-16 所示的 4 层。

（1）应用层。用于定义应用程序如何提供服务，例如浏览程序如何与 WWW 服务器沟通，邮件软件如何从邮件服务器下载邮件等。

（2）传输层。又称为主机对主机（Host-To-Host）层，负责传输过程的流量控制、错误处理、

数据重发等工作，TCP 和 UDP 为传输层最具代表的协议。

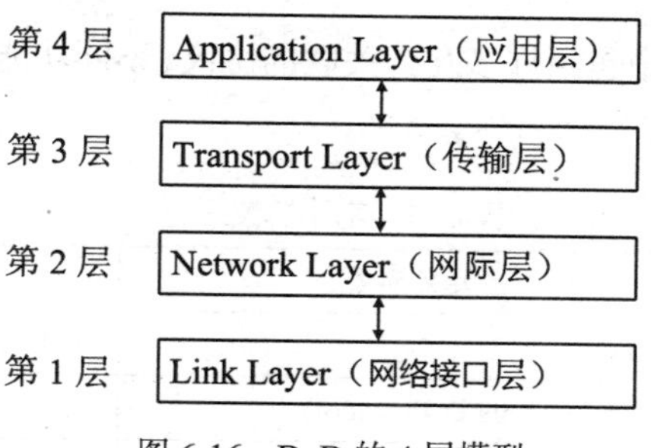

图 6-16　DoD 的 4 层模型

（3）网际层。又称为互联网（Internet）层，它决定数据如何传送到目的地，例如编定地址、选择路径等。IP 协议便是此层最著名的通信协议。

（4）网络接口层。又称为数据链接层，负责对硬件的沟通，例如网卡的驱动程序或广域网的 Frame Relay 便属于此层。

由于互联网最初起源于军事用途，因此这个模型便以美国国防部（Department Of Defense，DoD）来命名，称为 DoD 模型，但是也有文件直接称为 TCP/IP 模型。虽然 DoD 模型与 OSI 模型各有自己的结构，但是大体上两者仍能互相对照，如图 6-17 所示。

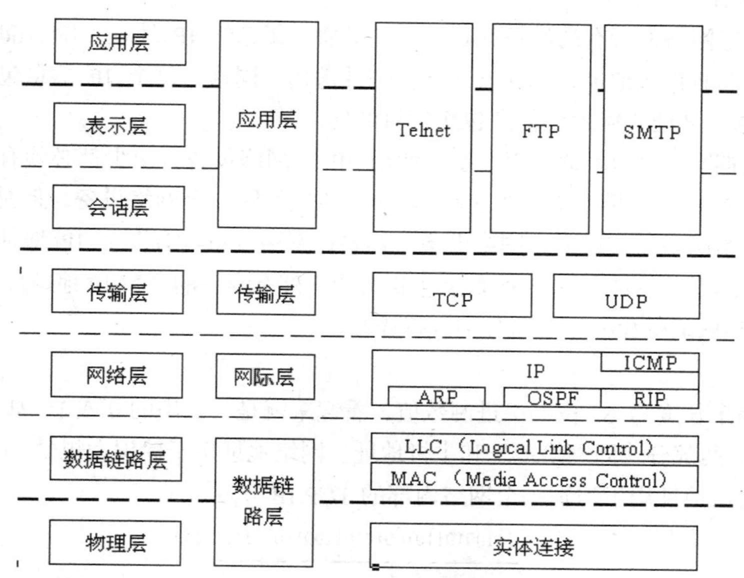

图 6-17　OSI 模型和 DoD 模型对照

DoD 模型的网络层对应 OSI 模型的网络层，DoD 模型的传输层对应 OSI 模型的传输层，双方不但功能相同，连名称都一样。但是，也有例外，例如 DoD 模型的第 2 层称为“网际层”（Internet），不称为网络层。

链接 7：TCP/IP 协议

IP 是英文 Internet Protocol（网际协议）的编写，它是为计算机网络相互连接进行通信而设计的协议。在因特网中，它是能使连接到网上的所有计算机网络实现相互通信的一套规则，规定了

计算机在因特网上进行通信时应当遵守的规则。任何厂家生产的计算机系统，只要遵守 IP 协议就可以与因特网互连互通。

TCP/IP 是一个协议族，其中包括许多互为关联的协议，不同功能的协议分布在不同的协议层，表 6-1 所示为几种常用协议。

表 6-1 常用协议一览

序号	协议名称	英文描述	功能说明
1	网络终端协议	Telnet	用于实现互联网中远程登录功能
2	文件传输协议	FIP(File Transfer Protocol)	用于实现互联网中交互式文件传输功能
3	简单邮件传输协议	SMTP(Simple Mail Transfer Protocol)	用于实现互联网中电子邮件传送功能
4	域名系统	DNS(Domain Name System)	用于实现网络设备名字到 IP 地址映射的网络服务
5	简单网络管理协议	SMMP(Simple Network Management Protocol)	用于管理与监视网络设备
6	路由信息协议	RIP(Routing Information Protocol)	用于在网络设备之间交换路由信息
7	网络文件系统	NFS(Network File System)	用于网络中不同主机之间的文件共享
8	超文本传输协议	HTTP(Hyper Text Transfer Protocol)	用于 WWW 服务

链接 8：IP 地址

互联网协议规定网络上所有的设备都必须有一个独一无二的 IP 地址（IP Address）。就好比是邮件上都必须注明收件人地址，邮递员才能将邮件送达。同理，每个 IP 信息包都会记载目的设备的 IP 地址，这样才能正确地将信息包送达目的地。

同一设备可以拥有多个 IP 地址吗？所有使用 IP 的网络设备，至少都必须有一个独一无二的 IP 地址。换言之，可以指派多个独一无二的 IP 地址给同一个网络设备，但是同一个 IP 地址却不能重复指派给两个（或以上）网络设备。若要让网络设备具有多个 IP 地址，在实际操作上必须有操作系统的支持。对于每个 TCP/IP 主机来说，都有惟一的逻辑 IP 地址标识。目前 IP 地址有两个版本，即 IPv4 和 IPv6，下面分别进行介绍。

1．IPv4

IPv4 地址是一个长度为 32 位的二进制数值，看起来就是一长串的 0 或 1，如图 6-18 所示。每个 IP 地址又分成两部分，即网络地址和主机地址。网络地址用于标识大规模 TCP/IP 网际网络内的单个网段；主机地址用于识别每个网络内部的 TCP/IP 节点。

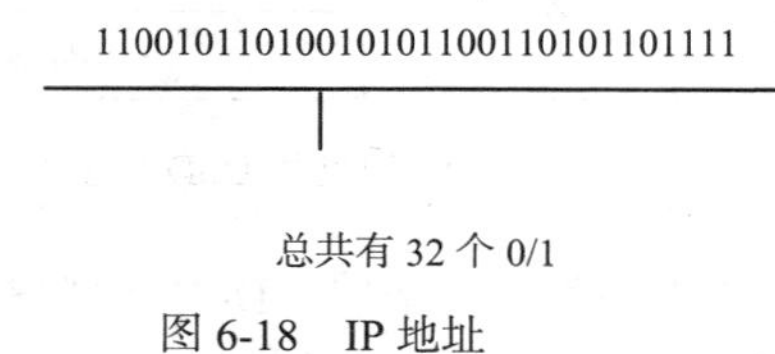

图 6-18 IP 地址

通常将 IP 地址的 32 位二进制分成 4 个 8 位字节，再将 8 位字节数转换成一个十进制数，并用英文句号分隔。例如，一个 32 位 IP 地址 10000011 01101011 00010000 11001000（称其为八位二进制表示法），转换成带点的十进制表示为 130.108.19.201（称其为点分十进制表示法）。

Internet 定义了 5 类地址，A 类、B 类、C 类、D 类、E 类。其中 A 类、B 类和 C 类地址用于

指派 TCP/IP 节点。

（1）A 类

A 类地址是为非常大型的网络提供的。共有 126 个可用的 A 类地址，在每个具体的 A 类网络内，可有 1 6777 216 台计算机。例如，28.128.68.188 即是一个 A 类地址。28 为网络地址，128.68.188 为主机地址。A 类 IP 地址如图 6-19 所示。

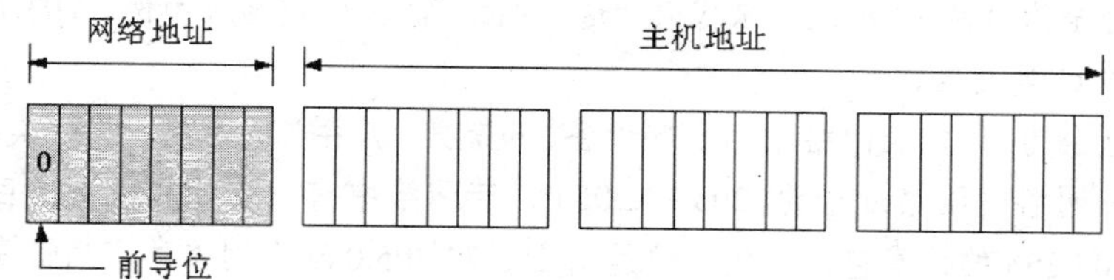

图 6-19　A 类 IP 地址

（2）B 类

B 类地址用于大中型网络。B 类地址共有 16 386 个网络地址，每个网络中最多可以容纳 65 536 台主机。例如，162.253.116.189 就是一个 B 类地址。162.253 为网络地址，116.189 为主机地址。B 类 IP 地址如图 6-20 所示。

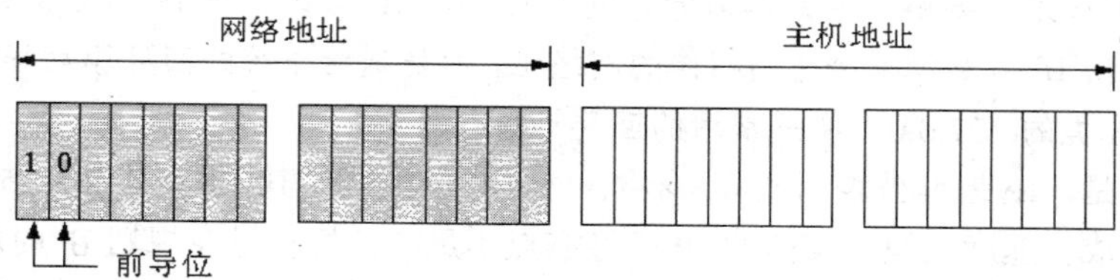

图 6-20　B 类 IP 地址

（3）C 类

C 类地址用于小型网络。C 类地址共有 2 097 152 个网络地址，每个网络中可有 256 台计算机。例如，192.168.0.1 就是一个 C 类地址。198.168.0 为网络地址，1 为主机地址。C 类 IP 地址如图 6-21 所示。

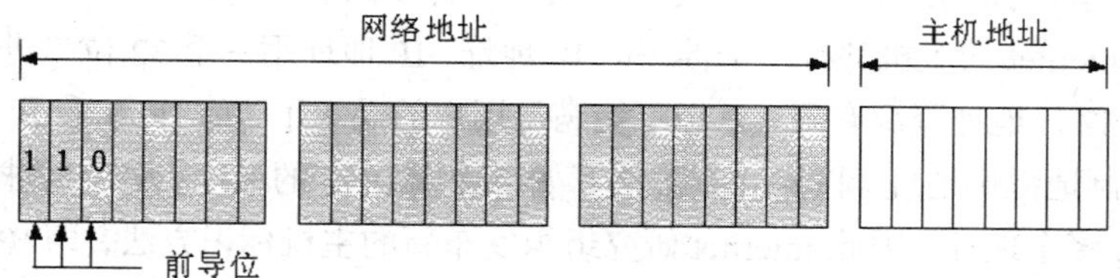

图 6-21　C 类 IP 地址

（4）D 类

D 类地址用于多路广播组用户。D 类地址的高 4 位被设置为 1110，第 1 个 8 位数组介于 224 和 239 之间，其余位用于指明客户机所属的组，在多路广播操作中没有表示网络或主机的位。

（5）E 类

E 类地址是一种供实验用的地址，没有实际的应用。它的高 4 位被设置为 1111，第 1 个 8 位

数组介于 240 和 255 之间。

（6）特殊的 IP 地址

前面提及 IP 地址的数量，都只是数学上各种排列组合的总量。在实际应用中，有些网络地址与主机地址会有特别的用途，因此在分配或管理 IP 地址时，要特别留意这些限制。下面是一些特殊 IP 地址。

- 主机地址全为 0 的 IP 地址用来代表“这个网络”，以 C 类地址为例，203.74.205.0 用来代表该 C 类网络。
- 主机地址全为 1 代表网络中的全部设备，也就是“广播”的意思。以 C 类地址为例，假设某一网络的网络地址为 203.74.205.0，若网络中有一台计算机送出目的地址为 203.74.205.255 的信息包，即代表这是对 203.74.205.0 这个网络的广播信息包，所有位于该网络上的设备都会收到此信息包。事实上，只要沿途的路由器支持，位于其他网络的设备，也可传送此类广播信息包给 203.74.205.0 这个网络中的所有设备。
- 若网络地址与主机地址都为 1，即 255.255.255.255，称为“受限”或“局域”广播信息包。此种广播的范围仅限于所在的网络，即只有同一网络上的设备可收到此种广播。
- 各类地址的最后一个网络地址代表“回环”地址。回环（绕回来，也就是不能出去的意思）地址主要用来测试本地计算机上的 TCP/IP 协议。当 IP 信息包目的端为回环地址时，IP 信息包不会送到实体的网络上，而是送给系统的回环驱动程序来处理。例如，A 类的 127.0.0.1 便是常用的回环地址。

众所皆知的是，IP 地址被表示成×××.×××.×××.×××的形式，其中×××为 1 ~ 255 间的整数。由于近来计算机的成长速度太快，实体的 IP 已经有点不足了，好在早在规划 IP 时就已经预留了三个网段的 IP 做为内部网域的虚拟 IP 之用。这三个预留的网段分别如下。

A 类：10.0.0.0 ~ 10.255.255.255。

B 类：172.16.0.0 ~ 172.31.255.255。

C 类：192.168.0.0 ~ 192.168.255.255。

2．IPv6

IPv6 是“Internet Protocol Version 6”的缩写，也被称作下一代互联网协议，它是由 IETF 小组设计的用来替代现行的 IPv4（现行的 IP）协议的一种新的 IP 协议。

我们知道，Internet 的主机都有一个惟一的 IP 地址，IP 地址用一个 32 位二进制的数表示一台主机的地址，但 32 位地址资源有限，已经不能满足用户的需求了，而 IPv6 采用 128 位地址长度，几乎可以不受限制地提供地址。按保守方法估算如果使用 IPv6 的地址，整个地球的每平方米面积上仍可分配 1000 多个地址。因此 Internet 研究组织发布新的主机标识方法，即 IPv6。在 RFC1884 中（RFC 是 Request for Comments Document 的缩写。RFC 实际上就是 Internet 有关服务的一些标准），规定的标准语法建议把 IPv6 地址的 128 位（16 个字节）写成 8 个 16 位的无符号整数，每个整数用 4 个十六进制位表示，这些数之间用冒号（:）分开，例如，3ffe:3201:1401:1280:c8ff:fe4d:db39 。

与 IPv4 相比，IPv6 主要有如下一些优势。

（1）明显地扩大了地址空间。IPv6 采用 128 位地址长度，几乎可以不受限制地提供 IP 地址，从而确保了端到端连接的可能性。

（2）提高了网络的整体吞吐量。由于 IPv6 的数据包可以远远超过 64K 字节，应用程序可以利用最大传输单元（MTU），获得更快、更可靠的数据传输。同时在设计上改进了选路结构，采用简化的报头定长结构和更合理的分段方法，使路由器加快数据包处理速度，提高了转发效率，从而提高网络的整体吞吐量。

（3）使得整个服务质量得到很大改善。报头中的业务级别和流标记通过路由器的配置可以实现优先级控制和 QoS 保障，从而极大改善了 IPv6 的服务质量。

（4）安全性有了更好的保证。采用了 IPSec，可以为上层协议和应用提供有效的端到端安全保证，能提高在路由器水平上的安全性。

（5）支持即插即用和移动性。设备接入网络时通过自动配置可自动获取 IP 地址和必要的参数，实现即插即用，简化了网络管理，易于支持移动节点。而且 IPv6 不仅从 IPv4 中借鉴了许多概念和术语，它还定义了许多移动 IPv6 所需的新功能。

（6）更好地实现了多播功能。在 IPv6 的多播功能中增加了"范围"和"标志"，限定了路由范围并且可以区分永久性与临时性地址，更有利于多播功能的实现。

3．获取 IP 地址的方法

IP 地址由国际组织按级别统一分配的，机构用户在申请入网时可以获取相应的 IP 地址。

（1）国际网络信息中心（Network Information Center，NIC）。

最高一级 IP 地址由国际网络信息中心负责分配。其职责是分配 A 类 IP 地址、授权分配 B 类 IP 地址的组织并有权刷新 IP 地址。

（2）InterNIC、APNIC 和 ENIC。

分配 B 类 IP 地址的国际组织有三个，ENIC 负责欧洲地区的分配工作，InterNIC 负责北美地区，设在日本东京大学的 APNIC 负责亚太地区。我国的 Internet 地址由 APNIC 分配（B 类地址），由邮电部数据通信局或相应网管机构向 APNIC 申请地址。

（3）CHINANET

分配 C 类地址，由地区网络中心向国家级网管中心（如 CHINANET 的 NIC）申请分配。

链接 9：DNS 域名系统

为了方便人类记忆辨识，Internet 上的主机大多使用有意义的域名而不是用枯燥的 IP 地址来表示。一般来说，在浏览器的地址栏中输入"http://www.sina..com.cn"，便能连接到新浪的 Web 站点，而不用输入类似"http://202.165.102.205"的难记的地址。

通过 DNS，可以由一台主机的完整域名（Fully Qualified Domain Name，FQDN）查到其 IP 地址，也可以由其 IP 地址查到主机的完整域名。

www.sina.com.cn 并不算是 FQDN，真正标准的 FQDN 应该是"www.sina.com.cn."也就是多了最后那一点，才是真正完整的 FQDN。最后这个点"."代表了 DNS 结构中的根域。平常在操作的过程中都没有加上最后面的那个点，是因为大部分网站应用程序在解读的时候，都会自动补上最后那一点"."，以方便使用。

整个 DNS 系统是由许多的域组成的，每个域下面又分了许多的小域，每个域最少由一台 DNS 服务器管辖，该服务器就需要存储其管辖域内的数据，同时向上层域的 DNS 服务器注册。例如，管辖"sina.com.cn"的服务器要向管辖"com.cn"的服务器注册，层层往上，形成了一个树状结构。最顶一层是根域，就是那个"."。接下来是顶层域，顶层域的命名方式有两种，一种称为 ccTLD，以国家来命名（例如，cn 为中国、ca 为加拿大、jp 为日本等）；另一种称为 gTLD，以组织结构来命名（例如，com 代表商业组织、org 代表其他组织、edu 代表教育机构等）。下面是第二层域，第二层域是整个 DNS 系统中最重要的部分，每个域名在这一层必须是惟一的，不可重复。最后就是主机，也就是属于第二层域的主机，例如 www、ftp、username 等。

对于一般使用 DNS 服务的客户端来说，要想上网，需在其网络配置中指明所使用的 DNS 服务器的 IP 地址，如图 6-22 所示。

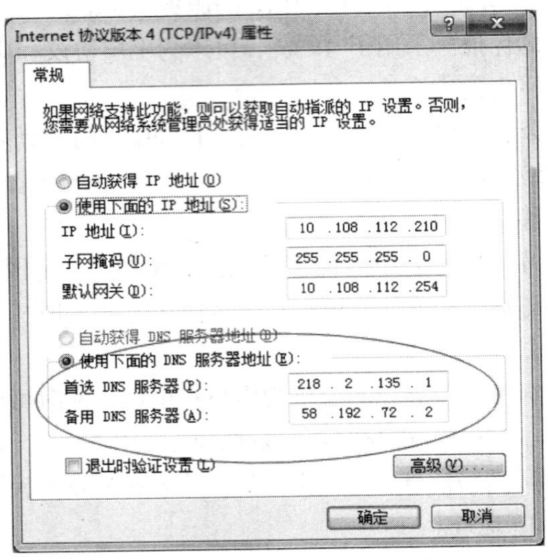

图 6-22　配置 DNS 服务器

链接 10：WWW 服务

WWW 服务也经常被称为 Web 服务或 HTTP 服务，可以说是 Internet 上最重要的服务了，也是一般用户最熟悉的服务，通常我们说的上网的时候，指的就是在客户机上通过浏览器界面访问 Web 网站。

WWW 服务基于客户机/服务器模式（Client/Server 或 C/S 模式），其中客户机是浏览器，服务器就是 Web 服务器。

浏览器将访问请求发送到 Web 服务器，服务器响应这种请求，将其所请求的页面或文档传送给浏览器，浏览器获得 Web 页面后将其显示出来，如图 6-23 所示。

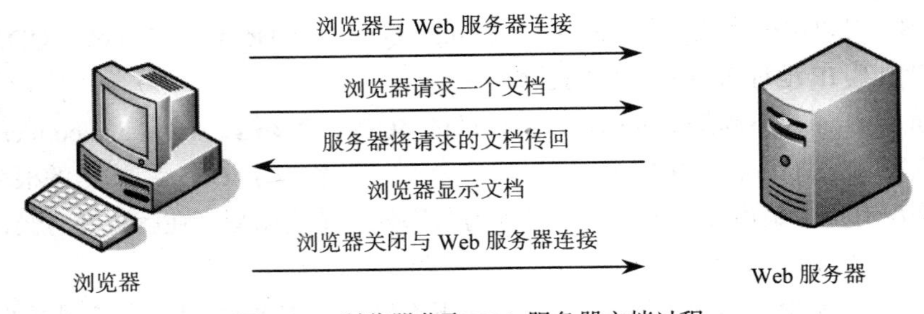

图 6-23　浏览器获取 Web 服务器文档过程

浏览器和 Web 服务器是通过 HTTP 协议来建立连接、传输信息和终止连接的，因此 Web 服务器也称为 HTTP 服务器。

浏览器是通过 URL（universal resource locator，统一资源定位）地址向特定的 Web 服务器发

出请求获取信息的。

一个完整的 URL 的格式为“协议名://主机名:接口号/路径名/文件名.扩展名”。其中，“协议名”用来指示浏览器用什么协议来获取服务器的文件；“主机名”用来标识用户所要访问的计算机（服务进程运行其上的机器）；“接口号”的作用是区别访问计算机上具体应用程序（标识机器上的服务进程）；“路径名”和“文件名.扩展名”用来指示用户要获取的文件。

任务二　使用 IE 浏览器

【情景再现】

现在小乐已经设置好了网络，准备上网找些学习资料，现在的 Windows 7 已经使用了 IE 8 浏览器了，IE 8 浏览器有很多新功能，应该如何快捷、合理的使用 IE 8 浏览器呢?

【任务实现】

工序 1：设置默认主页

在安装 Windows 7 以后，系统将默认安装 IE 8，为了浏览网页时方便、快捷，可以将经常访问的网站设置为主页，这样当启动 IE 浏览器后，就会自动打开该网页。设置默认主页的具体步骤如下。

1. 打开 IE 浏览器，选择“工具”→“Internet 选项”，打开“Internet 选项”对话框，选择“常规”选项卡，如图 6-24 所示。

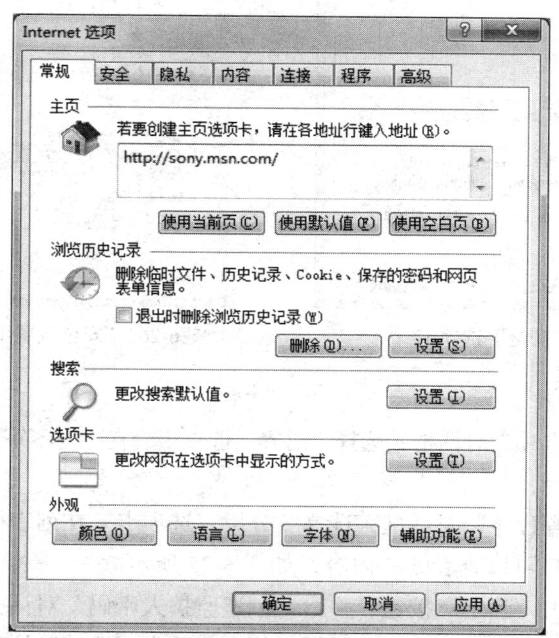

图 6-24　“Internet 选项”对话框

2. 在“主页”文本框中输入要设置为主页的网址后单击“确定”按钮即可。

3. 在“主页”栏中有3个按钮，其作用如下。

（1）“使用当前页”按钮用于将当前正在浏览的页面设置为主页。

（2）“使用默认值”按钮用于将默认的首页设置为主页。

（3）“使用空白页”按钮用于将空白页设置为主页。

工序2：设置浏览器的安全级别

用户可以设置浏览器的安全级别。针对Windows 7操作系统默认的IE 8浏览器，用户还可以设置其信息限制，并利用其新增的In Private浏览、Smart Screen筛选器来提升浏览器的安全级别。

1. 设置浏览器安全级别

（1）打开IE浏览器，选择“工具”→“Internet选项”，打开“Internet选项”对话框，选择“安全”选项卡，如图6-25所示。

（2）在“选择要查看的区域或更改安全设置”列表框中选择设置的区域，在此选择“Internet”，拖动“该区域的安全级别”组合框中的滑块更改所用的级别。单击“确定”按钮即可。

（3）也可以选择自定义安全级别。单击“自定义级别”按钮，打开“安全设置-Internet区域”对话框。用户可以根据自己的需要在“设置”列表中选中“禁用”、“启用”、“提示”单选项，单击“确定”即可，如图6-26所示。

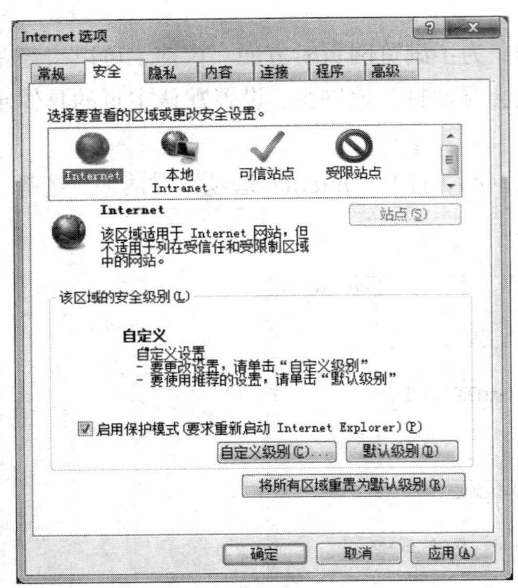

图6-25 “安全”选项卡

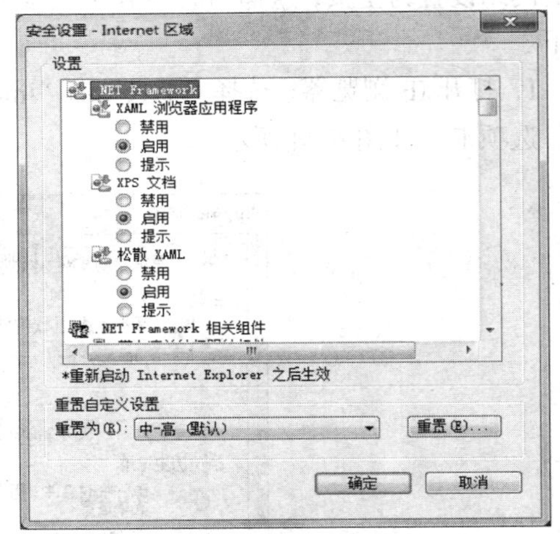

图6-26 “安全设置-Internet区域”对话框

2. 设置信息限制

（1）打开“Internet选项”对话框，选择“内容”选项卡，在“内容审查程序”选项中单击“启用”按钮，如图6-27所示。

（2）打开“内容审查程序”对话框，选择“分级”选项卡。在列表框中选择类别选项，然后拖动下方的滑块指定用户可以查看哪些内容，如图6-28所示。

（3）设置完成后单击“确定”按钮，弹出“创建监护人密码”对话框，分别输入“密码”和“确认密码”，在“提示”文本框中输入密码提示信息，单击“确定”按钮即可，如图6-29所示。

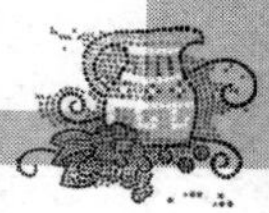

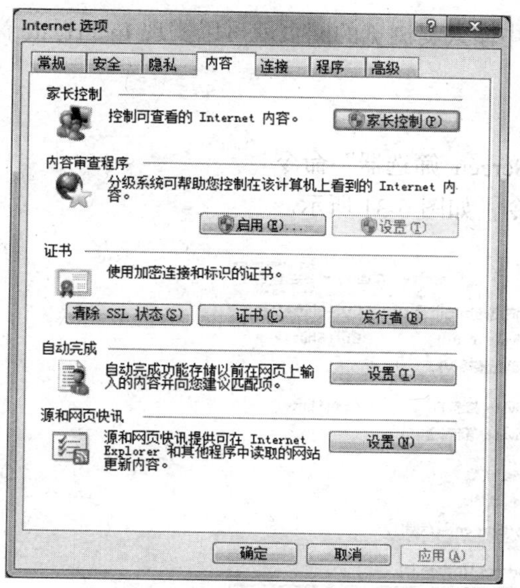

图 6-27　“内容”选项卡

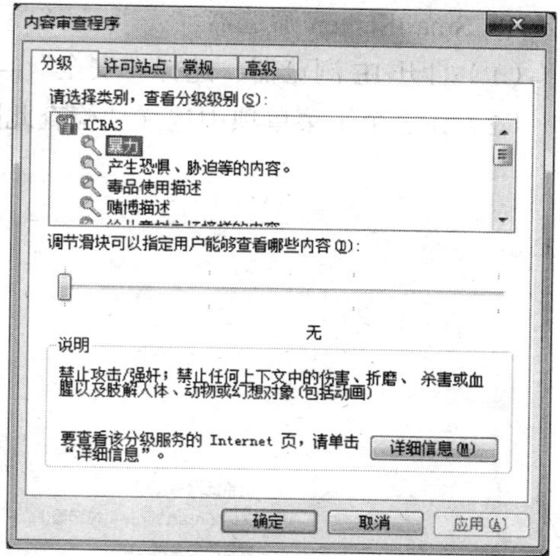

图 6-28　“内容审查程序”对话框

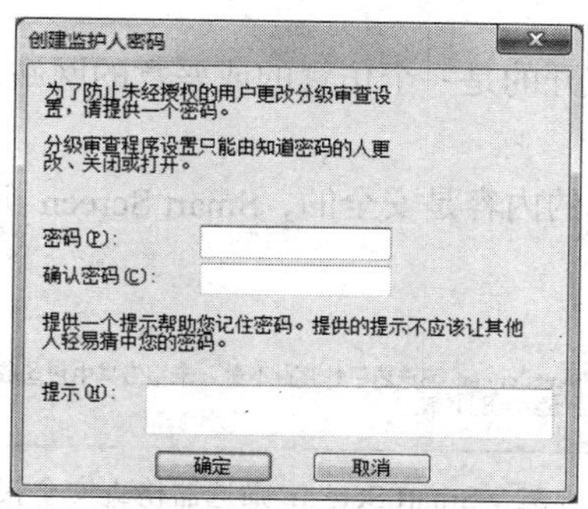

图 6-29　“创建监护人密码”对话框

3．In Private 浏览

（1）单击 IE 浏览器，选择“工具”→“In Private 浏览”菜单项，打开如图 6-30 所示的浏览窗口。

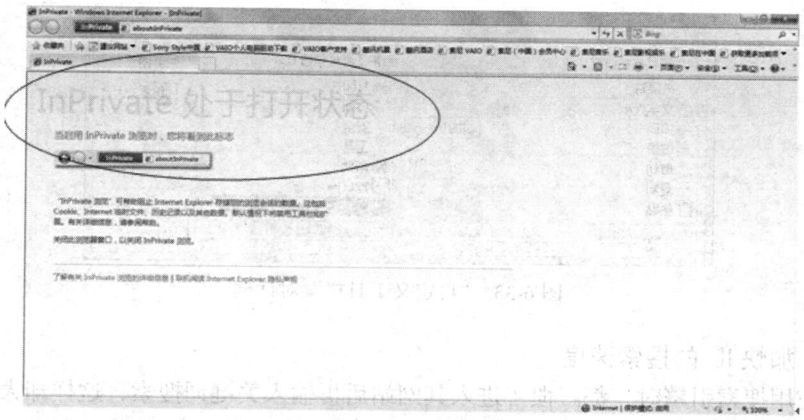

图 6-30　In Private 浏览窗口

（2）随即打开一个新 IE 窗口，此时，在地址栏中输入要浏览的网页就可以实现 In Private 浏览了。

4．SmartScreen 筛选器

（1）打开 IE 浏览器，选择“安全”→“Smart Screen 筛选器”命令。

（2）在 3 个子菜单项中选择“检查此网站”命令，如图 6-31 所示。

图 6-31 “Smart Screen 筛选器”命令

（3）在浏览网站时，如果打开的是一个仿冒的或恶意的网站，IE 8 会自动发出警告，并对此网站进行检查。

（4）如果打开的网页或下载的内容是安全的，Smart Screen 筛选器就会显示如图 6-32 所示的安全报告。

图 6-32 Smart Screen 筛选器检查安全报告

工序 3：自定义工具栏

执行“查看”→“工具”→“自定义”命令，弹出“自定义工具栏”对话框，如图 6-33 所示。在“可用工具栏按钮”中选择要增加的工具按钮，单击“添加”按钮可以将其添加到“当前工具栏按钮”中。

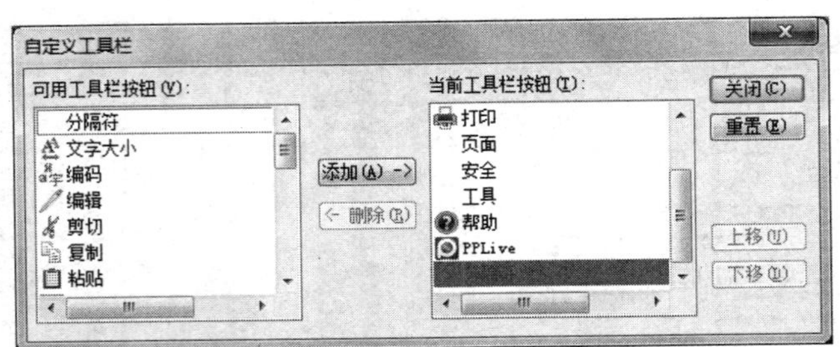

图 6-33 “自定义工具栏”对话框

工序 4：加快 IE 的搜索速度

许多人使用搜索引擎时，都习惯于进入其网站后再输入关键词搜索，这样却大大降低了搜索的效率。实际上，IE 8 内置了多个搜索引擎，支持直接从地址栏中进行快速高效地搜索。在浏览

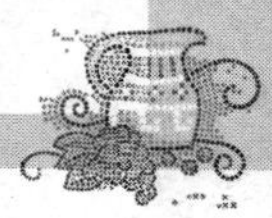

器中，单击搜索框后的箭头，可以看到已安装的搜索程序，如图 6-34 所示。

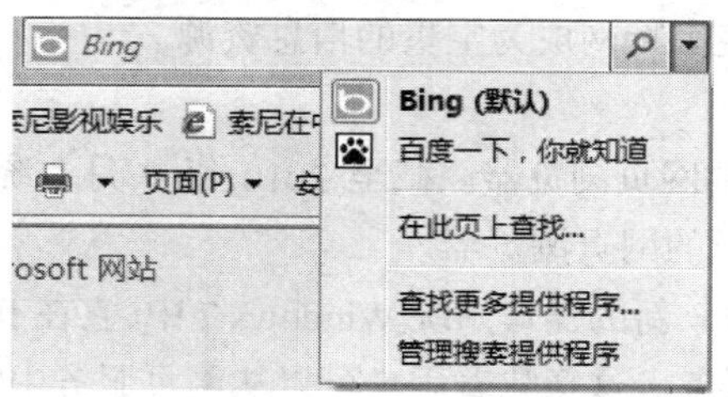

图 6-34　搜索引擎

工序 5：使用加速器

在打开的网页中，选中文本内容，单击“加速器”按钮，即可从任何正在查看的网页利用加速器来搜索、转换、共享内容或通过电子邮件发送内容。另外，还可以创建和分享通过创建加速器来扩展的在线服务，比如说天气查询，如图 6-35 所示。

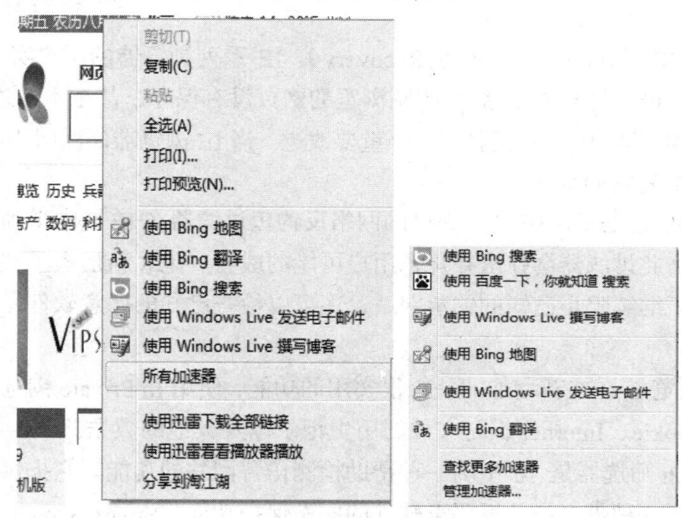

图 6-35　加速器

使用 IE 时还有一些其他加速技巧。

1. 有时会碰到网页中的某个图片打不开的情况，此时该图片内容显示成“ ”，可在该图上单击右键，然后选择“显示图片”，就可单独重新下载此图片，而不必重新输入 URL 将整个网页再下载一次。

2. 打开“工具”菜单的“Internet 选项”，单击“字体”按钮，可以设置字形和大小，还可改变字体，设置完成后，单击“确定”按钮就可以了。

【知识链接】

信息化社会的基础是计算机和互联网络，互联网络已成为十分重要的基础设施。计算机网络萌芽于 20 世纪 60 年代，70 年代兴起，80 年代继续发展和逐渐完善，而 90 年代则迎来了世界信息化、网络化的高潮。在未来信息化的社会里，我们必须学会在网络环境下使用计算机，通过网络进行交流和获取信息。

简单地说，因特网就是全世界最大的国际计算机互联网络，是一个建立在计算机网络之上的网络。众多网络用户的参与使因特网成为宝贵的信息资源。

链接 1：IE 8

IE 是微软公司推出的一款网页浏览器。截至 2010 年 9 月，统计的数据显示 IE 占有率高达 59.65%，是市场上使用最广泛的网页浏览器。

IE 8 浏览器被捆绑安装微软新的操作系统 Windows 7 中，它在 IE 7 的基础上增加了如下功能。

1．Activities 活动内容服务。这意味着用户可以从网页服务中快速存取服务，用户通常对网页的内容进行复制粘贴，这里的情况是把网页中的内容发送到一个 Web 应用程序中。例如，用户在页面看到一个餐厅地址，那么他就可以把看到的地址发送到地图服务中去。再比如，用户看到一篇有趣的文章，他也可以利用这项功能把部分文字发送到博客中去。用户可以安装或管理活动内容服务。

2．网站订阅（Web Slices）。这是一个新的功能，当用户接入网络之后可以不打开网站查看订阅内容。

3．自动故障恢复（Automatic Crash Recovery）。IE 系列浏览器的用户实际上经常能遇到 IE 浏览器崩溃的情况。再次打开 IE 之后，刚刚浏览的网页没有保存，甚至不知道去那里找回它们。ACR 自动故障恢复功能是 IE 8 浏览器的一个重要改进。当 IE 浏览器崩溃时，ACR 会自动保存用户浏览的页面，并恢复它们。

4．改进型反钓鱼过滤器。IE 7 中提供的网络反钓鱼过滤器在 IE 8 中得到了发扬，当用户遇到可能的仿冒网站，此过滤器会弹出并警告用户可能的威胁。IE 8 新加入了“安全过滤”功能，这种安全过滤器除了继续阻止已知的钓鱼网站，还可以检查已知的恶意软件，以减少用户个人信息失窃等问题。

5．In Private 浏览是 IE 8 新增加的一个很实用的功能，使用 In Private 浏览时，IE 不会存储浏览过的数据，如 Cookie、Internet 临时文件、历史记录以及其他的数据。

6．Smart Screen 筛选器是 IE 中的一种帮助检测仿冒网站的功能。它提供了针对仿冒网站的改良型保护，补充了一种带有新的反恶毒软件的网站保护功能。Smart Screen 筛选器还可以帮助用户阻止安装恶意软件。恶意软件是指表现出非法、病毒性、欺骗性和恶意行为的程序。

链接 2：使用 IE 的快捷键

一般在 IE 中浏览信息时，使用鼠标指指点点就足够了。但是如果要加快浏览速度，提高上网效率，就必须用好 IE 的快捷键。一些快捷键在菜单中都有提示，如上一页/下一页的快捷键为 Alt+←/Alt+→，停止快捷键为 Esc 等。

下面再介绍几类比较常用的快捷键。

1．查看和浏览网页的快捷键如表 6-2 所示。

表 6-2　查看和浏览网页快捷键列表

快 捷 键	功　　能
F11	切换全屏与窗口
Alt +Home	进入主页
Shift+F10	显示右键快捷菜单
Ctrl+F	在网页中查找

续表

快捷键	功　能
Ctrl+O	打开新页面
Ctrl+W	关闭当前窗口
Ctrl+N	打开新的浏览器窗口
Ctrl+Shift+P	打开新的 In Private 窗口
Home	移动到文档的开头
End	移动到文档的结尾
Backspace	返回到前页
Shift+Tab	在网页的下一页和前一页之间转换
F5	更新当前页
F6	在地址栏、链接栏和浏览器窗口之间转换
F11	在全屏显示和窗口之间转换

2．打开 IE 菜单的快捷键如表 6-3 所示。

表 6-3　打开 IE 菜单快捷键列表

快捷键	功　能
Alt+M	打开“主页”菜单
Alt+R	打开“打印”菜单
Alt+J	打开 RSS 菜单
Alt+O	打开“工具栏”菜单
Alt+S	打开“安全”菜单
Alt+L	打开“帮助”菜单

3．对收藏夹进行操作的快捷键如表 6-4 所示。

表 6-4　收藏夹操作快捷键列表

快捷键	功　能
Ctrl+L	打开收藏夹
Ctrl+D	将当前网页添加至收藏夹
Ctrl+B	打开“整理收藏夹”对话框
Alt+C	打开收藏中心
Alt+Ctrl+Del	删除历史记录

任务三　申请及使用电子邮箱

【情景再现】

小乐现在已经会上互联网查找些资料了，但是她想把这些资料和朋友们一起分享，现在她要

开始学习如何收发邮件。

【任务实现】

工序 1：申请免费信箱

1．启动 IE，在地址栏键入“网易”主页地址 www.163.com。

2．点击“2G 免费邮箱”，根据提示要求一步步地完成操作。

3．当填写完一些资料信息并成功提交后，就会得到一个免费的电子邮箱了！一定要记住所申请电子邮箱的用户名和密码。

工序 2：发送电子邮件

1．打开“网易”主页，在“用户名”和“密码”栏中填入申请的用户名和密码，单击“登录”按钮。

2．进入自己的邮箱后，单击左边栏中的“写邮件”，显示新邮件的编辑画面。

3．在“收件人”栏中填写收件人的邮箱地址，如果同时发给多个收件人，收件人邮箱地址之间用逗号隔开。

4．在“主题”栏中可填写本邮件的主题，最好不要空白。

5．在下面的矩型框中输入信件正文文字，如图 6-36 所示。

6．如需添加附件，点击“添加附件”超链接，选择要添加的附件上传即可。

7．完成信件的编辑后，单击“发送”按钮，即可实现邮件的发送。

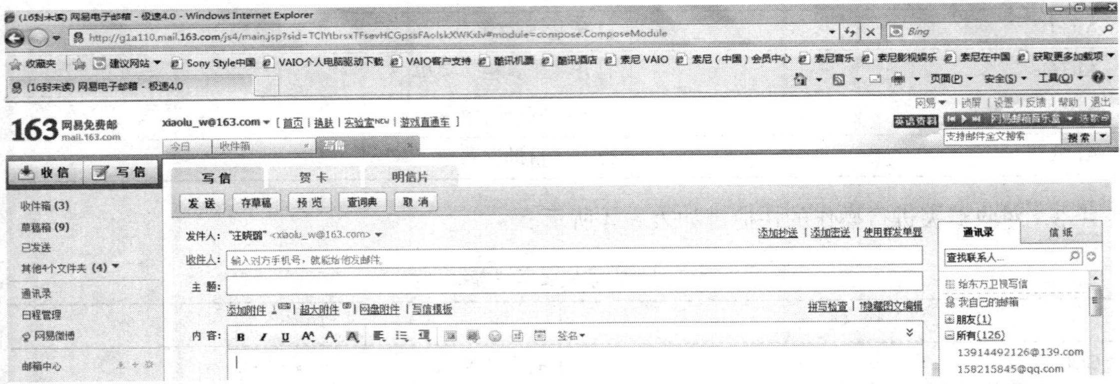

图 6-36　写邮件

工序 3：接收和回复电子邮件

1．进入自己的邮箱后，单击左边栏中的“接收邮件”，即可接收到新的邮件。

2．单击新邮件标题，即可打开该邮件。

3．如果接收的邮件有附件，那么单击附件的链接，在弹出的对话框中选择“打开”或者“保存”即可。

4．如果阅读完某人信件后想回复他，单击“回复”按钮，输入回复信件内容，单击“发送”按钮即可。

【知识链接】

链接 1：邮件服务

电子邮件是一种在运行模式上类似传统邮政服务，通过计算机网络与其他用户相互传送消息的通信手段。电子邮件服务由于其简便、快速和廉价的特性，在 Internet 上使用极其广泛，也许是仅次于 Web 服务的业务。

在网络中，电子邮箱可以自动接收网络中任何电子邮箱所发的电子邮件，并能存储规定大小的多种格式的电子文件。电子邮件像普通的邮件一样，也需要地址，它与普通邮件的区别在于它是电子地址。邮件服务器就是根据这些地址，将每封电子邮件传送到各个用户的信箱中，电子邮箱地址就是用户的信箱地址。就像普通邮件一样，能否收到电子邮件，取决于是否取得了正确的电子邮件地址。

一个完整的 Internet 邮件地址由两个部分组成，格式为：登录名@主机名.域名。中间用一个“@” 符号分开，符号的左边是对方的登录名，右边是完整的主机名，它由主机名与域名组成。其中，域名由几部分组成，每一部分称为一个子域，各子域之间用圆点“.”隔开，每个子域都会告诉用户一些有关这台邮件服务器的信息。例如 zhangsan@mydomain.com，符号@前面的“zhangsan”是邮箱账号名，后面的 mydomain.com 是电子邮件服务器所在域的域名。

链接 2：设置 Outlook

Office Outlook 是 Microsoft office 套装软件的组件之一，它对 Windows 自带的 Outlook express 的功能进行了扩充。Outlook 的功能很多，可以用它来收发电子邮件、管理联系人信息、记日记、安排日程、分配任务。Outlook 2010 的主界面如图 6-37 所示。

图 6-37　Outlook 2010

1．打开 Outlook 后，单击“工具”→“账号”命令，接着单击“下一步”按钮。

2．单击“添加”按钮，选择“邮件”后单击“下一步”按钮。

3．输入发送邮件时想让对方看到的名字，单击“下一步”按钮。

4．按提示填入自己电子邮件地址，单击“下一步”按钮。

5．填写收发邮件服务器，单击“下一步”按钮。

6．填入邮件地址和密码，要输入 Email 地址全称（注：263.net 用户可不用填写 Email 全称）输入完成后单击“下一步”按钮。

7．此时已经基本完成了邮件地址的添加工作，单击“完成”按钮，但还需要进一步设置。

8．在“账号”界面上再单击“属性”按钮。

9．在“属性”框中选择“服务器”选项卡，勾选“我的服务器要求身份验证”，单击“应用”后再选“确定”。

此时已成功在 Outlook Express 添加了邮箱，到这里 Outlook 已经设置完毕，一般都可以正常收信和发信，但是要记住在自己邮箱中开启 POP3。

任务四　使用搜索引擎

【情景再现】

小乐想上网找些资料，除了会使用 IE 以外，还要注意使用正确的搜索方法，这样才能更高效地找到自己所需要的资料。

【任务实现】

下面就以百度为例，使用它搜索网页、图片和 MP3，介绍信息搜索的一些方法。

工序 1：搜索网页

网页搜索是百度最基本的功能，搜索网页的操作步骤如下。

1．打开 IE 浏览器，在地址栏中输入“http://www.baidu.com”即可打开百度首页，如图 6-38 所示。

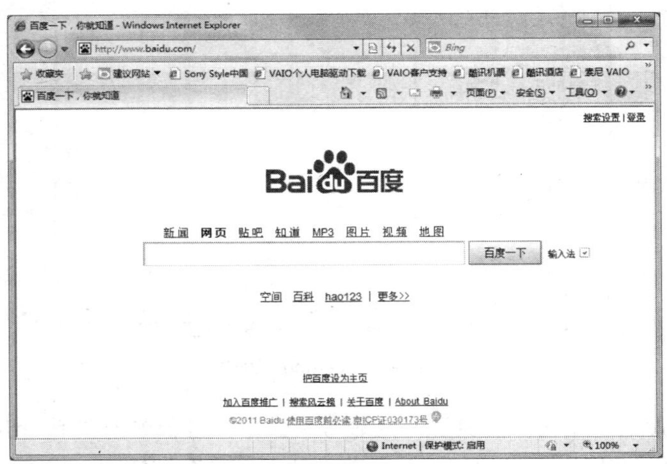

图 6-38　百度首页

2．选择“网页”超链接，在搜索框中输入想要搜索的关键字，如输入“江苏经贸职业技术学院”，单击“百度一下”，即可打开所有相关的网页搜索结果，如图 6-39 所示。

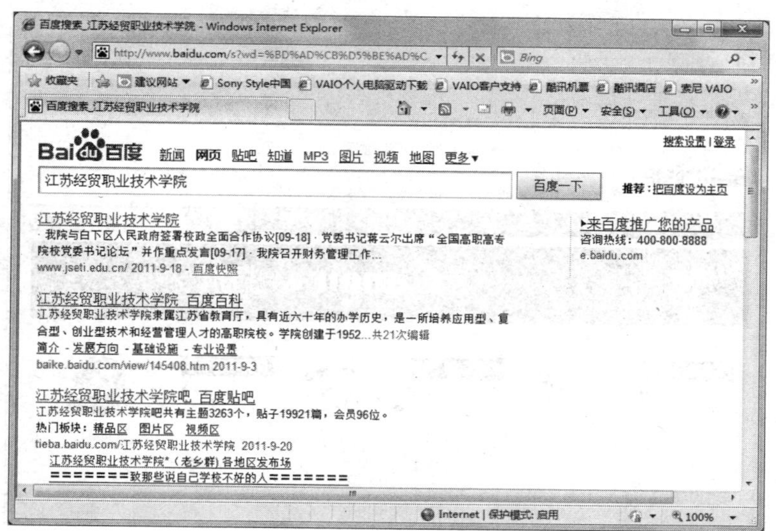

图 6-39　搜索到的网页

工序 2：搜索 MP3

“百度”在近 3 亿的中文网页中提供 MP3 下载链接，建立了庞大的 MP3 歌曲下载链接库。单击“百度”主页上的“MP3”链接，即可进入百度 MP3 搜索页面，如图 6-40 所示。

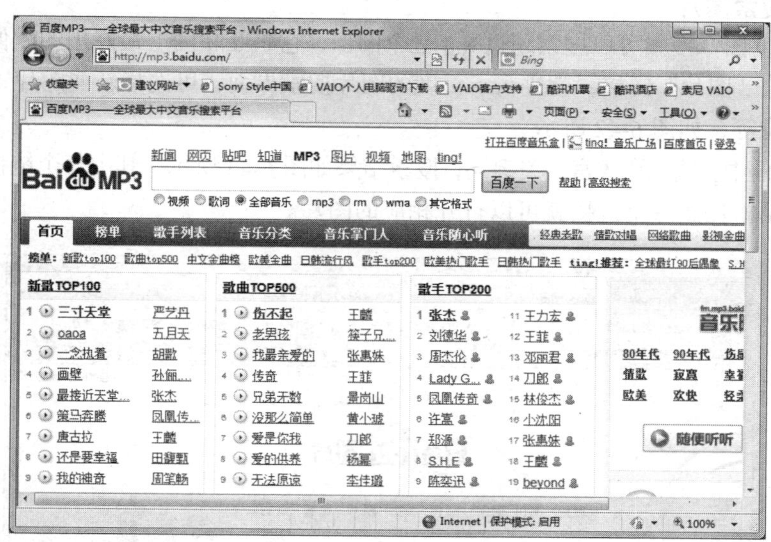

图 6-40　百度 MP3 搜索

在文本框中输入要搜索的内容，单击“百度一下”按钮即可搜索。在文本框下方还有一排单选按钮，用来设定歌曲的文件格式和搜索项目。输入搜索关键字时，可以同时搜索歌曲名和歌手名，在歌手名和歌曲名之间要加一空格。

例如，键入“北京欢迎你”，单击“百度搜索”按钮，搜索结果如图 6-41 所示。

每一条搜索结果都给出了文件大小、格式和下载速度，单击前面的歌曲名就可以下载了。使用同样的方法可以搜索歌词或者手机铃声。

图 6-41 “北京欢迎你”搜索结果

工序 3：搜索图片

1. 使用百度图像搜索可以搜索超过 8.8 亿个图像，它是互联网上最好用的图像搜索工具。在百度首页上单击“图片”链接，就进入了百度的图片搜索界面，可选择新闻图片、全部图片、壁纸、表情、头像等，如图 6-42 所示。

2. 在文本框中，输入“故宫”关键词，搜索结果如图 6-43 所示。其中每个链接都包含有“故宫”关键词，单击任意一个链接就可以打开相应的图片。

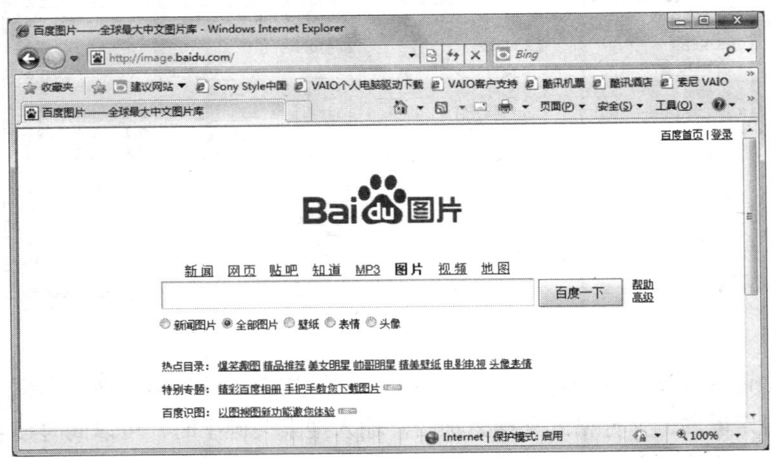

图 6-42 百度搜索图片界面

3. 如果想更加精确地搜索图片，可以单击页面左侧的“筛选”按钮，进入筛选页面，如图

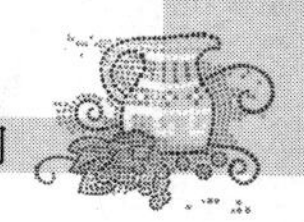

6-44所示，在筛选页面中可选择图片的尺寸、颜色、类型等，以缩小图片的搜索范围。

图6-43　“故宫”图片搜索结果

图6-44　图像筛选页面

【知识链接】

链接1：搜索引擎

搜索引擎（Search Engine）是随着Web信息的迅速增加而逐渐发展起来的技术，它是一种浏览和检索数据集的工具。通常所说的“搜索引擎”是一些网站，它们有自己的数据库，保存了Internet上的很多网页的检索信息，并且不断更新。当用户查找某个关键字时，所有在页面内容中包含了

该关键字的网页都将作为搜索结果被搜索出来。常用的中文搜索引擎有 Google（http://www.google.com.hk）、百度（http://www.baidu.com）等。百度是最大的中文搜索引擎，在百度网站中可以搜索页面、图片、新闻、MP3、百科知识、专业文档等内容。

链接 2：搜索引擎使用技巧

1. 在类别中搜索

许多搜索引擎都显示类别，如计算机和 Internet、商业和经济。单击其中一个类别，然后再使用搜索引擎。显然，在一个特定类别下进行搜索所耗费的时间较少，而且能够过滤掉大量无关的 Web 站点。

2. 使用具体的关键字

所提供的关键字越具体，搜索引擎返回无关 Web 站点的可能性就越小。

3. 利用图片 URL 或自己的图片

用户通过上传图片或输入图片的 URL 地址，从而搜索到互联网上与这张图片相似的其他图片资源，同时也能找到这张图片相关的信息。

4. 搜索引擎优化

搜索引擎优化又称 SEO，SEO 的主要工作就是在相关搜索引擎中利用现有的搜索引擎规则将目标关键字进行排名提升的优化，使与目标相关联的关键字在搜索引擎中出现高频率点击，从而带动目标收益。关键字与搜索引擎优化之间是有密不可分的关系的，搜索引擎优化为关键字的建设与提升提供了一种新的途径和工具，是在搜索引擎技巧中不可或缺的一部分。

5. 使用多个关键字

关键字在搜索引擎中是非常重要的一项，可以通过使用多个关键字来缩小搜索范围。例如，如果想要搜索“南京有什么旅游胜地”的信息，则输入两个关键字“南京”和“旅游”。要搜索的关键词之间须用空格隔开。如果要将文章标题或名言作为整体搜索，只在其两边加上英文双引号即可。

6. 使用高级语法查询

（1）把搜索范围限定在网页标题中时使用 intitle“标题”。

（2）把搜索范围限定在特定站点中时使用 site“站名”。

（3）把搜索范围限定在 URL 链接中时使用 inurl“链接”。

（4）精确匹配时使用双引号“”和书名号《》。

（5）专业文档搜索时使用 filetype：文档格式。

（6）要求搜索结果中同时包含或不含特定关键字时使用“+”（加）或“–”（减）。

链接 3：搜索引擎注意事项

1. 百度的搜索结果按搜索内容的相关度来排列，即首先列出包含所有关键词的网页，再列出包含其中部分关键词的网页。

2. 在百度的搜索结果网页中，会显示出查询结果的数量、搜索用时的秒数等信息。也可以单击网页下部的第几页或下一页等链接来继续浏览后面的搜索结果。

3. 在每一项搜索结果中，首先列出的是该网页的标题，标题文字的链接直接指向该页的具体网址；其次列出了该网页中包含有搜索字符的部分网页内容，其中的搜索字符会以红色显示；最后列出了该网页的具体网址等信息。

4. 因搜索的时间不同，搜索的结果有可能不同。

任务五　网络软件的使用

【情景再现】

小乐想去网上下载一些比较实用的网络软件安装在自己的电脑上，但她不知道如何下载？下载了又不知道如何应用。

【任务实现】

工序 1：使用 360 软件管家

1．下载“360 软件管家”到本地计算机，根据提示要求一步步安装。完成安装后打开“360 软件管家”。

2．在“软件宝库”、“应用宝库”、“游戏大全”三个模块选择一款程序，比如“快播”软件。单击“下载”按钮。会跳出如图 6-45 所示的提示。用户可以选择“继续下载”或“取消下载”。

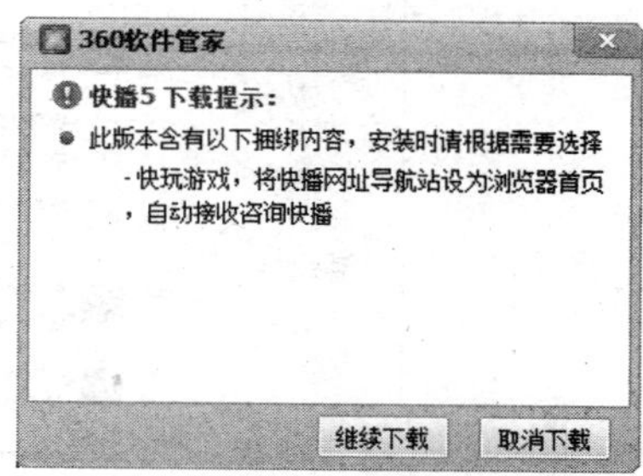

图 6-45　“360 软件管家”下载提示

3．单击“继续下载”按钮，系统将建立下载通道，准备下载，如图 6-46 所示。程序会下载到 360 软件默认的文件夹中，并自动安装。程序安装好了后，程序那一栏会出现灰色显示的“已安装”状态。

图 6-46　安装软件

4．程序安装好了后，如果想卸载，选择“软件卸载”界面，在需要卸载的程序一栏单击“卸载”按钮。系统会弹出一个询问对话框，确认是否要删除，如图 6-47 所示。单击“是”按钮，开始卸载程序。

图 6-47　确认卸载软件对话框

5．程序装多了，会影响开机速度，这个时候需要用到“开机加速”界面中的“开机加速”功能，单击“开始加速”一栏的“开始优化”按钮，会弹出如图 6-48 所示的优化加速界面。可以选择一键优化，也可以选择在“启动项”中根据自己的需求设置启动还是禁止。

图 6-48　优化加速界面

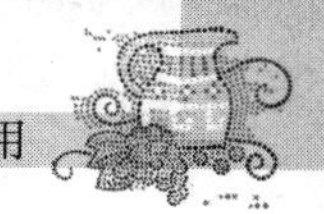

工序 2：使用迅雷下载网上资源

1．使用 360 软件管家，下载安装迅雷 7 到本地计算机，如图 6-49 所示。

图 6-49　下载“迅雷”软件

2．安装好后，打开“迅雷 7”主界面，如图 6-50 所示。

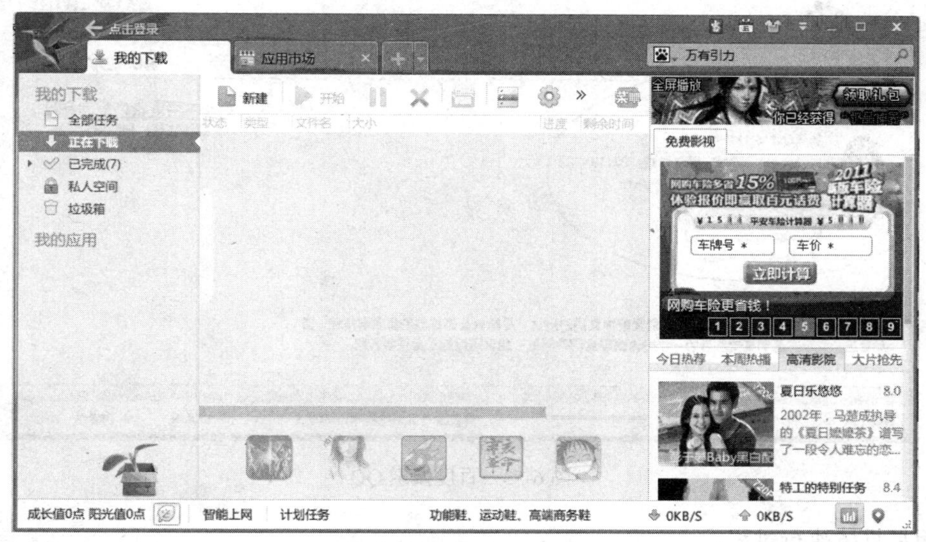

图 6-50　“迅雷 7”主界面

3．安装后首次启动“迅雷 7”，会出现“优先体验”对话框，如图 6-51 所示。

4．用迅雷 7 下载完成一个任务。例如，使用迅雷 7 下载 QQ，一般有两种方法：一种是在网页中选中需要下载的 QQ，单击鼠标右键，打开如图 6-52 所示的对话框，选择“迅雷下载”；第

二种方法是在迅雷 7 右上角的搜索框中输入想要下载的内容，然后单击搜索百度图标，在迅雷 7 的主体框里就会出现需要下载的 QQ，单击鼠标右键，打开如图 6-53 所示的对话框，选择“迅雷下载”。

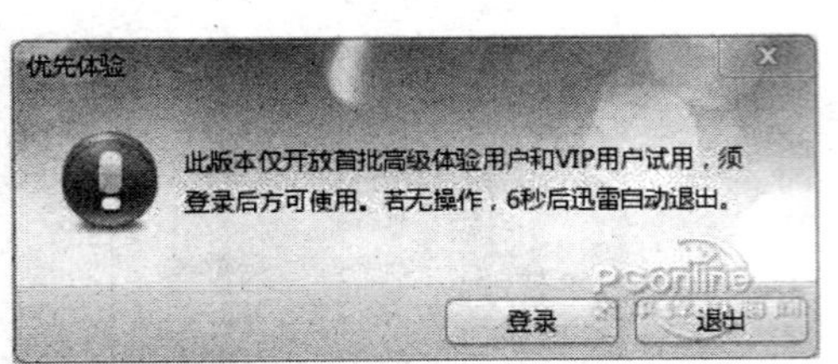

图 6-51 “优先体验”对话框

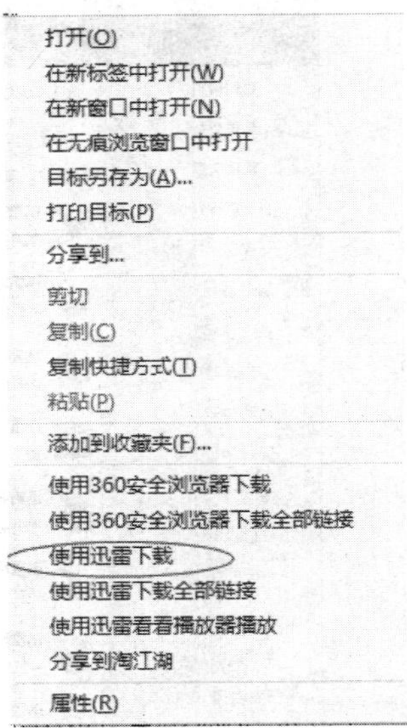

图 6-52 右键“使用迅雷下载”

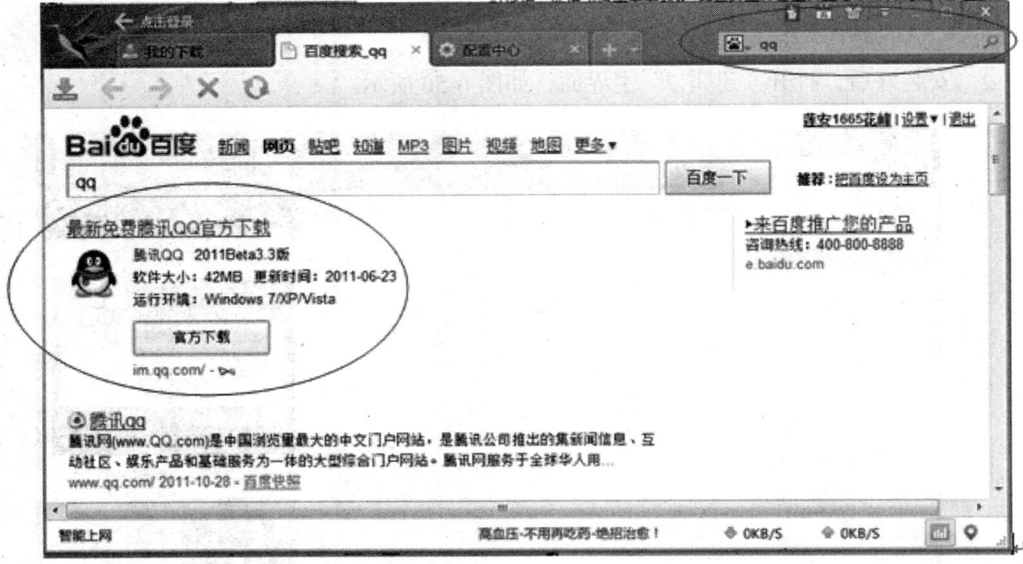

图 6-53 百度搜索 QQ

下面是具体执行过程。

（1）选择“迅雷下载”，弹出迅雷下载任务框，如图 6-54 所示。在下载任务框中选择要存储的目的地址，单击“立即下载”按钮。

（2）在任务下载框中就会出现下载任务列表，如图 6-55 所示。QQ 下载完毕后，就会出现在已完成任务框中，双击 QQ 程序，即可安装。

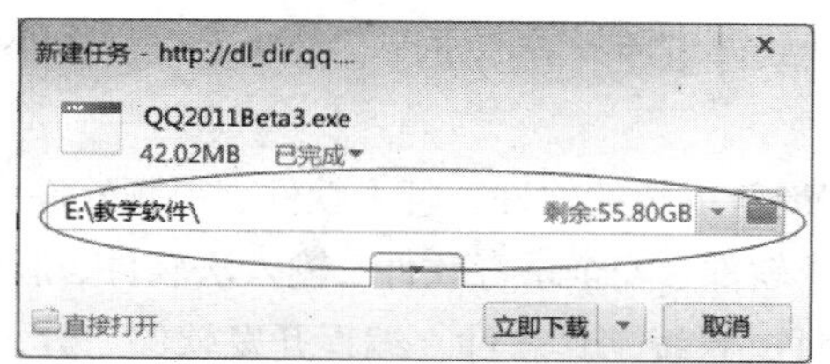

图 6-54　下载任务框

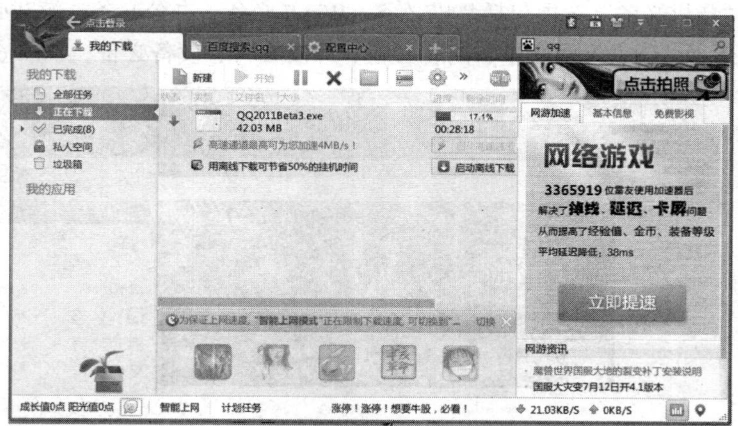

图 6-55　任务下载列表

【知识链接】

链接 1：360 软件管家

360 软件管家是 360 安全卫士中提供的一个集软件下载、更新、卸载、优化于一体的工具。它现在已经是装机必备的一款软件 360 软件管家有着简洁大方的界面，强大的软件宝库，及时的软件更新提醒，方便的软件卸载，完善的应用宝库等功能。

360 软件管家有"开机加速"、"强力卸载"等全新功能，帮助用户对付因部分软件"强行自启动"、"后台运行"、"难以卸载"而带来的各种问题。360 软件管家的"开机加速"模块能把那些在开机时自动启动的软件一一列出来，包括通过加载服务或计划任务等手段实现隐蔽启动的软件，同时给出浅显易懂的文字说明，以及是否应该允许这些软件自启动的建议，帮助用户禁止一些软件从后台暗自启动。针对不太懂电脑的菜鸟用户，360 的"开机加速"还提供了"一键自动优化"功能，轻轻一按，无须选择，就能自动把那些不安分的软件管住，在今后开机时不再自动跳出来，不但可以减少对用户的打扰，还能大大提高电脑开机和运行的速度。

除了管住启动项这个入口外，针对很多软件无法卸载，或者卸载了也很难卸干净的情况，360 软件管家提供了"强力卸载模式"，可以把那些难以完全卸载的软件彻底驱逐出去，还能干净利落地清除掉软件卸载后的残留文件和注册表信息，让电脑保持一个清洁的运行环境。

此外，用户还可通过 360 软件管家查看正在运行的软件状态，直观了解各种软件的资源占用状况、软件作用说明以及安全性，比 Windows 的"任务管理器"要好用得多。尤其是对于那些关闭后仍在后台偷偷运行的软件，通过 360 软件管家的"正在运行"选项，可以明察秋毫，一把揪出来，并轻松关闭。

360 软件管家主界面包括软件宝库、应用宝库、游戏大全、软件升级、下载管理、软件卸载、开机加速和手机必备 8 个模块。

1. 在“软件宝库”中有最新更新的软件、聊天软件、视频软件、浏览器软件、音乐软件、下载软件、游戏软件、图形图像软件、安全杀毒软件、输入法软件、股票网银软件、文字处理软件、邮件翻译软件、压缩刻录软件、系统工具软件、编程开发软件、数码软件、学习软件、网络应用软件、行业软件和一些其他软件。其中包括两个选项，“热门精选”选项是一些最新最流行的软件，如图 6-56 所示；“装机必备”选项包括装机必备、Win 7 必备、办公必备、游戏必备、学生必备、炒股必备、中小企业必备、上网必备、网管必备、开发必备、设备必备，如图 6-57 所示。

图 6-56 “软件宝库” 热门精选界面

图 6-57 装机必备软件集锦

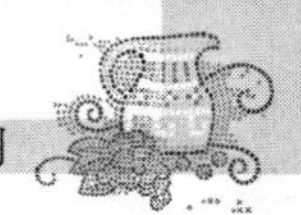

2．“应用宝库”分为两个部分。“精品聚焦”聚集了当日的热门精选软件以及每周的软件下载排行。“应用分类”把应用软件分成了游戏、视频、小说、音乐等 16 类。图 6-58 所示为“应用宝库”中的软件排行。

图 6-58　“应用宝库”的软件排行

3．“游戏大全”包含了热门游戏、网络游戏、单机游戏、小游戏四大类别，如图 6-59 所示。

图 6-59　“游戏大全”界面

4．“软件升级”列出了目前装在用户电脑上已安装过目前需要升级的软件，如图 6-60 所示。

图 6-60 “软件升级”界面

5．“下载管理”包括正在下载的软件进程列表单、已下载的软件和垃圾箱，如图 6-61 所示。

图 6-61 “下载管理”界面

6．“软件卸载”列出了系统中已安装的软件名称，安装日期，使用频率，软件评分以及一键卸载，如图 6-62 所示，非常实用方便。

7．“开机加速”分析电脑开机慢的原因，可以优化开机的启动程序，管理正在运行的程序，设置常用的默认软件。这一功能完全取代了优化大师的作用，如图 6-63 所示。

图 6-62 “软件卸载”界面

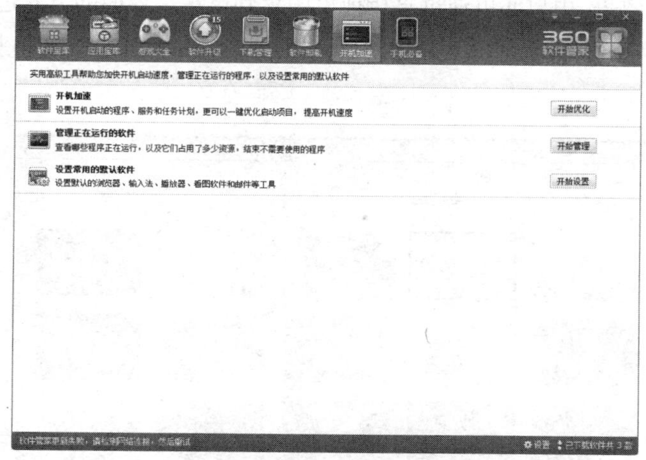

图 6-63 “开机加速”界面

8．凡是在手机上运行的软件都可以在“手机必备”中找到，如图 6-64 所示。

图 6-64 “手机必备”界面

链接 2：迅雷

迅雷是全球互联网最好的多媒体下载服务，目前已经成为中国互联网最流行的应用服务软件之一。作为中国最大的下载服务提供商，迅雷每天服务来自几十个国家，超过数千万次的下载。迅雷是个非常好的下载的软件，迅雷本身不支持上传资源，它只是一个提供下载和自主上传的工具软件。迅雷的资源取决于拥有资源网站的多少，同时只要有任何一个迅雷用户使用迅雷下载过相关资源，迅雷就能有所记录。

迅雷使用的多资源超线程技术基于网格原理，它能够将网络上存在的服务器和计算机资源进行有效的整合，构成独特的迅雷网络，各种数据文件能够通过迅雷网络以最快的速度进行传递。迅雷的缺点就是占用内存比较多。

迅雷 7 在原有的版本上添加了以下新功能。

1．迅雷 7 主界面具有“炫彩换肤”功能，如图 6-65 所示。通过该功能，用户可以方便直观地对迅雷 7 主界面进行换肤操作，还能设置主界面的配色方案及主界面/任务列表的透明度，并支持 Windows 7 毛玻璃效果。用户亦可通过直接拖曳图片到迅雷主界面的方式进行自定义皮肤设置，迅雷 7 会自动提取背景图特征色的方式让整个界面的风格保持一致。图 6-66 所示为开启透明效果后的迅雷 7 主界面。

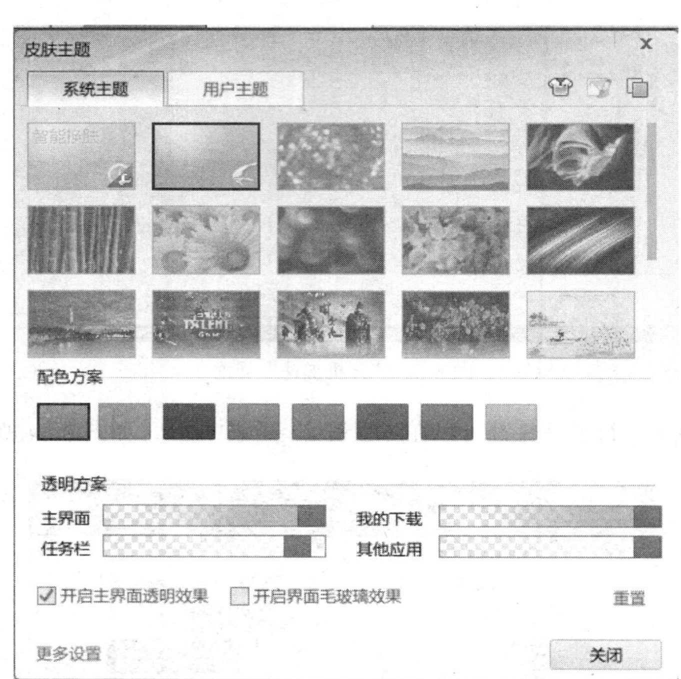

图 6-65 “皮肤主题”窗口

2．迅雷 7 增加了界面动态特效功能。在用户进行列表切换时，会有列表从上到下的逐渐显现的切换特效；在新建下载任务对话框弹出以及菜单弹出时也有弹出特效；还增添按钮的边框动画效果。下载区块的填充效果等。开启这些特效可能会另外消耗用户系统资源，用户可以选择是否开启特效功能，还能设置特效等级。此外，用户可以更改迅雷界面文字字体，比如支持微软雅黑字体等，如图 6-67 所示。

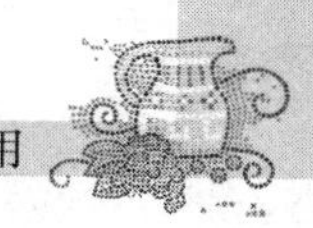

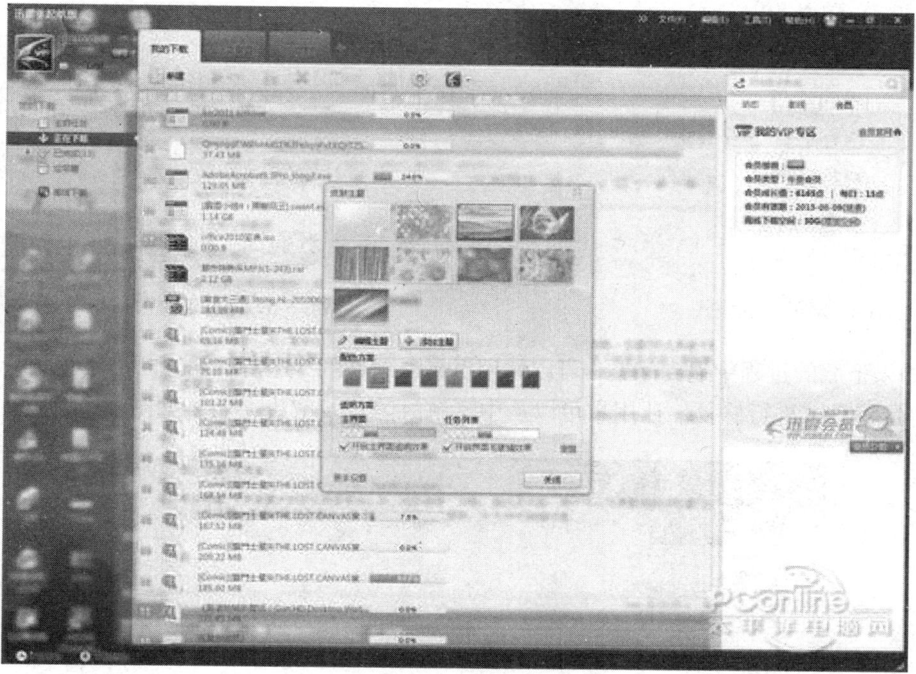

图 6-66　开启透明效果后的主界面

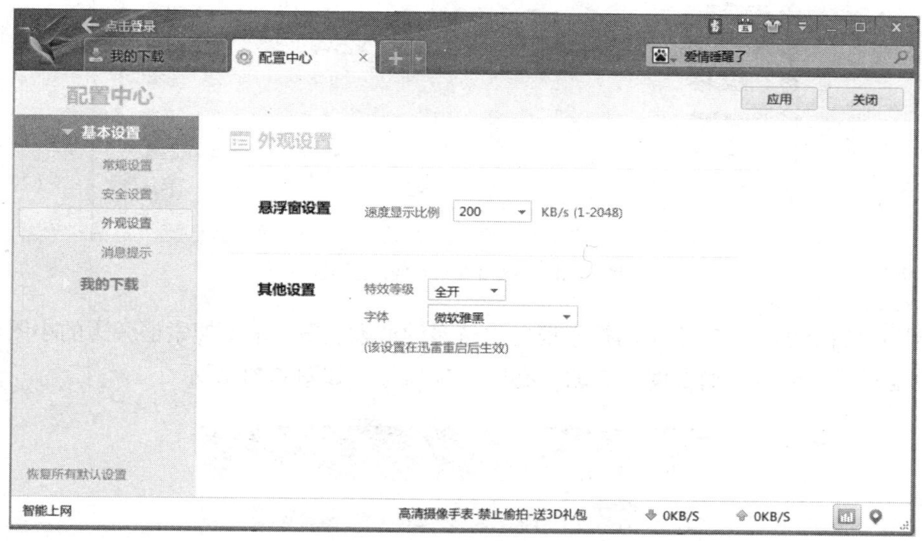

图 6-67　更改迅雷界面文字字体

3. 以前版本的迅雷在下载网络资源时，网速会变得很慢。现在迅雷 7 下载模式由之前的“高速下载”与“智能限速”改为了“下载优先”与“上网优先”，如果用户既想浏览网页，又想下载资料，可以单击迅雷 7 主界面左下角的“智能上网”按钮，选择“上网优先”即可，如图 6-68 所示。

4. 迅雷 7 的悬浮框也有了新的变化，不再使用旧版的方形悬浮框，而是采用了长条形的样式，如图 6-69 所示。并在有下载任务时显示即时下载速度。当用户把光标移动到悬浮框时，会自动弹出下载速度曲线图。

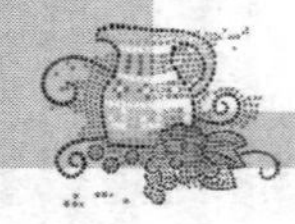

图 6-68　新的下载模式

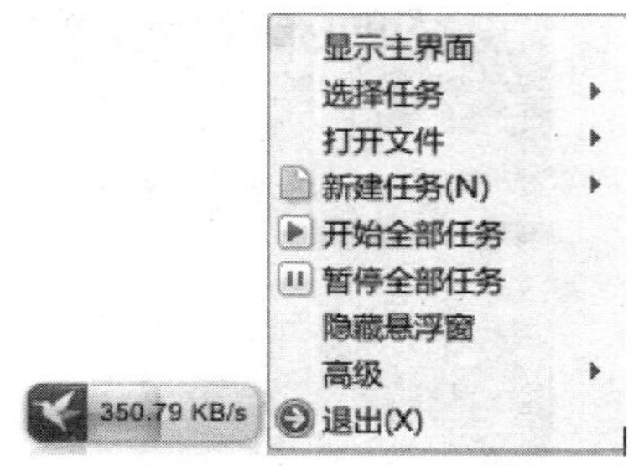

图 6-69　新的悬浮框及其快捷菜单

5．如果下载的过程中遇到问题，可以使用迅雷 7 新增的“迅雷下载诊断工具”帮助诊断网络问题，并且将尝试进行修复，让用户可以从中了解故障点及解决方法，如图 6-70 所示。

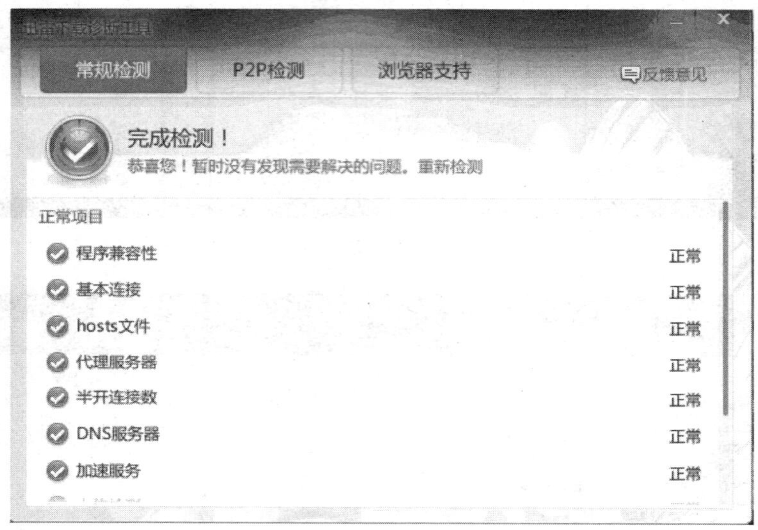

图 6-70　“迅雷 7”下载诊断工具

6．搜索文件，迅雷 7 右上角的搜索框中支持多种搜索引擎，单击搜索框旁边的小图标，就会出现多种搜索引擎链接，如百度、谷歌、必应、狗狗等，如图 6-71 所示。

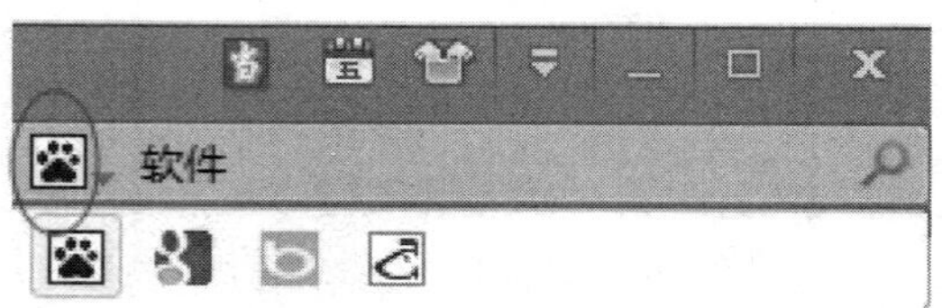

图 6-71　搜索引擎链接

不少迅雷用户发现，每当打开迅雷后便会出现系统运行缓慢、网络堵塞，甚至无法打开网页或 QQ、MSN 的情况。究其原因，是迅雷在用户不知情的情况下以接近网络极限的速度进行文件上传，上传速度根据宽带的情况而定，小的 50～70KB/S，大的高达数百 KB/S，往往占尽了宽带的上行速度。在如此高的上传速度下，会造成用户其他网络应用的无法进行，并且使用户电脑的运行速度变慢。

任务六　互联网通信

【情景再现】

小乐想即时的与朋友在线联系、即时传送信息、即时交谈、即时传输文件，那么她就需要用到一些网络通信软件。

【任务实现】

工序 1：使用 QQ

1．下载安装

下载 QQ 2011 到自己的电脑，根据提示安装好软件。

2．申请 QQ 账号

（1）双击桌面上的 QQ 快捷图标，即可打开“QQ 2011”对话框，如图 6-72 所示。

图 6-72　QQ2011

（2）单击“注册”，即可进入“申请 QQ 账号”页面，单击“立即申请”按钮即可免费申请 QQ 账号，如图 6-73 所示。

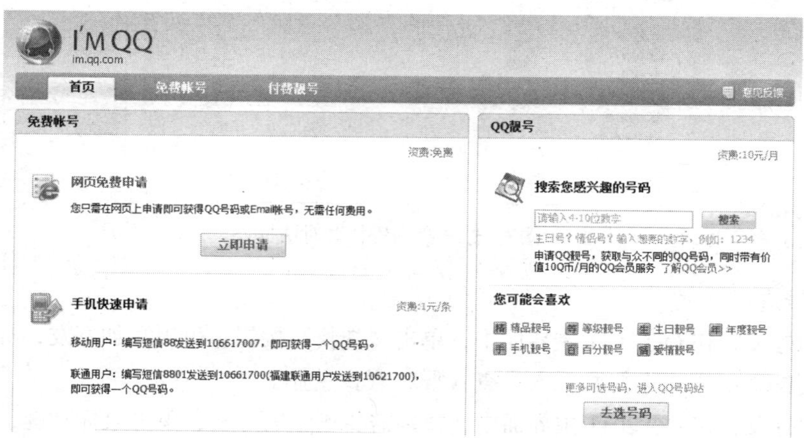

图 6-73　“申请 QQ 账号”页面

（3）打开“申请数字账号”页面，在其中输入相关信息，并单击“确定并同意以下条款”按钮，如图 6-74 所示，就会申请到一个新的 QQ 号。

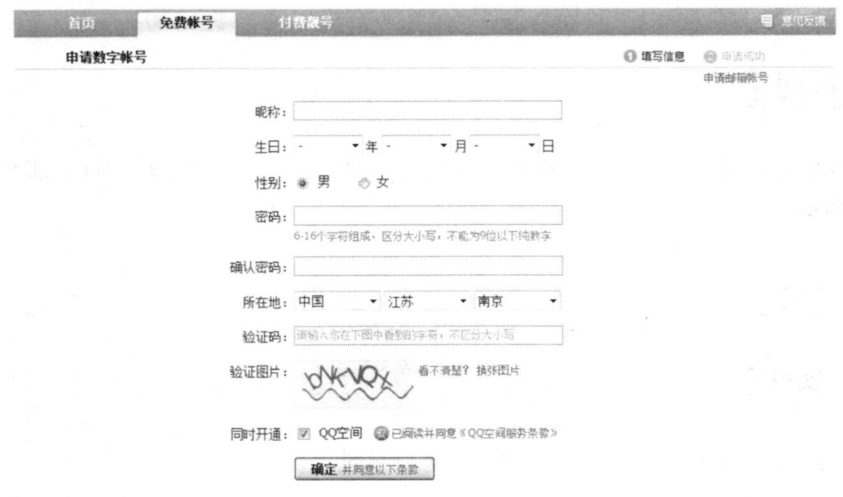

图 6-74 “申请数字账号”页面

3．更改个人资料

如果刚刚在 QQ 申请的过程没有填完整资料，或者想更改资料，可以在“我的资料”对话框中进行。

（1）输入账号和密码，登录 QQ。

（2）双击 QQ 左上角的图标，就可以打开“我的资料”对话框，如图 6-75 所示。在对话框中的各个选项栏中更改自己的信息。.

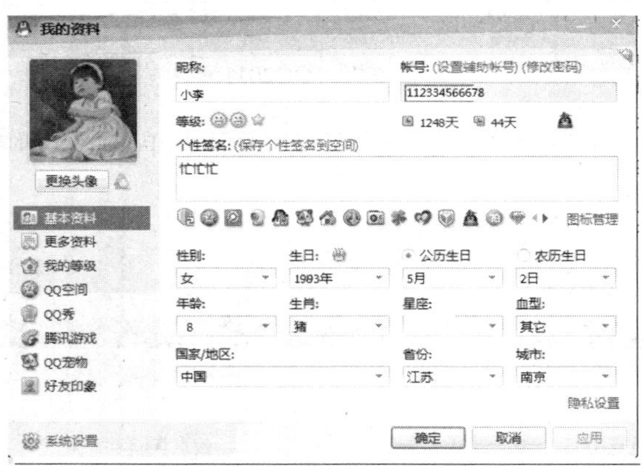

图 6-75 “我的资料”对话框

4．对账号进行管理

（1）添加好友，在 QQ 2011 主界面中，单击“查找”按钮，可以添加好友，如图 6-76 所示。可以根据不同的查找方式查找联系人、查找群、查找企业。

（2）删除好友，在 QQ 2011 主界面中，找到需要删除的好友，单击鼠标右键，在快捷菜单中选择“删除好友”命令会弹出如图 6-77 所示的对话框。单击“确定”按钮，好友即被删除。

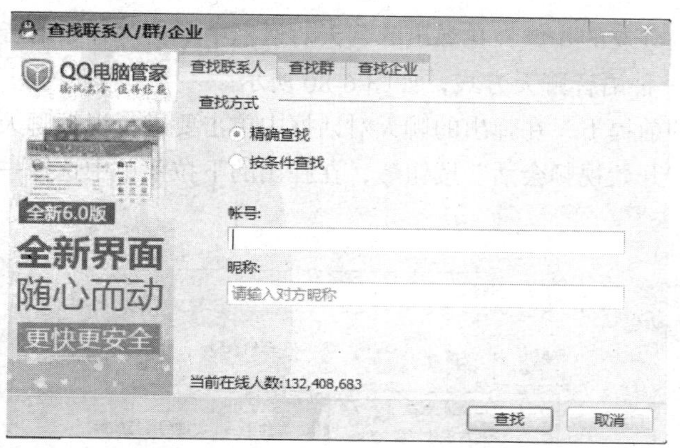

图 6-76 添加好友

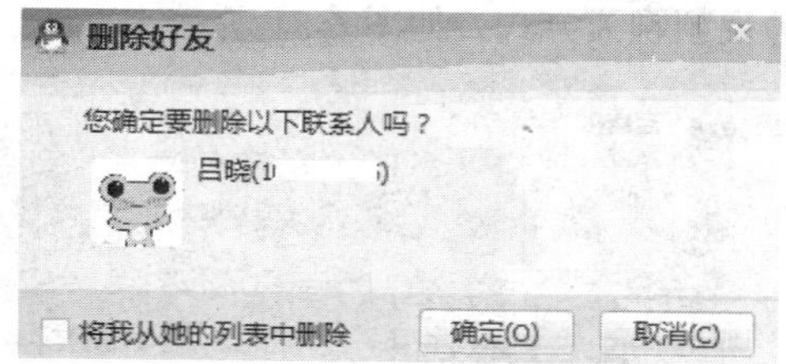

图 6-77 删除好友

（3）管理好友名单，当好朋友太多的时候，可以用分组方式对好友进行管理。选择需要分组的好友后在其上单击鼠标右键，在弹出的快捷菜单中选择“移动联系人至”目的分组即可，图 6-78 所示的是已经做好的好友分组。

5．与朋友聊天

（1）文字聊天。收发文字信息是 QQ 最常用的功能，在 QQ 上双击某个好友的头像，就会弹出与这位好友的聊天对话框，如图 6-79 所示。

图 6-78 好友分组

图 6-79 聊天对话框

（2）音频聊天。双击要进行语音聊天的好友的头像，在弹出的聊天对话框中单击“开始语音对话”按钮，在弹出的下拉菜单中选择一种语音聊天方式，如图 6-80 所示。

（3）视频聊天。在双方都装了摄像头的前提下，在弹出的聊天对话框中单击要进行视频聊天好友的头像，在弹出的聊天对话框中单击“开始视频会话”按钮，在弹出的下拉菜单中选择一种视频聊天方式，如图 6-81 所示。

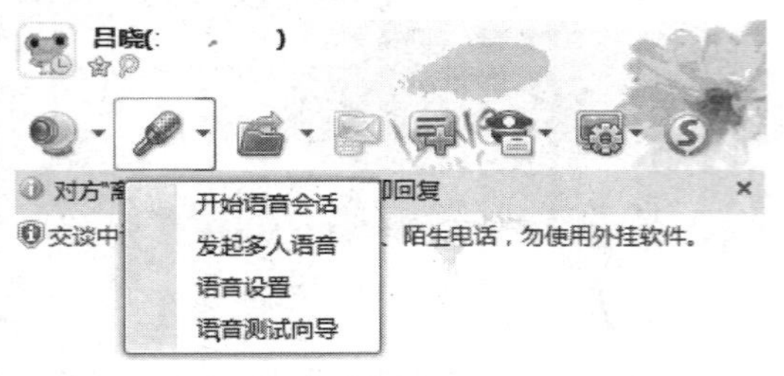

图 6-80　语音聊天方式

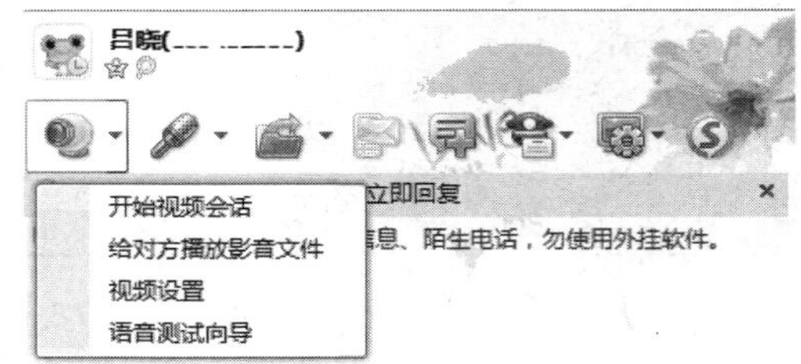

图 6-81　视频会话方式

6．使用 QQ 群共享

（1）打开 QQ 2011 群界面，如图 6-82 所示。

（2）选择需要聊天的 QQ 群并双击打开，会弹出群聊天界面，如图 6-83 所示。

（3）单击群菜单栏中的图标，也可进行语音聊天。

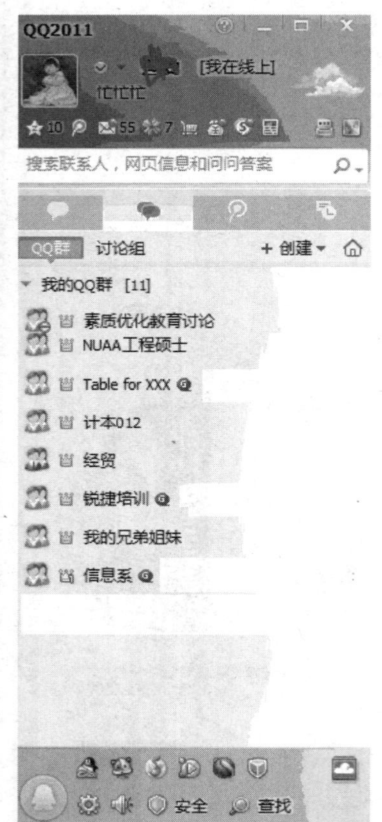

图 6-82　QQ 群主界面

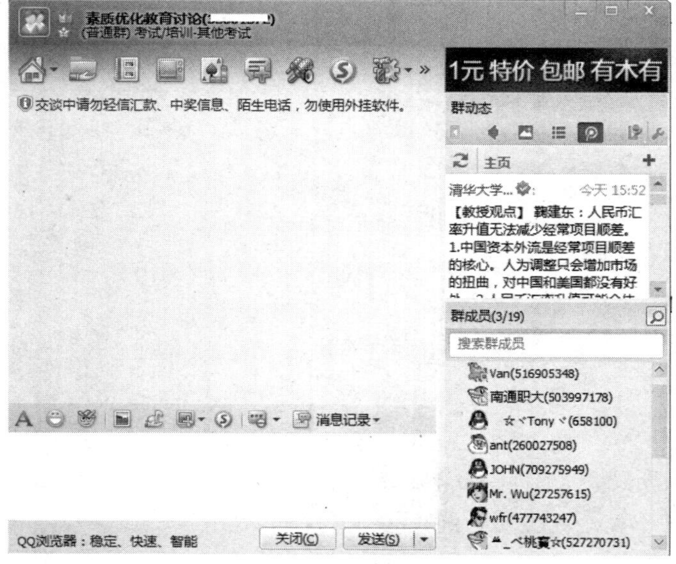

图 6-83　QQ 群聊天对话框

7．QQ 文件传输入

（1）打开 QQ 聊天对话框，在菜单栏中选择图标，即可进行文件传输。

（2）如果对方不在线，QQ 也支持文件离线传输，如图 6-84 所示。离线传输文件将会在服务器中保留 7 天。

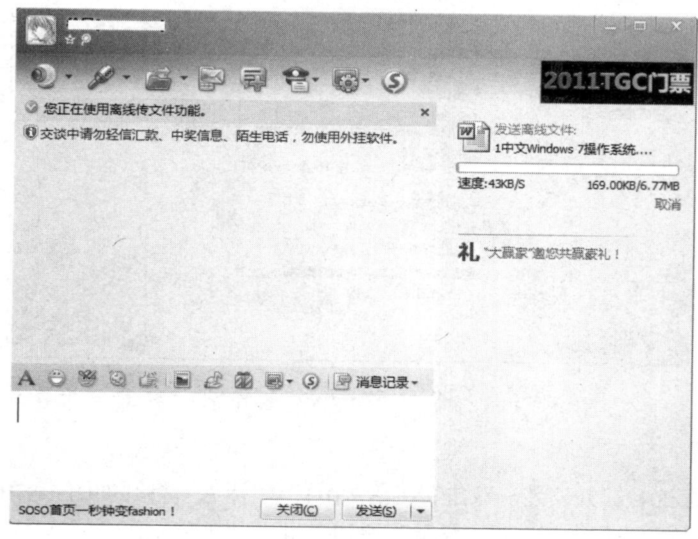

图 6-84　发送离线文件

8．QQ 安全设置

（1）打开 QQ 主界面，单击“打开系统设置”按钮，会弹出“系统设置”对话框，如图 6-85 所示。

（2）在“系统设置”对话框的“常规”选项框里，可以选择“启动和登录”时的状态及对主面板的管理。

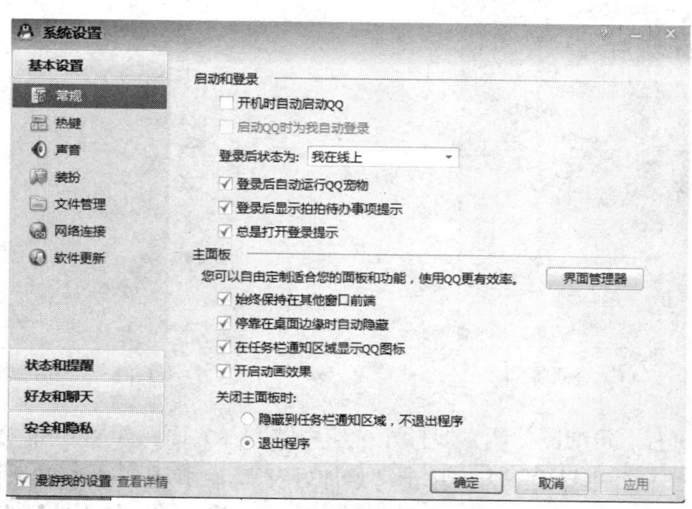

图 6-85　“系统设置”对话框

（3）单击“安全与隐私”按钮，打开“安全与隐私”选项框，可以设置“密码安全”、“文件传输安全”、“网络安全”，如图 6-86 所示。

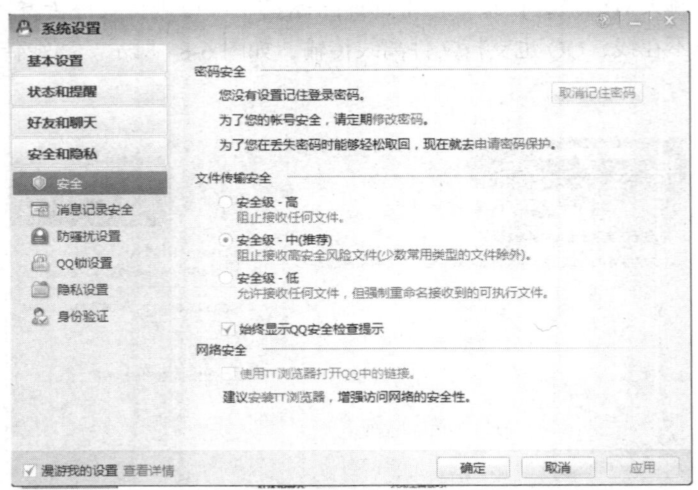

图 6-86 “安全与隐私”选项框

工序 2：飞信

1. 下载“飞信 2011”并安装。双击“飞信 2011”图标后会打开如图 6-87 所示的登录对话框。

2. 输入手机号码和密码，单击“登录”按钮。进入“飞信 2011”主界面，如图 6-88 所示。

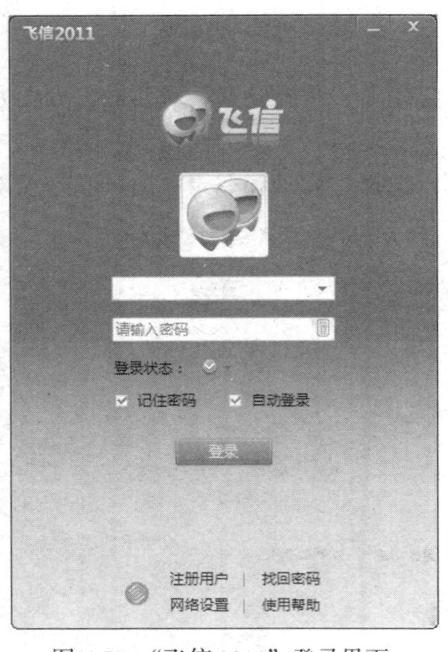

图 6-87 “飞信 2011”登录界面

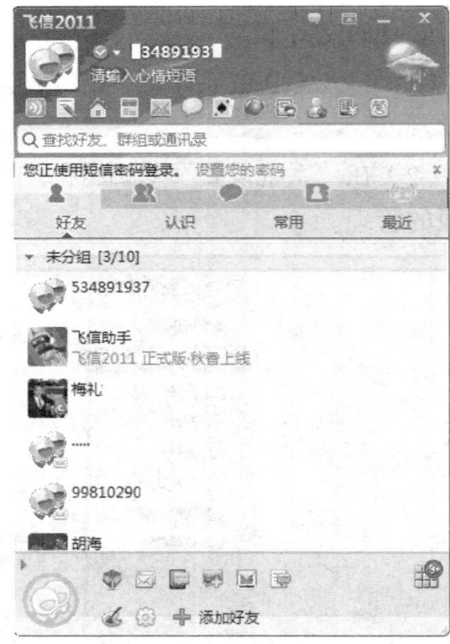

图 6-88 “飞信 2011”主界面

3. 单击主界面右下角的图标▦，即打开“应用魔方”界面，如图 6-89 所示。

4. 在“飞信 2011”主界面下方，单击“添加好友”，会弹出如图 6-90 所示的“添加好友”对话框。在“账号”文本框中输入对方的手机号，在“发出申请”栏中输入身份信息，以便对方能更好地识别。（为了对方能更好地识别并增加可信性，推荐填写真实姓名）。完成后对方手机就会收到是否同意加入为飞信用户的短信，如果回应同意，那么他就将成为飞信用户。就可以把这个用户归入到所要安排的任何一个类别中。

图 6-89 “应用魔方”界面

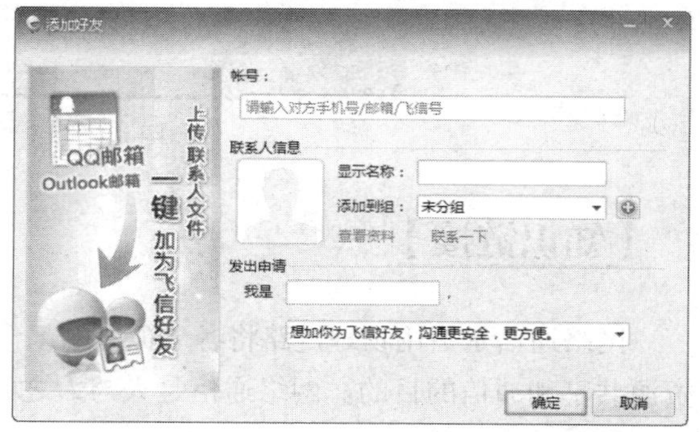

图 6-90 “添加好友”对话框

5．飞信用户和飞信用户之间聊天，直接双击好友头像，即可打开聊天对话框，如图 6-91 所示。同时，飞信用户也可以和在线的飞信用户进行语音聊天和视频会话。

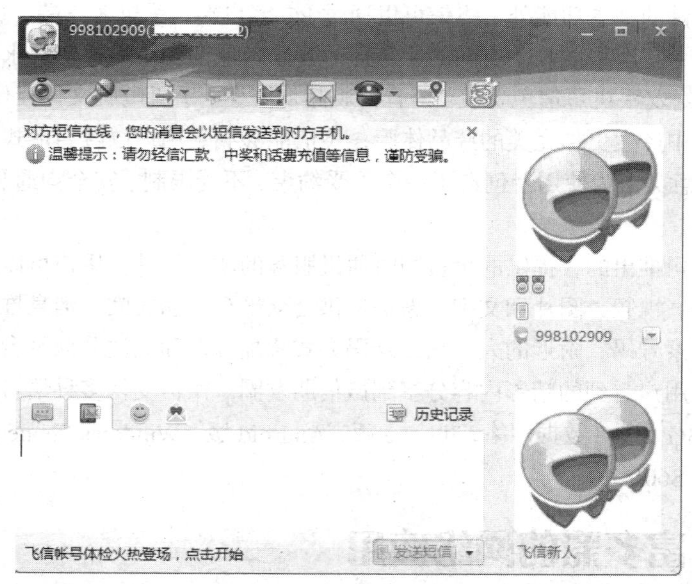

图 6-91 聊天对话框

6．飞信最大的一个特点就是可以给手机发送短信。单击下方的图标，打开“短信中心”，在接收人文本框中输入一人或多人的姓名、手机号码、飞信号，在文本框中输入要发送的内容，单击“发送”按钮，信息就会到对方的手机或者飞信上了，如图 6-92 所示。

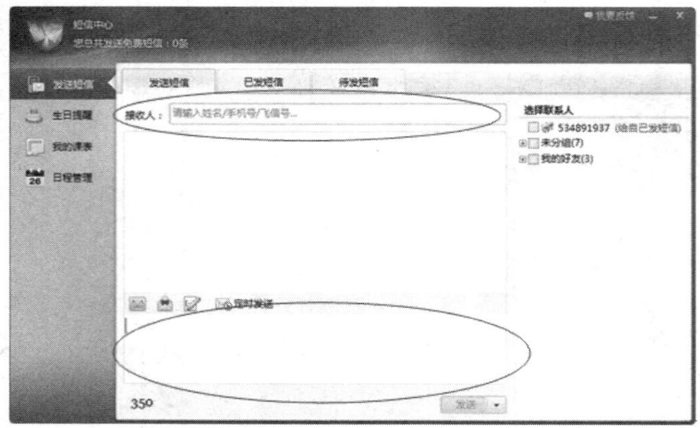

图 6-92　飞信“短信中心”

【知识链接】

网络通信是指用物理链路将各个孤立的工作站或主机相连在一起，组成数据链路，从而达到资源共享和通信的目的。网络通信是人与人之间通过某种媒体进行的信息交流与传递。

链接 1：飞信

飞信是中国移动的综合通信服务，即融合语音(IVR)、GPRS、短信等多种通信方式，覆盖三种不同形态(完全实时的语音服务、准实时的文字和小数据量通信服务、非实时的通信服务)的客户通信需求，实现互联网和移动网间的无缝通信服务。

除具备聊天软件的基本功能外，飞信可以通过 PC 客户端、手机客户端、WAP 无线上网等多种终端登录，实现 PC 客户端和手机间的无缝即时互通，保证用户能够实现永不离线的状态；同时，飞信所提供的好友手机短信免费发、语音群聊超低资费、手机电脑文件互传等更多强大功能，令用户在使用过程中产生更加完美的产品体验；飞信能够满足用户以匿名形式进行文字和语音的沟通需求，在真正意义上为使用者创造了一个不受约束、不受限制、安全沟通和交流的通信平台。

链接 2：微信

微信是腾讯公司推出的，提供的免费即时通讯服务的聊天软件。用户可以通过手机、平板、网页快速发送语音、视频、图片和文字。微信提供公众平台、朋友圈、消息推送等功能，用户可以通过摇一摇、搜索号码、附近的人、扫二维码方式添加好友和关注公众平台，同时微信将内容分享给好友以及将用户看到的精彩内容分享到微信朋友圈。微信支持多种语言，仅耗少量流量，支持 Wi-Fi，2G，3G 和 4G 数据网络，iPhone 版，Android 版、Windows Phone 版、Blackberry 版、S40 版、S60V3 和 S60V5 版。

任务七　丰富多彩的网络应用

【情景再现】

小乐最近看身边有很多朋友都在网上购物，足不出户就可以买到自己想到的东西，方便又快捷，于是小乐自己也想试一试。

【任务实现】

工序 1：淘宝购物

1．打开网站

打开 IE 浏览器，输入 www.taobao.com，打开淘宝网，如图 6-93 所示。

图 6-93　淘宝网主界面

2．账户注册

（1）如果已经注册过，直接单击“请登录”链接，进入登录界面。输入用户名、密码后即享有购物的权利，如图 6-94 所示。

（2）如果没有注册过，需要单击“免费注册”键接，进入到免费注册页面输入基本信息，接受协议注册，如图 6-95 所示。

图 6-94　淘宝网登录界面

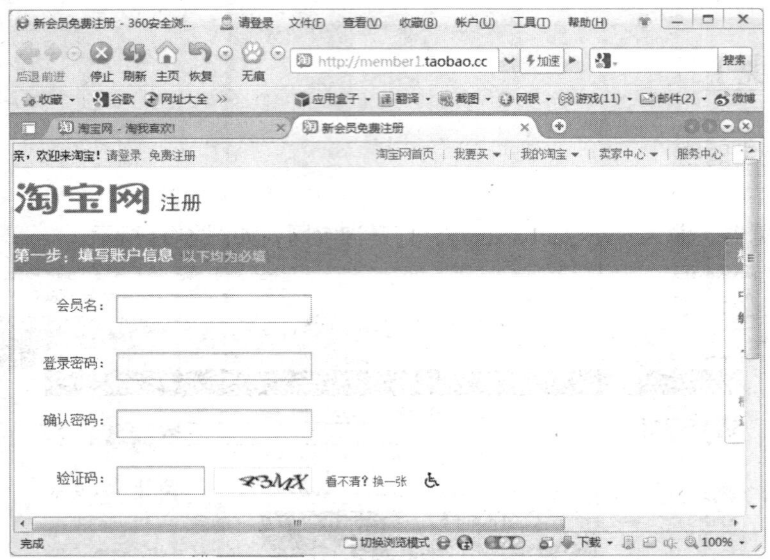

图 6-95 淘宝注册页面

3．购买

（1）如果只有一个大概的购物需求，可以单击上方的“我要买”按钮，选择“商品分类”，打开“商品分类”界面，如图 6-96 所示。“商品分类”界面包括虚拟票务、服装鞋类、箱包配饰、数码家电、美容护发、母婴用品、家居建材、食品百货、运动户外、汽车用品、文娱爱好和生活服务 12 大类，涵盖了生活所需的各个方面。

图 6-96 “商品分类”界面

（2）如果有明确的购物目的，即可在搜索栏直接输入想要的商品的名称，比如输入“茶”，如图 6-97 所示。在搜索栏会出现与“茶”相关的商品的列表，有“茶具”、“茶几”、“茶壶”等，并且列出这类商品在淘宝网上约有多少件。

（3）单击“搜索”按钮，会打开与商品所有相关的信息的网页，包括各个商家所出售的商品、商品的名称、价格、产地等，如图 6-98 所示。

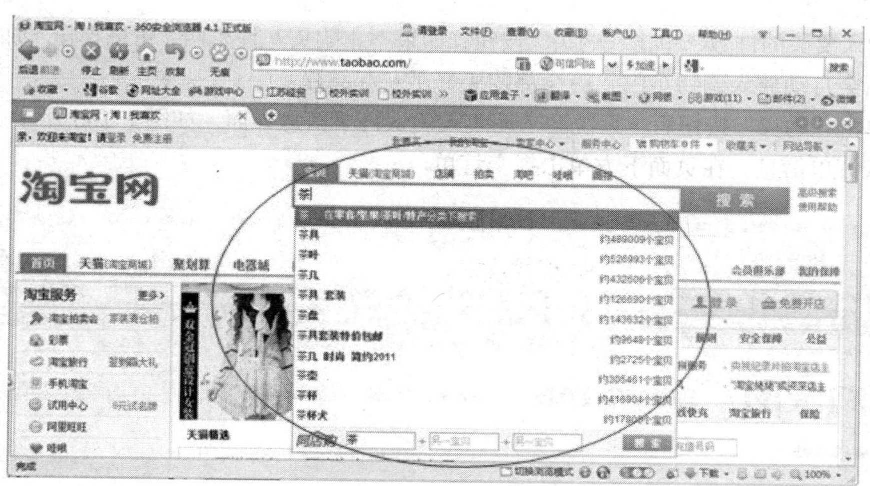

图 6-97　搜索商品

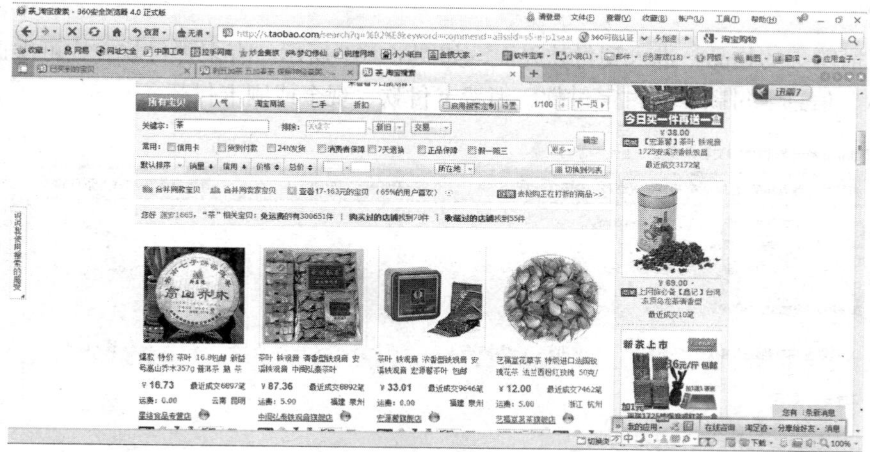

图 6-98　商品相关信息

（4）选中某一商家的产品，单击打开，便直接进入商家店铺的宝贝详情页面，如图 6-99 所示。

图 6-99　宝贝详情页面

（5）输入要买的件数，单击“购买”按钮，如果不止购买一件东西，可以单击“加入购物车”按钮，商品会自动放入购物车内，等全部购买好了一起结账。

（6）单击“购买”按钮后，系统会自动跳入确认订单信息界面，如图 6-100 所示。选择收货地址，确认订单信息，在页面下方单击提交订单。

图 6-100　确认订单信息

4．付款

选好了需购买的物品，进入到付款界面，如图 6-101 所示。有多种付款方式可供选择，包括储蓄卡付款、信息卡付款、支付宝付款、消费卡付款、现金或刷卡付款。

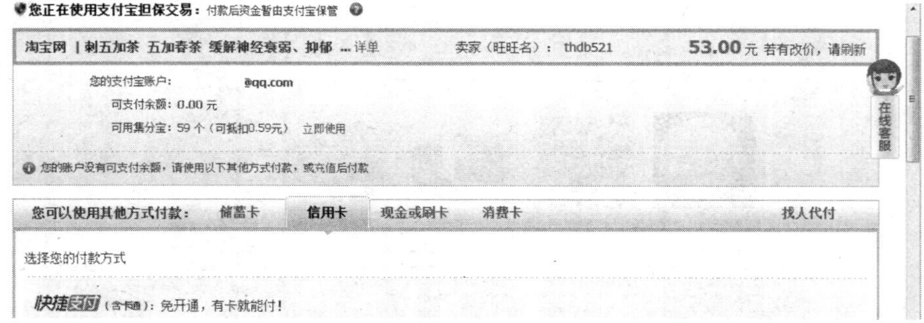

图 6-101　支付宝付款界面

（1）选择一种付款方式，比如信用卡付款，如图 6-102 所示。

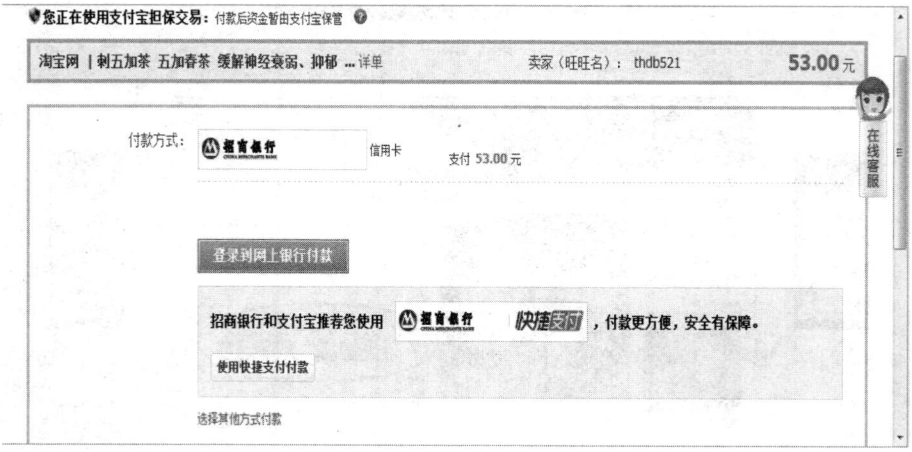

图 6-102　选择付款方式

（2）单击“登录网上银行付款”按钮，进入网上银行付款平台，如图 6-103 所示。输入相关信息，单击“确定”按钮。这里请注意，款项不是直接付到卖家账户，而是打到支付宝第三方账户，直到买家收到货，单击确认收货，款项才会到卖家的户头里。

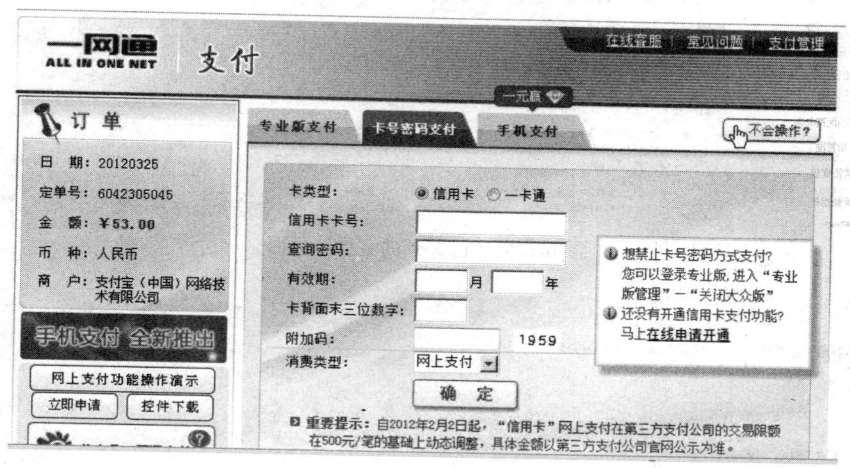

图 6-103　网上银行平台

5．收货

（1）卖家在确认款项已经到支付宝中，就会开始发货。在发货信息窗口，可以查看宝贝名称、发货时间和物流信息，如图 6-104 所示。

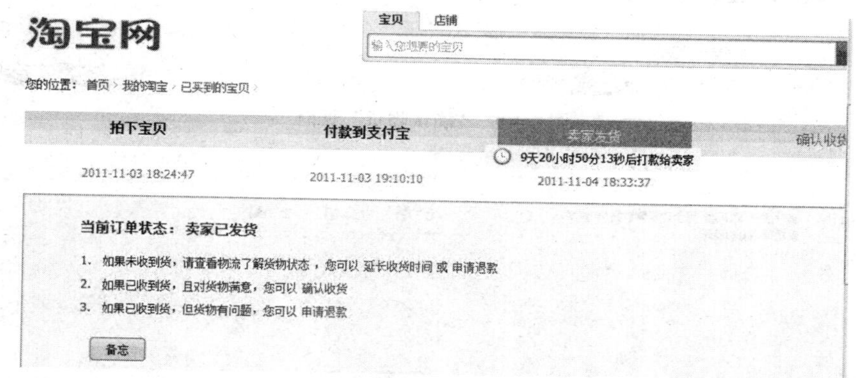

图 6-104　发货信息窗口

（2）买家在收到商品后，要对商品进行确认收货。进入到“已买到的宝贝”页面，如图 6-105 所示，单击“确认收货”按钮。

（3）进入到“确认收货”并付款页面，如图 6-106 所示。

6．评价

一旦确认收货，一次网上购物就完成了，但是这样的网上购物还不完整。还要进行最后一步操作——评价。不仅要给商品打分，也要给店家打分。商品可以选择好评、中评、差评，也可以在评价栏输入一些自己对商品的看法等。店铺满意度是用一颗颗的小星星来表示的，最好的为五颗星，如图 6-107 所示。

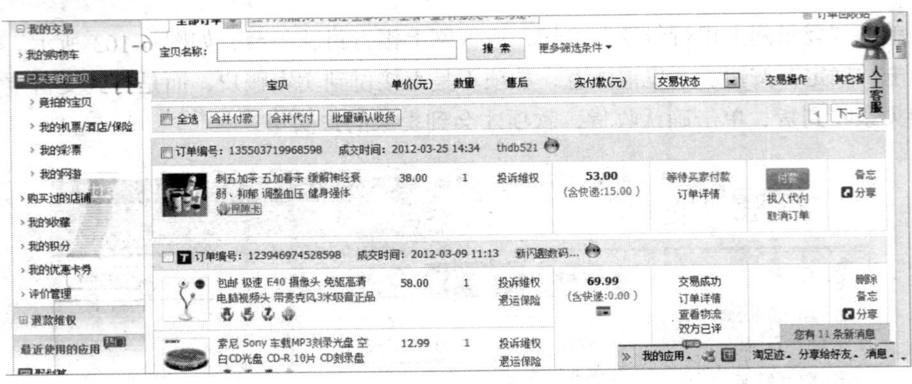

图 6-105 “已买到的宝贝”页面

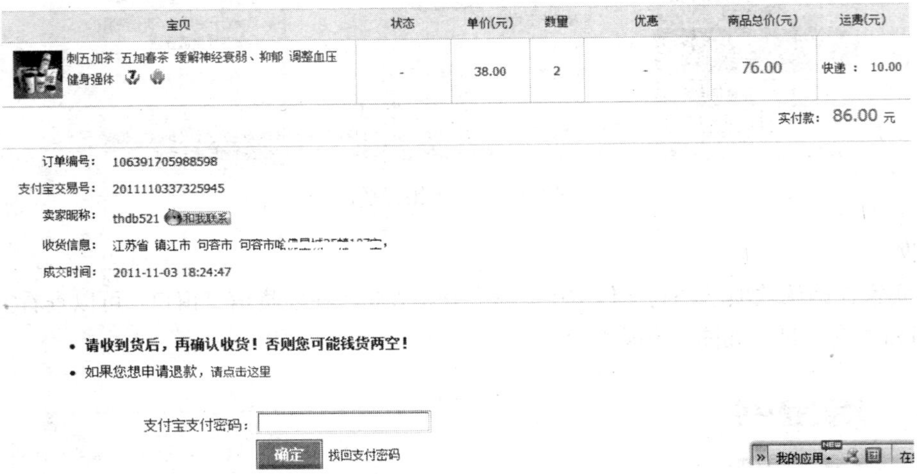

宝贝	状态	单价(元)	数量	优惠	商品总价(元)	运费(元)
刺五加茶 五加春茶 缓解神经衰弱、抑郁 调整血压 健身强体	-	38.00	2	-	76.00	快递：10.00

实付款：86.00 元

订单编号：106391705988598

支付宝交易号：2011110337325945

卖家昵称：thdb521 和我联系

收货信息：江苏省 镇江市 句容市 句容市

成交时间：2011-11-03 18:24:47

- **请收到货后，再确认收货！否则您可能钱货两空！**
- 如果您想申请退款，请点击这里

支付宝支付密码：

确定 找回支付密码

我的应用

图 6-106 “确认收货”页面

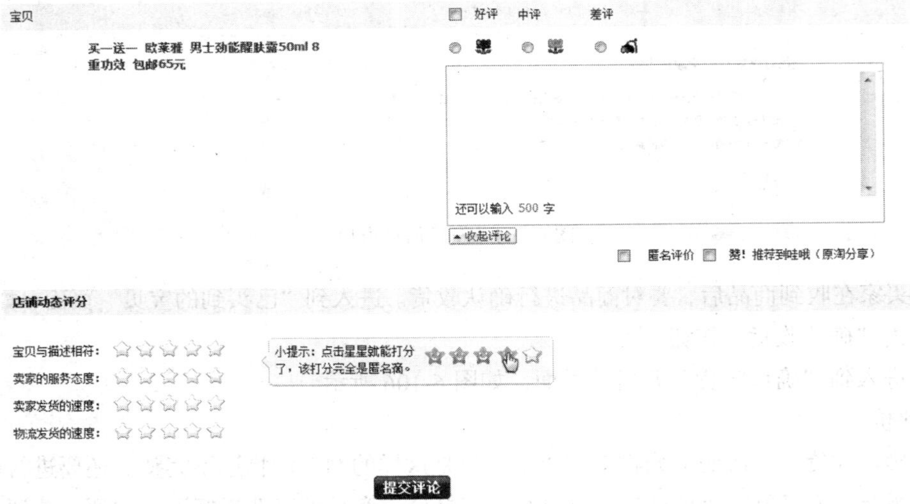

宝贝 好评 中评 差评

买一送一 欧莱雅 男士劲能醒肤露50ml 8重功效 包邮65元

还可以输入 500 字

收起评论

匿名评价 赞！推荐到哇哦（原淘分享）

店铺动态评分

宝贝与描述相符：

卖家的服务态度：

卖家发货的速度：

物流发货的速度：

小提示：点击星星就能打分了，该打分完全是匿名滴。

提交评论

图 6-107 评价页面

工序 2：网上银行

1．打开 IE 浏览器，在地址栏中输入 http://www.icbc.com.cn/icbc/，打开中国工商银行网站，如图 6-108 所示。

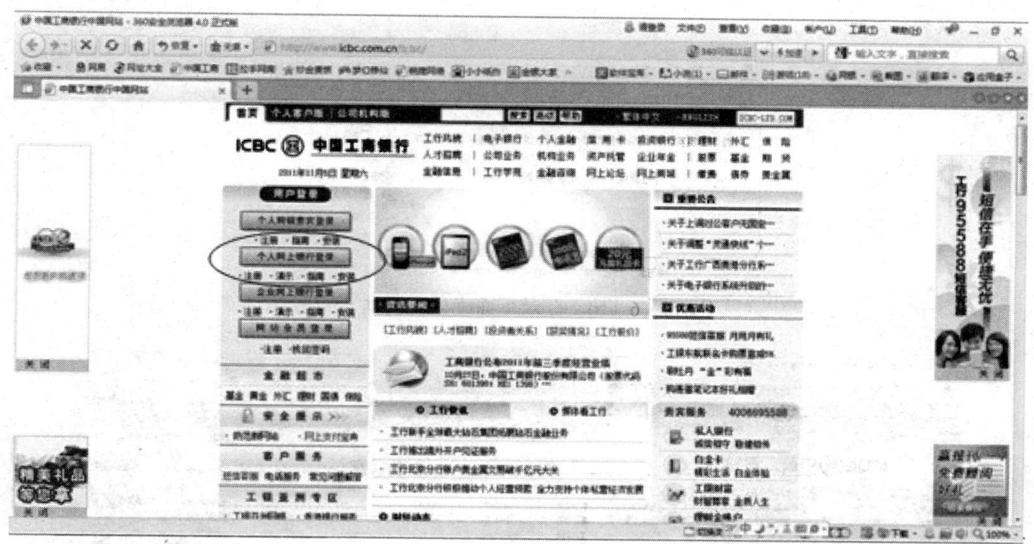

图 6-108　中国工商银行网上银行

2．在网站页面的左侧，单击“个人网上银行登录”按钮，进入个人网上银行登录页面，如图 6-109 所示。

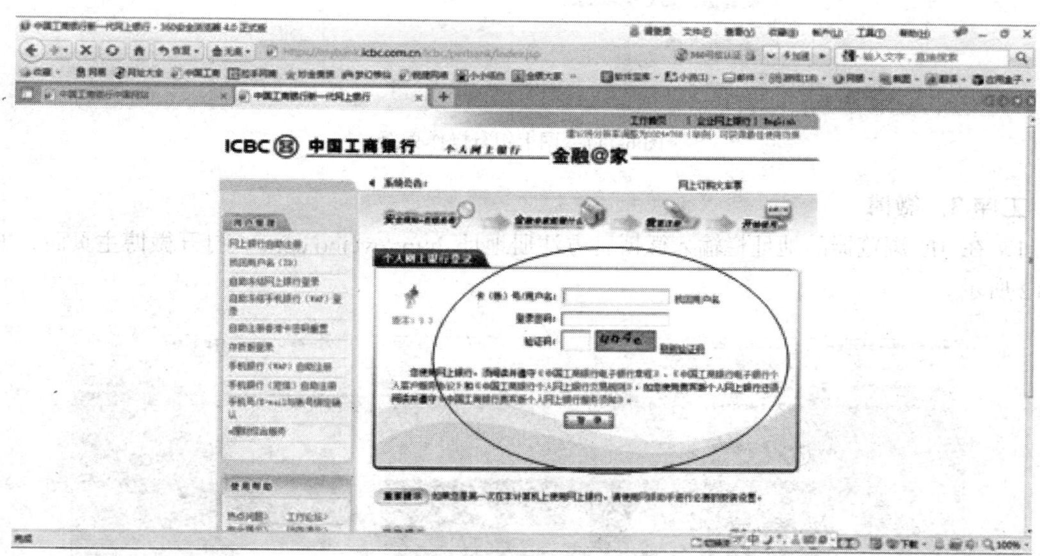

图 6-109　网上银行登录页面

3．在登录页面输入账号、密码、验证码等信息，单击“确认”按钮，将会弹出一个进入登录确认对话框页面，如图 6-110 所示。

4．单击“继续登录”进入网上银行操作页面，如图 6-111 所示。在操作页面中，可以通过快速通道查询银行卡明细和余额，并且可以快速转账汇款。在页面上方还可以进行定期存款、通知存款、公益捐款、转账汇款、信用卡服务、网上基金、银医服务等多项操作。

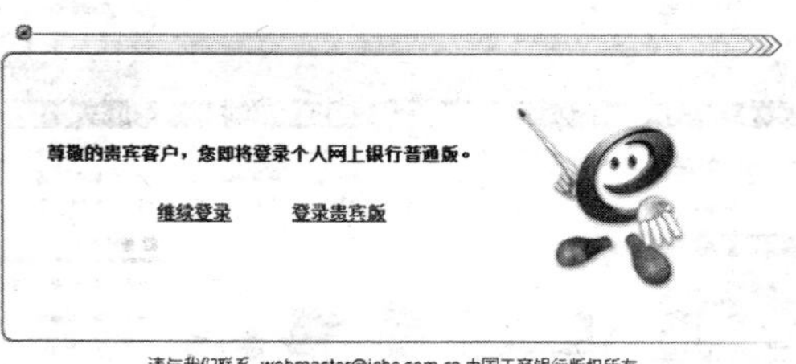

图 6-110　登录页面确认对话框

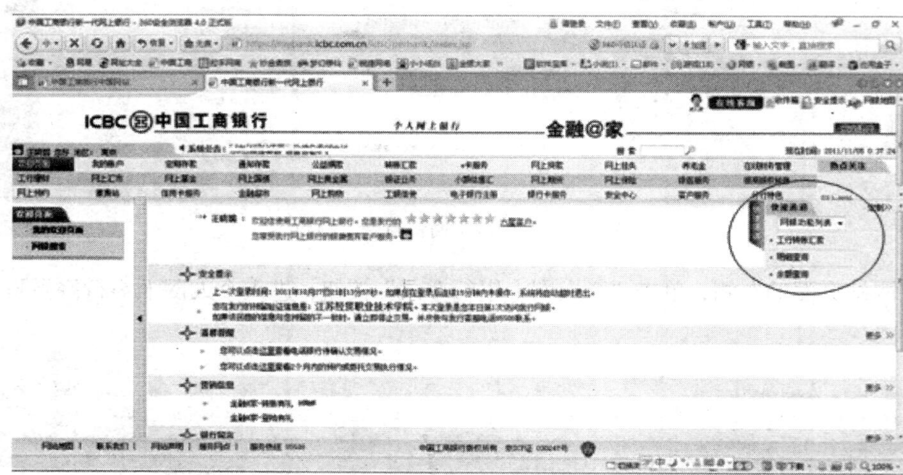

图 6-111　网上银行操作页面

工序 3：微博

1．在 IE 浏览器的地址栏输入微博官方注册地址 http://weibo.com/，打开微博主页面，如图 6-112 所示。

图 6-112　微博登录页面

2．在微博登录页面的右侧，单击“立即注册微博”按钮，进入注册页面，如图 6-113 所示。

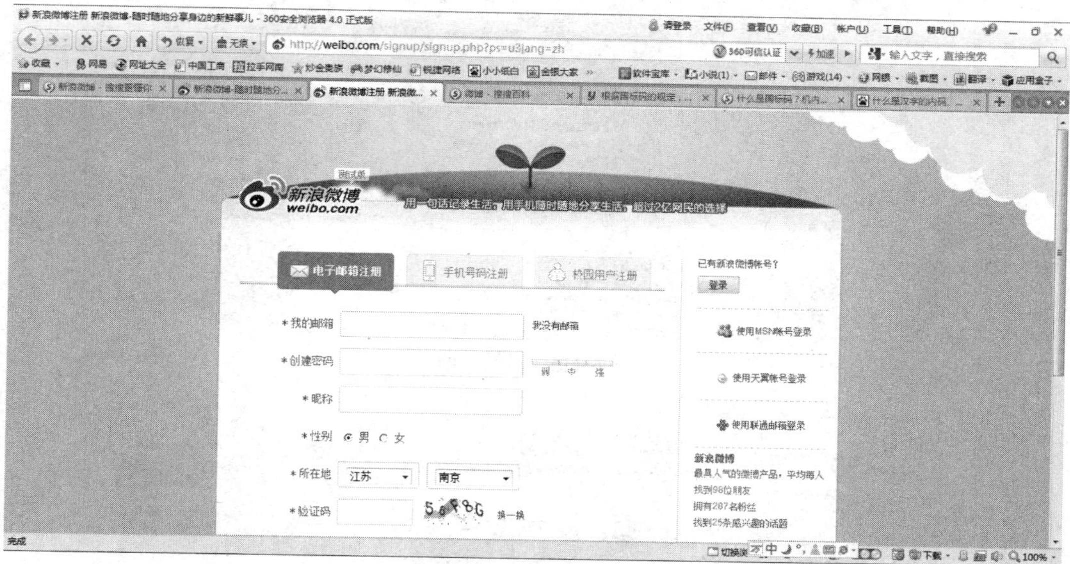

图 6-113　微博注册页面

3．在注册页面输入注册信息，单击“立即开通”按钮，会弹出如图 6-114 所示的“请输入验证码”对话框。这个对话框的目的是确认用户操作是否合法。

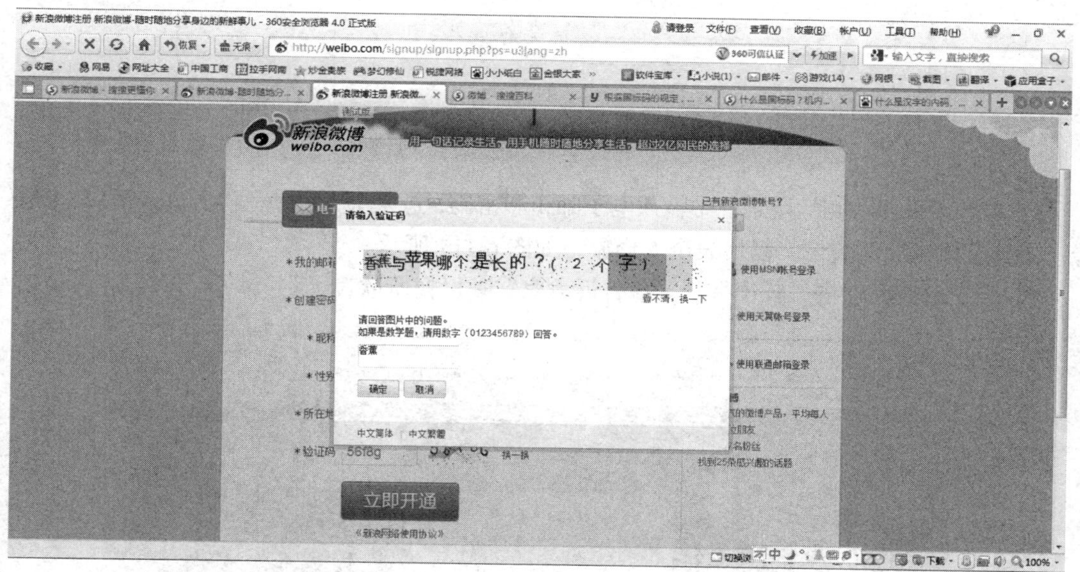

图 6-114　“请输入验证码”对话框

4．回答对问题，进入到激活页面（该链接在 48 小时内有效，48 小时后需要重新注册），如图 6-115 所示。

5．进入邮箱中激活微博账号，如图 6-116 所示，单击其中的超级链接。

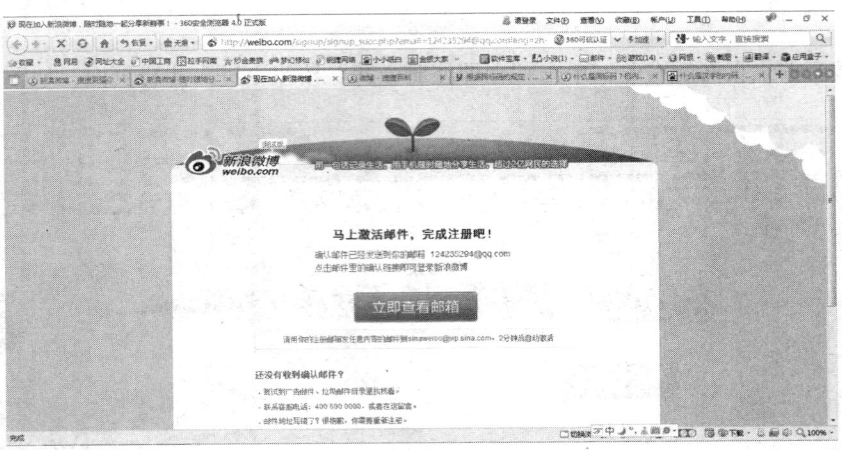

图 6-115　激活页面

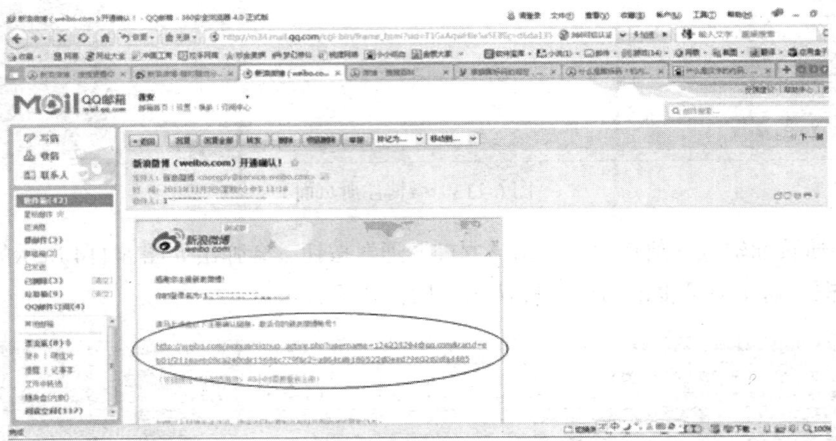

图 6-116　邮箱中的激活页面

6. 在登录页面右侧的登录框中输入电子邮箱和密码，进入个人微博。初次进入微博，需要上传一个具有标识性的头像，以代表个人形象，如图 6-117 所示。

7. 接下来就可以在“有什么新鲜事告诉大家”一栏畅所欲言了。

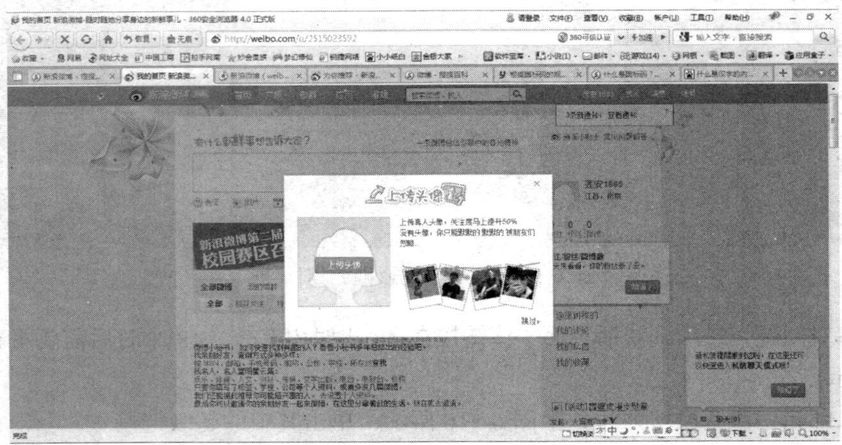

图 6-117　上传头像

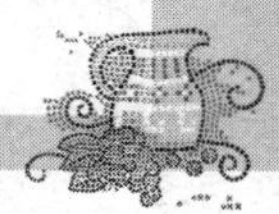

【知识链接】

链接 1：网上购物

网上购物，通常简称“网购”，就是通过互联网检索商品信息，并通过电子订购单发出购物请求，然后填上私人支票账号或信用卡的号码，厂商通过邮购的方式发货或通过快递公司送货上门。

国内的网上购物一般付款方式是款到发货（直接银行转账或在线汇款），担保交易（淘宝支付宝、百度百付宝、腾讯财付通等），货到付款等三种方式进行。

1．网上购物的好处

对于消费者来说，网上购物具有以下好处。

（1）购物没有时间的限制。

（2）能获得较大量的商品信息，也可以买到当地没有的商品。

（3）省时又省力，从订货、买货到货物上门无须亲临现场。

（4）经济实惠，网上商品省去租店面、招雇员、税费等一系列费用，把实惠带给买家。

对于商家来说，由于网上销售没有库存压力、经营成本低、经营规模不受场地限制等优点，并且通过及时得到市场反馈信息，适时调整经营战略，以此提高企业的经济效益和参与国际竞争的能力。

对于整个市场经济来说，这种新型的购物模式可在更大的范围内、更多的层面上以更高的效率实现资源配置。

网上购物突破了传统商务的障碍，无论对消费者、企业还是市场都有着巨大的吸引力和影响力，在新经济时期无疑是达到“多赢”效果的理想模式。

2．网上购物的注意事项

网上购物也不是十全十美的，经常会从新闻中看到网上购物上当受骗的事，但如果掌握了网上购物的注意事项，会尽量避免这类事件的发生。

（1）要选择信誉好的、知名的网上商店，因为好的网上商店，商家都是实名注册，有什么问题，可以直接找到本人。要仔细看商品图片，分辨是商业照片还是店主自己拍的实物，而且还要注意图片上的水印和店铺名，因为很多店家都在盗用其他人制作的图片。

（2）有什么不清楚的就及时通过旺旺询问，一是了解店家对产品的了解，二是看店家的态度，如果店主人品不好，买了他的东西也是个麻烦。

（3）在决定购买前还要查看店主的信用记录，看其他买家对此款或相关产品的评价。如果有中评或差评，要仔细看店主对该评价的解释。

（4）购买商品时，付款人与收款人的资料都要填写准确，以免收发货出现错误。

（5）用银行卡付款时，最好卡里不要有太多的金额，防止被不诚信的卖家拨过多的款项。

（6）遇上欺诈或其他受侵犯的事情可在网上找网络警察处理。

链接 2：支付宝

支付宝最初是淘宝网公司为了解决网络交易安全所设的一个功能，使用该功能可以实现“第三方担保交易模式”，由买家将货款打到支付宝账户，由支付宝向卖家通知发货，买家收到商品确认后指示支付宝将货款放于卖家，至此完成一笔网络交易。

使用支付宝有一些注意事项。

1．必须注册成为支付宝的用户。

2．如果没有支付宝账户，可以通过各大银行的网上支付功能。

3．在支付宝网站上购物，选择网上支付，然后选择支付宝支付即可，支付成功后支付宝就立即通知卖家发货，在收到商品后，需要在支付宝上确认您收到商品。

4．收到商品后到达一定期限后（一般是 15 天），如果没有确认付款，货款会自动打入卖家的账户。

5．使用支付宝，不需要支付任何的手续费。

支付宝有很多实用的功能，可以让用户足不出户就完成一些生活所需的操作，省时省力。支付宝的基本应用包括收款、付款、转账、水电煤缴费、手机充值、信用卡还款、担保交易、爱心捐赠和理财。其他应用包括送礼金、买彩票、交房租、固话宽带、火车票代购、订酒店、购买电影票、海外购物、购买游戏点卡等。支付宝平台如图 6-118 所示。

图 6-118　支付宝平台

链接 3：微博

微博，即微博客（MicroBlog）的简称，是一个基于用户关系的分享、传播以及获取信息的平台，用户可以通过 Web、WAP 以及各种客户端组建个人社区，以 140 字左右或更少的文字更新信息，并实现即时分享。最早也是最著名的微博是美国的 Twitter，根据相关公开数据，截至 2010 年 1 月，该产品在全球已经拥有 7 500 万注册用户。2009 年 8 月中国最大的门户网站新浪网推出“新浪微博”内测版，成为门户网站中第一家提供微博服务的网站，微博正式进入中文上网主流人群视野。

微博具有以下 3 个特点。

1．便捷性，即时性

微博网站现在的即时通讯功能非常强大，通过 QQ 和 MSN 直接书写，在没有网络的地方，只要有手机也可即时更新自己微博的内容，哪怕就在事发现场。一些大的突发事件或引起全球关注的大事，如果有微博客在场，利用各种手段将最新的即时新闻用最少的言语，以最快的速度通

过手机或其他方式发布在微博上，其实时性、现场感以及快捷性超过所有媒体。

2．创新交互方式

与博客不同，微博上是背对脸的交流，就好比在电脑前打游戏，路过的人从背后看着你怎么玩的，而你并不需要主动和背后的人交流。可以一点对多点，也可以点对点。当你追随一个自己感兴趣的人时，两三天就会上瘾。移动终端提供的便利性和多媒体化，使得微型博客用户体验的依赖性越来越强。

3．原创性

微博有 140 字的限制，可以随心所欲地写出一些自己的想法和对事物的看法，每天的趣事等，而不用像博客，需要写出大量的、完整篇幅的文字。这完全不太具有逻辑性的特点，导致各种微博网站大量原创内容爆发性地被生产出来。不管会不会写作，都可以上来写两句。说不定这两句就能成为经典和流行。

链接 4：移动商务之 iPhone 技术

移动商务是指对通过移动通讯网络进行数据传输，并且利用移动终端开展各种商业经营活动的一种新电子商务模式。由于用户与移动终端的对应关系，通过与移动终端的通信，可以在第一时间准确地与对象进行沟通，使用户更多脱离设备网络环境的束缚，从而最大限度地驰骋于自由的商务空间。移动商务也称移动办公，是一种利用手机实现企业办公信息化的全新方式，它是移动通信、个人计算机与互联网三者融合的最新信息化成果。

目前最流行就是 iPhone 技术，iPhone 是结合照相手机、个人数码助理、媒体播放器以及无线通信设备的掌上设备，由苹果公司首席执行官史蒂夫·乔布斯在 2007 年 1 月 9 日举行的 Macworld 宣布推出。它使用 Mac OS X 操作系统，支持 EDGE 和 802.11b/g 无线上网（iphone 3G/3GS/4 支持 WCDMA 上网，iPhone 4 支持 802.11n），支持电邮、移动通话、短信、网络浏览以及其他的无线通信服务。iPhone 没有键盘，而是创新地引入了多点触摸（Multi-touch）屏界面。控制方法包括滑动、轻触开关及按键。此外，通过其内置的加速器，可以令其旋转，改变其 y 轴令屏幕改变方向。iphone 开机后的工作界面如图 6-119 所示。

图 6-119　iphone 工作界面

苹果公司在继 2009 年推出了所熟知的 iPhone3G/3GS 后，在 2010 年推出了 iPhone 4，在 2011

年又推出了 iPhone 4S（但因 iPhone 4S 高昂的售价，让很多人望而却步）。接下来以 iPhone 4 为例，介绍一些 iPhone 技术。

一、网络设置

利用手机上网的方式有很多，下面介绍两种最常用的。

1．利用手机卡上网

（1）首先去移动营业厅开通手机卡上网，有包月的，也有包流量的，任选一种。

（2）打开 iPhone 4 主界面，选择“设置”图标并打开。

（3）在“设置”里选择“通用”，触摸打开后选择“网络”。

（4）在“网络”中将“启用 3G”和 “蜂窝数据”的滑标都调到蓝色状态，进入“蜂窝数据网络”设置，如图 6-120 所示。

（5）在“蜂窝数据”选项框“APN”栏输入“cmnet”；如果想开通彩信，在彩信选项框“APN”栏输入“cmwap”、在“mmsc”栏输入“mmsc.monternet.com”、在“彩信代理”栏输入供应商给的 IP 地址，例如 10.0.0.172。

（6）设置后好，关机重新启动，设置就生效了。

图 6-120　利用手机卡设置无线上网

2．利用无线网络上网

（1）首先确定 iPhone 4 手机已经在一个无线网络环境中。

（2）打开 iPhone 4 主界面，选择“设置“图标并打开。

（3）在“设置”里选择“通用”，触摸打开。

（4）选择 Wi-Fi，触摸滑标至蓝色状态，如图 6-121 所示。

（5）在“Wi-Fi 网络”中的“选取网络”选项框中选择一个无线网络勾选即可。

（6）设置好后，直接就可以上网了。

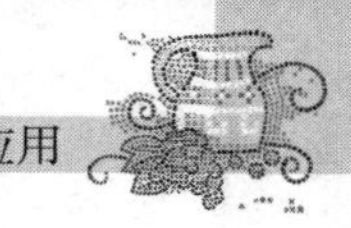

图 6-121　利用无线网络设置无线上网

二、设置手机邮箱

1．首先进入“设置”选项框，选择“邮件、通讯录、日历”选项，如图 6-122 所示。

2．单击“添加账户”，选择“其他”。

3．在“其他”选项框中，单击“添加”邮件账户，输入名称、地址、密码以及描述。

4．单击右上角“下一步”，进入“新建账户”选项框，刚刚填写信息会出现在第一、二、三栏。

5．设置“收件服务器”信息。在上方“IMAP”和“POP”中选择“POP”，然后按要求填写，用户名是注册的邮箱帐户（不用添加@后面的后缀），密码为账户密码（已经默认生成了）。

6．下面是发件服务器的填写，用户名和密码不用填写。

7．在右上角单击“存储”，出现关于 SSL 链接的对话框，单击“是”，在跳出的对话框单击“是”，然后单击“完成”，即可完成设置。

图 6-122　设置邮箱

三、iPhone 网络应用

通过上面两种方式设置好网络后，就可以进入 iPhone 4 的网络世界了，iPhone 4 本身有很多很有特色的网络应用。

1．iPhone 4 有自带的天气预报，在主界面里打开天气图标，即可查看某个城市一个星期的天气预报，如图 6-123 所示。

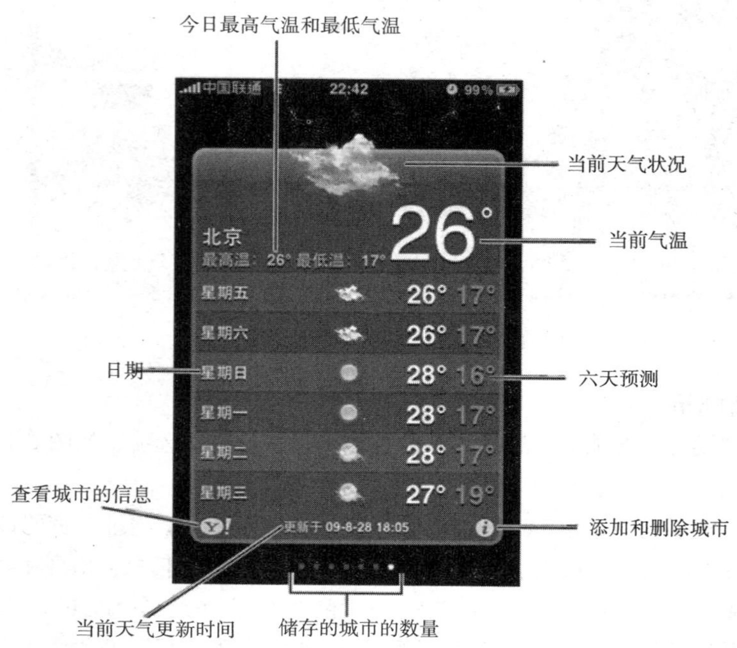

图 6-123　iPhone 4 天气预报

2．在 iPhone 4 中有一个 APP Store（软件购物商场），如图 6-124 所示。其中包括游戏、报刊、娱乐、工具、社交、音乐、效率、生活、参考、旅行、体育、导航、健康健美、新闻、摄影与录像、财务、商业、教育、天气、图书等各类软件。每一项类别中包括收费项目排名、免费项目排名和发布日期（最新软件发布）3 个列表框。

图 6-124　APP Store

3．用户也可以把手机连接到电脑。iPhone 与其他手机不同，它必须在电脑上安装一个客户端 iTunes。iPhone 4 下载所有的东西必须通过 iTunes，如图 6-125 所示。在 iTunes 中也有一个 iTunes Store，iPhone 4 也可以通过 iTunes Store 下载软件到自己的手机上，如图 6-126 所示。

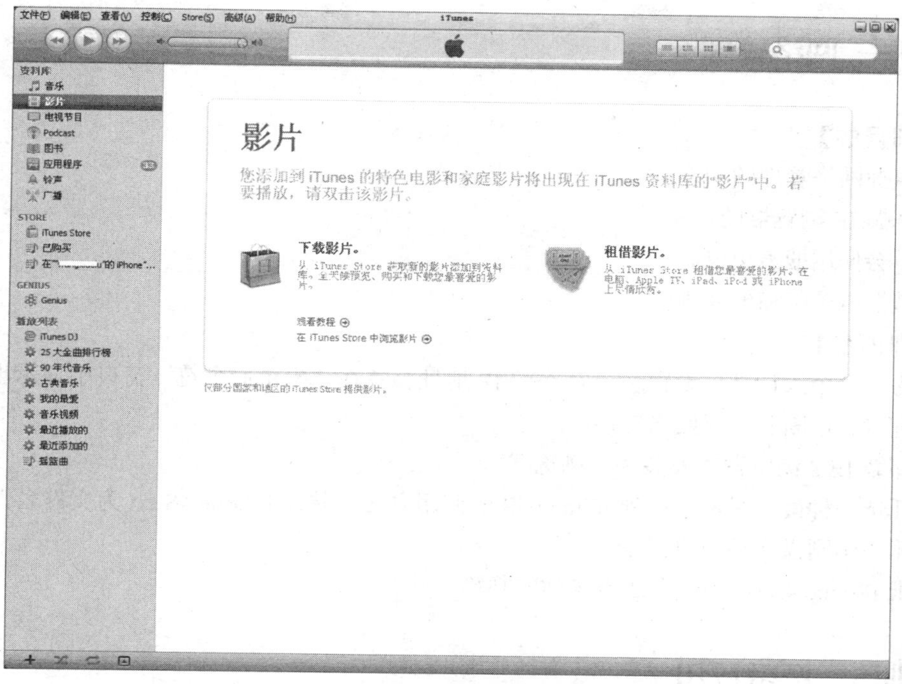

图 6-125　iTunes 界面

图 6-126　iTunes Store

知识评价

实训一 网络管理

【实训目的】

1．掌握网络管理的功能。

2．掌握 IE 浏览器的使用。

3．学会使用搜索引擎。

4．掌握电子邮箱的使用。

【实训内容】

1．为一台个人计算机设置一个 C 类的 IP 地址，并在“提示命令符”窗口中显示出来。

2．查看、诊断和修复网络连接。

3．卸载 IE 8 浏览器，安装 360 浏览器。

4．任选一种搜索引擎，找到 iPhone 4S 的使用方法，并以 iPhone 4S.txt 为文件名保存。

5．删除刚刚操作的历史记录。

6．把 iPhone 4S.txt 文档发送至老师的邮箱。

实训二　网络应用

【实训目的】

1．掌握一些基本的网络应用软件的安装及使用。

2．了解网上购物的流程。

3．了解最新的网络应用技术。

【实训内容】

1．在个人计算机上安装 Windows 7 优化大师软件，并掌握对其的使用。

2．在地址栏中输入 http://www.dangdang.com/，打开当当网，体验一次完整的购物流程。

3．下载淘宝旺旺与卖家沟通。

4．利用支付宝为自己的手机充值。

5．把购物内容和心得发到自己的微博上。

6．把含有购物内容和心得的微博截图下来，以图片的形式保存，命名为“购物心得”，以离线文件的方式发送到老师的 QQ 上。